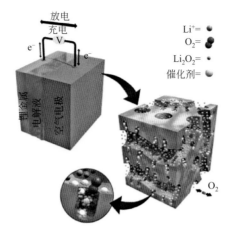

图 1-1 锂空气电池示意图

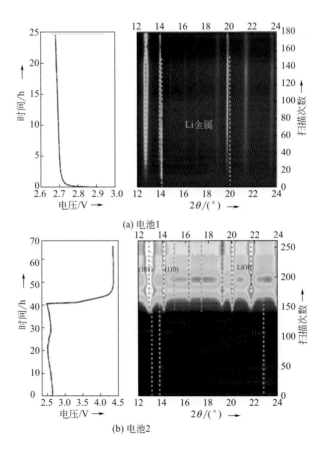

(a) 电池1

(b) 电池2

图 1-8

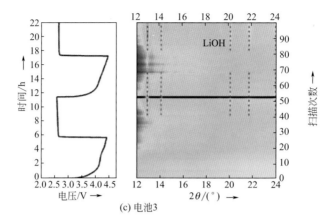

(c) 电池3

图 1-8　三种电池的电化学性能数据和相应的 XRD 谱图

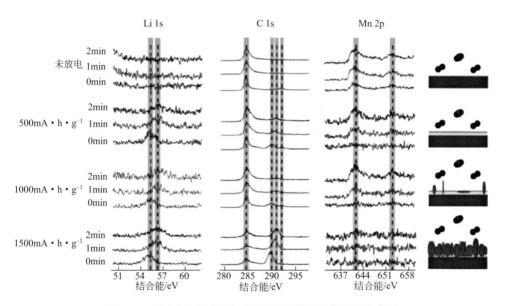

图 1-12　不同放电深度电极的 XPS 图谱和反应机理示意图

在右侧的机理示意图中，浅蓝色区域表示非晶 Li_2O_2，蓝色线表示 Li_2O_2 晶体，粉色线表示 Li_2O_2 和空气中 CO_2 反应形成的 Li_2CO_3，绿色线表示 Li_2O_2 与电极复合材料中的碳反应形成的 Li_2CO_3

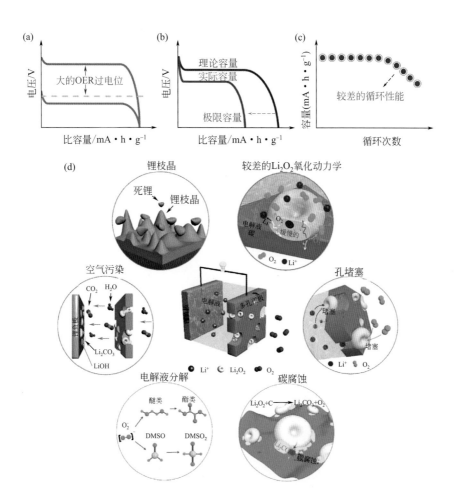

图 1-15　锂空气电池存在的主要问题和影响锂空气电池性能的关键因素

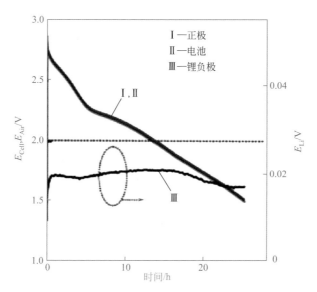

图 2-2　锂空气电池的放电曲线及其正负极的极化曲线

(a)

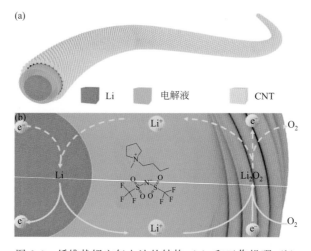

图 2-6　纤维状锂空气电池的结构（a）和工作机理（b）

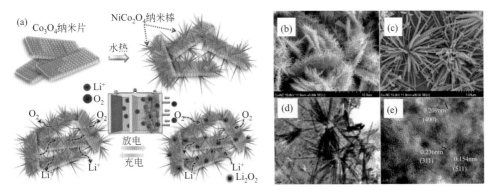

图 2-24　3D 结构 $NiCo_2O_4@Co_3O_4$ 的合成及工作原理示意图（a）、

SEM 图（b），（c）和 TEM 图（d），（e）

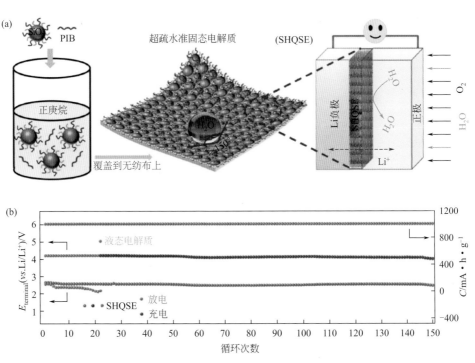

图 2-49　使用固体电解质 SHQSE 的锂空气电池在相对湿度为 45％的

空气中的工作原理示意图（a）和循环性能（b）

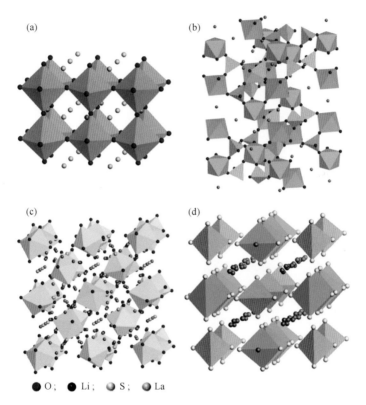

●O; ●Li; ○S; ○La

图 4-5　不同固体电解质的晶体结构：钙钛矿型氧化物（a）；NASICON 型氧化物（b）；

石榴石型氧化物（c）；硫化物（d）

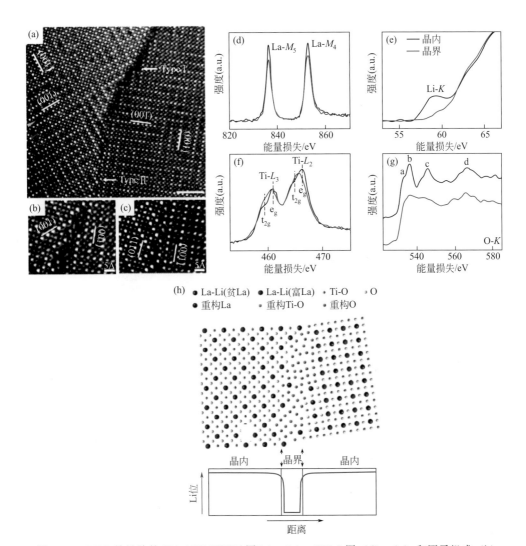

图 4-7　LLTO 晶界处的 HAADF-STEM 图(a)～(c)，EELS 图（d）～（g）和原子组成（h）

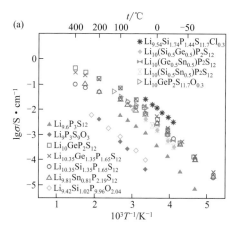

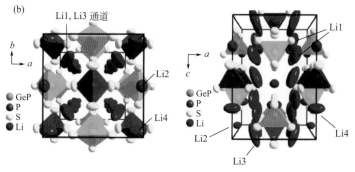

图 4-11　LGPS 系列电解质的离子传导率[58]（a）和 $Li_{10}GeP_2S_{12}$ 的晶体结构[57]（b）

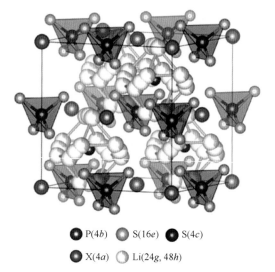

图 4-12　Li_6PS_5X（X＝Cl，Br）型电解质的晶体结构

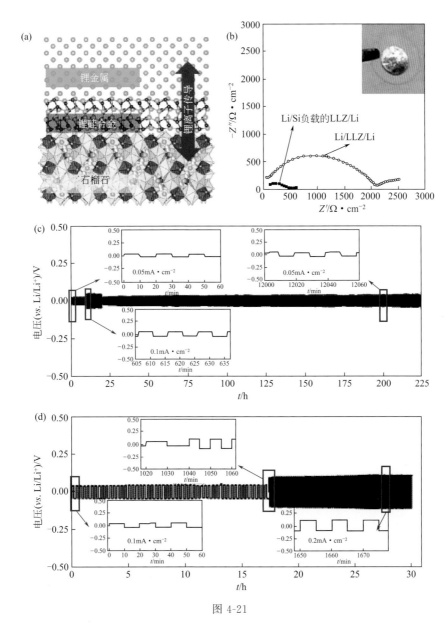

(a)

锂金属

锂硅合金

锂离子传导

石榴石

(b)

Li/Si负载的LLZ/Li

Li/LLZ/Li

$-Z''/\Omega \cdot cm^{-2}$

$Z'/\Omega \cdot cm^{-2}$

(c)

电压(vs. Li/Li$^+$)/V

0.05mA·cm^{-2}

t/min

0.05mA·cm^{-2}

t/min

0.1mA·cm^{-2}

t/min

t/h

(d)

电压(vs. Li/Li$^+$)/V

t/min

0.1mA·cm^{-2}

t/min

0.2mA·cm^{-2}

t/min

t/h

图 4-21

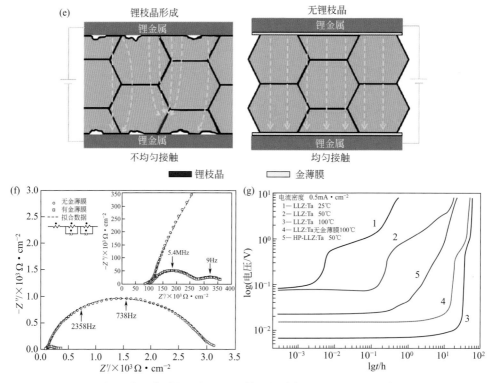

图 4-21　沉积有硅薄膜的石榴石型固体电解质与金属锂的界面示意图（a）；

使用普通固体电解质和沉积有硅薄膜的固体电解质的锂-锂对称电池的

阻抗图（b）和恒电流充放电曲线（c），

（d）；金属锂与普通 LLZO 和沉积有金薄膜的 LLZO 的

界面示意图（e）；使用普通 LLZO 和沉积有金薄膜的 LLZO 的锂-锂对称电池的

阻抗谱（f）和极化曲线（g）

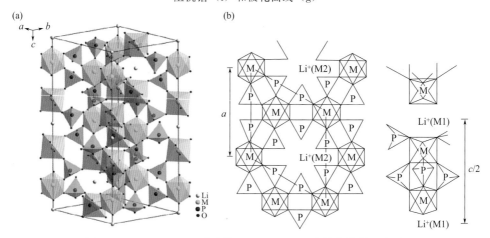

图 5-12　NASICON 型化合物 $A_x M_2 (PO_4)_3$ 的晶体结构示意图

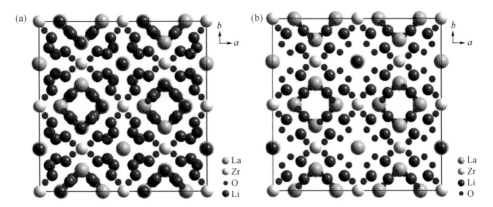

图 5-13　立方相（a）及四方相（b）石榴石型固体电解质的晶体结构示意图

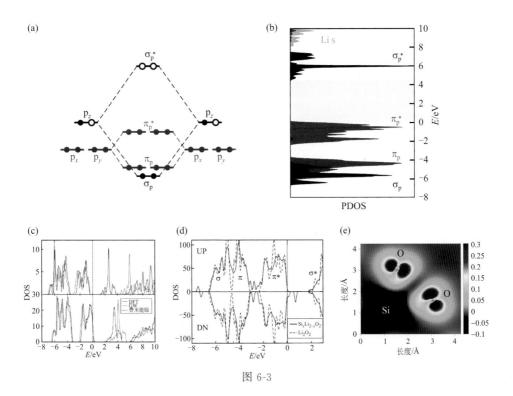

图 6-3

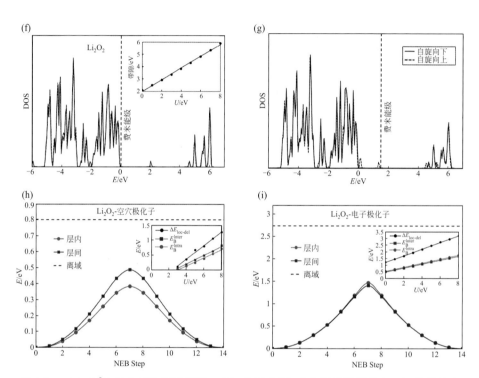

图 6-3 （a）O_2^{2-} 的分子轨道示意图；（b）基于 HSE 杂化泛函计算的 Li_2O_2 的分波态密度图；（c）纯 Li_2O_2 （上）和含 1/16 Li 空位的 Li_2O_2 （下）的 DOS 图；（d），（e）Si 掺杂的 Li_2O_2 的 DOS 图（d）和差分电荷密度图（e）；（f），（g）包含空穴（f）和额外电子（g）的 Li_2O_2 超胞的 DOS 图；（h），（i）空穴极化子（h）和电子极化子（i）沿着 Li_2O_2 层内和层间路径的跃迁能垒

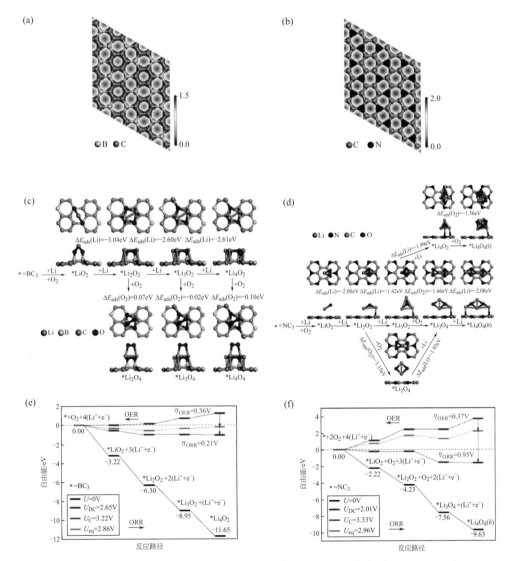

图 6-5　BC₃（a）和 NC₃（b）的差分电荷密度图；Li$_x$O$_{2y}$ 中间体在 BC₃（c）和

NC₃（d）纳米片上最稳定的吸附构型及吸附能；以 BC₃（e）和 NC₃

（f）纳米片为催化剂的锂空气电池的充放电自由能图

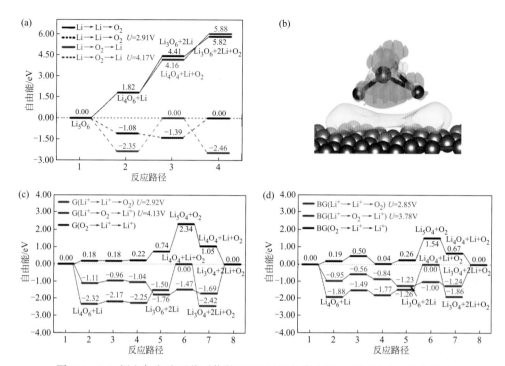

图 6-6 （a）锂空气电池两种可能的 OER 过程的自由能；（b）Li_2O_2 与 B 掺杂

石墨烯间的差分电荷密度；Li_5O_6 在石墨烯（c）和 B 掺杂石墨烯

（d）表面可能的 OER 过程的自由能

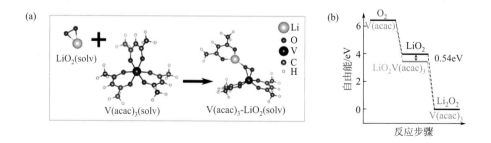

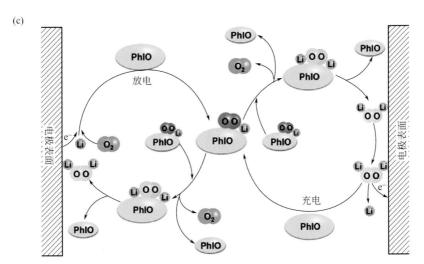

图 6-13　（a）LiO$_2$ 与 V(acac)$_3$ 结合反应图解；（b）ORR 过程的自由能；
（c）充放电过程中 PhIO 催化反应机理示意图

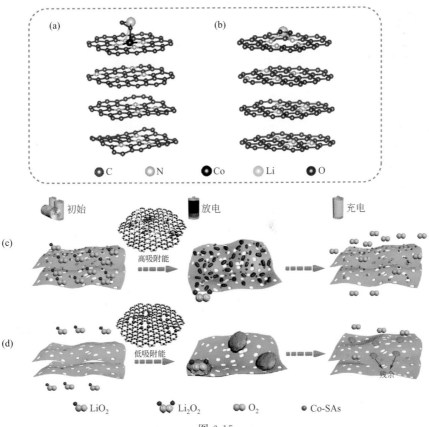

图 6-15

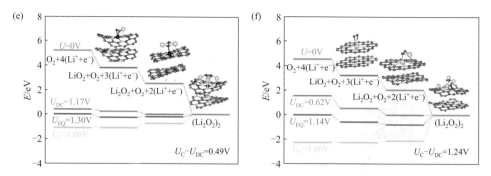

图 6-15　LiO$_2$ 在 Co-SAs/N-C(a) 和 N-C(b) 上的吸附构型；锂空气电池中 Co-SAs/N-C(c)，
(e) 和 N-C(d)，(f) 表面的反应机理示意图和充放电反应的自由能

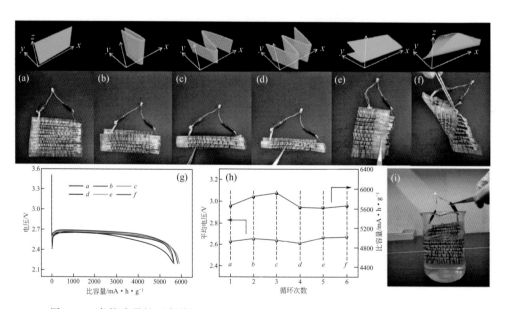

图 7-22　书简式柔性可穿戴锂空气电池在不同折叠状态下的电池照片 (a)～(f)、
放电曲线 (g) 和平均放电电压及放电比容量 (h)；浸泡在水中仍可
正常工作的书简式柔性锂空气电池 (i)

先进电化学能源存储与转化技术丛书

张久俊 李箐 丛书主编

锂空气电池

Lithium-Air Battery

麦立强 原鲜霞 丁圣琪 主编

化学工业出版社

·北京·

内容简介

　　《锂空气电池》是"先进电化学能源存储与转化技术丛书"的分册之一。本书系统、全面、深入地介绍了各类锂空气电池的工作原理、发展现状、目前挑战和未来方向，并对其理论模拟与计算、系统设计与应用的进展情况进行了分析与讨论，还对在锂空气电池基础上发展起来的锂二氧化碳电池进行了简要的探讨。

　　本书既可以作为从事电化学新能源和锂空气电池方向的科技工作者和工程技术人员重要的参考书和工具书，也可以作为高等院校的电化学及新能源材料专业师生的有益参考书。

图书在版编目(CIP)数据

　　锂空气电池/麦立强，原鲜霞，丁圣琪主编. —北京：化学工业出版社，2023.4
　　（先进电化学能源存储与转化技术丛书）
　　ISBN 978-7-122-42775-5

　　Ⅰ.①锂… Ⅱ.①麦…②原…③丁… Ⅲ.①锂电池 Ⅳ.①TM911

　　中国国家版本馆 CIP 数据核字（2023）第 036928 号

责任编辑：成荣霞
责任校对：边　涛
装帧设计：王晓宇

出版发行：化学工业出版社
　　　　　（北京市东城区青年湖南街 13 号　邮政编码 100011）
印　　装：三河市航远印刷有限公司
710mm×1000mm　1/16　印张 23¼　彩插 8　字数 401 千字
2023 年 10 月北京第 1 版第 1 次印刷

购书咨询：010-64518888
售后服务：010-64518899
网　　址：http://www.cip.com.cn
凡购买本书，如有缺损质量问题，本社销售中心负责调换。

定　　价：188.00 元

当前，用于能源存储和转换的清洁能源技术是人类社会可持续发展的重要举措，将成为克服化石燃料消耗所带来的全球变暖/环境污染的关键举措。在清洁能源技术中，高效可持续的电化学技术被认为是可行、可靠、环保的选择。二次（或可充放电）电池、燃料电池、超级电容器、水和二氧化碳的电解等电化学能源技术现已得到迅速发展，并应用于许多重要领域，诸如交通运输动力电源、固定式和便携式能源存储和转换等。随着各种新应用领域对这些电化学能量装置能量密度和功率密度的需求不断增加，进一步的研发以克服其在应用和商业化中的高成本和低耐用性等挑战显得十分必要。在此背景下，"先进电化学能源存储与转化技术丛书"（以下简称"丛书"）中所涵盖的清洁能源存储和转换的电化学能源科学技术及其所有应用领域将对这些技术的进一步研发起到促进作用。

"丛书"全面介绍了电化学能量转换和存储的基本原理和技术及其最新发展，还包括了从全面的科学理解到组件工程的深入讨论；涉及了各个方面，诸如电化学理论、电化学工艺、材料、组件、组装、制造、失效机理、技术挑战和改善策略等。"丛书"由业内科学家和工程师撰写，他们具有出色的学术水平和强大的专业知识，在科技领域处于领先地位，是该领域的佼佼者。

"丛书"对各种电化学能量转换和存储技术都有深入的解读，使其具有独特性，可望成为相关领域的科学家、工程师以及高等学校相关专业研究生及本科生必不可少的阅读材料。为了帮助读者理解本学科的科学技术，还在"丛书"中插入了一些重要的、具有代表性的图形、表格、照片、参考文件及数据。希望通过阅读该"丛书"，读者可以轻松找到有关电化学技术的基础知识和应用的最新信息。

"丛书"中每个分册都是相对独立的，希望这种结构可以帮助读者快速找到感兴趣的主题，而不必阅读整套"丛书"。由此，不可避免地存在一些交叉重叠，反映了这个动态领域中研究与开发的相互联系。

我们谨代表"丛书"的所有主编和作者，感谢所有家庭成员的理解、大力支持和鼓励；还要感谢顾问委员会成员的大力帮助和支持；更要感谢化学工业出版社相关工作人员在组织和出版该"丛书"中所做的巨大努力。

如果本书中存在任何不当之处，我们将非常感谢读者提出的建设性意见，以期予以纠正和进一步改进。

张久俊

（上海大学/福州大学　教授；

加拿大皇家科学院/工程院/工程研究院　院士；

国际电化学学会/英国皇家化学会　会士）

李　箐

（华中科技大学材料科学与工程学院　教授）

随着化石资源的日渐枯竭和人类社会环保意识的日益增强，清洁、无污染的可再生能源已成为当今能源系统的主角。实现可再生能源规模化应用的核心是发展新型、高效、安全的储能技术。相比于风能、太阳能等可再生能源存在的间断性、不稳定性等问题，基于化学能与电能转换原理的电化学储能技术具有能量转换效率高、可长时间持续稳定工作等优点，在储能电站和新能源汽车等领域扮演着越来越重要的角色。

在过去的 30 年中，锂离子电池作为电化学储能技术的典型代表已经渗透到人类生活的方方面面，在提供极大便利的同时也在很大程度上改变了人类社会的生产、生活方式。然而，随着现代科学技术的不断进步，锂离子电池的性能已经远远不能满足当今市场的实际需求。因此，发展具有更高能量密度的二次电池新体系已成当代社会的迫切任务。

锂空气电池作为一种以具有最低的电化学电位（-3.04V, vs . NHE）的金属锂为负极活性物质、空气中的氧气为正极活性物质的新型电池体系，其理论能量密度高达 $11428\text{W} \cdot \text{h} \cdot \text{kg}^{-1}$（使用纯氧时为 $3458\text{W} \cdot \text{h} \cdot \text{kg}^{-1}$），是目前已知的二次电池中理论能量密度最高的电池。再加上空气中的氧气资源丰富、获取价格低廉，锂空气电池被认为是极具前景的下一代低成本、高能量密度二次电池新体系，受到了国际社会的广泛关注。近年来，锂空气电池的基础科学技术发展迅速，其工作性能也取得了长足的进步。然而，纵观国际学术界，有关锂空气电池的参考书籍却寥寥无几，目前仅有一部由 Springer 出版社于 2014 年出版的题为 *The Lithium Air Battery：Fundamentals* 的学术专著，该书也已于 2017 年翻译成中文在国内出版发行。考虑到锂空气电池最近几年的迅速发展与技术进步，很有必要将其最新的研究成果和技术积累总结整理成新的专著供同行参考。

本书的编写得到了国家重点研发计划项目"二次锂空气电池高效能量转换与

储存纳米材料的设计与调控（2014CB932300）""飞秒光场调控制备新型柔性电子材料及器件（2020YFA0715000）"、国家杰出青年基金项目"纳米线储能材料与器件（51425204）"、国家自然科学基金面上项目"锂空气电池阴极微结构的有效构筑及关键材料研究（21176155）""锂空电池钙钛矿型镧锶钴氧分级介孔纳米线电催化性能与机理（51272197）""锂空气电池用过渡金属硫化物催化剂的研究（21776176）"的支持，这些项目的实施与积累为本书的编写奠定了坚实的基础，其研究成果、经验技巧和心得体会与国际前沿进展一起融入了本书的主要章节，提升了本书的参考价值。

本书共分为 8 章。第 1 章简单概述了锂空气电池的基本原理、起源、发展历史、分类、表征技术和机遇与挑战；第 2～5 章分别介绍了非水系、水系、全固态和复合体系锂空气电池的工作原理和发展现状；第 6 章介绍了锂空气电池在理论模拟与计算方面的研究方法和主要进展；第 7 章介绍了锂空气电池系统设计与应用方面的主要进展；第 8 章简要介绍了在锂空气电池研究基础上发展起来的锂二氧化碳电池的目前发展现状；第 2～8 章还分别对其所聚焦的内容目前存在的主要问题和未来研究的主要方向进行了讨论。

本书由麦立强、原鲜霞和丁圣琪主编，并共同完成统稿工作。具体参加本书编写工作的人员包括（以姓氏汉语拼音为序，姓名之后括号中的数字表示参加撰写的章节）：丁圣琪（3，6），段华南（4），房建华（2），郭炳焜（8），郭晓霞（2），黑泽岷（4），李景娟（2），李磊（2），李林森（2），吕迎春（8），麦立强（1，3），毛亚（7），孙壮（5），田然（4），田少康（2），王彦青（2），徐林（3），徐梦婷（1，2），原鲜霞（1，2，6），张涛（5），郑鸿鹏（4），周盈（4），朱迎迎（2）。黄宇对本书的初稿进行了审阅，并提出了宝贵的修改意见。万意和许孙洁负责全书的图表工作。

本书编写过程中得到了丛书主编张久俊院士和李箐教授的直接指导，也得到了化学工业出版社相关编辑的具体指导与帮助，在此一并表示衷心的感谢！

由于编者水平有限，书中疏漏之处在所难免，敬请各位专家学者和读者朋友批评指正。

编者
2023 年 1 月

第 3 章
水系锂空气电池   145

第 6 章
锂空气电池的理论模拟与计算 243

第 7 章
锂空气电池的设计及应用 292

第 1 章

锂空气电池概述

随着人类社会及全球经济的不断发展，石油等化石资源的逐渐枯竭及 CO_2 排放量的日益增加使温室效应不断加剧，资源和环境问题日渐突出，寻找绿色可再生能源势在必行[1]。风能、太阳能、核能等新能源近年来受到各界的广泛关注，其使用有助于减缓对化石燃料的依赖，进而促进绿色经济的发展。其中，电化学能源（电池）因具有能量转换效率高、能量密度高、无噪声污染、可移动等特点，已成为最重要的研究方向之一[2]。

根据是否可循环使用，电池可以分为一次电池和二次电池。一次电池是指放电后不能进行再充电而重复使用的电池，主要应用于不易更换的场合或者一些特殊的军事场所；二次电池是指可反复充放电重复使用的电池，其中的活性物质可以通过可逆的电化学氧化还原反应实现化学能与电能之间的相互转化。目前主要的二次电池有铅酸电池、镍镉电池、镍氢电池、可充锂电池等。

自 1859 年法国人 Plante 发明铅酸电池，至今已有 160 余年的历史。铅酸电池具有可靠性高、原料易得、价格便宜等优点，在交通、通信、电力、军事和航空等各个领域都起到了不可缺少的重要作用。但是，较短的使用寿命和铅污染是铅酸电池的主要缺点。相较于铅酸电池，镍镉电池具有 500 次以上的循环寿命，但其中的重金属镉对环境有重大危害，因而大大限制了其推广应用。与铅酸电池和镍镉电池相比，镍氢电池具有比能量高、循环寿命长、耐过充放能力强、安全性好、环境相容性高、工作温度范围宽等优点[3,4]，曾经在移动通信、电动汽车等领域大显身手，但工作电压低、易自放电、能量密度有限等缺点使其难以满足当今用电设备的需求。

可充锂电池主要包括锂离子电池、锂硫电池、锂空气电池等。其中，锂离子电池已被广泛应用于便携式电子设备并逐步向电动汽车领域拓展[5]。然而，目前锂离子电池的性能已接近上限，提升空间和潜力非常有限，远远不能满足大容量、高功率电子产品及电动汽车越来越高的需求。因此，开发高能量密度的新型电池体系势在必行。在目前已知的各类电池体系中，锂空气电池以其极高的理论能量密度成为最具潜力的电动汽车电池而备受关注[6]。

1.1
锂空气电池简介

锂空气电池[7]是一种基于负极金属锂和正极氧气之间可逆的氧化还原反应从而实现化学能和电能转换的装置（图 1-1[8]）。其中，负极的活性物质为金属锂，正极的活性物质为氧气，实际使用过程中可以通过自呼吸空气中的氧气而不需要将氧气携带在电池内部，锂空气电池因此而得名。

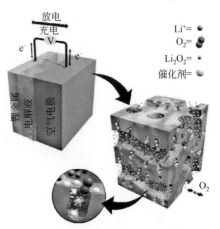

图 1-1　锂空气电池示意图[8]

（彩图见文前）

近年来，随着高能量密度储能需求的日益增加，锂空气电池因其远高于其他二次电池体系、接近于汽油的理论能量密度（图1-2[9]）而受到社会各界的广泛关注。根据美国 IBM 公司的推算[9]，锂空气电池在实际应用中的能量密度可以达到 $1000\sim2000\mathrm{W\cdot h\cdot kg^{-1}}$，是目前锂离子电池能量密度的近十倍，甚至可以媲美汽油的能量密度（$1700\mathrm{W\cdot h\cdot kg^{-1}}$）。如果直接将目前轿车中的内燃机以相同体积的锂空气电池代替，那么其续驶里程将不会减少，而且其寿命周期内的总成本也不比内燃机汽车更高。为此，国际学术界和汽车工业界目前普遍看好锂空气电池，并对其未来在电动汽车上的普及应用寄予厚望。同时，锂空气电池高比能量的特性也将受到笔记本电脑、移动电话等便携式电器用户的欢迎。

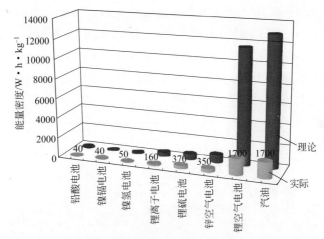

图 1-2　各类可充电电池的能量密度[9]

1.2
锂空气电池的发展历程

锂空气电池的概念是在 1976 年被 Littauer 和 Tsai[10] 首次提出的。该电池体系以空气（或氧气）为正极活性物质、金属锂为负极活性物质、碱性水溶液为电解液，通过 Li_2O 与 LiOH 的转化而进行充放电循环。电池工作过程中先形成一层 LiOH 薄膜，然后 Li_2O 在 LiOH 的边缘/表面活性 Li 位点处成核，当锂表面存在水的情况下，Li_2O 会转化成 LiOH。具体的反应方程式如式(1-1) 和式(1-2)[11]。该电池体系中，负极金属锂极易被水系电解液腐蚀，从而引起自放电严重、稳定性差、库仑效率低、安全性差等问题。后来有研究者试图通过使用电解液添加剂来改善电池的综合性能，但收效甚微。因此，学术界一度认为锂空气电池无法实用。

$$2Li+2H_2O = 2LiOH+H_2 \qquad (1-1)$$
$$Li_2O+H_2O = 2LiOH \qquad (1-2)$$

直至 1996 年，Abraham 和 Jiang[12] 首次报道了真正意义上的可循环充放电的非水体系锂空气电池。该电池以金属锂箔为负极，以能够传输锂离子的固态聚合物为电解质膜，以负载酞菁钴催化剂的多孔碳电极为正极。其中的固态聚合物电解质膜以聚苯胺（PAN）为基体、碳酸乙烯酯（EC）和碳酸丙烯酯（PC）为溶剂、$LiPF_6$ 为电解质而制成，不仅起到了隔膜阻碍正负极直接接触的作用，同时还能够实现锂离子在其中的可逆传输。所构建的电池开路电压约为 3V，放电电压平台为 2.4~2.5V，而且在放电电流密度为 $0.1mA \cdot cm^{-2}$、充电电流密度为 $0.05mA \cdot cm^{-2}$ 的条件下实现了可逆循环充放电（图 1-3），电池的能量密度达到 $250~350W \cdot h \cdot kg^{-1}$，远高于常规的锂离子电池。这是国际上关于可逆锂空气电池的首次研究报道，将锂空气电池的发展向前推进了一大步。此后，国际学术界对锂空气电池进行了大量的研究。

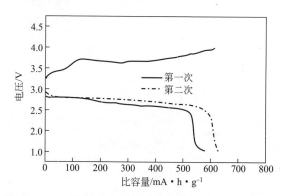

图 1-3　室温下 Li/PAN 聚合物电解质/碳-酞菁钴锂空气电池的循环性能[12]

Read[13] 对比研究了空气电极的材料及结构、电解液的组成及溶氧能力、氧分压等条件对锂空气电池的放电容量、倍率性能和循环性能的影响，发现空气电极的厚度、孔隙率及其中炭黑和黏结剂的比例是影响电池性能的重要因素，电解液的组成与放电产物的形成及性质有关，具有高的氧气溶解度的电解液有利于提高电池的放电比容量。此外，Read 还研究了以碳酸丙烯酯/碳酸二甲酯（PC/DME）为电解液时不同电流密度下由 Super P 制备的空气电极表面放电产物的形貌。就空气侧而言（图1-4），未经放电的电极表面是尺寸为 50nm 的 Super P 颗粒；在 $0.05\text{mA}\cdot\text{cm}^{-2}$ 的低电流密度下放电后电极表面是尺寸约 $150\sim200\text{nm}$ 的 Li_2O_2/Li_2O 球形混合物；当电流密度为 $0.2\text{mA}\cdot\text{cm}^{-2}$ 时，球状颗粒的尺寸增大到约 300nm；当电流密度进一步增加到 $1.0\text{mA}\cdot\text{cm}^{-2}$ 时，电极表面的放电产物不再是球形颗粒，而是呈薄膜状。

图1-4 不同电流密度下 PTFE/Super P 正极空气侧的放电产物形貌[13]

(a) $0\text{mA}\cdot\text{cm}^{-2}$；(b) $0.05\text{mA}\cdot\text{cm}^{-2}$；(c) $0.2\text{mA}\cdot\text{cm}^{-2}$；(d) $1.0\text{mA}\cdot\text{cm}^{-2}$

2006 年，牛津大学的 Bruce 团队[14] 通过原位质谱分析确定了锂空气电池的放电产物 Li_2O_2 在充电过程中会分解生成 Li 和 O_2 ［式(1-3)］，从实验的角度证明了 Li_2O_2 在锂空气电池充放电过程中的可逆性。作者以金属锂为负极、$LiPF_6$/碳酸丙烯酯为电解液、多孔碳电极为正极组装的锂空气电池的放电电压平台为 $2.5\sim2.7\text{V}$、充电电压平台为 $4.2\sim4.4\text{V}$，在 $70\text{mA}\cdot\text{g}^{-1}$ 的电流密度下循环 50 次后放电比容量仍保持在 $600\text{mA}\cdot\text{h}\cdot\text{g}^{-1}$。同时，作者还提出不与水互溶的离子液体是可能取代 $LiPF_6$/碳酸丙烯酯用于锂空气电池的一类新型电解液。

$$2Li^+ + 2e^- + O_2 \Longleftrightarrow Li_2O_2 \tag{1-3}$$

2010 年之后，对锂空气电池电解液、正极结构及其催化剂、负极改性等有了更广泛的研究。Mizuno 等[15] 以 LiTFSI/PC 为电解液制备的锂空气电池在 $0.02\text{mA}\cdot\text{cm}^{-2}$ 的电流密度下循环 100 次后容量保持率达到 60%，但他们在放电产物中并未检测到 Li_2O_2，而是检测到了碳酸锂和烷基锂。这说明锂空气电池的放电产物与所使用的电解液密切相关。Freunberger 等[16] 发现 LiTFSI/PC 电解液在锂空气电池的循环过程中会发生分解，放电时会产生 Li_2CO_3、C_3H_6

（OCO_2Li）$_2$、CH_3CO_2Li、HCO_2Li、CO_2 和 H_2O 等副产物，充电时 Li_2CO_3、C_3H_6（OCO_2Li）$_2$、CH_3CO_2Li 和 HCO_2Li 又重新被氧化，但是并没有发现 Li_2O_2 的存在。同时，还提出 C_3H_6（OCO_2Li）$_2$ 的氧化发生在末端碳酸酯基团，留下的 OC_3H_6O 部分在 Li 负极上反应生成厚的凝胶状沉积物；Li_2CO_3、C_3H_6（OCO_2Li）$_2$、CH_3CO_2Li 和 HCO_2Li 在循环过程中会积聚在阴极，从而导致电池容量的衰减并最终使电池失效。这些工作表明有机碳酸酯类电解液不适合用于锂空气电池。

为了避免电池工作过程中电解液的分解，研究者将目光转向了其他种类的电解液体系，如醚类、砜类、离子液体和聚合物电解质等。2011 年，McCloskey 等[17] 对比研究发现使用醚类电解液的锂空气电池的放电产物为 Li_2O_2，而使用碳酸酯类电解液的电池放电产物中含有 Li_2CO_3，说明醚类电解液比碳酸酯类电解液用于锂空气电池更稳定。Peng 等[18] 以二甲基亚砜为电解液研制的锂空气电池循环 100 次之后容量保持率达到 95%，且电池在循环过程中 Li_2O_2 能够可逆生成和分解。尽管大家对电解液在锂空气电池中的稳定性仍有争议，但醚类和二甲基亚砜类电解液仍吸引了不少研究者的关注。2005 年，Kuboki 等[19] 首次报道了离子液体作为电解液在锂空气电池中的应用。使用 EMIMTFSI［1-乙基-3-甲基咪唑啉双(三氟甲基磺酰基)］作为电解液溶剂组装的电池在 $0.1mA \cdot cm^{-2}$ 的电流密度下容量达到 $5360mA \cdot h \cdot g^{-1}$，作者认为这主要是由于 EMIMTFSI 可以抑制电解液的蒸发。但是，EMIMTFSI 在超氧化锂存在下的不稳定性限制了其在锂空气电池中的应用。固态聚合物电解质（SPEs）被用于锂空气电池中以解决液态电解质在使用过程中存在的安全隐患[20]。然而，SPEs 在室温条件下的高界面阻力以及低离子导电性严重制约其实际应用。相较于 SPEs，凝胶态聚合物电解质具有更高的离子导电性和更低的界面电阻，近年已被用于锂空气电池，不仅起到了保护锂金属阳极、提升安全性的作用，也可以抑制电解液的蒸发从而延长电池的使用寿命[21-23]。

虽然初期的锂空气电池研究主要集中于非水电解液体系，但该体系仍存在着一系列待解决的问题。比如：放电产物 Li_2O_2 导电性差，易引起电池内阻增加、综合性能降低；放电产物 Li_2O_2 不溶于电解液，放电过程中易在正极表面堆积从而堵塞多孔电极的孔道、覆盖催化剂的活性位点，阻碍活性物质氧气与催化剂和电解液的接触，导致电池容量的降低；电解液不稳定，会发生一定程度的分解，导致副产物的生成和极化加剧；锂金属电极产生枝晶，易刺破隔膜引起短路和安全问题。

使用水系电解液的锂空气电池具有成本低、电解液不易分解且不易燃、放电产物能够溶于电解液因而不会堵塞正极孔道、充放电效率高等优点，但其主要的问题在于金属锂电极在水溶液中不稳定、易引发安全事故。因此，开发水系锂空气电池的重点在于对于负极锂金属的有效保护。在金属锂表面组装一薄层能够隔绝水且高效传导锂离子的保护层[24] 是有效手段之一，但也导致了锂空气电池内部结构更加复杂。Visco 等[25] 制备了一种基于 NASICON（Na^+ 导体）的锂离子固体电解质 $Li_3M_2(PO_4)_3$，所构建的锂空气电池 $Li/Li_3M_2(PO_4)_3/4mol \cdot L^{-1}$ NH_4Cl 水溶液/Pt 能稳定充放电近 2 个月。Shimonishi 等[26] 发现锂离子固体电解质 $Li_{1+x}Al_xTi_{2-x}(PO_4)_3$（简写为 LATP）在饱和 LiCl 和 LiOH 溶液中是稳定的，但是当用于使用饱和 LiCl/LiOH 溶液的锂空气电池并覆于锂金属电极表面时，两者之间的接触并不稳定，而是会发生化学反应，因而需要在两者之间再加上一个稳定层。Zhang 等[27] 在金属锂和 LATP 之间加上一层 $PEO_{18}LiTFSI$ 基聚合物电解质制备了水系稳定的锂电极（WSLE），比较研究发现使用 10% 的 40nm $BaTiO_3$ 掺杂的 $PEO_{18}LiTFS$ 具有最低的界面阻抗，所构建的 $Li/PEO_{18}LiTFSI-10\% BaTiO_3$（40nm）电极在 60℃下运行超过 100h 阻抗没变化。

2010 年，Wang 等[28] 结合水系、非水系两种电解液体系的优点提出了水-有机混合电解液体系锂空气电池。其中，电池的负极侧采用有机电解液，正极侧采用水系电解液，两种电解液之间用锂离子传输膜（LISICON）隔开。这一结构不仅能够较好地保护金属锂负极，而且放电产物为可溶性的 LiOH，具体的电极反应与上述水系电解液电池体系类似。自此，有关混合电解液体系锂空气电池的研究迅速吸引了大量的关注，但目前最大的问题在于高效 LISICON 膜的开发，其必须同时满足传导锂离子、分隔水系和有机电解液、阻止水和氧气的通过、具有较好稳定性和优异机械强度等要求。

2010 年，Kumar 等[29] 提出了固态电解质体系锂空气电池的概念。在该体系中，电池的构筑同样以金属锂为负极、载有催化剂的多孔碳电极为正极，主要的特点在于将常规的液态电解液和隔膜合二为一成为固体电解质膜。自此，固态电解质体系锂空气电池开始走进人们的视野，引起了国际学术界的关注。Zhang 等[30,31] 将固态电解质体系锂空气电池与柔性电池结构结合起来，开发了一系列可穿戴锂空气电池（图 1-5）。他们以可弯折的纤维状结构作为整体构型，采用锂金属负极、凝胶聚合物电解质和碳纳米管（CNT）正极制备的锂空气电池在 $1400mA \cdot g^{-1}$ 电流密度下放电比容量达到 $12470mA \cdot h \cdot g^{-1}$，且在限制比容量为 $500mA \cdot h \cdot g^{-1}$ 的条件下能够循环 100 次以上。此外，该电池的性能不会受到弯折变形的影响，有望被改造成纺织物形式为小型电子设备供电。

总体来说，锂空气电池的发展近年越来越受到重视，许多技术上的问题得到了解决，电池的放电性能、循环寿命等都取得了较大的进展。

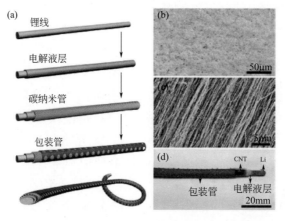

图 1-5　纤维结构锂空气电池及其制备[30]

（a）典型的制备过程示意图；（b）凝胶电解质涂覆的金属锂的 SEM（扫描电镜）图；

（c）CNT 正极的 SEM 图；（d）纤维状锂空气电池的实物照片

1.3
锂空气电池的分类

锂空气电池一般根据其所使用电解液进行分类，目前主要可以分为四类：①非水系电解质体系[15,32-36]；②水系电解质体系[37-52]；③全固态电解质体系[53-63]；④复合电解质体系[64-78]。其结构如图 1-6 所示[79]。

1.3.1　非水系电解质锂空气电池

非水系电解质锂空气电池又称为有机体系锂空气电池，是目前为止所有四种锂空气电池中研究最为深入的一种类型。有机体系锂空气电池主要由锂金属负极、多孔空气正极和有机电解液组成，其电池反应见式(1-4) 和式(1-5)[80]：

$$2Li + O_2 \rightleftharpoons Li_2O_2 \downarrow \quad E_{OCV}^{\ominus} = 2.96V \quad (1-4)$$

$$4Li + O_2 \rightleftharpoons 2Li_2O \downarrow \quad E_{OCV}^{\ominus} = 2.91V \quad (1-5)$$

放电时，氧气首先在多孔正极表面被还原成 O^{2-} 或 O_2^{2-}，然后与从电解液传输过来的锂离子和从外电路传输过来的电子结合生成放电产物 Li_2O_2 或 Li_2O。这些放电产物不溶于电解液，而是沉积于多孔正极表面。充电时，Li_2O_2 或 Li_2O 发生分解，生成氧气、锂离子和电子。通常认为 Li_2O 的可逆性不及 Li_2O_2，因而有机体系锂空气电池的理想放电产物为 Li_2O_2。

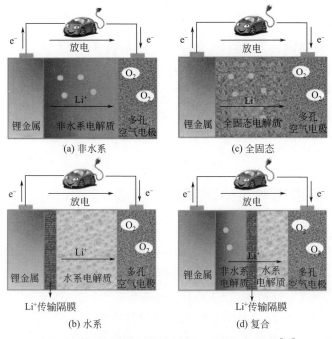

图 1-6　四种不同类型锂空气电池的结构示意图[79]

非水系锂空气电池结构简单、紧凑，易实现高的比容量，且有机电解液在一定程度上能缓解金属锂负极的腐蚀。当金属锂片与有机电解液直接接触时，其表面会形成一薄层固体电解质膜（SEI 膜），从而对锂片的进一步腐蚀起到抑制作用[81]。但是，有机体系锂空气电池放电产物的不溶解性会导致正极表面的孔道被堵塞，从而造成电池容量的降低。

1.3.2　水系电解质锂空气电池

水系电解质锂空气电池又称为水系锂空气电池。根据其中所使用电解液的酸碱性，水系锂空气电池可分为酸性体系锂空气电池和碱性体系锂空气电池。其具体的工作原理[82] 如下：

酸性电解液体系：

$$4Li + O_2 + 4H^+ \rightleftharpoons 4Li^+ + 2H_2O \quad E_0 = 4.27V(vs. Li/Li^+) \quad (1\text{-}6)$$

碱性电解液体系：

$$4Li + O_2 + 2H_2O \rightleftharpoons 4LiOH \quad E_0 = 3.45V(vs. Li/Li^+) \quad (1\text{-}7)$$

放电时，氧气在正极表面被还原生成 OH^-，然后与电解液中的 H^+（酸性）或 Li^+（碱性）结合生成 H_2O（酸性）或 LiOH（碱性）。这些放电产物在水系电解液中具有良好的溶解性,因而不存在有机体系锂空气电池中放电产物堵塞正极孔道的问题。

水系锂空气电池的成本相对较低,且充放电效率高,但其金属锂负极易与水发生剧烈反应,从而引发安全事故。为了解决这个问题,通常的做法是在金属锂负极表面构建一层能有效隔绝水同时又能传导锂离子的保护层。但锂保护层的加入又会增加锂空气电池的成本和结构复杂性。此外,水系锂空气电池目前所用的隔膜为陶瓷电解质隔膜,其价格昂贵、离子电导率很低,且在酸性和碱性环境中均不够稳定。

1.3.3 全固态电解质体系锂空气电池

全固态电解质锂空气电池又称为全固态锂空气电池,是以固体或凝胶体电解质膜代替常规锂空气电池中的隔膜和电解液而构建的一类锂空气电池,其反应机理与非水系锂空气电池类似[83]。常见的固体电解质材料主要包括固态聚合物电解质[84] 和无机陶瓷电解质[85]。其中,固态聚合物电解质以 PEO 基固态聚合物电解质为主,无机陶瓷电解质主要包括硫化物固体电解质(玻璃态硫化物和晶态硫化物)和氧化物固体电解质(钙钛矿型/反钙钛矿型、NASICON 型、石榴石型)[86]。

全固态锂空气电池具有工作温度宽、稳定性高、安全性好、使用寿命长等优点。其中致密的固体电解质将空气正极和金属锂负极分开,能够完全防止空气中的 CO_2、H_2O 等组分对金属锂负极的腐蚀;固体电解质不挥发、不易燃,有利于构筑开放体系的电池;固体电解质具有高的机械强度可防止锂枝晶的穿透,有利于保障电池的安全性。但是,全固态锂空气电池中固体电解质与金属锂负极和空气电极之间的接触不会像液体电解质那样紧密,而且固体电解质本身的导电性较差,这就造成电池的内阻比较大。

1.3.4 复合电解质体系锂空气电池

复合电解质体系锂空气电池又称为复合锂空气电池,是非水系和水系锂空气电池的结合,其在负极采用有机电解液以防止锂片的腐蚀、正极采用水系电解液以溶解放电产物,从而使电池的综合性能得到改善。

复合锂空气电池结合了非水系和水系锂空气电池的优点,既能够避免因放电产物不溶于有机电解液而堵塞正极孔道的问题,又能够避免水系电解液与锂反应引发的安全问题。但复合锂空气电池对隔膜的要求很高:有效传导锂离子、阻止水和氧气的传输、对有机电解液和水系电解液都有良好的抗腐蚀性。

1.4
锂空气电池的表征技术

反应产物的表征和反应过程的分析对探索反应机理、发展高性能锂空气电池至关重要。基于这一共识，国际学术界开发了大量的锂空气电池表征技术，主要包括 X 射线衍射（XRD）[87,88]、拉曼光谱（Raman）[89]、微分电化学质谱（DEMS）[27]、扫描电子显微镜（SEM）[90]、透射电子显微镜（TEM）[91]、X 射线光电子能谱（XPS）[74]、红外光谱（FT-IR）[92]、核磁共振谱（NMR）[93] 和原子力显微镜（AFM）[94] 等。

1.4.1　X 射线衍射

XRD 通常用来表征锂空气电池的充放电产物。Black 等[88] 将 $Co_3O_4/GO/KB$ 作为正极材料制备了锂空气电池，并用 XRD 证明其首次放电产物为过氧化锂（Li_2O_2）。Zhang 等[95] 使用单壁碳纳米管（SWNTs）和离子液体制备了交联网络凝胶（SWNTs/IL CNG）用于锂空气电池的正极，并与 SWNTs 和离子液体的混合物制备的电极在通入微量空气的氧气气氛中进行了测试和性能比较。如图 1-7 所示，使用 SWNTs/IL CNG 的电池放电比容量达到了 $19050mA \cdot h \cdot g^{-1}$，而使用 SWNTs 和离子液体混合物电极的电池放电比容量仅为 $2210mA \cdot h \cdot g^{-1}$。作者用 XRD 对基于 SWNTs/IL CNG 的新鲜极片（XRD1）、放电态极片（XRD2）和充

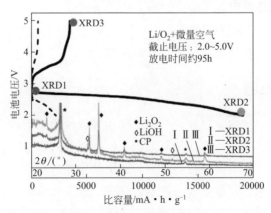

图 1-7　基于 SWNTs/IL CNG（实线）和混合物（虚线）的锂空气电池的
充放电性能曲线及不同状态电极的 XRD 分析[95]

电态极片（XRD3）分别进行了产物表征，结果表明主要的放电产物是 Li_2O_2，同时也有少量的 LiOH 存在，可能是空气中的微量水分导致的；充电态的极片中 LiOH 的峰完全消失，但仍有 Li_2O_2 存在，说明该电池的充放电可逆性比较差。

Lee 等[96] 对比研究了酸浸对 $Na_{0.44}MnO_2$ 作为锂空气电池催化剂性能的影响。XRD 图谱分析发现使用未经酸浸 $Na_{0.44}MnO_2$ 的电池中放电产物只有 Li_2O_2，而使用酸浸 $Na_{0.44}MnO_2$ 的电池放电产物除 Li_2O_2 外还有 LiOH 的存在。作者认为这是因为酸浸 $Na_{0.44}MnO_2$ 的表面含有大量的 H^+ 缺陷位点，它能够在 Li^+ 之前优先与 O_2^- 反应生成 HO_2，然后 HO_2 发生歧化反应生成 H_2O，H_2O 再与过氧化锂反应生成氢氧化锂。

除了非原位 XRD 表征，原位 XRD 也常被用来分析锂空气电池中的反应过程。Ryan 等[97] 用原位 XRD 研究了以 $1mol \cdot L^{-1} LiCF_3SO_3$ 的 TEGDME 为电解质溶液的锂空气电池在三种不同条件下（电池 1：仅放电；电池 2：先放电再充电；电池 3：先充电使电解质分解再放电）放电产物的变化。图 1-8 中，深蓝为背景色，布拉格反射强度用线条颜色表示，从浅蓝、黄色到白色强度依次增强。电池 1 在放电开始时立即生成 LiOH，而且其峰的强度在整个放电过程的 25h 内稳步增强，但是并未出现 Li_2O_2 的峰。作者认为这主要是因为较弱的 Li_2O_2 峰被 LiOH 的高强度峰掩盖了。为了避免锂负极及其产物对正极放电产物布拉格反射信号的干扰，作者在电池 2 和电池 3 中锂负极的中心打了直径 3mm 的孔以便于 X 射线穿过。他们发现电池 2 在放电开始立即生成 Li_2O_2，但在放电的后期 LiOH 逐渐增多，说明 LiOH 的形成与电解液分解有关。电池 3 的放电产物只有可以可逆循环的 LiOH 而没有 Li_2O_2。作者认为这是因为电解质在氧还原反应发生前的充电过程中先发生了分解，所产生的 H^+ 与 O_2^- 反应生成 H_2O_2 并进一步生成 OH^-，从而使电解液的成分发生了变化。这项研究说明了锂空气电池中电解液对放电过程及其产物有重要的影响。

1.4.2 拉曼光谱

拉曼光谱是用于结构鉴定和分子相互作用理解的重要手段，它与红外光谱互为补充，可以鉴别特殊的结构或特征基团。拉曼位移的大小、强度及拉曼特征峰形状是鉴定化学键、官能团的重要依据。利用其偏振特性，拉曼光谱还可用作分子异构体判断的依据。在锂空气电池的研究中，拉曼光谱常用来检测放电产物的形态。例如：Débart 等[98] 用拉曼光谱检测到以纳米 α-MnO_2 为催化剂的锂空气电池的放电产物为 Li_2O_2。Higashi 等[99] 用拉曼光谱对使用离子液体 DEME-TFSA［N,N-二乙基-N-甲基-N-（2-甲氧基乙基）铵（三氟甲基磺酰）酰胺］和

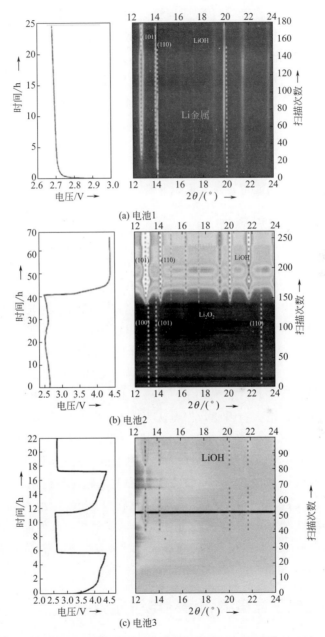

图 1-8 三种电池的电化学性能数据和相应的 XRD 谱图[97]（彩图见文前）

PP$_{13}$-TFSA ［N-甲基-N-丙基哌啶双（三氟-甲磺酰基）酰胺］为电解液的锂空气电池研究发现，其放电后的正极表面有 Li$_2$O$_2$ 生成，但未检测到 Li$_2$O、Li$_2$CO$_3$ 和 LiOH 的存在。Yang 等[100] 将具有较高比表面积的石油焦基活性炭（AC）用于锂空气电池的正极而不使用其他金属催化剂，在 TEGDME-LiCF$_3$SO$_3$ 电解液中进行电化学性能测试，发现在 3.2～3.5V 和 4.2～4.3V 存在两个充电电压平台。结合拉曼光谱对放电产物形态的表征，作者发现较低的充电电压平台对应于具有超氧化物类特性的 Li$_2$O$_2$，其具有较高的 O—O 拉伸峰（1125cm^{-1}）；当充电至 3.7V 以上时，高 O—O 拉伸峰消失；在 4.2～4.3V 电压范围内，TEGDME 溶剂会发生氧化分解。此外，理论计算发现，过氧化锂簇及其表面上的超氧化物结构具有不成对电子和高 O—O 拉伸峰。因此，作者认为放电产物的形态对于实现低过电位和高能量转换效率是非常重要的。

1.4.3　微分电化学质谱

DEMS 常用来检测锂空气电池充放电过程中气体（如 O$_2$、CO$_2$ 等）的变化，从而更好地分析反应过程。McCloskey 等[17] 用 DEMS 研究了以 DME 为电解质溶液的锂空气电池的充电过程（图 1-9），发现该电池的充电过程可以分为四个阶段：阶段Ⅰ（3.1～4.0V）的氧气析出速率最快，几乎没有 CO$_2$ 产生；阶段Ⅱ（4.0～4.5V）的氧气析出速率有所降低，但仍然没有 CO$_2$ 的析出；阶段Ⅲ（电压稳定在 4.5V）的氧气析出速率与阶段Ⅱ接近，但 CO$_2$ 的析出速率随着充电时间的延长逐渐增大；阶段Ⅳ（4.5～4.6V）的氧气析出快速变慢，而 CO$_2$ 的析出速率快速增大。因此，作者认为以 DME 为电解液的锂空气电池在充电后期电压超过 4.5V 时会有电解液发生分解。此后，该团队又采用定量微分电化学质谱研究了使用不同催化剂的锂空气电池中的反应过程[101]，发现以 DME 为电解液的锂空气电池中，Li$_2$O$_2$ 是主要的放电产物；与使用纯碳时的情况相比，金属（Au/XC72、Pt/XC72）和金属氧化物（α-MnO$_2$ 纳米带/XC72）催化剂的使用不会降低电池的充电电位；所有正极的氧气析出起始电位几乎相同，并且高于放电后电池的开路电压（约 2.8V）。作者认为，锂空气电池充电过程中的 OER 催化实际上是与电解液溶剂分解有关的电催化。

1.4.4　扫描电子显微镜和透射电子显微镜

SEM 和 TEM 是电化学能源材料研究中常用的表征手段，在锂空气电池的研究中更是不可或缺的测试技术。Xu 等[102] 采用溶剂热法制备了海胆状和核壳结构两种不同形貌的尖晶石 NiCo$_2$S$_4$ 材料。从 SEM ［图 1-10(a)、（b)］可以看

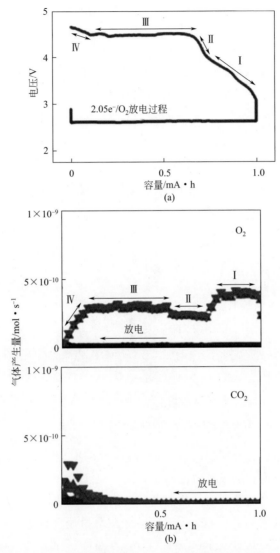

图 1-9　基于 DME 电解液的锂空气电池的充放电曲线（a）

和同位素标记的 O_2 和 CO_2 的 DEMS 谱图（b）[17]

出，海胆状 $NiCo_2S_4$ 颗粒由纳米棒有序自组装而成，这种结构有利于增加比表面积以及暴露更多的活性位点，而核壳结构的 $NiCo_2S_4$ 由内部的球核和外部的薄壳组成。通过 TEM 和选区电子衍射（SAED）进一步分析 $NiCo_2S_4$ 的晶体结构。图 1-10（c）中的 HRTEM 图清晰地呈现了海胆状 $NiCo_2S_4$ 的（311）和（111）晶面的晶格条纹，分别对应于 0.285nm 以及 0.540nm 的晶格间距，其 SAED 图中的衍射环表明海胆状 $NiCo_2S_4$ 的多晶特征。图 1-10（d）中的 HR-

TEM 图像清楚地呈现了晶格间距为 0.330nm 的核壳结构 $NiCo_2S_4$ 的（220）晶面的晶格条纹，其 SAED 图表明核壳结构 $NiCo_2S_4$ 的多晶特征。当用作锂空气电池的正极催化剂时，海胆状 $NiCo_2S_4$ 表现出更好的催化性能，具体表现在相应电池具有更低的充放电过电位、更高的比容量和更长的循环寿命。作者认为这主要得益于海胆状结构更大的比表面积能够增加电化学活性位点、缩短离子/电子的传输距离，并提供更多的容纳放电产物的空间，从而导致更快的电极动力学、更高的催化活性和更好的可逆性。由此可见催化剂的形貌对电池的性能有重要影响。

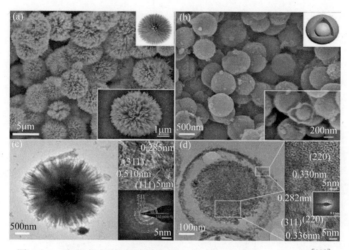

图 1-10　海胆状和核壳结构 $NiCo_2S_4$ 的 SEM 图、TEM 图[102]

Cui 等[103]通过化学沉积法将 Co_3O_4 生长在泡沫镍上并用作锂空气电池的正极。与使用传统碳载电极的电池相比，该电池表现出更高的比容量、更高的放电电压、更低的充电电压和更高的能量转换效率。通过 SEM 和 TEM 观察发现，直径约 250nm、长度约 8mm 的 Co_3O_4 纳米棒均匀地垂直生长在泡沫镍骨架上，其 SAED 斑点主要对应于 Co_3O_4 的（110）、（311）和（111）晶面，Co_3O_4 纳米棒主要沿（111）方向生长。这种结构有利于电池内阻的降低和放电产物在正极表面及孔隙中的存储，极大地改善了电池的综合性能。

除了表征催化剂的微观结构，SEM 还常常用来观察锂空气电池放电产物 Li_2O_2 的形貌。Wang 等[104]通过简单的原位溶胶-凝胶法成功合成了氧化石墨烯凝胶衍生的自支撑分级多孔碳，以其为正极的锂空气电池放电比容量高达 $11060mA \cdot h \cdot g^{-1}$。作者通过 SEM 对放电后电极的观察发现环形的 Li_2O_2 颗粒沉积在正极表面，因而认为自支撑分层多孔结构保证了 O_2 在层间持续流动并且为 Li_2O_2 的沉积提供了足够的空间。Mitchell 等[105]在陶瓷多孔基底上生长直径约 30nm 的中空碳纤维（CNF）并将其用作锂空气电池的正极，通过 SEM 观察了三个不同放电深度的电池中放电产物 Li_2O_2 的形态变化。如图 1-11 所示，当放电深度为 5％（放电比容量 350mA·h·g^{-1}）时，CNF 侧壁上生成离散的、平均直径为 100nm 的球形 Li_2O_2 颗粒；当放电深度增加到 25％（放电比容量 1880mA·h·g^{-1}）时，原先的小球颗粒转变为直径 400nm 的环形颗粒；随着放电深度的进一步增加，这些颗粒逐渐长大，当放电深度达到 100％（放电比容量 7200mA·h·g^{-1}）时，Li_2O_2 转变成了片状或薄膜状。Zhang 等[106] 通过水热法结合后续的氨气环境退火处理合成了氮化钼/氮掺杂的碳（MoN/N-C）纳米球复合材料。得益于 MoN 与 N-C 之间的协同作用，所制备的 MoN/N-C 纳米球对非水系锂空气电池中的氧还原反应表现出优异的电催化活性，相应的锂空气电池经 SEM 观察发现其放电产物 Li_2O_2 为纳米片密堆积形态。Yu 等[107] 研究了 rGO/α-MnO$_2$ 复合材料在锂空气电池中的电催化性能，发现与使用纯 α-MnO$_2$ 的电池相比，基于复合材料的电池的循环能力大幅提高。作者认为这主要是因为 rGO 充当了连接 α-MnO$_2$ 纳米棒的导电剂，改善了锂离子的转移速率，他们还用 SEM 和 TEM 观察到电极表面上形成的 Li_2O_2 呈薄片状。

图 1-11　不同放电深度下 Li_2O_2 的形貌变化 SEM 图（插图为相应的放电电压曲线）[105]

1.4.5　X 射线光电子能谱

XPS 是一种分析材料中元素价态、键合、官能团及其分布的常用检测手段。Yoo 等[74] 将石墨烯纳米片（GNS）用作复合体系锂空气电池的正极，在 0.5mA·cm^{-2} 的电流密度下，相应电池的放电电压接近于使用 20％（质量分数）Pt/C 催化剂的电池。作者用 XPS 分析后将之归因于 GNS 边缘缺陷位点的 sp^3 杂化的存在。此外，热处理过的 GNS 不仅在氧还原方面保持了类似的催化活性，而且表现出比 GNS 更稳定的循环性能，XPS 分析认为这主要是因为热处理可除去 GNS 表面吸附的官能团，从而使 GNS 表面转变成类石墨结构。锂空气电池中正极表面 Li_2CO_3 的形成和低效分解是其实际应用中不可逾越的障碍。Lei 等[108] 通过乙醇回流加热前驱体的方法制备了多孔 MnO，并将之用作锂空气电池中 Li_2CO_3 分解的正极催化剂。所组装的电池在空气中表现出超过 100 次的稳定循环和低充电过电位，第 100 次循环时的充电电压为 4.0V，远低于使用纯碳正极的锂空气电池（4.4V）。作者通过 XPS 检测了不同放电深度时正极侧放电产物的分布（图 1-12），发现 Li_2CO_3 最初在 Li_2O_2 的表面形成，然后逐渐深入到 Li_2O_2 的内部，表明 Li_2O_2 更容易与环境空气中的 CO_2 而不是碳基电极材料反应形成 Li_2CO_3。Li 等[109] 制备了核壳结构纳米复合材料 CNT@Ni@NiCo 并用作锂空气电池的催化剂。当电流密度为 $200mA \cdot g^{-1}$ 时，相应电池的放电比容量高达 $10046mA \cdot h \cdot g^{-1}$，充放电电压差仅为 1.44 V。结合 XPS 和 XRD 分析发现，NiCo 纳米颗粒对 CNT 的包裹有助于抑制副产物的生成，同时 CNT 的高电导率、NiCo 纳米颗粒的高比表面积和高 ORR/OER 催化活性的协同作用使得该材料在锂空气电池中表现出出色的性能。

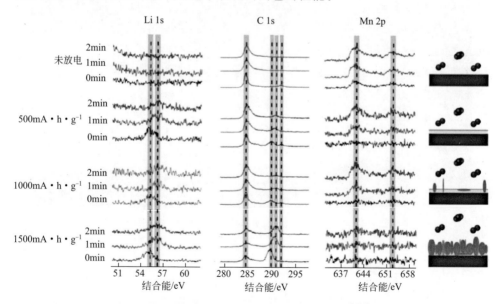

图 1-12　不同放电深度电极的 XPS 图谱和反应机理示意图[108]（彩图见文前）

在右侧的机理示意图中，浅蓝色区域表示非晶 Li_2O_2，蓝色线表示 Li_2O_2 晶体，粉色线表示 Li_2O_2 和空气中 CO_2 反应形成的 Li_2CO_3，绿色线表示 Li_2O_2 与电极复合材料中的碳反应形成的 Li_2CO_3

1.4.6　红外光谱

FT-IR 具有灵敏度高、操作简单、信噪比高等优点，能够提供分子水平的信息，在锂空气电池的研究中也常常需要借助于红外光谱。Li 等[110] 通过模板法将纳米、微米级 TiN 颗粒负载在 Vulcan XC-72 表面制备了 n-TiN/VC 和 m-TiN/VC 材料，XRD 和 FT-IR 研究发现以其为催化剂的锂空气电池具有良好的可逆性。Etacheri 等[111] 制备了自支撑的分级活性炭微纤维（ACM）电极，并在制备 ACM 与 α-MnO_2 纳米颗粒复合电极的过程中借助 FT-IR 证实了 MnO_2 已被成功沉积在 ACM 表面得到了 ACM/α-MnO_2 电极。当用于锂空气电池时，与常规复合碳电极相比，ACM 和 ACM/α-MnO_2 电极均表现出更低的充电电压和更好的循环性能。

1.4.7　核磁共振

核磁共振技术是一种研究电化学界面的有力工具，其响应频率对局部的化学环境很敏感，常用来观察离子周围的环境变化，而且 NMR 的元素选择性还可以独立追踪电化学体系中的不同原子。Huff 等[93] 用不同的催化剂（Pd、α-MnO_2 和 CuO）和电解液溶剂（EC/DMC 和 TEGDME）分别组装了锂空气电池，并通过 NMR 检测放电产物，对比研究了催化剂和溶剂对锂空气电池放电产物的影响。他们发现，使用 EC/DMC 为溶剂的锂空气电池的放电产物主要是 Li_2CO_3，而使用 TEGDME 溶剂时电池的放电产物主要是 Li_2O_2。此外，使用不同催化剂的放电态正极的 NMR 化学位移有微小变化，说明催化剂对放电产物的种类或数量有一定的影响。

1.4.8　原子力显微镜

AFM 是具有原子级分辨率的显微技术，能在液体和大气环境中对包括绝缘体在内的固体材料进行表面结构和形貌的探测，也是研究锂空气电池的一种重要技术手段。Lu 等[94] 制备了基于低分子量聚（碳酸酯-醚）和四氟硼酸锂的新型聚合物电解质用于锂空气电池，并采用 FT-IR 和 AFM 进行表征和分析研究。FT-IR 表明，锂离子与聚合物中的部分氧原子之间存在明显的相互作用，锂盐和聚合物之间具有良好的混溶性；虽然循环多次后会在正极表面观察到少量的 Li_2CO_3，但 Li_2O_2 始终是主要的放电产物；长期充放电循环后聚合物电解质的组分没有明显变化。AFM 测试表明聚合物电解质在充电放电循环期间没有发生相分离，而且表面保持平滑。这些结果证明了聚合物电解质能够稳定应用于锂空气电池。

为了将 AFM 更好地应用于电化学研究中，Manne 等[112] 将电化学技术和 AFM 相结合研制了第一台电化学原子力显微镜（EC-AFM）。目前，EC-AFM 已广泛应用于包括锂空气电池在内的电化学领域。例如：Wen 等[113] 利用 EC-AFM 观察了石墨电极表面 ORR 过程中的 Li_2O_2 生成（图 1-13）和 OER 过程中的 Li_2O_2 分解（图 1-14）。ORR 过程中，Li_2O_2 纳米粒子首先在表面能高、反应活性强的石墨阶梯边缘上形成，然后聚集在一起形成纳米片。在此过程中，纳米颗粒（1）和纳米簇（2）逐渐分散及移动（2′），而纳米片（3）快速形成（3′）；OER 过程中可以清晰地看到 Li_2O_2 的分解：2.8V 时［图 1-14(a)］ Li_2O_2 纳米片在电极表面排列规整，其随着充电电压的升高快速分解直至完全消失［图 1-14（b）和（c）］。这些研究为阐释锂空气电池的机理提供了有力的参考。

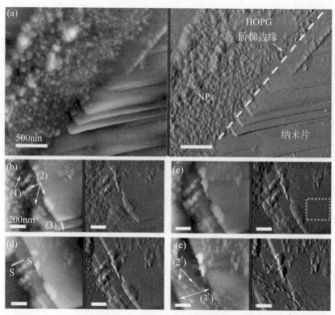

图 1-13　ORR 过程中 Li_2O_2 在石墨电极生长的 AFM 图[113]

左侧图像为俯视表面，右侧图像为侧视表面

在现代科学研究中，分析表征技术已成为不可或缺的手段。不同的表征方法各有优缺点，多种表征技术联合使用能起到取长补短、相得益彰的作用。因此，在锂空气电池的研究中，常常将两种及多种测试表征技术结合起来使用。此外，多种和电化学技术相结合的原位表征技术也已在锂空气电池的研究中崭露头角。为了进一步深入、定量地研究锂空气电池中的反应过程并探明其确切的反应机

图 1-14　OER 过程中石墨电极上 Li_2O_2 纳米薄膜的 AFM 图[113]

（a）在 2.2V 截止电压下恒电流测试获得的 Li_2O_2 纳米片；（b）以 $5mV \cdot s^{-1}$ 的扫描速率
从 2.8V（底部）到 4.0V（中间到顶部）的 HOPG 电极；（c）在 4.0V 干净的 HOPG 电极上

理，新的测试方法和原位表征技术有待发展。

1.5
锂空气电池的机遇和挑战

　　随着人们对环境保护的日益重视，开发清洁、高效、可持续的新能源已成为当务之急。在众多可充电电池中，锂空气电池因其极高的理论能量密度成为最具潜力的电动汽车动力源。经过多年的发展，锂空气电池的性能已经取得了长足的进步，但仍存在不容忽视的问题和挑战（图 1-15[114]），从根本上限制了锂空气电池的推广应用和商业化进程。从性能的角度，锂空气电池目前存在的主要问题包括极化严重［图 1-15（a）］、放电比容量低［图 1-15（b）］、循环寿命短［图 1-15（c）］，而导致这些问题的因素［图 1-15（d）］主要包括缓慢的氧电极动力学、正极表面孔隙的堵塞、碳腐蚀、负极锂枝晶、电解液分解、空气中非氧气体的污染等多个方面。

　　① 正极。空气电极的结构（包括微孔及其分布、孔隙率、比表面积等）对锂空气电池的性能有着极其重要的影响，这不仅关系到电极的具体制备过程和工艺方法，而且关系到 ORR/OER 催化剂材料的选用及其负载方法和负载量等多个方面。另一方面，碳的腐蚀仍是制约锂空气电池性能的主要问题，表面保护以及采用无碳电极是两种可行策略。表面保护需要在碳表面均匀覆盖保护材料；而采用无碳电极则要求材料更加稳定且具有高导电性。电极的结构是影响锂空气电池放电比容量的重要因素，为容纳更多的放电产物，设计和构筑高效、稳定的三维多孔空气电极至关重要。

　　② 催化反应机理。催化剂是锂空气电池正极的重要组成部分，高效 ORR/

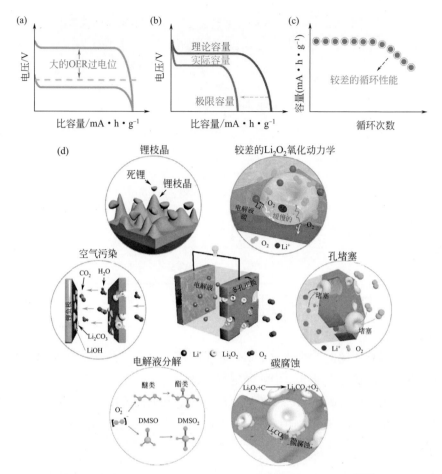

图 1-15　锂空气电池存在的主要问题和影响锂空气电池性能的关键因素[114]（彩图见文前）

OER 催化剂的使用可有效降低电池充放电反应的过电位，增强氧化还原的可逆性，改善电极反应的动力学性能，从而提升电池的能量转换效率、放电比容量、倍率性能和循环寿命。对催化剂反应机理的正确认识有利于高效催化剂的精准设计、开发和电池性能的改善[115-117]。原位表征技术是锂空气电池机理研究和性能评价的有力工具，开发和利用新的原位表征技术将是今后研究的重要方向。

　　③ 负极。在锂离子电池的发展进程中，构建一种能保证电池安全稳定循环的金属锂负极一直是个极具挑战的任务，这主要是由于电池在充放电过程中金属锂的反复溶解和沉积会导致锂枝晶的形成。在锂空气电池中，负极锂枝晶的形成同样是一个不容忽视的问题，因为它可能会刺穿隔膜从而引起正负极的直接接触，造成电池内部短路甚至引起安全问题。另一方面，当使用空气作为锂空气电池的氧气来源时，电池在敞开系统下运行，空气中的 H_2O、CO_2 等非氧气体会

不可避免地进入电池内部，并扩散至锂金属负极表面与其发生副反应，从而造成锂负极的腐蚀和电池性能的衰减。同时，金属锂与 H_2O 的反应易引起燃烧爆炸，具有极高的安全隐患[118]。因此，发展锂金属负极保护的有效策略对提升锂空气电池的综合性能具有重要的意义，开发可替代金属锂的合金类材料或者其他新型材料也是解决锂空气电池负极问题的可能途径。

④ 电解液。电解液作为锂空气电池内部离子传输的通道，其黏度、电导率、溶氧量、稳定性等对锂空气电池的性能具有十分重要的影响。在电池的运行过程中，电解液的溶剂[17]和锂盐[119]可能会发生不稳定分解，或者与电极材料及黏结剂[120]发生副反应，从而影响电池的性能。对于非水系锂空气电池，探索新型稳定的有机电解液已成为迫切任务；对于水系锂空气电池，电解液的 pH 值及成分与其固体电解质膜的兼容性值得关注；对于全固态锂空气电池，固体电解质的电导率和稳定性亟待提升；对于复合体系锂空气电池，负极电解液的稳定性、正极电解液的酸碱度、双有机电解液新体系的开发都须予以重视。

参考文献

[1] Liu Y，Pan H，Gao M，et al. Advanced hydrogen storage alloys for Ni/MH rechargeable batteries [J]. Journal of Materials Chemistry，2011，21 (13)：4743-4755.

[2] Young K H，Nei J. The Current status of hydrogen storage alloy development for electrochemical applications [J]. Materials，2013，6 (10)：4574-4608.

[3] Wang Y，Liu B，Li Q，et al. Lithium and lithium ion batteries for applications in microelectronic devices：A review [J]. Journal of Power Sources，2015，286 (3)：30-45.

[4] Akhtar N，Akhtar W. Prospects，challenges，and latest developments in lithium-air batteries [J]. International Journal of Energy Research，2015，39 (3)：303-316.

[5] Bruce P G，Freunberger S A，Hardwick L J，et al. Li-O_2 and Li-S batteries with high energy storage [J]. Nature Materials，2012，11 (172)：19-29.

[6] Kang J H，Lee J，Jung J W，et al. Lithium-air batteries：air-breathing challenges and perspective [J]. ACS Nano，2020，14 (11)：14549-14578.

[7] Read J. Characterization of the lithium/oxygen organic electrolyte battery [J]. Journal of The Electrochemical Society，2002，149 (9)：A1190-A1195.

[8] Read J. Ether-based electrolytes for the lithium/oxygen organic electrolyte battery [J]. Journal of The Electrochemical Society，2006，153 (1)：A96-A100.

[9] Girishkumar G，Mccloskey B，Luntz A C，et al. Lithium-air battery：promise and challenges [J]. Journal of Physical Chemistry Letters，2010，1 (14)：2193-2203.

[10] Littauer E L，Tsai K C. Anodic behavior of lithium in aqueous electrolytes：I [J]. Transient Passivation，1976，123 (6)：123776.

[11] Abraham K M. A brief history of non-aqueous metal-air batteries [J]. ECS Transactions，2008，3 (42)：67-71.

[12] Abraham K M，Jiang Z. A polymer electrolyte-based rechargeable lithium/oxygen battery

[J]. Journal of The Electrochemical Society, 1996, 143 (1): 1-5.

[13] Read J J. Characterization of the lithium/oxygen organic electrolyte battery [J]. Journal of the Electrochemical Society, 2002, 149 (9): A1190-A1195.

[14] Ogasawara T, Débart A, Holzapfel M, et al. Rechargeable Li_2O_2 electrode for lithium batteries [J]. Journal of the American Chemical Society, 2006, 128 (4): 1390-1393.

[15] Mizuno F, Nakanishi S, Kotani Y, et al. Rechargeable Li-air batteries with carbonate-based liquid electrolytes [J]. Electrochemistry, 2012, 78 (5): 403-405.

[16] Freunberger S A, Chen Y, Peng Z, et al. Reactions in the rechargeable lithium—O_2 battery with alkyl carbonate electrolytes [J]. Journal of the American Chemical Society, 2011, 133 (20): 8040-8047.

[17] McCloskey B D, Bethune D S, Shelby R M, et al. Solvents' critical role in nonaqueous lithium-oxygen battery electrochemistry [J]. Journal of Physical Chemistry Letters, 2011, 2 (10): 1161-1166.

[18] Peng Z, Freunberger S A, Chen Y, et al. A reversible and higher-rate Li-O_2 battery [J]. Science, 2012, 337 (6094): 563-566.

[19] Kuboki T, Okuyama T, Ohsaki T, et al. Lithium-air batteries using hydrophobic room temperature ionic liquid electrolyte [J]. Journal of Power Sources, 2005, 146: 766-769.

[20] Li Y, Wang X, Dong S, et al. Recent advances in non-aqueous electrolyte for recharge-able Li-O_2 batteries [J]. Advanced Energy Materials, 2016, 6 (18): 1600751.

[21] Luo W B, Chou S L, Wang J Z, et al. A hybrid gel-solid-state polymer electrolyte for long-life lithium oxygen batteries [J]. Chemical Communication, 2015, 51 (39): 8269-8272.

[22] Kim B G, Kim J S, Min J, et al. A moisture-and oxygen-impermeable separator for aprotic Li-O_2 batteries [J]. Advanced Functional Materials, 2016, 26 (11): 1747-1756.

[23] Leng L, Zeng X, Chen P, et al. A novel stability-enhanced lithium-oxygen battery with cellulose-based composite polymer gel as the electrolyte [J]. Electrochimica Acta, 2015, 176: 1108-1115.

[24] Xiong Q, Huang G, Yu Y, et al. Soluble and perfluorinated polyelectrolyte for safe and high-performance Li-O_2 batteries [J]. Angewandte Chemie-International Edition, 2022, 61 (19): e202116635.

[25] Visco S J, Nimon E, Katz B. The development of high energy density lithium/air and lithium/water batteries with no self-discharge [J]. Electrochemical Society, 2006, 02: 389.

[26] Shimonishi Y, Zhang T, Imanishi N, et al. A study on lithium/air secondary batteries-stability of the NASICON-type lithium ion conducting solid electrolyte in alkaline aqueous solutions [J]. Journal of Power Sources, 2011, 196 (11): 5128-5132.

[27] Zhang T, Liu S, Imanishi N, et al. Water-stable lithium electrode and its application in aqueous lithium/air secondary batteries [J]. Electrochemistry, 2012, 78 (5): 360-362.

［28］　Wang Y，Zhou H. A lithium-air battery with a potential to continuously reduce O_2 from air for delivering energy ［J］. Journal of Power Sources，2010，195 (1)：358-361.

［29］　Kumar B，Kumar J，Leese R，et al. A solid-state，rechargeable，long cycle life lithium-air battery (postprint) ［J］. Journal of the Electrochemical Society，2010，157 (1)：A50.

［30］　Zhang Y，Wang L，Guo Z，et al. High-performance lithium-air battery with a coaxial-fiber architecture ［J］. Angewandte Chemie-International Edition，2016，128 (14)：4563-4567.

［31］　Wang L，Zhang Y，Pan J，et al. Stretchable lithium-air battery for wearable electronics ［J］. Journal of Materials Chemistry A，2016，4 (35)：13419-13424

［32］　Chen Y，Freunberger S A，Peng Z，et al. Li-O_2 Battery with a Dimethylformamide Electrolyte ［J］. Journal of the American Chemical Society，2012，134 (18)：7952-7957.

［33］　Cecchetto L，Salomon M，Scrosati B，et al. Study of a Li-air battery having an electrolyte solution formed by a mixture of an ether-based aprotic solvent and an ionic liquid ［J］. Journal of Power Sources，2012，213 (0)：233-238.

［34］　Xu W，Xiao J，Wang D，et al. Effects of Nonaqueous Electrolytes on the Performance of Lithium/Air Batteries ［J］. Journal of The Electrochemical Society，2010，157 (2)：A219-A224.

［35］　Xiao J，Hu J，Wang D，et al. Investigation of the rechargeability of Li-O_2 batteries in non-aqueous electrolyte ［J］. Journal of Power Sources，2011，196 (13)：5674-5678.

［36］　Laoire C O，Mukerjee S，Abraham K M，et al. Influence of Nonaqueous Solvents on the Electrochemistry of Oxygen in the Rechargeable Lithium-Air Battery ［J］. The Journal of Physical Chemistry C，2010，114 (19)：9178-9186.

［37］　Wang H，Im D，Lee D J，et al. A Composite Polymer Electrolyte Protect Layer between Lithium and Water Stable Ceramics for Aqueous Lithium-Air Batteries ［J］. Journal of The Electrochemical Society，2013，160 (4)：A728-A733.

［38］　Zhang T，Imanishi N，Shimonishi Y，et al. Stability of a Water-Stable Lithium Metal Anode for a Lithium-Air Battery with Acetic Acid-Water Solutions ［J］. Journal of The Electrochemical Society，2010，157 (2)：A214-A218.

［39］　Zhang T，Imanishi N，Hasegawa S，et al. Li/Polymer Electrolyte/Water Stable Lithium-Conducting Glass Ceramics Composite for Lithium-Air Secondary Batteries with an Aqueous Electrolyte ［J］. Journal of The Electrochemical Society，2008，155 (12)：A965-A969.

［40］　Horstmann B，Danner T，Bessler W G. Precipitation in aqueous lithium-oxygen batteries：a model-based analysis ［J］. Energy & Environmental Science，2013，6 (4)：1299-1314.

［41］　Zhang T，Imanishi N，Hasegawa S，et al. Water-Stable Lithium Anode with the Three-Layer Construction for Aqueous Lithium-Air Secondary Batteries ［J］. Electrochemical and Solid-State Letters，2009，12 (7)：A132-A135.

［42］　Li L，Zhao X，Fu Y，et al. Polyprotic acid catholyte for high capacity dual-electrolyte Li-air batteries ［J］. Physical Chemistry Chemical Physics，2012，14 (37)：12737-12740.

[43] Imanishi N，Takeda Y，Yamamoto O. Aqueous Lithium-Air Rechargeable Batteries [J]. Electrochemistry，2012，80（10）：706-715.

[44] Demidov A I，Domanskii V K，Morachevskii A G. Electrochemical Behavior of Lithium in Aqueous Solutions of Alkali Metal Hydroxides [J]. Russian Journal of Applied Chemistry，2001，74（7）：1118-1121.

[45] He P，Wang Y，Zhou H. A Li-air fuel cell with recycle aqueous electrolyte for improved stability [J]. Electrochemistry Communications，2010，12（12）：1686-1689.

[46] Yoo E，Nakamura J，Zhou H. N-Doped graphene nanosheets for Li-air fuel cells under acidic conditions [J]. Energy & Environmental Science，2012，5：6928-6932.

[47] Wang Y，Ohnishi R，Yoo E，et al. Nano-and micro-sized TiN as the electrocatalysts for ORR in Li-air fuel cell with alkaline aqueous electrolyte [J]. Journal of Materials Chemistry，2012，22（31）：15549-15555.

[48] Zheng J P，Andrei P，Hendrickson M，et al. The Theoretical Energy Densities of Dual-Electrolytes Rechargeable Li-Air and Li-Air Flow Batteries [J]. Journal of The Electrochemical Society，2011，158（1）：A43-A46.

[49] Wittmaier D，Wagner N，Friedrich K A，et al. Modified carbon-free silver electrodes for the use as cathodes in lithium-air batteries with an aqueous alkaline electrolyte [J]. Journal of Power Sources，2014，265（0）：299-308.

[50] Alias N，Mohamad A A. Advances of aqueous rechargeable lithium-ion battery：A review [J]. Journal of Power Sources，2015，274（0）：237-251.

[51] Zhang P，Wang H，Lee Y G，et al. Tape-Cast Water-Stable NASICON-Type High Lithium Ion Conducting Solid Electrolyte Films for Aqueous Lithium-Air Batteries [J]. Journal of The Electrochemical Society，2015，162（7）：A1265-A1271.

[52] Kichambare P，Kumar J，Rodrigues S，et al. Electrochemical performance of highly mesoporous nitrogen doped carbon cathode in lithium-oxygen batteries [J]. Journal of Power Sources，2011，196（6）：3310-3316.

[53] Kitaura H，Zhou H. Electrochemical performance and reaction mechanism of all-solid-state lithium-air batteries composed of lithium，$Li_{1+x}Al_yGe_{2-y}(PO_4)_3$ solid electrolyte and carbon nanotube air electrode [J]. Energy & Environmental Science，2012，5（10）：9077-9084.

[54] Kitaura H，Zhou H. Electrochemical Performance of Solid-State Lithium-Air Batteries Using Carbon Nanotube Catalyst in the Air Electrode [J]. Advanced Energy Materials，2012，2（7）：889-894.

[55] Li F，Kitaura H，Zhou H. The pursuit of rechargeable solid-state Li-air batteries [J]. Energy & Environmental Science，2013，6：2302-2311.

[56] Lu Q，Gao Y，Zhao Q，et al. Novel polymer electrolyte from poly（carbonate-ether）and lithium tetrafluoroborate for lithium-oxygen battery [J]. Journal of Power Sources，2013，242（15）：677-682.

[57] Noor I S，Majid S R，Arof A K. Poly（vinyl alcohol）-LiBOB complexes for lithium-air cells [J]. Electrochimica Acta，2013，102（15）：149-160.

[58] Yu Aleshin G，Semenenko D A，Belova A I，et al. Protected anodes for lithium-air bat-

teries [J]. Solid State Ionics，2011，184（1）：62-64.

［59］ Li L，Zhao X，Manthiram A. A dual-electrolyte rechargeable Li-air battery with phosphate buffer catholyte [J]. Electrochemistry Communications，2012，14（1）：78-81.

［60］ Kichambare P，Rodrigues S，Kumar J. Mesoporous Nitrogen-Doped Carbon-Glass Ceramic Cathodes for Solid-State Lithium-Oxygen Batteries [J]. ACS Applied Materials & Interfaces，2011，4（1）：49-52.

［61］ Kumar B，Kumar J. Cathodes for Solid-State Lithium-Oxygen Cells：Roles of Nasicon Glass-Ceramics [J]. Journal of The Electrochemical Society，2010，157（5）：A611-A616.

［62］ Xiao J，Xu W，Wang D，et al. Hybrid Air-Electrode for Li/Air Batteries [J]. Journal of The Electrochemical Society，2010，157（3）：A294-A297.

［63］ Zhang T，Imanishi N，Shimonishi Y，et al. A novel high energy density rechargeable lithium/air battery [J]. Chemical Communications，2010，46（10）：1661-1663.

［64］ Black R，Adams B，Nazar L F. Non-Aqueous and Hybrid Li-O_2 Batteries [J]. Advanced Energy Materials，2012，2（7）：801-815.

［65］ He H，Niu W，Asl N M，et al. Effects of aqueous electrolytes on the voltage behaviors of rechargeable Li-air batteries [J]. Electrochimica Acta，2012，67（0）：87-94.

［66］ Li L，Manthiram A. Dual-electrolyte lithium-air batteries：influence of catalyst，temperature，and solid-electrolyte conductivity on the efficiency and power density [J]. Journal of Materials Chemistry A，2013，1（16）：5121-5127.

［67］ Huang K，Li Y，Xing Y. Increasing round trip efficiency of hybrid Li-air battery with bifunctional catalysts [J]. Electrochimica Acta，2013，103（30）：44-49.

［68］ Li Y，Huang K，Xing Y. A hybrid Li-air battery with buckypaper air cathode and sulfuric acid electrolyte [J]. Electrochimica Acta，2012，81：（30）：20-24.

［69］ Wang Y，He P，Zhou H. A lithium-air capacitor-battery based on a hybrid electrolyte [J]. Energy & Environmental Science，2011，4（12）：4994-4999.

［70］ Wang Y，Zhou H. A new type rechargeable lithium battery based on a Cu-cathode [J]. Electrochemistry Communications，2009，11（9）：1834-1837.

［71］ Wang Y，Zhou H. A lithium-air fuel cell using copper to catalyze oxygen-reduction based on copper-corrosion mechanism [J]. Chemical Communications，2010，46（34）：6305-6307.

［72］ He P，Wang Y，Zhou H. The effect of alkalinity and temperature on the performance of lithium-air fuel cell with hybrid electrolytes [J]. Journal of Power Sources，2011，196（13）：5611-5616.

［73］ Yoo E，Zhou H. Fe phthalocyanine supported by graphene nanosheet as catalyst in Li-air battery with the hybrid electrolyte [J]. Journal of Power Sources，2013，244（0）：429-434.

［74］ Yoo E，Zhou H. Li-Air Rechargeable Battery Based on Metal-free Graphene Nanosheet Catalysts [J]. ACS Nano，2011，5（4）：3020-3026.

［75］ Zhou H，Wang Y，Li H，et al. The Development of a New Type of Rechargeable Batteries Based on Hybrid Electrolytes [J]. Chem Sus Chem，2010，3（9）：1009-1019.

[76] Yoo E，Zhou H. Influence of CO_2 on the stability of discharge performance for Li-air bat teries with a hybrid electrolyte based on graphene nanosheets [J]. RSC Advances，2014，4 (23)：11798-11801.

[77] Li L，Manthiram A. O-and N-Doped Carbon Nanowebs as Metal-Free Catalysts for Hybrid Li-Air Batteries [J]. Advanced Energy Materials，2014，4 (10)：1301795.

[78] Mehta M，Bevara V，Andrei P. Maximum theoretical power density of lithium-air batteries with mixed electrolyte [J]. Journal of Power Sources，2015，286 (15)：299-308.

[79] Ma Z，Yuan X X，Li L，et al. A review of cathode materials and structures for rechargeable lithium-air batteries [J]. Energy & Environmental Science，2015，8 (8)：2144-2198.

[80] Lu J，Li L，Park J B，et al. Aprotic and aqueous Li-O_2 batteries [J]. Chemical Reviews，2014，114 (11)：5611-5640.

[81] Cabo-Fernandez L，Mueller F，Passerini S，et al. In situ Raman spectroscopy of carbon-coated $ZnFe_2O_4$ anode material in Li-ion batteries-investigation of SEI growth [J]. Chemical Communications，2016，52 (20)：3970-3973.

[82] Shimonishi Y，Zhang T，Johnson P，et al. A study on lithium/air secondary batteries-Stability of NASICON-type glass ceramics in acid solutions [J]. Journal of Power Sources，2010，195 (18)：6187-6191.

[83] Girishkumar G，Mccloskey B，Luntz A C，et al. Lithium-Air Battery：Promise and Challenges [J]. Journal of Physical Chemistry Letters，2010，1 (14)：2193-2203.

[84] Guo Z Y，Li C，Liu J Y，et al. A long-life lithium-air battery in ambient air with a polymer electrolyte containing a redox mediator [J]. Angewandte Chemie-International Edition，2017，56 (26)：7505-7509.

[85] Zhu X B，Zhao T S，Tan P，et al. A high-performance solid-state lithium-oxygen battery with a ceramic-carbon nanostructured electrode [J]. Nano Energy，2016，26：565-576.

[86] 孙继杨. 基于石榴石电解质的固态锂空气电池和固态锂离子电池的正极构筑及反应机制研究 [D]. 北京：中国科学院大学（中国科学院上海硅酸盐研究所），2018.

[87] Black R，Lee J H，Adams B，et al. The Role of Catalysts and Peroxide Oxidation in Lithium-Oxygen Batteries [J]. Angewandte Chemie International Edition，2013，52 (1)：392-396.

[88] Black R，Oh S H，Lee J H，et al. Screening for superoxide reactivity in Li-O_2 batteries：effect on Li_2O_2/LiOH crystallization [J]. Journal of the American Chemical Society，2012，134 (6)：2902-2905.

[89] Takechi K，Higashi S，Mizuno F，et al. Stability of Solvents against Superoxide Radical Species for the Electrolyte of Lithium-Air Battery [J]. Ecs Electrochemistry Letters，2012，1 (1)：A27-A29.

[90] Luo C S，Sun H，Jiang Z L，et al. Electrocatalysts of Mn and Ru oxides loaded on MWCNTS with 3D structure and synergistic effect for rechargeable Li-O_2 battery [J]. Electrochimica Acta，2018，282：56-63.

[91] Yang Y，Zhang T，Wang X C，et al. Tuning the morphology and crystal structure of Li_2O_2：a graphene model electrode study for Li-O_2 battery [J]. ACS Applied Materials & Interfaces，2016，8 (33)：21350-21357.

[92] Trahey L, Johnson C S, Vaughey J T, et al. Activated Lithium-Metal-Oxides as Catalytic Electrodes for Li-O$_2$ Cells [J]. Electrochemical and Solid-State Letters, 2011, 14 (5): A64-A66.

[93] Huff L A, Rapp J L, Zhu L Y, et al. Identifying lithium-air battery discharge products through ^{6}Li solid-state MAS and ^{1}H-^{13}C solution NMR spectroscopy [J]. Journal of Power Sources, 2013, 235 (1): 87-94.

[94] Lu Q, Gao Y, Zhao Q, et al. Novel polymer electrolyte from poly (carbonate-ether) and lithium tetrafluoroborate for lithium-oxygen battery [J]. Journal of Power Sources, 2013, 242 (22): 677-682.

[95] Zhang T, Zhou H. A reversible long-life lithium-air battery in ambient air [J]. Nature Communications, 2013, 4 (5): 1817.

[96] Lee J, Black R, Popov G, et al. The role of vacancies and defects in Na$_{0.44}$MnO$_2$ nanowire catalysts for lithium-oxygen batteries [J]. Energy & Environmental Science, 2012, 5 (11): 9558-9565.

[97] Ryan K R, Trahey L, Okasinski J S, et al. In situ synchrotron X-ray diffraction studies of lithium oxygen batteries [J]. Journal of Materials Chemistry A, 2013, 1 (23): 6915-6919.

[98] Débart A, Paterson A J, Bao J, et al. Alpha-MnO$_2$ nanowires: a catalyst for the O$_2$ electrode in rechargeable lithium batteries [J]. Angewandte Chemie International Edition, 2010, 47 (24): 4521-4524.

[99] Higashi S, Kato Y, Takechi K, et al. Evaluation and analysis of Li-air battery using ether-functionalized ionic liquid [J]. Journal of Power Sources, 2013, 240 (240): 14-17.

[100] Yang J, Zhai D, Wang H H, et al. Evidence for lithium superoxide-like species in the discharge product of a Li-O$_2$ battery [J]. Physical Chemistry Chemical Physics, 2013, 15 (11): 3764-3771.

[101] McCloskey B D, Scheffler R, Speidel A, et al. On the efficacy of electrocatalysis in nonaqueous Li-O$_2$ batteries [J]. Journal of the American Chemical Society, 2011, 133 (45): 18038-18041.

[102] Xu M, Hou X, Yu X, et al. Spinel NiCo$_2$S$_4$ as excellent bi-functional cathode catalysts for rechargeable Li-O$_2$ batteries [J]. Journal of The Electrochemical Society, 2019, 166 (6): F406-F413.

[103] Cui Y, Wen Z, Liu Y. A free-standing-type design for cathodes of rechargeable Li-O$_2$ batteries [J]. Energy & Environmental Science, 2011, 4 (11): 4727-4734.

[104] Wang Z L, Xu D, Xu J J, et al. Graphene oxide gel-derived, free-standing, hierarchically porous carbon for high-capacity and high-rate rechargeable Li-O$_2$ batteries [J]. Advanced Functional Materials, 2012, 22 (17): 3699-370.

[105] Mitchell R R, Gallant B M, Thompson C V, et al. All-carbon-nanofiber electrodes for high-energy rechargeable Li-O$_2$ batteries [J]. Energy & Environmental Science, 2011, 4 (8): 2952-2958.

[106] Zhang K, Zhang L, Chen X, et al. Molybdenum nitride/N-doped carbon nanospheres for lithium-O$_2$ battery cathode electrocatalyst [J]. Applied Materials & Interfaces,

2013，5（9）：3677-3682.

[107] Yu Y，Zhang B，He Y B，et al. Mechanisms of capacity degradation in reduced graphene oxide/a-MnO$_2$ nanorod composite cathodes of Li-air batteries [J]. Journal of Materials Chemistry A，2012，1（4）：1163-1170.

[108] Lei X，Lu S，Ma W，et al. Porous MnO as efficient catalyst towards the decomposition of Li$_2$CO$_3$ in ambient Li-air batteries [J]. Electrochimica Acta，2018，280（1）：308-314.

[109] Li Z，Yang J，Agyeman D A，et al. CNT@Ni@Ni-Co silicate core-shell nanocomposite: a synergistic triple-coaxial catalyst for enhancing catalytic activity and controlling side products for Li-O$_2$ batteries [J]. Journal of Materials Chemistry A，2018，6（22）：10447-10455

[110] Li F，Ohnishi R，Yamada Y，et al. Carbon supported TiN nanoparticles: an efficient bifunctional catalyst for non-aqueous Li-O$_2$ batteries [J]. Chemical Communications，2013，49（12）：1175-1177.

[111] Etacheri V，Sharon D，Garsuch A，et al. Hierarchical activated carbon microfiber (ACM) electrodes for rechargeable Li-O$_2$ batteries [J]. Journal of Materials Chemistry A，2013，1（16）：5021-5030.

[112] Manne S，Hanama P K，Massie J，et al. Atomic-resolution electrochemistry with the atomic force microscope: copper dposition on gold [J]. Science，1991，251（4990）：183-186.

[113] Wen R，Hong M，Byon H R. In situ AFM imaging of Li-O$_2$ electrochemical reaction on highly oriented pyrolytic graphite with ether-based electrolyte [J]. Journal of the American Chemical Society，2013，135（29）：10870-10876.

[114] Yang S，He P，Zhou H. Research progresses on materials and electrode design towards key challenges of Li-air batteries [J]. Energy Storage Materials，2018，13：29-48.

[115] 冷利民. 锂/空气电池关键材料的制备及其性能研究 [D]. 广州：华南理工大学，2016.

[116] Mai L，Tian X，Xu X，et al. Nanowire electrodes for electrochemical energy storage devices [J]. Chemical Reviews，2014，114（23）：11828-11862.

[117] Zhu Z，Shi X，Fan G，et al. Photo-energy conversion and storage in an aprotic Li-O$_2$ battery [J]. Angewandte Chemie，2019，131（52）：19197-19202.

[118] Lu Q，He Y B，Yu Q，et al. Dendrite-Free，High-Rate，Long-Life Lithium Metal Batteries with a 3D Cross-Linked Network Polymer Electrolyte [J]. Advanced Materials，2017，29（13）：1604460.

[119] Liu B，Xu W，Yan P，et al. Lithium-Oxygen Batteries: Stabilization of Li Metal Anode in DMSO-Based Electrolytes via Optimization of Salt – Solvent Coordination for Li – O$_2$ Batteries [J]. Advanced Energy Materials，2017，7（14）：1602605.

[120] Papp J K，Forster J D，Burke C M，et al. Poly (vinylidene fluoride) (PVDF) Binder Degradation in Li-O$_2$ Batteries: A Consideration for the Characterization of Lithium Superoxide [J]. Journal of Physical Chemistry Letters，2017，8（6）：1169-1174.

第 2 章

非水系锂空气电池

2.1
非水系锂空气电池工作原理

2.1.1 非水系锂空气电池的充放电过程

非水系锂空气电池是一种以有机溶液为电解液、金属锂为负极、多孔空气电极为正极、氧气为正极活性物质的金属空气电池（图 2-1）。放电时，金属锂首先在负极被氧化并解离为锂离子和电子，然后锂离子通过电解液向正极传输，电子通过外电路向正极传输。同时，氧气在多孔正极表面被还原（ORR 反应），并与从电解液传输过来的锂离子和从外电路传输过来的电子结合生成放电产物；充电时，放电产物发生分解（OER 反应），生成氧气、锂离子和电子，然后锂离子和电子分别经过电解液和外电路向负极传输并在负极表面生成金属锂[1]。

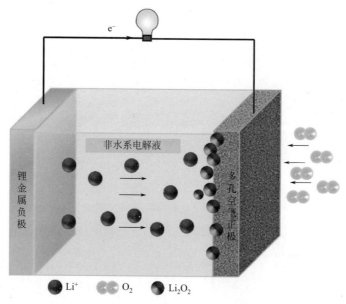

e^-

非水系电解液

锂金属负极

多孔空气正极

● Li^+ ◯◯ O_2 ● Li_2O_2

图 2-1 非水系锂空气电池示意图

关于非水系锂空气电池的放电产物，目前尚未有完全一致的认识，但一个基本的共识为 Li_2O_2 是其理想的放电产物。近些年，国内外学者就 Li_2O_2 在充放电过程中的形成、分解机理进行了大量的研究[2-10]。普遍认为，非水系锂空气电池在放电过程中的 ORR 反应路径主要有两种方式 [式(2-1)~式(2-6)]，充电过程中的 OER 反应同样存在两种路径 [式 (2-7)~式(2-9)]：

ORR 反应路径 I：

$$O_2 + e^- \longrightarrow O_2^- \tag{2-1}$$

$$2O_2^- \rightleftharpoons O_2 + O_2^{2-} \tag{2-2}$$

$$O_2^{2-} + 2Li^+ \longrightarrow Li_2O_2 \tag{2-3}$$

ORR 反应路径 II：

$$O_2 + e^- \longrightarrow O_2^- \tag{2-4}$$

$$O_2^- + Li^+ \longrightarrow LiO_2 \tag{2-5}$$

$$2LiO_2 \longrightarrow Li_2O_2 + O_2 \tag{2-6}$$

OER 反应路径 I：

$$Li_2O_2 \longrightarrow LiO_2 + Li^+ + e^- \tag{2-7}$$

$$LiO_2 \longrightarrow O_2 + Li^+ + e^- \tag{2-8}$$

OER 反应路径 II：

$$Li_2O_2 \longrightarrow O_2 + 2Li^+ + 2e^- \tag{2-9}$$

但是，也有不同的观点报道。比如：Hummelshøj 等[11] 认为放电过程中 ORR 反应的路径应该如式(2-10) 和式(2-11) 所示，其中 "∗" 代表表面活性位点；Oh 等[12] 提出充电过程中在烧绿石催化剂表面的 OER 反应机理为式(2-12)~式(2-14)。

$$Li^+ + e^- + O_2 + * \longrightarrow LiO_2^* \tag{2-10}$$

$$Li^+ + e^- + LiO_2^* \longrightarrow Li_2O_2 \tag{2-11}$$

$$Li_2O_2 \longrightarrow 2Li^+ + O_2^{2-} \tag{2-12}$$

$$O_2^{2-} \longrightarrow O_2^- + e^- \tag{2-13}$$

$$O_2^- \longrightarrow O_2 + e^- \tag{2-14}$$

2.1.2 非水系锂空气电池的理论比容量和能量密度

如果仅考虑电极反应活性物质的质量而不考虑电极集流体、导电剂、黏结剂、电解液、隔膜和其他辅件，锂空气电池的理论比容量/能量密度可以计算如下：

① 金属锂的理论比容量（C_{Li}^W，$A \cdot h \cdot kg^{-1}$）：

$$C_{Li}^W = \frac{n_{Li}F}{w_{Li}} = 3816 A \cdot h \cdot kg^{-1} \tag{2-15}$$

式中，n_{Li} 为每个锂原子被氧化时失去的电子数（$n_{Li} = 1$）；F 为法拉第常数（96487$A \cdot s \cdot mol^{-1}$ 或 26.802$A \cdot h \cdot mol^{-1}$）；w_{Li} 为金属锂的摩尔质量

$(6.941 \times 10^{-3} \, \mathrm{kg \cdot mol^{-1}})$。

② 氧气的理论比容量（$C_{O_2}^{W}$，$\mathrm{A \cdot h \cdot kg^{-1}}$）：

$$C_{O_2}^{W} = \frac{n_{O_2} F}{w_{O_2}} = 1675 \mathrm{A \cdot h \cdot kg^{-1}} \tag{2-16}$$

式中，n_{O_2} 为每个氧气分子被还原时得到的电子数（$n_{O_2}=2$）；w_{O_2} 为 O_2 的摩尔质量（$3.2 \times 10^{-2} \, \mathrm{kg \cdot mol^{-1}}$）。

③ 金属锂、氧气和锂空气电池的理论能量密度（E_{Li}^{W}、$E_{O_2}^{W}$、E_{Li-air}^{W}，$\mathrm{W \cdot h \cdot kg^{-1}}$）。电极和电池的理论能量密度只有在电极反应确定时才有意义。对于非水系锂空气电池，当其放电产物为 Li_2O_2 时，开路电压 $E_{OCV}^{\ominus}$ 为 2.96V。

此时，锂的理论能量密度为：

$$E_{Li}^{W} = C_{Li}^{W} E_{OCV}^{\ominus} = \frac{n_{Li} F}{w_{Li}} E_{OCV}^{\ominus} = 11776 \mathrm{W \cdot h \cdot kg^{-1}} \tag{2-17}$$

氧气的理论能量密度为：

$$E_{O_2}^{W} = C_{O_2}^{W} E_{OCV}^{\ominus} = \frac{n_{O_2} F}{w_{O_2}} E_{OCV}^{\ominus} = 4958 \mathrm{W \cdot h \cdot kg^{-1}} \tag{2-18}$$

锂空气电池的理论能量密度为：

$$E_{Li-air}^{W} = \frac{|n F E_{OCV}^{\ominus}|}{2 w_{Li} + w_{O_2}} = 3458 \mathrm{W \cdot h \cdot kg^{-1}} \tag{2-19}$$

式中，n 为电池反应的得失电子数（$n=2$）。当氧气取自于空气而不是携带在电池内部时，氧气的质量可以不计算在电池的质量内（$w_{O_2}=0$），此时锂空气电池的理论能量密度用式(2-19) 计算为 $11428 \mathrm{W \cdot h \cdot kg^{-1}}$，远远高于大多数金属-空气电池。

如果考虑电极集流体、导电剂、黏结剂、电解液、隔膜和其他辅件的质量，锂空气电池的实际能量密度（$E_{Li-air}^{W,P}$，$\mathrm{W \cdot h \cdot kg^{-1}}$）将会比上述计算值低得多[13]，具体可以通过式(2-20) 进行计算：

$$E_{Li-air}^{W,P} = \frac{|n F E_{Cell}|}{w_{Cell}} = \frac{|n F (E_{OCV}^{\ominus} - \eta_a - \eta_c - iR)|}{w_a + w_c + w_{cc} + w_{el/m} + w_{ac}} \tag{2-20}$$

式中，E_{Cell} 为电池的放电电压；w_{Cell}，w_a，w_c，w_{cc}，$w_{el/m}$，w_{ac} 分别为电池、负极、正极、集流体、电解液/隔膜、辅件的质量；η_a，η_c，i，R 分别为负极过电位、正极过电位、工作电流密度、电池内阻。可以看出，要提高锂空气电池的实际能量密度，必须加快电池反应的动力学速度以减小过电位、降低电池的内阻，并通过减少电极集流体、导电剂、黏结剂、电解液、隔膜和辅件等材料的质量以降低电池的总质量。

2.2
非水系锂空气电池正极结构及材料

锂空气电池中，正极所发生的 ORR/OER 反应的动力学速度比金属锂负极慢得多，因而导致锂空气电池的极化主要来源于正极（图 2-2[14]）。因此，构筑理想的正极结构和寻找高效的氧电极催化剂是改善锂空气电池性能的关键。

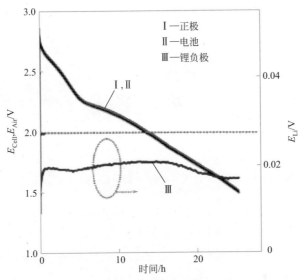

图 2-2　锂空气电池的放电曲线及其正负极的极化曲线[14]（彩图见文前）

2.2.1　非水系锂空气电池理想正极的构筑

理想的锂空气电池必须满足四个方面的性能[15]：①高比容量；②高能量转换效率；③优异倍率性能；④长循环寿命。图 2-3 展示了影响这些性能的主要因素，也对构筑理想的锂空气电池正极提出了具体的要求[15]。

（1）高比容量

非水系锂空气电池的放电产物 Li_2O_2 不溶于有机电解液，而是储存在正极材料的孔道结构中。因此，为了提高锂空气电池的比容量需要扩大放电产物的存储空间。另一方面，锂空气电池放电产物的堆积容易堵塞正极的孔道结构，从而阻止氧气向电池内部和催化剂表面的扩散，导致正极孔道利用率低、放电过程提前停止和放电容量的降低[16-18]。为此，优化电极制备过程及其工艺条件，优选

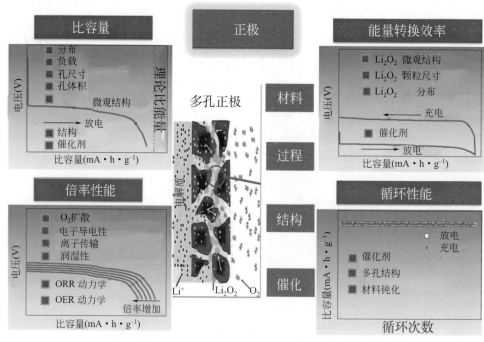

图 2-3　非水系锂空气电池的主要性能及其影响因素[15]

催化剂的结构、载量及分布，从而构筑理想的正极结构十分必要[19,20]。此外，大量的研究报道表明放电产物 Li_2O_2 的微观形貌/结构与电池中所使用的催化剂和电解液密切相关，多孔结构的 Li_2O_2 使得其在正极表面堆积的同时仍留有可供氧气传输的通道[21]。因此，对锂空气电池催化剂和电解液进行全面的兼容、匹配和最优化研究是提升电池容量的有力保障[22]。

（2）高能量转换效率

锂空气电池的充放电过程主要涉及两个反应：放电过程的氧还原反应（ORR）和充电过程的析氧（即 Li_2O_2 分解）反应（OER）。这两个反应缓慢的动力学速度使得锂空气电池即使在低电流密度下仍存在较大的过电位，从而导致低的能量转换效率。通常，使用对 ORR 和 OER 均具有催化性能的双功能催化剂是解决这个问题的有效途径[23-29]。同时，Li_2O_2 的不导电性也是导致锂空气电池极化大、能量转换效率低的一个主要原因[22]。为此，合理调控锂空气电池放电过程中 Li_2O_2 的成核与生长机理、形貌与颗粒尺寸及分布也可有效提高电池的能量转换效率。

（3）优异倍率性能

锂空气电池在大电流密度下运行需要快速的氧扩散、离子传输和电子传导[30,31]。与此同时，OER/ORR 的动力学速度同样是影响锂空气电池倍率性能的重要因素，OER/ORR 动力学越快，电池的倍率性能越好[32]。因此，设计和构筑具有高导电性的、适当电解液浸润性的（最好是部分浸润以留有足够的氧气传输通道）的正极结构，寻找高效催化剂和优选具有高溶氧能力的电解液对改善锂空气电池倍率性能至关重要。

（4）长循环寿命

高效的 ORR/OER 催化剂在延长锂空气电池寿命方面发挥着重要作用。其不仅可以促进放电产物的可逆形成与分解，而且可以减小极化从而抑制电池工作过程中副产物的生成，从而可以改善锂空气电池的循环寿命[23,26,33,34]。同时，稳定的电极结构、催化剂材料和电解液及其相互之间的兼容性也是延长锂空气电池循环寿命的必要条件[35-38]。

因此，要构筑理想的锂空气电池正极，必须综合考虑其导电性、微观结构及其稳定性、催化剂材料及其稳定性、与电解液的匹配关系及浸润性等多个方面，同时也要对其制备过程所需要的导电添加剂、黏结剂、基底和集流体等辅件进行合理优化[35-42]。

2.2.2　非水系锂空气电池正极催化剂

如上所述，正极催化剂对锂空气电池的性能有重要的影响。目前研究过的非水系锂空气电池正极催化剂可以分为：①碳材料类催化剂；②贵金属及其合金类催化剂；③非贵金属氧化物类催化剂；④金属硫化物类催化剂；⑤碳化物类催化剂；⑥复合催化剂；⑦其他固体催化剂；⑧可溶性 redox mediator 类催化剂。

（1）碳材料类催化剂

碳材料因具备良好的导电性和较高的比表面积而被广泛应用于能源领域，比如锂离子电池中的导电剂及负极材料、燃料电池中的催化剂载体、超级电容器中的电极材料等。近些年来，碳材料也在锂空气电池中得到了应用，不仅可以作为导电剂用来构筑多孔电极，而且也具备一定的 ORR/OER 催化性能。目前，应用于锂空气电池作为正极催化剂的碳材料主要可以分为商用碳材料、功能性碳材料和氮掺杂碳材料三大类。

① 商用碳材料。截至目前，几乎所有的商业化碳材料均被应用于锂空气电池进行了研究，主要包括：Super P、Ketjen black（KB，通常为 EC600JD 和 EC300JD）、活性炭、Vulcan XC-72、Black pearl（BP 2000）等[43-61]。

Hayashi 等[39] 发现商用碳材料的比表面积与锂空气电池的放电比容量密切相关，大比表面积和介孔结构的碳材料有助于提高电池的放电比容量。类似地，

Meini 等[62] 用比表面积分别为 240m² · g⁻¹、834m² · g⁻¹ 和 1509m² · g⁻¹ 的
Vulcan XC-72、KB EC600JD 和 BP 2000 碳材料制备锂空气电池，其放电比容量
分别为 183mA · h · g⁻¹、439mA · h · g⁻¹ 和 517mA · h · g⁻¹；Cheng 等[27]
研制的锂空气电池的比容量与其使用的碳材料的比表面积具有如下关系：Norit
（4400mA · h · g⁻¹/800m² · g⁻¹）＞乙炔黑（3900mA · h · g⁻¹/75m² · g⁻¹）＞
Super P（3400mA · h · g⁻¹/62m² · g⁻¹）。Xiao 等[47] 发现使用 KB EC600JD
碳材料的电极具有更多的介孔结构，因而可以存储更多的放电产物、吸收更多的
电解液，表现出比使用 BP 2000、Calgon 和 Denka 碳更高的放电比容量，在电
流密度为 0.05mA · cm⁻² 下放电比容量达到 851mA · h · g⁻¹。Beattie 等[35]
发现将 KB 用于锂空气电池正极催化剂时，在碳载量为 1.9mg · cm⁻² 和
0.1mA · cm⁻² 电流密度条件下，电池的放电比容量达到 5813mA · h · g⁻¹，但
当碳载量增加到 4mg · cm⁻² 和 12.2mg · cm⁻² 时，电池的放电比容量降低为
3378mA · h · g⁻¹ 和 404mA · h · g⁻¹。Li 等[63] 尝试将掺硼的 KB 作为锂空气
电池正极催化剂，在 0.1mA · cm⁻² 的电流密度下实现了 7193mA · h · g⁻¹ 的
放电比容量，是使用纯 KB 时的 2.3 倍，而且其放电平台更高、循环寿命更长。
Gao 等[45] 的研究表明在电流密度为 0.1mA · cm⁻² 时，Super P 碳材料表现出
比 SYTC-03、KB EC600JD 和 Vulcan XC-72 碳更好的催化性能，相应的电池展
现出更高的放电比容量。

　　纯的商业化碳材料作为催化剂可以使锂空气电池正常运行，但总体来说其催
化性能较差，电池存在着能量转换效率低、倍率性能差、循环稳定性差等问
题[24,30,31,64]。因此，在随后的研究中，商业化碳材料通常被用作锂空气电池电
极中的导电添加剂或者催化剂的载体[27,65-67]。

　　② 功能性碳材料。与商用碳材料不同，功能性碳材料往往具有规整的结构、
更多的表面缺陷和官能团修饰，因而被广泛应用于锂空气电池作为催化剂使用，
具体主要包括：石墨烯、介孔碳、碳纳米管（CNTs）和碳纳米纤维（CNFs）。

　　石墨烯是一种由碳原子组成的单层片状结构新型碳材料。自 2005 年被 No-
voselov 等[68] 发现后掀起了一股替代常规碳材料的热潮。石墨烯具有高的电导
率、极高的比表面积、较好的热稳定性和化学稳定性[69-71]，已被广泛应用于燃
料电池的催化剂载体[72,73] 和锂离子电池的负极材料[74,75]。在锂空气电池领域，
对石墨烯用作正极催化剂材料进行了大量的研究，发现其对提升电池的比容量和
能量转换效率具有积极的作用。Li 等[61] 首次将石墨烯纳米片（GNSs）引入锂
空气电池作为正极催化剂。在 75mA · g⁻¹ 的电流密度下 [图 2-4（a）]，使用
GNSs 的电池放电比容量达到 8705.9mA · h · g⁻¹，远远高于同样条件下使用
BP 2000（1909.1mA · h · g⁻¹）和 Vulcan XC-72（1053.8mA · h · g⁻¹）的电

池。作者认为这主要是因为石墨烯边缘的活性位点［图 2-4(b)～(e)］能够促进其对 ORR 的催化性能。Sun 等[50] 发现使用 GNSs 作为催化剂的锂空气电池比使用 Vulcan XC-72 的电池具有更低的过电位和更好的循环性能。Wang 等[76] 发现使用石墨烯的锂空气电池在 $50mA \cdot g^{-1}$ 电流密度下放电电压达到 2.80V，充电电压仅为 3.90V。Li 等[61] 将使用石墨烯的电池较高的能量转换效率归因于石墨烯边缘处 sp^3 碳原子的 σ 键和表面缺陷。Xin 等[77] 研制了一种由石墨烯和活性炭组成的复合材料（G/AC）用作锂空气电池催化剂。其中，石墨烯的三维网络具有良好的导电性和优异的机械强度和柔韧性，而位于石墨烯表面的 AC 层有许多直径小于几纳米的介孔和微孔，可以充当电化学反应的活性位点（或成核位点）。所制得的锂空气电池中，放电产物 Li_2O_2 的粒径（约 10nm）远小于使用纯石墨烯时的情况（100～200nm），并且分布更均匀，电池的能量转换效率和循环性能也都有了明显的提升。Liu 等[78,79] 在泡沫铝上生长了自支撑的 3D 结

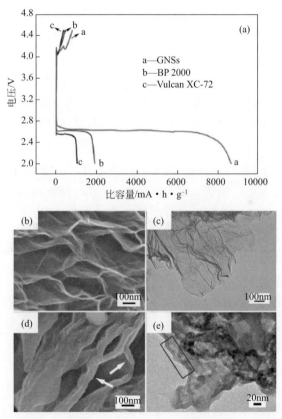

图 2-4　(a) 电流密度为 $75mA \cdot g^{-1}$ 时，分别以 GNSs、BP 2000 和 Vulcan XC-72 为催化剂的锂空气电池的充放电曲线；(b)～(e) 使用 GNSs 的电极在放电前［(b)，(c)］和放电后［(d)，(e)］的电镜照片[61]

构石墨烯，以其为正极的锂空气电池在电流密度为 $100mA \cdot g^{-1}$ 时放电比容量高达 $90000mA \cdot h \cdot g^{-1}$。

此外，一些新型的石墨烯材料也逐渐在锂空气电池中得到应用。Kim 等[80]使用聚苯乙烯胶体颗粒为模板制备了高度多孔的石墨烯纸（mp-GP）。其比表面积、孔体积和孔隙率分别达到 $373m^2 \cdot g^{-1}$、$10.9cm^3 \cdot g^{-1}$ 和 91.6%。以其为催化剂的锂空气电池在 $200mA \cdot g^{-1}$ 电流密度下释放出高达 $12200mA \cdot h \cdot g^{-1}$ 的比容量，并且具有良好的倍率性能和循环稳定性。研究发现，电池工作过程中放电产物的形成和分解发生在 mp-GP 的大孔内，而且 mp-GP 在循环过程中保持其原始形貌而没有显著的膨胀。Ji 等[81] 开发了一种具有丰富的反应活性位点、Li^+ 迁移通道和 O_2 扩散通道的分级多孔泡沫石墨烯材料，以其为催化剂的锂空气电池 $57mA \cdot g^{-1}$、$285mA \cdot g^{-1}$ 电流密度下的比容量分别达到 $9559mA \cdot h \cdot g^{-1}$、$3988mA \cdot h \cdot g^{-1}$，而且可以在 $57mA \cdot g^{-1}$ 稳定循环 150 次。Ozcan 等[82] 采用真空过滤技术制备了不同孔径自支撑柔性石墨烯电极，比较发现孔径为 14.89nm、比表面积为 $257m^2 \cdot g^{-1}$ 时相应电池具有最好的性能。Xiao 等[83] 制备了具有多层次结构的功能化石墨烯材料，以其为催化剂的电池在 $0.1mA \cdot cm^{-2}$ 电流密度下放电比容量高达 $15000mA \cdot h \cdot g^{-1}$。作者认为，该材料之所以具有如此高催化性能的主要原因在于氧气可以在分层多孔的微孔通道中快速扩散，而且其中发达的纳米连接结构可以为 Li 和 O_2 反应提供活性位点，其表面缺陷和官能团可以促进 Li_2O_2 颗粒的形成。Lin 等[84] 采用模压成型法制备了多孔石墨烯电极，并通过设计多层结构电极［图 2-5(a)］研究了高容量空气电极中放电产物的生长过程。研究表明，不锈钢编织网的引入使得石墨烯不仅呈平面分布，还有一部分垂直于平面，有利于促进电极厚度方向的传质过程；算盘珠状的放电产物先在空气侧生长，随着放电深度的增加向电极内部梯度生长，当放电产物逐渐堵塞空气电极中的孔道结构而阻碍氧气的扩散时电池放电终止，因而空气电极的隔膜侧放电产物生长较少。

碳纳米管（CNT），包括单壁碳纳米管（SWCNT）和多壁碳纳米管（MWCNT），具有独特的管状结构、较好的化学稳定性和热稳定性、较高的弹性和拉伸强度、优异的导电性，已被用于锂空气电池作为其催化剂材料。Shen 等[85] 以海绵状 CNT 为催化剂制备的锂空气电池在 $0.05mA \cdot cm^{-2}$ 的电流密度下放电电压和比容量分别为 2.45V 和 $6424mA \cdot h \cdot g^{-1}$。Mi 等[86] 以 CVD 法制备的碳纳米管为催化剂的锂空气电池在 $100mA \cdot g^{-1}$ 时放电比容量在碳酸酯和醚类电解液中分别达到了 $2079mA \cdot h \cdot g^{-1}$ 和 $3483mA \cdot h \cdot g^{-1}$。Li 等[87] 发现部分破裂的 CNT 用作锂空气电池催化剂比 MWCNT 具有更高的催化活性。Cui 等[88] 采用碳纳米管阵列（VACNTs）制备的锂空气电池在

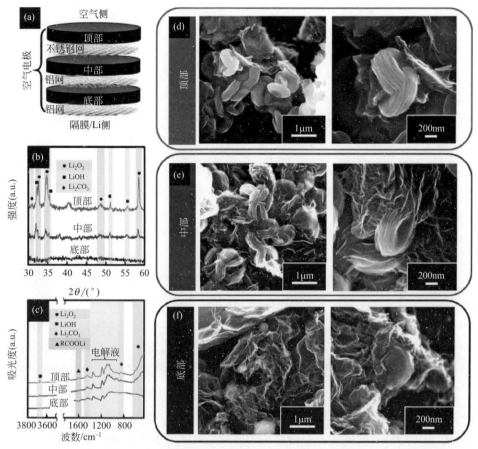

图 2-5 采用模压成型法制备的多孔石墨烯空气电极：结构示意图（a）；
放电后电极上部、中部、底部的 XRD（b）、FT-IR（c）和 SEM（d）～（f）[84]

$0.1mA \cdot cm^{-2}$、$0.2mA \cdot cm^{-2}$、$0.3mA \cdot cm^{-2}$ 时的首次库仑效率分别为 79%、74%、71%。Wang 等[89] 以浸渍法制备了原位自由生长的碳纳米管电极，制得的电池在 $0.1mA \cdot cm^{-2}$ 的电流密度下放电平台为 2.75V，在 $0.1mA \cdot cm^{-2}$、$0.2mA \cdot cm^{-2}$、$0.5mA \cdot cm^{-2}$ 电流密度下的放电比容量分别达到 $8300mA \cdot h \cdot g^{-1}$、$8000mA \cdot h \cdot g^{-1}$ 和 $2000mA \cdot h \cdot g^{-1}$。Chitturi 等[90] 比较研究了 SWCNTs、N 掺杂 SWCNTs（N-SWCNTs）、Pt 纳米团簇沉积的 SWCNTs（Pt/SWCNTs）及 Pt/N-SWCNTs 作为锂空气电池催化剂的性能。研究发现，使用含铂催化剂的锂空气电池的能量转化效率显著提高，在 $100mA \cdot g^{-1}$ 电流密度下使用 Pt/SWCNTs 和 Pt/N-SWCNTs 的电池放电比容量分别为 $6962mA \cdot h \cdot g^{-1}$ 和 $7685mA \cdot h \cdot g^{-1}$，而且使用 Pt/N-SWCNTs 的电池具有最稳定的循环性能。作者认为 Pt/N-SWCNT 的优异性能主要归因于碳

晶格中 N 掺杂（改善金属颗粒的分散性、增加电导率）和 Pt 纳米团簇（有助于放电产物 Li_2O_2 的分解、降低充放电过电位）的协同效应。Kim 等[91] 合成了双孔（含 385nm 大孔和 50nm 介孔）结构的碳纳米管，发现其催化活性明显高于无孔和单孔的 CNT，以其为催化剂的电池在 $500mA \cdot g^{-1}$ 的电流密度下比容量达到了 $5500mA \cdot h \cdot g^{-1}$，且在限容 $1000mA \cdot h \cdot g^{-1}$ 的条件下能稳定循环超过 100 次。作者认为双孔结构容易形成三相界面，有助于 O_2 的扩散、Li^+ 的迁移和电子的传输，同时介孔结构用于容纳 Li_2O_2，而大孔结构用于有效地扩散氧气而不会被堵塞。Lim 等[92] 在 Ni 网集流体上引入 10 片 CNT 原纤维制备了分层原纤 CNT 电极，相应的锂空气电池在电流密度为 $2000mA \cdot g^{-1}$ 时放电比容量为 $2500mA \cdot h \cdot g^{-1}$，并且在循环 20 次后比容量未衰减。Chen 等[93] 以 MWCNT 纸为催化剂制备的锂空气电池在电流密度为 $500mA \cdot g^{-1}$ 时放电比容量高达 $34600mA \cdot h \cdot g^{-1}$。

随着柔性电池逐渐进入人们的视野，碳纳米管也开始被应用于柔性锂空气电池。Pan 等[94] 设计了一种能够在高达 140℃ 的温度下正常工作的新型同轴纤维状结构锂空气电池（图 2-6）。该电池以金属锂为内轴中心、离子液体为电解质、最外层的碳纳米管为正极。其中的离子液体可提供宽的电化学窗口，并提高电池的热稳定性，碳纳米管良好的韧性、导电性和导热性保障了电池的柔韧性、低内阻和均匀快速的热分布与热传导。在 140 ℃ 高温下，该电池可以 $10A \cdot g^{-1}$ 的超高电流密度稳定循环 380 次。类似地，Zhang 等[95] 开发了一种内部为锂、中间为凝胶聚合物电解质、最外层为 CNT 的柔性锂空气电池，在 $1400mA \cdot g^{-1}$ 的电流密度下放电比容量达到 $12470mA \cdot h \cdot g^{-1}$，且限容 $500mA \cdot h \cdot g^{-1}$ 时可

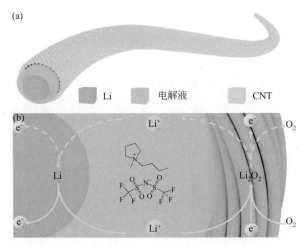

图 2-6　纤维状锂空气电池的结构（a）和工作机理（b）[94]（彩图见文前）

稳定循环 100 次。Xu 等[96] 采用透气纺织面料和 CNT 构建的柔性锂空气电池表现出 8.6mA·h·cm^{-2} 的放电容量和 1.15V 的低过电位。

介孔碳指孔径范围在 2～50nm 的碳材料，主要可以分为有序介孔碳材料（OMC）和无序介孔碳材料（DOMC）。其中，OMC 因其较高的比表面积和优异的导电性常被用作锂空气电池的催化剂。Sun 等[49] 利用介孔硅 SBA-15 为模板制备了介孔碳材料 CMK-3，其独特有序的介孔结构有利于促进电解液的渗透和氧气在电极中的扩散。与使用纯 Super P 的电池相比，以 CMK-3 为催化剂的锂空气电池放电电压略高、充电电压明显降低、放电比容量更高、循环性能更好。Yang 等[97] 利用介孔泡沫硅为模板制备了介孔泡沫碳，以其为催化剂的锂空气电池比使用 Super P 的电池具有更高的放电比容量，作者将之归因于介孔泡沫碳较大孔容的介孔结构可以容纳更多的 Li$_2$O$_2$ 沉积。Guo 等[98] 以聚苯乙烯球为模板制备了有序介孔/大孔碳微球阵列，以其为催化剂的电池在 50mA·g^{-1} 电流密度时放电比容量达到了 7000mA·h·g^{-1}。Kim 等[99] 以废弃物为原料制备了比表面积为 538.42m^2·g^{-1}、平均孔径为 6.5992nm 的介孔碳材料 MPC，当应用于锂空气电池时表现出比 Vulcan XC-72 更高的催化活性，使电池的能量转换效率由使用 Vulcan XC-72 时的 58.9% 提升到 70.0%，并使其循环稳定性明显提升。

此外，一些其他的新型碳材料近年也逐渐被用于锂空气电池作为其催化剂材料。Park 等[100] 以水热法制备的碳微球为催化剂制得的锂空气电池在电流密度为 200mA·g^{-1} 时放电比容量达到了 4200mA·h·g^{-1}。Kang 等[101] 以溶液等离子体法制备的碳纳米球（CNB）为催化剂组装的锂空气电池，放电比容量比采用 KB 碳时提高了 30%，作者将之归因于 CNB 材料的中孔结构和高孔隙体积。Soavi 等[102] 以硅胶为模板制备了介孔/大孔分级孔结构碳材料，以其为催化剂制备的锂空气电池在 0.05mA·cm^{-2} 电流密度下的放电电压为 2.6V、充电电压仅为 3.8V、放电比容量为 2500mA·h·g^{-1}。Yang 等[103] 用射频溅射法制备了类似金刚石的碳薄膜电极，相应锂空气电池在 220mA·g^{-1} 的电流密度下放电平台为 2.7V、放电比容量为 2318mA·h·g^{-1}。Lin 等[104] 以不同直径的二氧化硅为模板制备了蜂窝状的碳材料 HCC-400 和 HCC-100（图 2-7），以其为催化剂的锂空气电池在电流密度为 0.05mA·cm^{-2} 时放电电压为 2.75V，放电比容量分别为 3250mA·h·g^{-1} 和 3912mA·h·g^{-1}。Li 等[105] 制备的以微米尺寸蜂窝状碳材料为催化剂的电池在电流密度为 30mA·g^{-1} 时的放电比容量达到了 5862mA·h·g^{-1}。Yang 等[106] 研制了由高度有序的大孔（250nm）组装而成的具有独特分级结构的碳材料 HOM-AMUW，其超薄（4～5nm）壁上分散有丰富的介孔。以这种碳材料构建的锂空气电池在 500mA·g^{-1} 和 2000mA·g^{-1}

的电流密度下分别具有 37523mA·h·g^{-1} 和 12686mA·h·g^{-1} 的比容量。该
材料通过低结晶 Ru 纳米团簇进一步官能化之后，相应电池的充电电压进一步降
低，循环寿命显著延长。其中，在限容 500mA·h·g^{-1} 和电流密度 1000mA·g^{-1}
的条件下，以 Ru-HOM-AMUW 为催化剂的锂空气电池能稳定循环 100 次。
Wang 等[107] 以钌官能化的分级碳纳米笼制备的锂空气电池，在电流密度
0.08mA·cm^{-2} 时的放电比容量达到 8135mA·h·g^{-1}，充电电位仅为 3.85V。

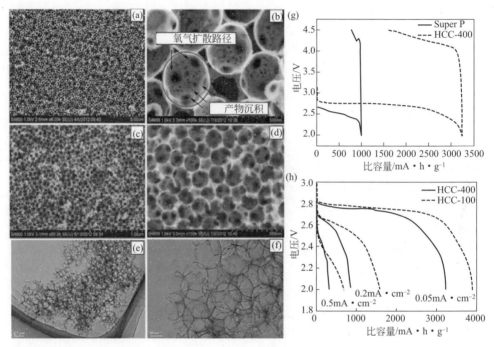

图 2-7　HCC-400 (a)，(b) 和 HCC-100 (c)，(d) 的 SEM 图；HCC-100 的 TEM 图 (e)，(f)；
锂空气电池在 0.05mA·cm^{-2} (g) 和不同电流密度 (h) 的放电曲线[104]

③ 氮掺杂碳材料。杂原子掺杂的碳材料因可以在其表面形成缺陷和官能
团[108] 而可以有效改善其电化学性能，已广泛应用于燃料电池和超级电容器等
领域。近些年来，氮掺杂碳材料在锂空气电池中用作催化剂的研究逐渐受到学术
界的关注。

Yan 等[109] 通过密度泛函理论（DFT）计算发现，使用氮掺杂石墨烯为催
化剂的电极氧吸附能力得到了增强，同时氧分解的能垒从 2.39eV 降低到了
1.20eV，因而有助于锂空气电池性能的提升。Li 等[108] 在氨氩混合气氛中加热
石墨烯纳米片（GNSs）制备了氮掺杂的材料 N-GNSs，对比研究发现使用 N-
GNSs 为催化剂的锂空气电池在多个不同电流密度下均具有比使用 GNSs 催化剂
的电池更高的放电比容量（图 2-8）。Higgins 等[110] 以 20%（质量分数）氮掺

杂石墨烯为催化剂构建的锂空气电池在电流密度为 $70mA \cdot g^{-1}$ 下放电比容量高达 $11746mA \cdot h \cdot g^{-1}$，比使用 KB 的电池高出 42%。Shui 等[111] 以氮掺杂多孔石墨烯为催化剂制备的锂空气电池在电流密度 $100mA \cdot g^{-1}$ 时放电比容量达到 $17000mA \cdot h \cdot g^{-1}$，在电流密度 $40mA \cdot g^{-1}$、限容 $800mA \cdot h \cdot g^{-1}$ 的条件下能稳定循环超过 100 次。He 等[112] 以三聚氰胺为氮源，通过水热反应结合高温煅烧制得了氮掺杂的具有大孔和中孔的三维石墨烯（N-3DG）材料，以其为催化剂的锂空气电池在电流密度为 $50mA \cdot g^{-1}$ 时放电比容量为 $7300mA \cdot h \cdot g^{-1}$，而使用未经氮掺杂的三维石墨烯（3DG）的电池放电比容量仅为 $2250mA \cdot h \cdot g^{-1}$。Guo 等[113] 通过化学气相沉积法在纳米多孔镍上生长氮掺杂石墨烯制备了具有高导电性和优异电化学稳定性的自支撑电极，以其为正极的锂空气电池在电流密度 $0.05mA \cdot cm^{-2}$、限容 $280mA \cdot h \cdot cm^{-2}$ 的条件下能稳定循环超过 100 次，且在第 100 次充电时电压仍低于 4.3V。

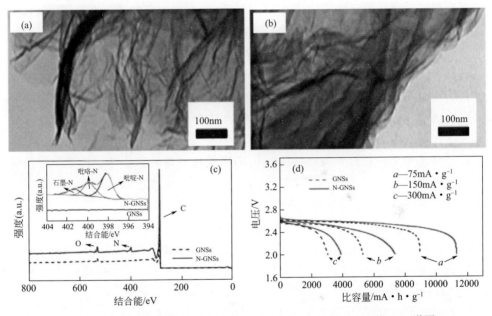

图 2-8　GNSs（a）和 N-GNSs（b）的 TEM 图；GNSs 和 N-GNSs 的 XPS 谱图（c）；
以 GNSs 和 N-GNSs 为催化剂的锂空气电池在不同电流密度下的放电曲线（d）[108]

　　浮动催化化学气相沉积（FCCVD）法是一种常用的氮掺杂碳纳米管（N-CNT）制备技术[86,114,115]，所制备的材料在以 $1mol \cdot L^{-1}$ LiPF$_6$/PC/EC、$1mol \cdot L^{-1}$ LiPF$_6$/DMSO 和 $1mol \cdot L^{-1}$ LiTFSI/DOL/DME 为电解液的锂空气电池中都表现出比未掺杂的 CNT 更优异的催化性能。Yang 等[116] 受人体毛细血管组织结构的启发，在不锈钢网表面原位生长了具有分层结构、超疏水性能和自支撑柔性的 N-CNTs@SS，以其为正极的锂空气电池在 500mA·g^{-1} 电流密度时具有 9299mA·h·g^{-1} 的比容量，且在限容 1000mA·h·g^{-1} 时能够循环 232 次。

Shui 等[117] 利用 CVD 法制备了氮掺杂碳纳米纤维阵列，以其为催化剂的锂空气电池在电流密度为 100mA·g^{-1} 时的充-放电电压平台之间的差值仅为 0.3V，在 500mA·g^{-1} 电流密度下的放电比容量为 40000mA·h·g^{-1}，限容 1000mA·h·g^{-1} 时可稳定循环 150 次。作者认为该材料的主要优点在于可以促使 Li_2O_2 沿电极的表面生长从而占据全部内部空间，可以改善 Li_2O_2 与电极材料表面的接触从而降低 Li_2O_2 的分解电位和提高电池的比容量。Nie 等[118] 发现氮掺杂的介孔碳材料作为催化剂可以提高锂空气电池的放电电压和放电比容量。Wu 等[119] 通过单一模板法和双模板法分别制备了氮、氧双重掺杂的介孔泡沫碳 S-MCF 和 D-MCF。由于 D-MCF 的表面积和氧含量较低，以其为催化剂的电池放电比容量略低、过电位较高，但其中较高的氮含量和较低的氧含量使电池具有更好的循环稳定性。Liu 等[120] 制备了一种新型无黏结剂的鸟巢状氮掺杂碳纸电极（NCPE）。该结构有利于 O_2 在电池中的快速扩散，并能够为放电产物的存储提供足够的空间，而且其中的含 N 官能团可以促进电化学反应快速进行。以其为正极的锂空气电池在 0.1mA·cm^{-2} 电流密度下放电比容量达到 8040mA·h·g^{-1}，在 0.2mA·cm^{-2} 电流密度时首次库仑效率达到 81%。Lin 等[121] 采用在 KB 上热解含氮离子液体的方法合成了氮掺杂碳/KB 复合物，以其为催化剂的锂空气电池在模拟干燥空气中放出 9905mA·h·g^{-1} 的比容量，而且该催化剂的使用使放电产物 Li_2O_2 的形貌由通常的算盘珠状转变成了松散堆积的纳米片。

（2）贵金属及其合金类催化剂

贵金属及其合金已广泛应用于各类化学反应中，同时也被公认为最优异的催化活性材料。然而，受限于其昂贵的价格和有限的资源，贵金属及其合金在锂空气电池中用作催化剂的研究相对较少，目前报道过的贵金属类催化剂主要包括 Pt、Au、Pd、Ru 和 Ir 等。

Wu 等[122] 发现 Pt 基催化剂的含量和组成对放电产物 Li_2O_2 的形态和结构有着显著影响，Pt 基纳米颗粒的高导电性有利于环形 Li_2O_2 的生长，将 Ru 掺杂到 Pt 的晶格中形成 Pt-Ru 合金可以促进 Li_2O_2 结晶程度的降低，从而有利于降低电池的充电电位。Song 等[123] 用多元醇法合成的各向异性 Pt 催化剂表现出比商业 Pt/C 更好的催化性能。在 200mA·g^{-1} 的电流密度下，以其为催化剂的电池具有更低的过电位，其放电比容量（12985mA·h·g^{-1}）超过使用 Pt/C 催化剂电池（6272mA·h·g^{-1}）的 2 倍。作者将之归因于各向异性 Pt 催化剂表面暴露的（411）晶面。Lu 等[4,25,26,124,125] 系统研究了贵金属 Pt、Au 及其合金对锂空气电池中氧电极过程的影响（图 2-9），发现 Pt 对 OER 过程具有催化活性，Au 对 ORR 具有催化活性，而 Pt-Au 合金对 OER 和 ORR 过程兼具催化性能，其使用让锂空气电池的充、放电过电位分别降低了 900mV 和 150～360mV[26]。然而，Yin 等[126] 却得出了不同的结论，他们发现以 Au/C 为催化剂的电池的放电电压仅比使用纯碳材料的电池略高甚至没有提高，而使用 Pt/C 催化剂可以使锂空气电池的放电电压明显提高。他们还发现，增加 Pt/C 的负载量可以提高电池的放电比容量和放电电压平台，并降低其充电电压平台。同时，作者对 PtAu/C 材料的研究表明，部分和全部合金化的 PtAu/C 催化剂能够提高电池的放电电压平台、降低充电电压平台，从而提高电池的能量转换效率；相分离态的 PtAu/C 催化剂（比如表面富 Au 的核壳结构材料——金壳/合金芯）使锂空气电池的充放电电压差增大，能量转换效率降低；以合金化 PtAu/C 为催化剂的电池放电比容量比使用相分离态 PtAu/C 的电池更高。Kim 等[127] 将直径为 3nm 的 Pt_3Co 合金颗粒负载于 KB 碳表面制得了 Pt_3Co/KB 材料，其对锂空气电池中的 OER 过程表现出优异的催化性能。在 $100mA \cdot g^{-1}$ 的电流密度下，以其为催化剂的电池的充电过电位仅为 135mV，远低于使用 Pt/KB 和 KB 时的 635mV 和 1085mV。作者认为，OER 催化性能的提升与最外层 Pt 活性位点上 LiO_2 的吸附强度减弱有关，同时合金催化剂还可以促使在充电过程中更容易分解的无定形 Li_2O_2 的产生。Su 等[128] 通过化学还原法制备了一系列 Vulcan XC-72 负载的 Pt_xCo_y 合金纳米颗粒（Pt_4Co/C、Pt_2Co/C、$PtCo/C$ 和 $PtCo_2/C$），并将其性能与 Pt/C 和 Vulcan XC-72 进行了对比，发现在电流密度为 $100mA \cdot g^{-1}$ 时 $PtCo_2/C$ 具有最高的催化活性。Kang 等[129] 的研究表明 PdCu 催化剂中两种金

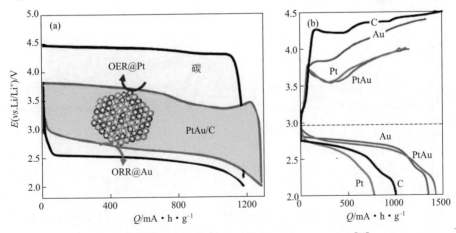

图 2-9　使用不同催化剂的锂空气电池的充放电曲线[26]

电流密度：碳催化剂，$85mA \cdot g^{-1}$；Au/C、Pt/C 和 PtAu/C 催化剂，$100mA \cdot g^{-1}$

属具有显著的协同作用，原子比接近 50：50 的纳米合金具有混合的面心立方结构和体心立方结构，以其为催化剂的电池放电电压呈现最大值，充电电压呈现最小值，电池的能量转换效率最高。Lei 等[58] 用原子层沉积技术制备了 Super P 负载的 Pd 催化剂 1c-ALD Pd/C、3c-ALD Pd/C 和 10c-ALD Pd/C，比较研究发现 Pd 的负载量对锂空气电池的放电比容量和 OER 催化性能有很大的影响。当电流密度为 $100mA \cdot g^{-1}$ 时，以 3c-ALD Pd/C 为催化剂的电池具有最高的放电比容量，达到 $6600mA \cdot h \cdot g^{-1}$，而由 10c-ALD Pd/C 催化的电池的充电电压平台最低，仅为 3.4V。Sun 等[130] 通过表面活性剂辅助法制备了 Super P 负载的 Ru 催化剂（Ru/Super P），以其为催化剂的电池在电流密度为 $200mA \cdot g^{-1}$ 时放电比容量高达 $9800mA \cdot h \cdot g^{-1}$，充放电电压平台的差值仅为 0.37V，远远优于以 Super P 为催化剂时的情况（图 2-10）。在 $200mA \cdot g^{-1}$、限容 $1000mA \cdot h \cdot g^{-1}$

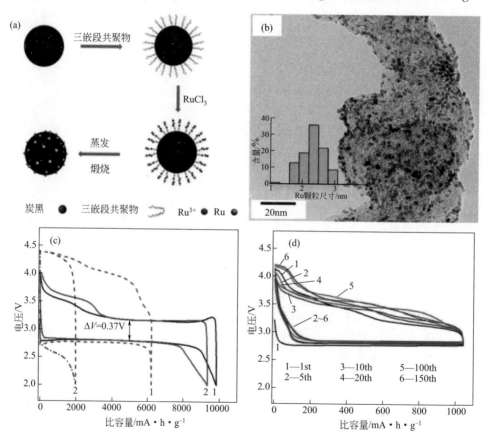

图 2-10　（a）Ru/Super P 的合成示意图；（b）Ru/Super P 中 Ru 纳米颗粒的 TEM 图及其粒径分布；（c）以 Ru/Super P（实线）和 Super P（虚线）为催化剂的锂空气电池的充放电曲线；（d）以 Ru/Super P 为催化剂的锂空气电池的循环性能曲线（$200mA \cdot g^{-1}$）[130]

的条件下，电池循环工作 150 次后放电电压依然高于 2.5V，充电电压低于 4.2V。Ke 等[65] 通过乙二醇还原法合成 Pt/C、Ir/C 和 Pt-Ir/C 催化剂，并将其用作锂空气电池催化剂的性能与碳催化剂进行了比较。研究发现，虽然三种催化剂会使电池的放电比容量略微偏低，但并不影响其放电电压，同时还会使得电池的充电过电位明显降低。其中，以 Pt-Ir/C 为催化剂的电池放电比容量最高，充电电压平台最低。Ko 等[131] 用浸渍还原法制备了多种碳负载的金属/合金（Pt、Pd、Ir、Ru、Pt-Pd、Pd-Ir 和 Pt-Ru）催化剂材料，对比研究发现使用 Ru/C 催化剂的电池充放电过电位最低且放电比容量最高。同时，他们还总结认为金属合金可以产生与纯金属不同的催化性能。

（3）非贵金属氧化物类催化剂

锂空气电池用非贵金属氧化物类催化剂的研究始于电解二氧化锰（EMD），然后国际学术界对各种锰氧化物和过渡金属氧化物进行了大量的研究报道。

① 锰氧化物。作为锂空气电池早期研究中最成功的催化剂，锰氧化物不仅可以提高电池的能量转换效率，还可以提高其放电比容量。近年来，MnO_2 已作为一种标准的催化剂用于锂空气电池正极反应机理、电解液以及催化剂筛选的研究中。同时，国际学术界对多种其他锰氧化物也进行了大量的研究和报道。

2006 年，Ogasawara 等[34] 首次将电解 MnO_2（EMD）引入锂空气电池作为催化剂并取得了一定的效果，随后他们又系统地比较研究了各种锰氧化物（EMD、块状/纳米线状 $\alpha\text{-}MnO_2$ 和 $\beta\text{-}MnO_2$、$\gamma\text{-}MnO_2$、$\lambda\text{-}MnO_2$、Mn_2O_3 和 Mn_3O_4）用作锂空气电池催化剂的性能（图 2-11），并发现纳米线状 $\alpha\text{-}MnO_2$ 具有最优的催化性能，以其为催化剂的电池在 $70mA \cdot g^{-1}$ 的电流密度下放电电压和充电电压分别为 2.6V 和 4.0V[23]。此后，国际学术界掀起了对锂空气电池用二氧化锰催化剂的研究热潮。

Oloniyo 等[132] 合成了纳米线状 $\alpha\text{-}MnO_2$、$\beta\text{-}MnO_2$ 和 $\gamma\text{-}MnO_2$、纳米棒状 $\alpha\text{-}MnO_2$、纳米球状 $\alpha\text{-}MnO_2$ 及碳负载的纳米线状 $\alpha\text{-}MnO_2$（$\alpha\text{-}MnO_2/C$），并比较了它们作为锂空气电池催化剂的性能。结果表明，以 $1mol \cdot L^{-1}$ $LiPF_6/PC$ 为电解液时，$\alpha\text{-}MnO_2/C$ 催化剂的电池放电比容量最高，达到 $11000mA \cdot h \cdot g^{-1}$。但是，当以 $1mol \cdot L^{-1}$ $LiTFSI/TEGDME$ 为电解液时，纳米线状 $\beta\text{-}MnO_2$ 为催化剂的电池放电比容量最高（$2600mA \cdot h \cdot g^{-1}$），而由 $\alpha\text{-}MnO_2/C$ 催化的电池放电比容量只有 $1300mA \cdot h \cdot g^{-1}$。因此，作者提出锂空气电池的性能不仅与催化剂有关，也与所使用的电解液密切相关。Song 等[133] 发现尽管使用纳米颗粒、纳米管状和纳米线状 MnO_2 为催化剂的电池具有相似的放电电压，但是相比较而言纳米线状 $\alpha\text{-}MnO_2$ 可以更大程度上降低电池的充电电压。在电流密度为

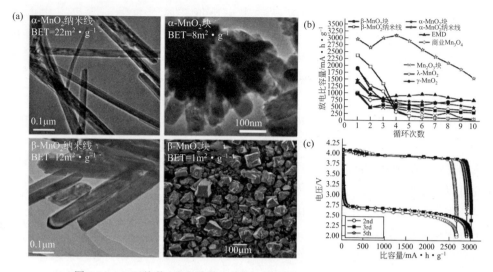

图 2-11 （a）块状/纳米线状 α-MnO₂ 和 β-MnO₂ 的 TEM/SEM 图；

（b）电流为 $70\mathrm{mA \cdot g^{-1}}$ 时，使用各种锰氧化物的锂空气电池的循环性能曲线；

（c）使用纳米线状 α-MnO₂ 的锂空气电池在 $70\mathrm{mA \cdot g^{-1}}$ 电流密度下的充放电曲线[34]

$200\mathrm{mA \cdot g^{-1}}$ 时，使用纳米线状 α-MnO₂ 的电池表现出最高的放电比容量（$11000\mathrm{mA \cdot h \cdot g^{-1}}$），甚至当电流密度提高至 $5000\mathrm{mA \cdot g^{-1}}$ 时其放电比容量仍然可以达到 $4500\mathrm{mA \cdot h \cdot g^{-1}}$。作者认为纳米线状 α-MnO₂ 催化剂性能优异的主要原因在于其表面存在大量的 Mn^{3+}，表面氧化态是影响放电产物沉积和 ORR/OER 催化剂性能的主要因素。类似地，Park 等[134] 比较研究发现纳米线状 α-MnO₂ 比纳米粉末状 α-MnO₂ 作为锂空气电池催化剂具有更好的性能。然而，Truong 等[135] 却认为单晶 α-MnO₂ 纳米管相对于纳米线状 α-MnO₂ 和纳米片状 δ-MnO₂ 材料具有更好的性能，主要表现在以其为催化剂的电池具有更好的循环稳定性。

为了进一步改善 MnO₂ 作为锂空气电池催化剂的性能，国内外学者从微观形貌和结构方面做了大量的探索。例如，Zeng 等[136] 发展了层状结构的多孔 α-MnO₂，Zhang 等[137] 制备了纳米针组装而成的空心 α-MnO₂ 微球，Jin 等[138] 利用钛离子作为结构导向剂制备了含钛的中空纳米球状 γ-MnO₂。Zhang 等[139] 发现中空线团状 α-MnO₂ 可以有效提高锂空气电池的库仑效率。Thapa 等[140] 制备的具有亚微米球/纳米片层结构的水钠锰矿型 MnO₂ 纳米材料使锂空气电池在 $0.13\mathrm{mA \cdot cm^{-2}}$ 电流密度下的充电电压平台降低到 3.66V。Thapa 等[141] 制备的含有 $0.1\sim0.3\mu\mathrm{m}$ 小微粒的有序介孔 β-MnO₂ 使锂空气电池在 $0.025\mathrm{mA \cdot cm^{-2}}$ 电流密度时放电电压平台高达 $2.8\sim2.9\mathrm{V}$，充电电压平台降低到 3.7V。Zahoor

等[142] 比较发现海胆状 $\alpha\text{-}MnO_2$ 比花状 $\delta\text{-}MnO_2$ 具有更好的催化性能。Wang 等[143] 将花瓣状 MnO_2 纳米片均匀生长在 CNT 外部形成同轴核-壳结构。该结构可有效防止 CNT 与 Li_2O_2 的直接接触，从而避免或缓减 CNT 的氧化分解和充电过程中 Li_2CO_3 的形成，同时还可以降低电池的内阻，因而大大改善了电池的循环性能。在电流密度 $200mA \cdot g^{-1}$、限容 $500mA \cdot h \cdot g^{-1}$ 的条件下，相应电池能稳定循环超过 200 次，而且前 50 个循环中充、放电电压基本保持不变。Hu 等[144] 将海绵状 $\varepsilon\text{-}MnO_2$ 直接负载在泡沫镍上制备了自支撑的电极，以其为正极的锂空气电池在电流密度高达 $500mA \cdot g^{-1}$ 时放电比容量为 $6300mA \cdot h \cdot g^{-1}$，并且可以稳定循环 120 次。作者认为该电极的 3D 结构和大量氧空穴是其性能优异的主要原因，而且其中不含碳材料，可以有效避免碳参与的副反应，因而有利于改善电池的循环稳定性。Trahey 等[145] 用 $\alpha\text{-}MnO_2$ 和斜方锰矿-MnO_2 组成了双功能 MnO_2 催化剂，以其催化的锂空气电池在 $0.024mA \cdot cm^{-2}$ 电流密度下放电比容量达到了 $5000mA \cdot h \cdot g^{-1}$。

除 MnO_2 之外，还对多种其他锰氧化物作为锂空气电池催化剂进行了研究。Kavakli 等[146] 比较发现纳米 Mn_3O_4 比所有 $\alpha\text{-}MnO_2$、$\beta\text{-}MnO_2$ 和 $\delta\text{-}MnO_2$ 都具有更好的催化活性，具体表现在以其为催化剂的锂空气电池具有最高的放电比容量。Minowa 等[147] 发现 Mn_2O_3 比 MnO 和 MnO_2 具有更好的催化性能，主要表现在以其为催化剂的电池具有更大的放电比容量、更小的充放电过电位和更好的循环稳定性。为了进一步提高 Mn_2O_3 的催化性能，作者用其他过渡金属代替部分 Mn 制备了 $Mn_{1.8}M_{0.2}O_3$（M = Fe、Mn、Ni、Co）掺杂型催化剂。比较研究表明掺杂 20% 的 Fe 可以使锂空气电池的放电容量增大、充放电过电位降低，而掺杂 Ni 和 Co 会使 Mn_2O_3 的催化活性降低。作者认为这主要是所制备的 $Mn_{1.8}Co_{0.2}O_3$ 和 $Mn_{1.8}Ni_{0.2}O_3$ 晶相不纯而含有杂质造成的。对于优选出来的催化剂 $Mn_{2-x}Fe_xO_3$，作者比较研究了煅烧温度（500～950℃）和其中 Mn 替代量（$x = 0$、0.2 和 0.4）对性能的影响，发现 500℃ 处理的 $Mn_{1.8}Fe_{0.2}O_3$ 具有最好的催化活性和稳定性。Zhang 等[148] 合成了由混合价（Mn^{II}、Mn^{III} 和 Mn^{IV}）超细锰氧化物纳米晶组装而成的具有核-多壳结构的 MnO_x 微球（图 2-12），以其为催化剂的锂空气电池在 $100mA \cdot g^{-1}$ 电流密度下放电电压为 2.8～2.9V、充电电压为 3.7～3.8V、放电比容量达到 $9709mA \cdot h \cdot g^{-1}$，而且可在限容 $1000mA \cdot h \cdot g^{-1}$ 条件下循环 320 次，即使在 $200mA \cdot g^{-1}$ 电流密度且限容 $2000mA \cdot h \cdot g^{-1}$ 的条件下仍可循环超过 120 次。作者将该材料优异的性能归因于 MnO_x 对 ORR 和 OER 的高催化活性和混合价 MnO_x 纳米晶组装球中含有大量有利于放电产物可逆形成与分解的活性中心。

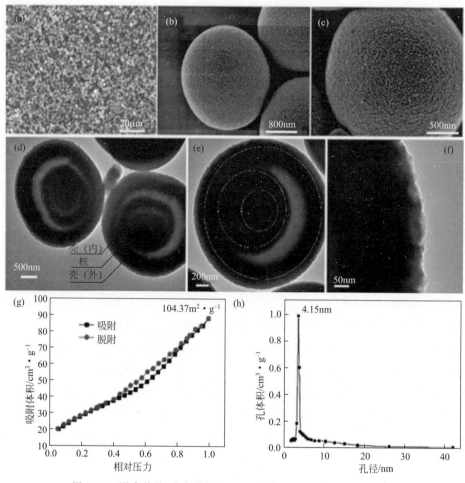

图 2-12　混合价核-多壳结构 MnO_x 微球的 SEM 图（a）～（c）、
TEM 图（d）～（f）、氮气吸-脱附等温线（g）和孔径分布（h）[148]

除 MnO_x 类氧化物之外，另一种锰的氧化物 γ-MnOOH 也被作为锂空气电池的催化剂进行了研究。Zhang 等[149] 通过简单的一步水热法合成了纳米线状氧化物 γ-MnOOH（MNW），以其为催化剂的电池放电电压只比使用 KB 的电池高出大约 30mV，但充电电压低了约 300mV（图 2-13）。此外，该电池还展示了更高的放电比容量、更好的倍率性能和循环稳定性。作者将其归因于 MNW 的高催化活性和高孔隙率。

② 过渡金属及其氧化物。除锰氧化物之外，大量的其他过渡金属及其氧化物也被作为锂空气电池的催化剂进行了广泛研究。Thapa 等[150] 认为 CuO 的使用可以提高锂空气电池的放电比容量和电化学可逆性，但 Barile 等[151] 用微分

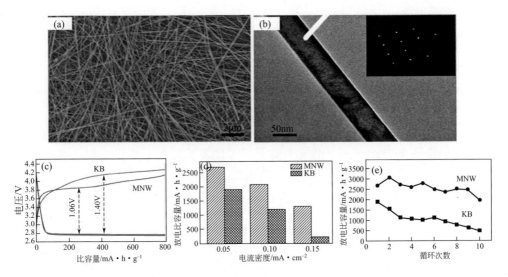

图 2-13　MNW 的 SEM（a）和 TEM（b）图；分别使用 KB 和 MNW 为催化剂的
锂空气电池在 $100mA \cdot g^{-1}$ 电流密度下的充放电曲线（c）、倍率性能（d）和
$0.05mA \cdot cm^{-2}$ 电流密度下的循环性能（e）[149]

电化学质谱（DEMS）研究发现 CuO 在锂空气电池中的使用会促使电解液分解和碳材料腐蚀，从而导致电池循环性能变差。自 Xiao 等[48] 报道了 V_2O_5 应用于锂空气电池具有一定的催化活性后，Lim 等[152] 利用浸渍法制备了 Al_2O_3 负载的 V_2O_5 材料（V_2O_5/Al_2O_3）。与使用碳负载的 V_2O_5 和纯碳材料作为催化剂的电池相比，使用 V_2O_5/Al_2O_3 的电池表现出更低的充电电压和更高的比容量，在 $100mA \cdot g^{-1}$ 电流密度下放电比容量达到了 $3250mA \cdot h \cdot g^{-1}$。Ma 等[153] 合成了一系列分别主要暴露（100）、（110）和（111）晶面的立方形（C-CB）、菱形十二面体（C-RD）和八面体（C-OC）结构的 Cu_2O 纳米颗粒，并与 CNT 复合应用于锂空气电池作为催化剂材料。对比发现，以（111）为主要暴露晶面的 Cu_2O 具有最好的催化性能，以其为催化剂的电池在 $400mA \cdot g^{-1}$ 电流密度下的放电比容量达到了 $11050mA \cdot h \cdot g^{-1}$，而使用 C-CBs-CNTs 和 C-RDs-CNTs 的电池仅能放出 $7450mA \cdot h \cdot g^{-1}$ 和 $9100mA \cdot h \cdot g^{-1}$ 的容量。受此结果的启发，作者又通过对菱形十二面体 Cu_2O 进行刻蚀获得了主要暴露（111）晶面的材料 C-ACNFs-CNTs，以其为催化剂的锂空气电池不仅充电电压平台明显降低，而且放电比容量达到了 $13200mA \cdot h \cdot g^{-1}$。Wang 等[154] 通过对金红石 TiO_2 进行热处理获得了具有氧空位的 TiO_2 材料 H-TiO_2，以其为催化剂的锂空气电池的放电比容量远远高于使用金红石 TiO_2 的电池，而其在 $0.3mA \cdot cm^{-2}$ 和 $0.5mA \cdot cm^{-2}$ 电流密度、限容 $0.1mA \cdot h \cdot cm^{-2}$ 的条件下

可以分别循环 400 次和 372 次。作者认为 H-TiO$_2$ 比金红石 TiO$_2$ 性能改善的主要原因是氧空位缺陷使活性位点增加。Liu 等[155] 通过阳离子辅助法开发了中空多孔的大表面积纳米氧化物 TiO$_{2-x}$，以其为催化剂的电池在 100mA·g^{-1} 电流密度下放出 8569mA·h·g^{-1} 的比容量，在电流密度 200mA·g^{-1}、限容 1000mA·h·g^{-1} 的条件下循环寿命长达 200 次。类似地，Zhang 等[156] 报道了具有高比表面积和丰富氧空位的介孔超细 Ta$_2$O$_5$ 纳米颗粒，以其为催化剂的锂空气电池在 500mA·g^{-1} 电流密度下放电比容量达到了 13000mA·h·g^{-1}，当电流密度增加到 1000mA·g^{-1} 时放电比容量仍可达到 10000mA·h·g^{-1}。该电池在 500mA·g^{-1}、限容 500mA·h·g^{-1} 的条件下可稳定循环 100 次，而且其充电电压平台保持在 4.1V。Zhang 等[157] 发现 MoO$_3$ 纳米片中氧空位浓度的提高有利于降低锂空气电池的充放电过电位。Lai 等[158] 通过引入 TiO$_2$ 抑制 Cr$_2$O$_3$ 的低能面（012）生长设计了一系列具有不同比例高能面的材料 TiCrO$_x$（图 2-14）。当用作锂空气电池的催化剂时，在 500mA·g^{-1} 和限容 600mA·h·g^{-1} 的条件下，TiCrO$_x$ 的 OER 活性随高能面比例的增加而增加，使用 1TiCrO$_x$-400 的锂空气电池比使用 Ru/VC 的电池平均充电电压降低了 120mV，而且其充电过程中副产物气体的比例显著降低（图 2-15）。此外，Mei 等[159] 发现 SnO$_2$ 和 SnO$_2$@C 都对锂空气电池中的 ORR 和 OER 过程具有双功能催化活性，但使用 SnO$_2$@C 的电池表现出更低的过电位、更大的放电容量和更好的循环性能。Zhang 等[160] 研制的以 Fe$_2$O$_3$ 纳米管（FNT）为催化剂的锂空气电池在 500mA·g^{-1} 的放电电流密度下可提供 6000mA·h·g^{-1} 的比容量，该电流密度下限容 500mA·h·g^{-1} 时电池可稳定循环 150 次。

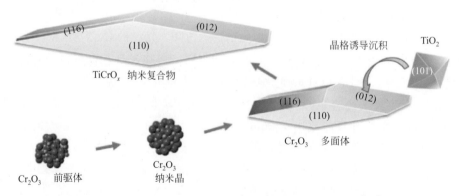

图 2-14　通过引入 TiO$_2$ 抑制 Cr$_2$O$_3$ 晶面生长的示意图[158]

过渡金属尖晶石氧化物是在锂空气电池中广泛研究的一类金属氧化物催化剂，主要可以分为单金属和双金属尖晶石两大类。其中，研究最多的单金属尖晶

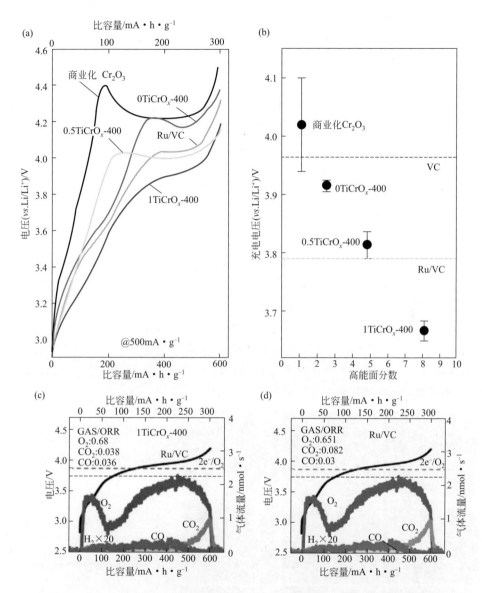

图 2-15　(a) 使用不同催化剂的锂空气电池的充电曲线；(b) 高能面比例对
锂空气电池平均充电电压的影响；(c)，(d) 使用不同催化剂的
电池在充电过程中的电压和气体析出量变化[158]

石氧化物主要是 Co_3O_4 材料。Park 等[100] 认为 Co_3O_4 虽然对锂空气电池的氧
电极过程有一定的催化活性，但电池的充放电效率很低，只有 34%。Kim
等[161] 通过对立方状、花状和绒毛状纳米 Co_3O_4 的比较研究发现，其形貌对催
化性能有重要影响。在电流密度为 0.4mA·cm^{-2} 时，以绒毛状 Co_3O_4 为催化

剂的电池放电比容量最高，其次是使用立方状 Co_3O_4 的电池，以花状 Co_3O_4 为催化剂的电池比容量最低。此外，他们还发现绒毛状和立方状 Co_3O_4 纳米颗粒在电池工作过程中形貌保持完好，而花状颗粒则会破裂成纳米棒状。类似地，Riaz 等[162] 比较研究了纳米片状、纳米针状和纳米花状 Co_3O_4 用作锂空气电池催化剂的性能（图 2-16）。他们发现，Co_3O_4 的形貌对锂空气电池充放电电压影响很小，但对电池的比容量和循环性能有明显的影响。其中，使用纳米针状 Co_3O_4 的电池具有最高的放电比容量，其次是使用纳米花状 Co_3O_4 的电池，以纳米片状 Co_3O_4 为催化剂的电池比容量最低。此外，使用纳米针状 Co_3O_4 的电池具有最好的循环稳定性。Ming 等[163] 的研究发现，相较于介孔 Co_3O_4 和纳米颗粒 Co_3O_4，中空多孔 Co_3O_4 可以使锂空气电池的性能得到明显改善，以其为催化剂的电池在 $200mA \cdot g^{-1}$ 电流密度、限容 $2000mA \cdot h \cdot g^{-1}$ 的条件下，放电电压高达约 2.74V、充电电压仅为 4.0V、循环次数超过 100 次。Zhao 等[164] 在泡沫镍上直接电镀分级多孔 Co_3O_4 薄片，并在 Ar 气氛中煅烧后制得无碳自支撑 $Co_3O_4@Ni$ 电极。他们发现，Co_3O_4 薄片在锂空气电池中的催化性能与煅烧温度密切相关，300 ℃下煅烧后制备的电极具有最好的性能，以其为正极的电池在 $200mA \cdot g^{-1}$ 电流密度下放电比容量达到 $2460mA \cdot h \cdot g^{-1}$。类似地，Cui 等[165] 也制备了泡沫镍负载 Co_3O_4 的无碳自支撑 $Co_3O_4@Ni$ 电极，以其为正极的锂空气电池比使用传统的碳负载 Co_3O_4 为催化剂的电池表现出更高的放

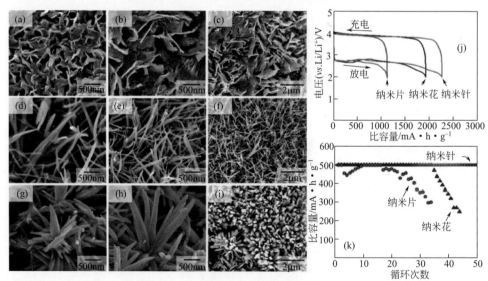

图 2-16 纳米片状 （a）～（c）、纳米针状 （d）～（f） 和纳米花状 （g）～（i） Co_3O_4
的 SEM 图；使用 Co_3O_4 的锂空气电池在 $20mA \cdot g^{-1}$ 电流密度下的
充放电曲线 （j） 和循环性能曲线 （k）[162]

电电压（2.95V）、更低的充电电压（3.44V）、更高的比容量（4000mA·h·g^{-1}）和更好的循环稳定性。

同时，国际学术界对双金属尖晶石氧化物在锂空气电池中的应用也进行了大量的研究。其中，研究最多的代表性材料为 $NiCo_2O_4$。Li 等[166] 以 KIT-6 为硬模板制备了有序的介孔 $NiCo_2O_4$，并对比研究了 $NiCo_2O_4$ 的用量对锂空气电池性能的影响。他们发现，$NiCo_2O_4$ 的用量对电池的放电电压影响不大（基本稳定在 2.75～2.80V），但对其充电电压和放电比容量有明显影响。在质量分数 20%～70% 的范围内，$NiCo_2O_4$ 用量的增加有助于电池充电电压的降低，但同时也会导致放电容量的降低。Liu 等[167] 采用电化学预锂化的方法制备了尺寸为 2nm 的超细 $NiCo_2O_4$ 颗粒，以其为催化剂的电池在 0.1mA·cm^{-1} 的电流密度下放出 29280mA·h·g^{-1} 的比容量，而且超细 $NiCo_2O_4$ 颗粒的形貌和粒度在电池的长循环过程中高度稳定。Zou 等[168] 制备了蒲公英状 $NiCo_2O_4$ 空心微球，以其为催化剂的锂空气电池在 200mA·g^{-1} 的电流密度下放电电压高达 2.79V、放电比容量达到 12500mA·h·g^{-1}。当电流密度增加到 300mA·g^{-1} 时，比容量仍达到 8019mA·h·g^{-1}，而且在限容 1000mA·h·g^{-1} 条件下循环 60 次后放电电压仍然平稳地维持在 2.80V、充电电压仍低于 4.2V。Xue 等[169] 在碳布上原位生长介孔 $NiCo_2O_4$ 纳米线阵列，以其为正极的锂空气电池在 200mA·g^{-1} 电流密度、限容 1000mA·h·g^{-1} 条件下循环 200 次后充放电电压变化不大，表现出优异的循环稳定性。

除 $NiCo_2O_4$ 之外，还有多种双金属尖晶石氧化物被用作锂空气电池的催化剂。Wang 等[170] 以介孔 $CuCo_2O_4$ 为催化剂制备的锂空气电池表现出比使用块状 $CuCo_2O_4$ 的电池更高的放电比容量和更低的充电过电位，在 100mA·g^{-1} 电流密度、限容 500mA·h·g^{-1} 的条件下能够稳定循环 80 次。Niu 等[171] 开发了多孔纳米薄片自组装的分级花状 $CuCo_2O_4$，以其为催化剂的锂空气电池在电流密度 100mA·g^{-1}、限容 1000mA·h·g^{-1} 的条件下稳定循环 120 次放电电压变化不大（图 2-17）。Sun 等[172] 采用泡沫镍负载 $CuCo_2O_4$ 纳米线制备了自支撑空气电极，以其为正极的锂空气电池在 0.1mA·cm^{-2} 电流密度下实现了 13654mA·h·g^{-1} 的高比容量。Li 等[173] 采用共沉淀法和球磨法制备了分别具有正尖晶石结构和反尖晶石结构的材料 $NiMn_2O_4$-PH 和 $NiMn_2O_4$-FT（图 2-18），以其为催化剂的锂空气电池在 150mA·g^{-1} 的电流密度下放电比容量分别为 8487mA·h·g^{-1} 和 9440mA·h·g^{-1}，且在限制比容量为 900mA·h·g^{-1} 时可分别循环 42 次和 51 次。Zhu 等[174] 制备了多壁碳纳米管缠绕的花生状 $MnCo_2O_4$，以其为催化剂的锂空气电池在电流密度为 100mA·g^{-1} 时放电比容

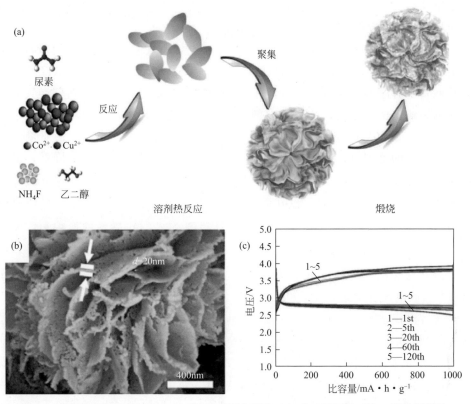

图 2-17　分级多孔花状 $CuCo_2O_4$ 形成过程示意图（a）和 SEM 图（b），以及以其为
催化剂的锂空气电池在电流密度 100mA·g^{-1} 时的循环性能（c）[171]

量达到 8849mA·h·g^{-1}，且限容 500mA·h·g^{-1} 时可循环 120 次。Wu
等[175] 通过静电纺丝法制备了单壁和双壁 $MnCo_2O_4$ 纳米管。其中，双壁 Mn-
Co_2O_4 纳米管（DW-MCO-NT）具有更高的比表面积，大孔体积几乎是单壁纳
米管（SW-MCO-NT）的两倍，因而可以提供更多的催化活性位点和放电产物
存储空间。以 DW-MCO-NT 为催化剂的锂空气电池在 100mA·g^{-1} 电流密度流
下可放出 8100mA·h·g^{-1} 的比容量，并且在 400mA·g^{-1} 电流密度、限容
1000mA·h·g^{-1} 的条件下于 2.6～4.3V 的电压范围内实现了 278 次的出色循
环性能，以 SW-MCO-NT 为催化剂的电池在相同条件下也可循环 245 次。Kim
等[176] 合成了平均直径为 162nm 的 $ZnCo_2O_4$ 纳米纤维，以其为催化剂的电池
在 500mA·g^{-1} 电流密度下限容 1000mA·h·g^{-1} 能够循环 116 次。为了进一
步提高其催化性能，作者通过选择性蚀刻制备了平均直径为 260nm 的多孔 Zn-
Co_2O_4 纳米纤维，其比表面积是无孔 $ZnCo_2O_4$ 纳米纤维的两倍，当用作锂空气
电池的催化剂时，电池的放电/充电过电位明显降低，而且在相同条件下的循环

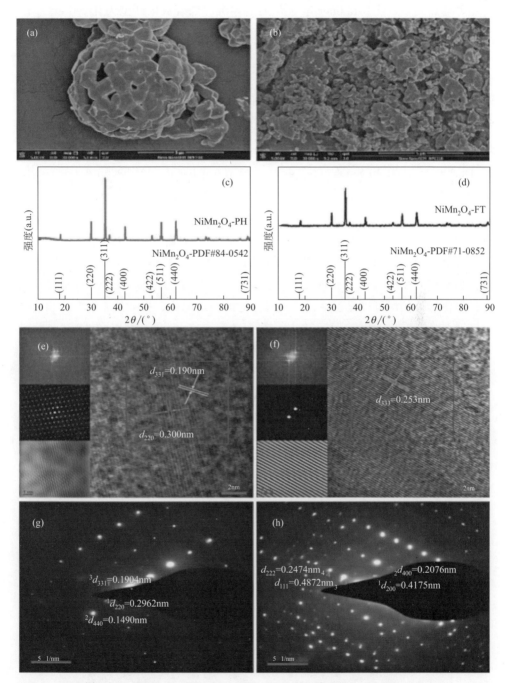

图 2-18 NiMn$_2$O$_4$-PH (a)，(c)，(e)，(g) 和 NiMn$_2$O$_4$-FT (b)，

(d)，(f)，(h) 的 SEM、XRD、TEM 和 SAED 图[173]

性能可增加到 226 次。Jadhav 等[177] 通过共沉淀法合成的新型大孔 $NiFe_2O_4$ 纳米颗粒在锂空气电池中也展示出较好的催化性能。在电流密度为 $0.2mA \cdot cm^{-2}$ 时，电池的放电比容量达到 $5940mA \cdot h \cdot g^{-1}$，而且比使用纯 KB 碳材料的电池具有更低的过电位和更好的循环性能。

近年来，钙钛矿型氧化物在锂空气电池中的应用引起了广泛关注。Francia 等[178] 分别以 $La_{0.65}Pb_{0.35}MnO_3$、$La_{0.65}Ba_{0.35}MnO_3$、$La_{0.65}Sr_{0.35}MnO_3$ 和乙炔黑为催化剂制备的锂空气电池在 $200mA \cdot g^{-1}$ 电流密度下的放电比容量为 $7211mA \cdot h \cdot g^{-1}$、$6760mA \cdot h \cdot g^{-1}$、$6205mA \cdot h \cdot g^{-1}$ 和 $5925mA \cdot h \cdot g^{-1}$。Fu 等[179] 采用溶胶凝胶法和固相反应法分别制备了高纯度的纳米钙钛矿型氧化物 $La_{0.8}Sr_{0.2}MnO_3$。在 $0.1mA \cdot cm^{-2}$ 的电流密度下，以溶胶凝胶法制得的材料为催化剂的电池表现出更高的放电电压和放电比容量。作者认为纳米结构的表面形态是改善 $La_{0.8}Sr_{0.2}MnO_3$ 催化性能的主要因素。Xu 等[31] 采用静电纺丝法结合高温热处理制备了多孔结构的 $La_{0.75}Sr_{0.25}MnO_3$ 纳米管（PNT-LSM），其作为催化剂的使用可以显著降低锂空气电池的充电电位、提高其放电电位和放电比容量，并使其循环寿命延长了 3 倍（图 2-19）。Zhao 等[180] 利用多步微乳液技术

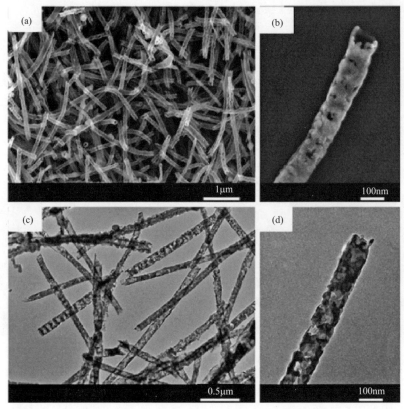

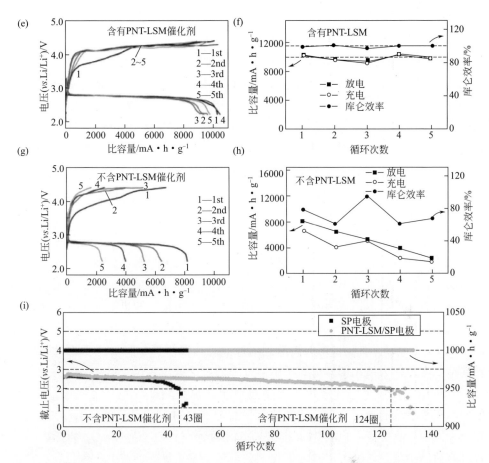

图 2-19　PNT-LSM 催化剂的 FESEM（a），（b）和 TEM（c），（d）图；含/不含 PNT-LSM
催化剂的锂空气电池在电流密度为 $0.025mA \cdot cm^{-2}$ 时的充放电曲线、循环性能、
库仑效率（e）～（h）和 $0.15mA \cdot cm^{-2}$ 时放电终止电压随循环次数的变化（i）[31]

结合高温煅烧制备了具有介孔多级结构的 $La_{0.5}Sr_{0.5}CoO_{2.91}$ 纳米线，以其为催化剂的锂空气电池在 $50mA \cdot g^{-1}$ 电流密度下放电比容量达到了 $11059mA \cdot h \cdot g^{-1}$。随后，该团队的 Shi 等[181] 采用原位 TEM 和 Raman 等技术分析了 $La_{0.5}Sr_{0.5}CoO_{2.91}$ 纳米线对锂空气电池的催化机理。他们认为，放电过程中，Co 的 3d 轨道分裂成 e_g 和 t_{2g} 轨道，其中 e_g 轨道与氧气分子的 $\sigma*2p$ 电子结合成键，t_{2g} 轨道与氧气分子的 $\pi*2p$ 电子结合成键，从而促进催化剂与氧气分子之间高效的电子转移，实现了 $La_{0.5}Sr_{0.5}CoO_{2.91}$ 纳米线的高催化活性。Xu 等[182] 采用反向均相沉淀法合成了 $LaNiO_3$ 纳米颗粒，以其为催化剂的电池在 $100mA \cdot g^{-1}$ 电流密度、限容 $500mA \cdot h \cdot g^{-1}$ 的条件下循环 155 次后放电电压仍保持在 2.51V 以上。

Zhang 等[183] 发现将 N 引入 $LaNiO_3$ 晶格中可以增加氧空位以促进 Li_2O_2 的形成和分解，因而有利于改善锂空气电池的循环性能。Kalubarme 等[184] 采用溶液燃烧法制备了一系列 Ni 掺杂的 $LaCoO_3$ 材料，比较研究发现 $LaNi_{0.25}Co_{0.75}O_3$ 的催化性能最好，以其为催化剂的电池充电电压最低（3.76V）、放电比容量最高（7720mA·h·g^{-1}）。Meng 等[185] 的研究发现，CeO_2 的掺杂可以通过加快氧电极过程动力学和提高导电性显著改善 $LaFe_{0.5}Mn_{0.5}O_3$ 作为锂空气电池催化剂的性能，而且共沉淀法相较于微乳液法效果更佳。

此外，一些新颖的过渡金属氧化物，比如 $NiFeO_x$ 纳米纤维[186]、含有氧空位的 $MnMoO_4$[187]、β-Co（OH）$_2$ 层状纳米片[188]、β-FeOOH 纳米棒[189] 等，也被应用于锂空气电池作为催化剂进行了探索性研究。

（4）金属硫化物类催化剂

过渡金属氧化物已在锂空气电池中展现出良好的催化性能。硫与氧作为同一主族元素，它们具有相似的核外电子排布状态，因而过渡金属硫化物与过渡金属氧化物具有化学相似性。同时，硫具有比氧更低的电负性和更大的半径，从而使得过渡金属硫化物具有比氧化物更好的导电性能和更大的晶胞体积，更有利于电池中电子/离子的传输和气体的扩散。因此，过渡金属硫化物近年来逐渐被引入到锂空气电池作为催化剂并引起了国际社会的广泛关注。

Ma 等[190] 于 2015 年首次报道了过渡金属硫化物在锂空气电池中的应用。他们利用水热法制备了具有花状和棒状形貌的 NiS 材料 [图 2-20(a)、(b)]，比较研究发现，具有更高比表面积的花状 NiS 对锂空气电池中 Li_2O_2 的形成和分解具有更高的催化活性，以其为催化剂的电池表现出更高的放电比容量、更高的

图 2-20　锂空气电池用不同形貌/结构的过渡金属硫化物催化剂

（a）花状 NiS[190]；（b）棒状 NiS[190]；（c）二维 MoS_2 纳米片[193]；（d）三维 MoS_2[194]；

（e），（f）开放结构的剑麻状 Co_9S_8[199]；（g）二维 Co_3S_4[198]；（h）三维棒状 Bi_2S_3[202]；

（i）片状 SnS_2[203]；（j）花状 SnS_2[203]

能量转换效率和更好的循环稳定性。此后，具有各种微观形貌和晶格结构的过渡金属硫化物（图 2-20），如 MoS_x、CoS_x、MnS、SnS_2 等[191-203]，以及其复合物在锂空气电池中的应用研究被纷纷报道，并成为了热点方向。

硫化钼是锂空气电池过渡金属硫化物类催化剂的典型代表。Zhang 等[191]用水热法制备了花状 MoS_2 纳米颗粒和金纳米颗粒修饰的 MoS_2 纳米片（MoS_2/AuNP），两者在锂空气电池中都表现出了一定的双功能催化性能，但 MoS_2/AuNP 的催化活性明显优于花状 MoS_2 纳米颗粒。作者将之归因于复合材料 MoS_2/AuNP 较大的比表面积和发达的孔结构。Asadi 等[192] 采用液相剥离法制备了无缺陷的、单相层状结构 MoS_2 纳米片。以其为催化剂、$1mol \cdot L^{-1}$ LiTFSI/[EMIM][BF_4] 为电解液的锂空气电池展示出远高于以 $1mol \cdot L^{-1}$ LiTFSI/TEGDME 或 $1mol \cdot L^{-1}$ LiTFSI/DMSO 为电解液的电池的性能。结合第一性原理计算，作者认为 MoS_2/离子液体是一种高效的锂空气电池复合催化剂，其中边界 Mo 原子是电化学反应的活性中心，$EMIM^+$ 在边界 Mo 上的吸附促进了 MoS_2 催化性能的发挥。Sadighi 等[193] 用原位液相剥离法制备了图 2-20(c) 所示的二维三方晶系 MoS_2 纳米片（$1T-MoS_2$），并将其与碳纳米管复合得到自支撑氧电极（$1T-MoS_2$/CNTs），相应锂空气电池在 $200mA \cdot g^{-1}$ 电流密度、限容 $500mA \cdot h \cdot g^{-1}$ 条件下可循环 100 次以上。作者认为高电导率和高密度的催化活性位点是 $1T-MoS_2$/CNTs 具有突出催化活性的主要原因。类似地，Hu 等[194]采用一步水热法合成了超薄 MoS_2 纳米片［图 2-20(d)］与 CNTs 复合的三维多孔网络结构 MoS_2/CNTs。这种独特结构能有效促进 O_2 与 Li^+ 的扩散和电解液的浸渍，可为放电产物提供更多的存储空间，同时 CNTs 的引入可改善电子传导性。以 MoS_2/CNTs 为催化剂、$1mol \cdot L^{-1}$ LiTFSI/TEGDME 为电解液的电池在电流密度 $200mA \cdot g^{-1}$ 时放电比容量为 $6904mA \cdot h \cdot g^{-1}$，相同电流、限容 $1000mA \cdot h \cdot g^{-1}$ 条件下可循环 132 次。Sun 等[195] 用水热法制备了无黏结剂自支撑碳纤维（CTs）负载花状 MoS_2 微球（MoS_2@CTs），经退火处理得到具有不同浓度硫空位的 Def-MoS_2@CTs。在以 $1mol \cdot L^{-1}$ LiClO$_4$/DMSO 为电解液的锂空气电池中，具有高浓度硫空位的 Def-MoS_2@CTs 表现出更好的催化性能，相应电池展示出更高的放电比容量和循环稳定性。作者认为这主要是因为具有高硫空位浓度的 Def-MoS_2@CTs 表面具有更强的 O_2 吸附能力，因而能够影响 Li_2O_2 的成核机制和微观形貌。Li 等[196] 用一步水热法结合冷冻干燥制备了石墨烯凝胶（HRG）负载 MoS_x 的催化剂 3D-MoS_x/HRG，对比研究发现当 MoS_x 与 HRG 的质量比为 1:2 时具有最好的催化性能。当以 $1mol \cdot L^{-1}$ LiTFSI/TEGDME 为电解液时，以其为催化剂的锂空气电池表现出最大的放电比容量、最高的能量转化效率和最好的循环稳定性。作者认为这主要是因为具有三维分级孔结构的催化剂能够为电极反应提供更多的活性位点，并为放电产物 Li_2O_2 提供更多的存储空间。

钴金属硫化物在锂空气电池中的应用也有大量的研究报道。Lyu 等[197] 将 CoS_2 负载在还原氧化石墨烯（RGO）表面制备了 CoS_2/RGO，以其为催化剂、$1mol \cdot L^{-1}$ $LiClO_4$/DMSO 为电解液的锂空气电池在 $0.1A \cdot g^{-1}$ 的电流密度下放电电压平台为 2.8V、放电比容量为 $3200mA \cdot h \cdot g^{-1}$、充电电压平台为 4.2V。Sennu 等[198] 采用牺牲模板法制备了介孔二维 Co_3S_4 [图 2-20(g)]，以其为催化剂、$1mol \cdot L^{-1}$ $LiPF_6$/EC：DMC（1：1，体积比）为电解液的锂空气电池在 $0.1mA \cdot cm^{-2}$ 电流密度下放电容量达到 $6000mA \cdot h \cdot g^{-1}$。作者认为该催化剂的结构有利于放电过程中 Li_2O_2 的形成、堆积和充电过程中 Li_2O_2 的分解，同时其较高的导电性和稳定的结构有利于电池工作过程中离子的传输。Lin 等[199] 设计合成了一种具有开放式结构的剑麻状 Co_9S_8 材料 [图 2-20(e)、(f)]，并首次将其用作锂空气电池催化剂。研究发现该材料开放式结构不仅可为放电产物提供丰富存储空间，而且有利于氧气的俘获与释放，从而为高效快速的电极反应提供了保障。作者还通过密度泛函理论计算揭示了 Co_9S_8 具有良好的亲氧性，可以诱导氧气在其表面反应生成 Li_2O_2，并形成优异的、有利于充电过程中充分发挥 Co_9S_8 催化效率并促进 Li_2O_2 完全分解的 Li_2O_2/电极接触界面。Dou 等[200] 通过 MOF 衍生物制备了碳纳米笼（CPNs）负载的催化剂 Co_9S_8@CPNs，其中的 CPNs 具有开放多孔骨架结构，可为氧电极过程提供丰富的传质通道并促进其快速的电荷转移动力学。该催化剂应用于以 $1mol \cdot L^{-1}$ LiTFSI/TEGDME 为电解液的锂空气电池可明显提高电池的能量转换效率和循环稳定性。

此外，Shu 等[201] 通过简单的水热法直接在泡沫镍上生长 Bi_2S_3 纳米棒阵列制备了自支撑的 R-Bi_2S_3/NF [图 2-20(h)]，其中的网状结构能够为电池反应提供快速的电子传递和气体、电解质扩散通道。相应锂空气电池在电流密度为 $500mA \cdot g^{-1}$ 时充放电电压平台的差值仅为 0.84V，放电比容量达到 $7680mA \cdot h \cdot g^{-1}$，相同电流密度下限容 $1000mA \cdot h \cdot g^{-1}$ 循环 146 次充放电截止电压分别保持在 4.2V 和 2.7V。Li 等[202] 研究发现稳定相 α-MnS 比亚稳相 γ-MnS 更有利于加快氧电极反应动力学，但表面形貌对 α-MnS 的催化性能影响不大，说明晶格结构是影响 MnS 材料催化性能的决定因素。Ramakrishnan 等[203] 采用两步法在 N、S 共掺杂的 3D 碳纳米泡沫上原位生长 FeS 颗粒制备的复合催化剂表现出比 FeS 和 C 更优异的催化性能。Hou 等[204] 用一步水热法制备了分别具有片状和花状分层结构的纳米 SnS_2 材料 [图 2-20(i)、(j)]。当用作锂空气电池催化剂时，两种材料都表现出比 SnO_2 更优异的双功能催化性能，但片状 SnS_2 的催化活性相较于花状 SnS_2 更高。作者认为这主要是因为两种 SnS_2 材料所裸露的活性晶面不同，片状 SnS_2 以 {100} 晶面为主、花状 SnS_2 以 {001} 为主，而 {100} 晶面具有更高的催化活性，其含量越高催化性能越好。

类似于尖晶石氧化物类材料，尖晶石硫化物因较高的导电性、优异的催化活性和良好的热力学稳定性也在锂空气电池领域引起了关注。其中，$NiCo_2S_4$、$MnCo_2S_4$、$CuCo_2S_4$ 和 $CoNi_2S_4$ 等被认为是很有潜力的锂空气电池用催化剂材料。Xu 等[205] 用溶剂热法制备了海胆状和核壳状两种尖晶石结构的 $NiCo_2S_4$ 材料（图 2-21）。两者在锂空气电池中都表现出一定的催化活性，但海胆状 $NiCo_2S_4$ 的性能更优，具体表现在相应电池具有更低的充放电过电位、更高的放电比容量和更长的循环寿命。作者认为这主要得益于海胆状材料更大的比表面积能够增加电化学活性位点，缩短离子和电子的传输距离，并为放电产物提供足够的存储空间，从而导致更快的电极反应动力学、更高的催化活性和更好的电极反应可逆性。Li 等[206] 通过水热法在碳布（CT）上直接生长介孔 $CoNi_2S_4$ 纳米棒阵列，所制得的自支撑电极 CNS-RAs/CT 呈现出较大的开放空间和较高的表面积，为存储 Li_2O_2 提供了足够的空间，并为氧电极 OER/ORR 反应提供了大量裸露的催化活性位点，同时其中 CNS-RAs 与高导电性 CT 的直接接触也能有效地促进电子转移。有鉴于此，以 CNS-RAs/CT 为正极的锂空气电池在

图 2-21　锂空气电池用不同形貌的尖晶石结构过渡金属硫化物催化剂

(a) 海胆状 $NiCo_2S_4$[205]；(b) 蛋黄壳结构 $NiCo_2S_4$[205]；

(c) 三维 $CoNi_2S_4$ 纳米棒阵列[205]；(d) 三维 $CuCo_2S_4$ 纳米片[208]

$500\text{mA} \cdot \text{g}^{-1}$ 电流密度时的放电比容量达到 $5438\text{mA} \cdot \text{h} \cdot \text{g}^{-1}$，并能在相同电流密度、限容 $1000\text{mA} \cdot \text{h} \cdot \text{g}^{-1}$ 的条件下稳定循环 588 次（图 2-22）。此外，使用此 CNS-RAs/CT 电极的可弯曲式锂空气电池在大规模应用中显示出作为下一代柔性和可穿戴电子设备电源的潜在可行性。Sadighi 等[207] 通过电沉积法结合水热硫化法成功在碳纸上生长 3D 互联网络结构 $MnCo_2S_4$ 纳米片，其中松散堆积的 $MnCo_2S_4$ 纳米片能够适应充放电过程中 Li_2O_2 的生成/分解造成的体积效应，从而有利于改善电池的循环稳定性。Long 等[208] 用水热法制备了自支撑的泡沫镍负载三维 $CuCo_2S_4$ 纳米片阵列（$CuCo_2S_4$@Ni）。与使用粉末 $CuCo_2S_4$ 为催化剂的锂空气电池相比，以 $CuCo_2S_4$@Ni 为正极的电池表现出更低的过电位、更高的放电比容量和更优异的倍率性能，在电流密度为 $200\text{mA} \cdot \text{g}^{-1}$、限容 $500\text{mA} \cdot \text{h} \cdot \text{g}^{-1}$ 的条件下可以循环 164 次。作者认为该自支撑电极的结构可以促进电池中的气体扩散，为氧电极反应提供丰富的催化位点，为放电产物提供充足的存储空间。

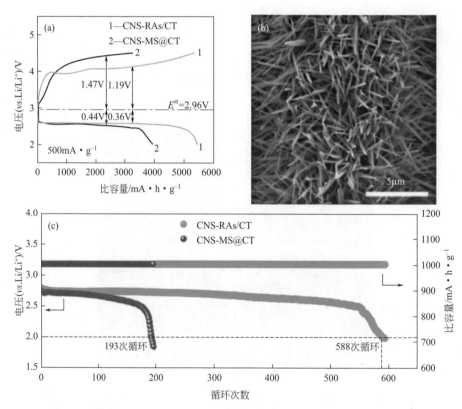

图 2-22　使用 $CoNi_2S_4$-RAs/CT 正极的锂空气电池的充放电曲线（a）和循环性能曲线（c）；$CoNi_2S_4$-RAs/CT 的 SEM 图（b）

（5）碳化物类催化剂

自 2016 年以来，碳化物逐渐被引入锂空气电池中作为催化剂展开研究。其中，Mo_2C 是最典型的代表。Zhu 等[209] 在泡沫镍上生长碳包裹的 Mo_2C 纳米颗粒/碳纳米管复合物，以其为自支撑正极的锂空气电池在 $200mA \cdot g^{-1}$ 电流密度下放电比容量高达 $10400mA \cdot h \cdot g^{-1}$，充电电压平台仅为 $4.0V$，且相同电流密度、限容 $1000mA \cdot h \cdot g^{-1}$ 条件下可循环超过 300 次。该电极中由石墨化的碳和碳纳米管组成的 3D 结构能够促进电子的快速传输并防止 Mo_2C 纳米颗粒的团聚，因而有利于 Mo_2C 优异的 ORR/OER 双功能催化性能的长期稳定发挥。Yu 等[210] 使用 Mo 基 MOF 为前驱体合成了具有互通介孔和大孔结构的掺氮多孔碳化钼材料 $\alpha\text{-}MoC_{1-x}$ 和 $\beta\text{-}Mo_2C$，作者认为这种双孔结构和氮掺杂可促进氧和 Li^+ 在电池内部的传输，为电化学反应提供更多的活性位点，为放电产物的存储提供更多空间。对比研究发现 $\alpha\text{-}MoC_{1-x}$ 具有更好的催化性能，以其为催化剂的电池在电流密度为 $200mA \cdot g^{-1}$、截止电压为 $2.62V$ 的条件下放出高达 $20212mA \cdot h \cdot g^{-1}$ 的比容量，相同电流密度下限容 $1000mA \cdot h \cdot g^{-1}$ 可循环 100 次。Lu 等[211] 利用仿生方法制备了氮掺杂泡沫碳负载的 MoO_2/Mo_2C 纳米晶，以其为催化剂的锂空气电池在 $100mA \cdot g^{-1}$ 电流密度时的能量转换效率为 89.1%（2.77 V/3.11V）。

除 Mo_2C 之外，其他多种碳化物也被引入锂空气电池进行了研究。Lai 等[212] 以三聚氰胺为原料、MOF［MIL-100（Fe）］为结构导向剂通过一步碳化路线原位合成了 Fe/Fe_3C 修饰的三维多孔氮掺杂石墨烯，以其为催化剂的锂空气电池在 $0.1mA \cdot cm^{-2}$ 电流密度下的放电比容量达到 $7150mA \cdot h \cdot g^{-1}$、放电电压平台达到 $2.91V$、充电电压平台仅为 $3.52V$。Qiu 等[213] 制备了大表面积（$746.6m^2 \cdot g^{-1}$）的有序介孔 TiC-C 复合材料，以其为催化剂的电池比使用 Super P 的电池表现出更高（约 60mV）的放电平台电压和更低（约 200mV）的充电平台电压，在 $100mA \cdot g^{-1}$ 电流密度下的放电比容量达到使用 Super P 的电池的 2 倍，相同电流密度下限容 $500mA \cdot h \cdot g^{-1}$ 可循环 90 次。Song 等[214] 研制的 B_4C 作为催化剂的锂空气电池比使用碳纳米管和 TiC 的电池具有更好的循环稳定性。Gao 等[215] 通过煅烧金属盐和二氰胺获得了 N 掺杂和有缺陷的超薄碳层包覆的 W_2C 纳米颗粒，以其为催化剂的锂空气电池在 $100mA \cdot g^{-1}$ 电流密度下放电比容量达到 $10976mA \cdot h \cdot g^{-1}$，在电流密度 $200mA \cdot g^{-1}$、限容 $1000mA \cdot h \cdot g^{-1}$ 条件下循环 55 次充放电电压没有明显变化。

（6）复合催化剂

锂空气电池中，单一催化剂材料往往很难满足所有的需求，使用复合催化剂是进一步改善电池综合性能的有效手段之一。

① 金属/金属氧化物复合催化剂。MnO_2 具有优异的催化性能，在锂空气电池发展中具有重要地位，用其他材料对其进行修饰可以进一步改善性能，是锂空气电池中一类典型的复合催化剂。Thapa 等发现金属 Pd 复合介孔 α-MnO_2[216] 和 β-MnO_2[141] 可以有效改善介孔 MnO_2 的氧电极催化性能，以其为催化剂的锂空气电池表现出比使用未修饰 MnO_2 的电池更高的放电比容量和更低的充电电压平台。他们还进一步证实 Au-Pd 修饰的介孔 β-MnO_2 比单独用 Pd 修饰的 β-MnO_2 具有更好的催化性能，并提出用介孔 β-MnO_2 负载 Au-Pd 纳米颗粒作为催化剂将锂空气电池的充电电位降低到其理论值是可能的[217]。类似地，Zhang 等[137] 也发现 Pd 纳米粒子修饰 α-MnO_2 空心微球可使其催化性能得到明显改善，相应锂空气电池具有更大的放电比容量、更高的放电电压平台、更低的充电电压平台和更好的循环稳定性。Oh 等[218] 用生物模板法制备了锰氧化物纳米线，然后在其表面负载了 3%（质量分数）的金属 Pd，以其为催化剂的锂空气电池在 400mA·g^{-1} 电流密度时放电比容量达到 13347mA·h·g^{-1}，而且在电流密度 1A·g^{-1}、限容 4000mA·h·g^{-1} 条件下可稳定循环 50 次，而使用未负载的锰氧化物纳米线的电池在相同条件下的比容量和循环寿命分别为 9196mA·h·g^{-1} 和 20 次。作者还发现用 Au 修饰的锰氧化物比用 Pd 修饰的锰氧化物在降低电池充电电位方面效果更好。

RuO_2 在锂空气电池中具有优异的催化性能，因而常与其他金属或金属氧化物复合以获得更好的性能。Yoon 等[219] 用静电纺丝法制备了相分离的 RuO_2/Mn_2O_3 纤维管（RM-FIT）和复合 RuO_2/Mn_2O_3 管中管（RM-TIT）（图2-23）。两者均对 ORR 和 OER 表现出一定的催化性能，但 RM-TIT 的效果更好。在电流密度 400mA·g^{-1}、限容 1000mA·h·g^{-1} 的条件下，以 RM-TIT 为催化剂的电池可循环 121 次，而以 RM-FIT 为催化剂的电池只能循环 100 次，而且前者具有更低的充电电压。作者认为该类催化剂中 Mn_2O_3 具有 ORR 和 OER 双功能催化性能，而 RuO_2 主要用于催化 OER 过程，二者复合后能更好地催化 Li_2O_2 的形成和分解，但相分离的 RM-FIT 更容易造成 Li_2O_2 的堆积因而导致电池综合性能较差。Zhao 等[220] 用原子层沉积技术将少量超细 RuO_2 均匀分散在 Mn_3O_4/CNTs 薄膜上制得了自支撑的 Mn_3O_4/CNTs-RuO_2 电极，以其为正极的电池在电流密度 200mA·g^{-1}、限容 700mA·h·g^{-1} 的条件下能稳定循环 251 次，而使用未修饰的 Mn_3O_4/CNTs 薄膜电极的电池在相同条件下只能循环 49 次。两种电池的放电电压基本一致，但使用 Mn_3O_4/CNTs-RuO_2 电极的电池充电电压明显降低。作者认为该催化剂中 Mn_3O_4 的骨架可以调节 RuO_2 的电子

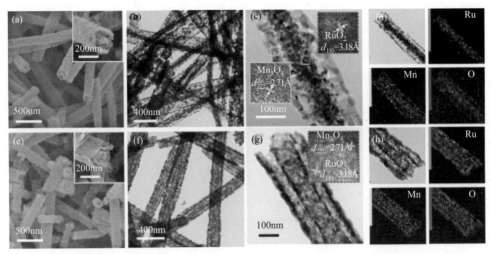

图 2-23　RM-FIT（a）～（d）和 RM-TIT（e）～（h）的 SEM、TEM、
HRTEM 和 EDS mapping 图[219]

结构，从而提高对 LiO_2 中间产物的吸附能力，并进一步形成易分解的超薄纳米
片状放电产物。Kim 等[221] 用静电纺丝法制备了 RuO_2/Co_3O_4 纳米线。与
Co_3O_4 纳米线相比，以 RuO_2/Co_3O_4 纳米线为催化剂的电池的性能得到了明显
的改善，主要表现在更高的放电比容量、更低的充放电过电位、更高的库仑效率
和更好的循环稳定性。Yoon 等[222] 制备了由 RuO_2 纳米颗粒和石墨烯纳米薄片
（GNF）功能化的 $LaMnO_3$ 纳米纤维，以其为催化剂的电池的性能远远高于使用
单纯的 $LaMnO_3$ 纳米纤维或 RuO_2 修饰的 $LaMnO_3$ 纳米纤维的电池，在电流为
$400mA \cdot g^{-1}$ 时充-放电电压平台差仅为 1.0V，且限容 $1000mA \cdot h \cdot g^{-1}$ 条件
下可稳定循环 320 次。类似地，Gong 等[223] 制备了 RuO_2 纳米颗粒修饰的钙钛
矿 $La_{0.6}Sr_{0.4}Co_{0.2}Fe_{0.8}O_3$ 纳米纤维（LSCF-NFs）材料 RuO_2@LSCF-NFs，以
其为催化剂的锂空气电池与使用 LSCF-NFs 的电池虽然放电比容量接近，但前
者表现出更小的极化和更好的循环稳定性，在电流密度为 $100mA \cdot g^{-1}$、限容
$1000mA \cdot h \cdot g^{-1}$ 条件下可循环 120 次，而使用 LSCF-NFs 的电池只能循环
80 次。

Co_3O_4 复合物也是锂空气电池中研究得较多的一类复合催化剂材料。
Huang 等[224] 在泡沫镍上生长介孔 Co_3O_4 纳米片得到复合材料 M-Co_3O_4/NF，
然后将 Ag 纳米颗粒均匀分布在其表面上制得了 Ag/M-Co_3O_4/NF。在
$0.05mA \cdot cm^{-2}$ 的电流密度下，以 Ag/M-Co_3O_4/NF 为催化剂的电池比使用
M-Co_3O_4/NF 的电池充电电位降低了 180mV；在电流密度 $0.1mA \cdot cm^{-2}$、限容

$500mA \cdot h \cdot g^{-1}$ 的条件下，以 Ag/M-Co$_3$O$_4$/NF 为催化剂的电池循环 124 次后放电截止电压仍高于 2.5V，而使用 M-Co$_3$O$_4$/NF 的电池循环 20 次放电截止电压就降低到了 2.0V。Sennu 等[225] 用水热法在 Co$_3$O$_4$ 纳米片表面生长纳米棒状 NiCo$_2$O$_4$ 制备了催化剂 NiCo$_2$O$_4$@Co$_3$O$_4$（图 2-24）。与以 Co$_3$O$_4$ 为催化剂的电池相比，使用 NiCo$_2$O$_4$@Co$_3$O$_4$ 的电池在 $0.1mA \cdot cm^{-2}$ 电流密度时的充电电压降低了 0.3V，相同电流密度下限容 $500mA \cdot h \cdot g^{-1}$ 的循环寿命也从 38 次延长到 60 次。作者认为催化性能的改善主要是因为低价 Ni^{2+} 取代产生的氧缺陷能够提供更多催化活性位点。Wang 等[226] 用超细 Co$_3$O$_4$ 纳米晶修饰原子厚度的 TiO$_2$ 纳米片制备了催化剂 Co$_3$O$_4$-TiO$_2$，其中 Co$_3$O$_4$ 的引入会在 TiO$_2$ 纳米片上诱导生成大量的氧空位。在 $100mA \cdot g^{-1}$ 电流密度下，以 Co$_3$O$_4$-TiO$_2$ 为催化剂的电池比使用 TiO$_2$ 的电池具有更高的放电比容量、更低的充电电压、更好的倍率性能和更长的循环寿命。在电流密度 $100mA \cdot g^{-1}$、限容 $1000mA \cdot h \cdot g^{-1}$ 的条件下，使用 Co$_3$O$_4$-TiO$_2$ 的电池循环前 80 次内充放电电压保持在 2.7~4.0V 以内，200 次后充电电压仍保持在 4.25V，而使用 TiO$_2$ 的电池仅循环 70 次其充电电压就超过了 4.5V。作者认为该催化剂中 TiO$_2$ 纳米片原子厚度的二维结构和材料表面的氧空位是性能提高的主要原因。

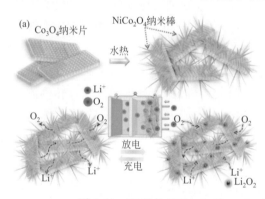

图 2-24 3D 结构 NiCo$_2$O$_4$@Co$_3$O$_4$ 的合成及工作原理示意图（a）、
SEM 图（b），（c）和 TEM 图（d），（e）[225]（彩图见文前）

此外，还有一些其他的新型金属/金属氧化物复合催化剂也在锂空气电池中引起了关注。Cao 等[227] 将 MoO$_2$ 多孔纳米片直接生长在泡沫镍表面制备了 MoO$_2$@Ni，然后将 MnCo$_2$O$_4$ 纳米颗粒锚定在 MoO$_2$ 上得到了 MnCo$_2$O$_4$/MoO$_2$@Ni 自支撑电极。以其为正极的锂空气电池在 $500mA \cdot g^{-1}$ 电流密度下展示了优异的性能，不仅比使用 MoO$_2$@Ni 的电池极化更小、比容量更大，还具有出色的倍率性能和循环稳定性。在电流密度 $500mA \cdot g^{-1}$、限容 $1000mA \cdot h \cdot g^{-1}$

条件下循环寿命达到 400 次。这种独特的电极设计具有以下优点：MoO_2 的多孔片结构有利于电解液的传输、氧气的扩散和 Li_2O_2 的存储，MoO_2 和 $MnCo_2O_4$ 之间的协同作用增强了催化活性。Li 等[228] 首次以 CNTs 为核，将嵌入 Ni 纳米粒子的镍钴硅酸盐材料作为壳，设计制备了 CNT@Ni@NiCo 硅酸盐核-壳纳米复合材料。以其为催化剂的电池在电流密度 $150mA \cdot g^{-1}$、$200mA \cdot g^{-1}$ 时放电比容量分别达到 $15400mA \cdot h \cdot g^{-1}$ 和 $10046mA \cdot h \cdot g^{-1}$。作者认为，该材料中 CNT 的高电导率、高表面积、NiCo 硅酸盐的高 ORR/OER 催化活性及 Ni 对副产物的快速分解是改善催化剂性能的主要原因。Shang 等[229] 制备的核-壳结构 $Fe_3O_4@CoO$ 纳米球为催化剂的电池在电流密度 $0.04mA \cdot cm^{-2}$、限容 $1000mA \cdot h \cdot g^{-1}$ 条件下循环 50 次后放电电压仍在 2.62V 以上、充电电压仍低于 4.0V。Gong 等[230] 在 $LaNiO_3$ 表面沉积了原子层的 Fe_2O_3，以其为催化剂的电池在 $100mA \cdot g^{-1}$ 的电流密度时表现出 0.77 V 的超低充-放电电压差和 $10419mA \cdot h \cdot g^{-1}$ 的高比容量。Lu 等[231] 制备了多孔结构的 Pd/NiO 纳米膜，以其为催化剂的锂空气电池在电流密度为 $70mA \cdot g^{-1}$ 时充-放电电压差仅为 0.47V，在电流密度 $500mA \cdot g^{-1}$、限容 $500mA \cdot h \cdot g^{-1}$ 条件下可循环 409 次，远高于使用 NiO 为催化剂的电池（161 次）。Luo 等[232] 通过脉冲激光沉积法在多孔泡沫镍上生长 Pt-Gd 合金多晶薄膜，以其为正极的锂空气电池在 $0.05mA \cdot cm^{-2}$ 电流密度下的放电比容量为 $3700mA \cdot h \cdot g^{-1}$，在深充放 10 次后仍保持 $2700mA \cdot h \cdot g^{-1}$ 的比容量，且充电电压仍低于 3.7V。该电池在电流密度 $0.1mA \cdot cm^{-2}$、限容 $1000mA \cdot h \cdot g^{-1}$ 条件下循环 100 次后放电终止电压仍高于 2.5V，充电终止电压仍低于 3.7V。Zhao 等[233] 通过一步湿化学腐蚀法用泡沫 Ti 制备了自支撑的 Ti 纳米线阵列，然后在其表面负载 Au 纳米粒子得到自支撑电极。以其为正极的锂空气电池在电流密度为 $1A \cdot g^{-1}$ 时可实现 $5000mA \cdot h \cdot g^{-1}$ 的放电比容量，在电流密度 $5A \cdot g^{-1}$、限容 $1000mA \cdot h \cdot g^{-1}$ 的条件下可循环 640 次以上。作者认为，纳米线阵列上丰富的活性位点和全金属结构的高导电性和高稳定性是电池长寿命的主要原因。

② 金属或金属氧化物/功能性碳材料复合催化剂。功能性碳材料通常具有良好的导电性，当用于锂空气电池作为催化剂的载体时，其独特结构为放电产物提供了存储空间，其大比表面积有利于催化活性位的均匀分布和大量裸露以充分发挥催化性能，而且其本身也有一定的催化活性。因此，功能性碳材料常和金属或金属氧化物一起组成复合催化剂用于锂空气电池。

石墨烯是开发金属或金属氧化物/功能性碳材料复合催化剂最常用的一种功能性碳材料。Sevim 等[234] 在还原氧化石墨烯上负载了双金属 MPt（M 为 Co、

Cu、Ni）合金纳米颗粒，比较研究发现 rGO-Co$_{48}$Pt$_{52}$ 具有最好的催化性能，以其为催化剂的电池具有最低的充电电位，并且在电流密度为 0.15mA·cm^{-2} 时表现出最高的放电比容量（989mA·h·g^{-1}）和最好的循环性能。Wu 等[235] 将超细 Pt 颗粒涂覆的空心石墨烯纳米笼作为催化剂制备的锂空气电池在 100mA·g^{-1} 电流密度下的充电电压平台为 3.2V，当电流密度增加至 500mA·g^{-1} 时充电电压平台仍低于 3.5V。作者认为如此优异的性能主要是因为空心石墨烯纳米笼可以提供大量的纳米级三相界面作为有效氧还原的活性位点和足够多的介孔尺度孔结构促进氧气的快速扩散，同时小颗粒的 Pt 可以作为 Li$_2$O$_2$ 生长的成核位点，有助于诱导生成小尺寸的、充电时易分解的无定形 Li$_2$O$_2$。Jung 等[236] 制备了石墨烯负载钌（Ru-rGO）和氧化钌（RuO$_2$·0.64H$_2$O-rGO）两种复合材料，以其为催化剂的锂空气电池在电流密度 500mA·g^{-1}、限容 5000mA·h·g^{-1} 条件下的充电电压分别为 3.9V 和 3.7V。Wang 等[237] 通过对氧化石墨烯、Mn(OAc)$_2$ 和 Co(OAc)$_2$ 的混合物进行溶剂热反应制备了 MnCo$_2$O$_4$ 与石墨烯的复合材料，以其为催化剂的锂空气电池在电流密度 100mA·g^{-1}、限容 500mA·h·g^{-1} 条件下的放电电压高达 2.95V，充电电压低至 3.75V，而且其循环性能优于使用 Pt/C 催化剂的电池。类似地，Karkera 等[238] 报道了与石墨烯复合的纳米多孔 MnCo$_2$O$_4$ 材料，以其为催化剂的锂空气电池在电流密度为 100mA·g^{-1} 时首次放电比容量达到 10092mA·h·g^{-1}，在电流密度 800mA·g^{-1}、限容 1000mA·h·g^{-1} 条件下能循环 250 次。此外，以纳米材料 CuCr$_2$O$_4$@rGO 为催化剂的锂空气电池在电流密度 200mA·g^{-1}、限容 1000mA·h·g^{-1} 条件下能循环 105 次[239]。Cao 等[240] 通过在石墨烯上生长 α-MnO$_2$ 纳米棒制得了复合材料 α-MnO$_2$/GNSs，以其为催化剂的锂空气电池在电流密度为 200mA·g^{-1} 时放电比容量达到 11520mA·h·g^{-1}，比使用 α-MnO$_2$ 和 GNSs 混合物的电池高出 60%。Yang 等[241] 通过混合水性 GNSs 胶体和 MnO$_2$ 分散物制备了 30%（质量分数）MnO$_2$-GNSs 复合物，以其为催化剂的锂空气电池在电流密度为 75mA·g^{-1} 时放电比容量达到 11235mA·h·g^{-1}。Yuan 等[242] 通过热分解法在石墨烯基底上原位生长约 4nm 的 CoO 纳米晶体，以其为催化剂的电池在电流密度为 200mA·g^{-1} 时比容量达到 14450mA·h·g^{-1}，远远高于使用 CoO（7280mA·h·g^{-1}）和 KB（5260mA·h·g^{-1}）的电池，而且该电池也具有更高的放电电压、更低的充电电压和更好的循环性能。Ryu 等[243] 将 Co$_3$O$_4$ 纳米纤维固定在非氧化态石墨烯纳米薄片上，以所制得的复合材料为催化剂的锂空气电池在电流密度 200mA·g^{-1}、限容 1000mA·h·g^{-1} 条件下放电比容量达到了 10500mA·h·g^{-1}，并且能稳定循环 80 次。Yuan

等[244]制备了分散在石墨烯上的多孔 Co_3O_4 纳米棒，以其为催化剂的电池在电流密度为 300mA·g^{-1} 时放电比容量达到 7600mA·h·g^{-1}、库仑效率达到 99.8%。Zhu 等[245]合成了由 NiO 和 Ni 与泡沫石墨烯（GF）复合的新材料 NiO-GF 和 Ni-GF，以其为催化剂的电池在电流密度为 100mA·g^{-1} 时放电电压平台为 2.7V，放电比容量分别达到 25986mA·h·g^{-1} 和 22035mA·h·g^{-1}。Lee 等[246]报道了 $CuGeO_3$ 与石墨烯的复合材料 $CuGeO_3$-G。以其为催化剂的电池在电流密度 200mA·g^{-1}、限容 1000mA·h·g^{-1} 条件下可循环 100 次，而使用纯 $CuGeO_3$ 的电池只能循环 60 次。他们还通过表面热还原优化了 $CuGeO_3$-G 的 sp^3/sp^2 碳键，并促进其活性位点增加，以所制得的 Red-$CuGeO_3$-G 为催化剂的电池在电流密度 1000mA·g^{-1}、限容 2000mA·h·g^{-1} 条件下可循环 50 次，而使用 $CuGeO_3$-G 的电池仅能循环 6 次。Selvaraj 等[247]制备了还原氧化石墨烯与聚吡咯的复合物 rGO-PPy。与使用纯 rGO 的电池相比，使用 rGO-PPy 的锂空气电池在电流密度为 0.3mA·cm^{-2} 时不仅放电比容量大幅提高，而且其充-放电电压之差也由 1.41V 减小到了 1.06V。

除石墨烯外，许多其他功能性碳材料在复合催化剂材料中也起着重要作用。Lin 等[248]利用 n 型 Si 改性的定向碳纳米管（CNT）作为催化剂可以对放电产物 Li_2O_2 的形态进行调控，使其从 300nm 的大环形颗粒变为 10~20nm 的小颗粒。San 等[249]发现 Pt 掺杂的 CNT 对 ORR 的催化活性高于 N 掺杂 CNT 和 Pt 吸附 CNT，并且增大 Pt 掺杂量可以提高其对 ORR 的催化活性。Shen 等[85]通过电化学沉积法将 Pd 沉积在 CNT 上形成了海绵状的 Pd-CNTs，以其为催化剂的电池在 0.05mA·cm^{-2} 电流密度下放电电压平台和比容量分别达到 2.65V 和 9092mA·h·g^{-1}。Sun 等[250]用 DEMS 研究的结果表明，CNT 负载 Ru 纳米晶体作为催化剂可以使锂空气电池的充电过电位降至 0.12V，而且其中的 Ru 纳米晶体还具有分解 Li_2CO_3 的能力。Jian 等[251]采用溶胶凝胶法制备了核-壳结构 RuO_2@CNT 复合材料，以其为催化剂的电池在电流密度为 385mA·g^{-1} 时放电比容量为 4350mA·h·g^{-1}、充-放电电压差仅为 0.72V、能量转换效率为 79%，明显优于使用纯 CNT 电池的容量（3258mA·h·g^{-1}）、电压差（1.81V）和能量转换效率（59%）。Liu 等[252]通过简单的化学沉积和煅烧制得了负载在 CNT 上的 CoO/Co，其作为催化剂使锂空气电池的充电过电位降低到 0.39V，而且具有良好的循环稳定性。作者认为其中的 CoO/Co 壳层能够改变碳纳米管的表面电子密度，而且 CoO/Co 和 CNT 之间的协同效应可以为 ORR/OER 提供更多的催化位点。Yoon 等[253]通过水热法制备 Co_3O_4/CNTs 复合材料作为催化剂使锂空气电池的充电电压明显降低。Li 等[254]证明由 α-Fe_2O_3 和

CNT 组成的复合材料作为催化剂时，其中 Fe_2O_3 的（104）晶面和 Li_2O_2 的（100）晶面有着相似的晶格间距，从而促使 Li_2O_2 在 Fe_2O_3 表面"外延成核和生成"，由此提高了 Li_2O_2 的结晶性、抑制了非晶态产物的生长。Salehi 等[255] 制备的纳米复合材料 CNT-60%MnO_2 作为催化剂的电池在 $1000mA \cdot g^{-1}$ 电流密度时的放电比容量为 $4600mA \cdot h \cdot g^{-1}$，他们制备的 55%$MnO_2$-20%$CeO_2$/25%CNT 纳米复合材料[256] 为催化剂的电池在 $50mA \cdot g^{-1}$ 和 $100mA \cdot g^{-1}$ 电流密度时放电比容量分别为 $7980mA \cdot h \cdot g^{-1}$ 和 $6860mA \cdot h \cdot g^{-1}$，在电流密度 $500mA \cdot g^{-1}$、限容 $1000mA \cdot h \cdot g^{-1}$ 条件下能够循环超过 70 次。MnO_2 与多壁碳纳米管（MWCNTs）组成的复合材料作为催化剂的电池在电流密度为 $0.2mA \cdot cm^{-2}$ 时可实现放电比容量 $3428mA \cdot h \cdot g^{-1}$[257]。Cho 等[258] 以三嵌段共聚物 P123 为模板和碳源，通过自组装法制备了纳米有序多孔碳化-Co_3O_4 反蛋白石（C-Co_3O_4IO，图 2-25）。相较于使用纯 KB 的电池，C-Co_3O_4IO 作为催化剂使锂空气电池在电流密度为 $100mA \cdot g^{-1}$ 时的比容量从 $3591mA \cdot h \cdot g^{-1}$ 增加到 $6959mA \cdot h \cdot g^{-1}$、充电过电位降低了 $284.4mV$、放电过电位降低了 $19.0mV$、循环次数提高了约 9 倍。作者认为这主要是由于主体 Co_3O_4 催化剂的高度分散和碳的多孔结构有助于延长电池的使用寿命。Tu 等[259] 设计了由 Au 修饰的裂化碳亚微米管（CST）阵列 Au@CST，其中的 Au 纳米颗粒不仅可以提高电导率、提供催化位点，还可以引导薄层 Li_2O_2 在裂化 CST 内部共形生长，有利于 Li_2O_2 在充电时的分解，从而可以延长电池的循环寿命。以 Au@CST 为催化剂的电池在电流密度 $400mA \cdot g^{-1}$、限容 $500mA \cdot h \cdot g^{-1}$ 条件下可循环 112 次。类似地，该课题组还研制了 MnO_2/CST 阵列型材料，相应电池在电流密度 $800mA \cdot g^{-1}$、限容 $1000mA \cdot h \cdot g^{-1}$ 条件下可循环超过 300 次[260]。Park 等[100] 通过 N_2 气氛煅烧制得的 Co_3O_4/RuO_2/碳球作为催化剂使得锂空气电池比使用 KB 的电池具有更高的放电容量和放电电压平台，更低的充电电压平台和更好的循环性能，在电流密度为 $200mA \cdot g^{-1}$ 时放电比容量达到 $6600mA \cdot h \cdot g^{-1}$。Sun 等[49] 发现利用浸渍法制备的 CoO/CMK-3 催化剂可以有效降低充放电过程中的过电位。他们认为这主要归因于介孔碳材料 CMK-3 可以促进氧气的扩散和 CoO 纳米颗粒优异的催化性能。Etacheri 等[261] 利用电沉积法制备的 α-MnO_2/ACM 复合催化剂使锂空气电池在电流密度 $0.025mA \cdot cm^{-2}$ 时的放电比容量从使用纯 ACM（activated carbon microfiber）时的 $4116mA \cdot h \cdot g^{-1}$ 增加到 $9000mA \cdot h \cdot g^{-1}$，充电电压平台从 $4.3V$ 降低至 $3.75V$。Ru 修饰的大孔/介孔分级碳作为催化剂可以为放电产物的存储提供足够的空间，并可促进氧气和电解质的扩散，相应电池在 $200mA \cdot g^{-1}$ 的电流密度下具有 $12400mA \cdot h \cdot g^{-1}$ 的高

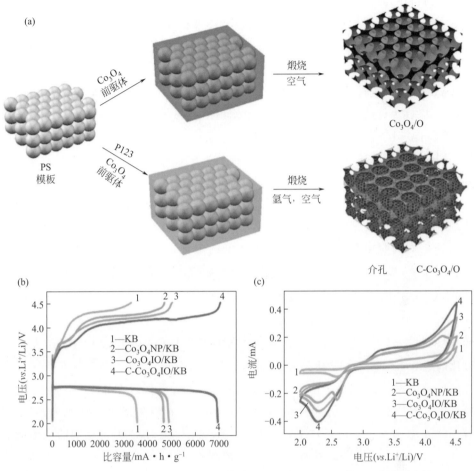

(a)

Co₃O₄前驱体

煅烧 空气

Co₃O₄/O

PS 模板

P123 Co₃O₄前驱体

煅烧 氩气，空气

介孔 C-Co₃O₄/O

(b)

1—KB
2—Co₃O₄NP/KB
3—Co₃O₄IO/KB
4—C-Co₃O₄IO/KB

电压($vs.$Li⁺/Li)/V

比容量/mA·h·g⁻¹

(c)

1—KB
2—Co₃O₄NP/KB
3—Co₃O₄IO/KB
4—C-Co₃O₄IO/KB

电流/mA

电压($vs.$Li⁺/Li)/V

图 2-25　Co_3O_4 IO 和 C-Co_3O_4 IO 的制备过程示意图（a）；使用不同催化剂的
锂空气电池在 100mA·g⁻¹ 电流密度下的充放电曲线（b）和 CV 曲线（c）[258]

比容量，并且在电流密度 400mA·g⁻¹、限容 1000mA·h·g⁻¹ 条件下可循环
100 次[262]。Song 等[263] 通过热处理合成衍生自金属有机骨架（MOF）的
Co_3O_4/多孔碳复合材料。其中，含钴 MOF 作为模板可在碳基质中制备均匀分
布的 Co_3O_4 纳米颗粒，从而有利于催化剂材料导电性的提高和长时间均匀分散
不团聚。以其为催化剂的电池在 100mA·g⁻¹ 电流密度下放电比容量达到
9850mA·h·g⁻¹，在电流密度 200mA·g⁻¹、限容 500mA·h·g⁻¹ 条件下循
环寿命达到 320 次。此外，双金属氧化物（尤其是尖晶石氧化物）也常与碳材料
复合制备催化剂。比如：核-壳结构 $CoFe_2O_4$@MWCNTs 纳米复合材料[264]、
$NiFe_2O_4$-CNF 薄膜[265]、3D $NiCo_2O_4$ 纳米线阵列/碳布[266]、Pt-Ru/Mn_3O_4/

C[267] 也可用作锂空气电池的复合催化剂。

③ 金属或金属氧化物/氮掺杂碳材料复合催化剂。杂原子氮掺杂的碳材料作为载体在催化剂领域有着广泛的应用，其与金属或金属氧化物的复合也在锂空气电池中受到了关注。

Yu 等[268] 通过热解改性石墨烯海绵（GS）与 Fe-N-C 制得了复合材料 Fe-N-GS，以其为催化剂的锂空气电池在 $0.1mA \cdot cm^{-2}$ 电流密度时的放电比容量为 $6762mA \cdot h \cdot g^{-1}$，大约是使用纯 GS 电池比容量（$3474mA \cdot h \cdot g^{-1}$）的两倍。同时，Fe-N-GS 的使用还可将电池的充电电压平台由使用纯 GS 时的 4.35V 降至 3.9V。Li 等[269] 利用热解含氮元素和铁元素的 MOF 方法制备了氮掺杂石墨烯/管状石墨烯复合的铁基催化剂，研究发现该复合材料用作锂空气电池的催化剂可使其放电电压提高到 2.80V，明显高于使用碳材料（2.51V）、Fe-N-C（2.62V）和商业化 Pt/C（2.71V）催化剂的电池。Jiang 等[270] 在氮掺杂石墨烯表面负载 CeO_2 纳米粒子，以其为催化剂的锂空气电池在电流密度为 $400mA \cdot g^{-1}$ 时放电比容量达到 $11900mA \cdot h \cdot g^{-1}$，且在相同电流下限容 $1000mA \cdot h \cdot g^{-1}$ 循环 40 次放电电压基本保持不变。Gong 等[271] 制备了反尖晶石 Co [Co，Fe] O_4 与氮掺杂石墨烯的复合材料 Co [Co，Fe] O_4/NG，以其为催化剂的电池在电流密度为 $50mA \cdot g^{-1}$ 时首次放电比容量为 $13312mA \cdot h \cdot g^{-1}$，充电比容量为 $13292mA \cdot h \cdot g^{-1}$，库仑效率为 99.85%，在 $400mA \cdot g^{-1}$ 的高电流密度下放电比容量仍达到 $8236mA \cdot h \cdot g^{-1}$。在电流密度 $100mA \cdot g^{-1}$、限容 $1000mA \cdot h \cdot g^{-1}$ 的条件下，以 Co [Co，Fe] O_4/NG 为催化剂的电池能够循环 110 次，远高于使用商业 10%（质量分数）Pt/C 和 Super P 的电池。$La_{0.8}Sr_{0.2}MnO_3$ 和氮掺杂石墨烯的复合材料[272] 用作锂空气电池催化剂也表现出了优异的长期循环性能，电池的放电终点电压在循环 360 次后仍超过 2.31V。以 Co、N 共掺杂石墨烯负载 IrO_2 纳米颗粒（IrO_2/Co-N-rGO）[273] 为催化剂的电池在电流密度为 $200mA \cdot g^{-1}$ 时，在 2.2~4.1V 电压范围内循环 5 次后放电比容量仍达到 $11731mA \cdot h \cdot g^{-1}$，限容 $600mA \cdot h \cdot g^{-1}$ 可稳定循环 200 次。作者认为其出色的性能可归因于 rGO 的高表面积、Co 和 N 掺杂增强了 ORR 活性，高分散的 IrO_2 纳米颗粒提高了 OER 催化活性。Leng 等[274] 将高度分散的双金属 PdM(M=Fe、Co、Ni) 合金纳米颗粒固定在氮掺杂的还原氧化石墨烯（N-rGO）上，比较研究发现含 Fe 的催化剂 PdFe/N-rGO 具有最佳的稳定性，循环寿命达到 400 次（2000h）。作者认为过渡金属的存在防止了 Pd 合金纳米颗粒的聚集和溶解，从而改善了循环稳定性。

Wu 等[60] 以 MWCNTs 作为支撑模板，在钴的催化下通过聚苯胺石墨化制备了复合材料 Co-N-MWCNTs。以其为催化剂的电池在 $50mA \cdot g^{-1}$ 的电流密度下展示出比使用 Co-N-KJ 催化剂（由 KB 作为支撑模板制备而成）、不含金属的 N-C 材料，甚至商业 Pt/C 催化剂的电池更高的放电电压、更大的比容量和更优异的循环性能。Zhang 等[275] 将 IrO_2 纳米颗粒分散在 N/CNT 上制得了复合材料 IrO_2-N/CNTs，以其为催化剂的电池在 $100mA \cdot g^{-1}$ 电流密度下具有 $6839mA \cdot h \cdot g^{-1}$ 的放电比容量，在电流密度 $200mA \cdot g^{-1}$、限容 $600mA \cdot h \cdot g^{-1}$ 条件下可以循环 160 次。作者认为 N/CNT 作为 ORR 催化剂，氮掺杂增加了催化剂的电导率和活性位点密度，高度分散的 IrO_2 纳米颗粒增强了充电过程中的 OER 活性。Kim 等[276] 通过喷雾热解合成 Co_3O_4-MgO 中空微球，然后在壳内和外部生长氮掺杂的碳纳米管，制得了 Co 和 MgO 纳米颗粒共嵌入、竹状 N 掺杂碳纳米管束接枝的分级空心 Co-b-NCNTs 中空微球（图 2-26）。当用于锂空气电池作为催化剂时，其分级结构不仅提供了充足的活性位点，而且为存储 Li_2O_2 提供了足够的空间。在电流密度为 $200mA \cdot g^{-1}$ 时，以其为催化剂的电池放电比容量高达 $28968mA \cdot h \cdot g^{-1}$，且在限容 $500mA \cdot h \cdot g^{-1}$ 和 $1000mA \cdot h \cdot g^{-1}$ 时可分别循环 201 次和 157 次。Xue 等[277] 研制了 $NiCo_2O_4$ 纳米颗粒修饰的介孔氮掺杂碳纳米纤维（NCO@NCF），以其为自支撑正极的锂空气电池在电流密度 $200mA \cdot g^{-1}$ 时放电比容量为 $5304mA \cdot h \cdot g^{-1}$，且在限容 $1000mA \cdot h \cdot g^{-1}$ 条件下可循环近 100 次。Yang 等[278] 以氮掺杂碳纳米纤维作柔性基底，通过原子层沉积涂覆非晶 TiO_2 层，然后用 Ru 纳米颗粒修饰制得复合材料。以其为催化剂的电池在电流密度 $500mA \cdot g^{-1}$、限容 $1000mA \cdot h \cdot g^{-1}$ 条件下可循环 132 次，且充电电压仅为 4.2 V。作者认为，TiO_2

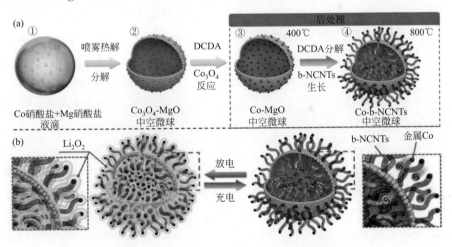

图 2-26 （a）Co-b-NCNTs 中空微球的形成机理；
（b）充放电过程中 Li_2O_2 生成/分解示意图[276]

保护层可防止电解质溶液与碳基底之间的直接接触并发生反应，电解液在其表面比在缺陷碳表面更稳定，因而有利于改善电池的循环稳定性；均匀分布的 Ru 纳米颗粒能够催化较高放电电压下 Li_2O_2 的形成及其在较低充电电压下的分解。Hyun 等[279] 将 Co-CoO 纳米颗粒嵌入氮掺杂碳纳米棒（N-CNR）中制得了棒状多孔的复合材料 Co-CoO/N-CNR，当用作锂空气电池催化剂时其结构有助于电子和离子的快速传输，因而有利于固态放电产物的连续形成和分解。以其为催化剂的锂空气电池在 $100mA \cdot g^{-1}$ 电流密度下具有高达 $10555mA \cdot h \cdot g^{-1}$ 的放电比容量，并且在限容 $1000mA \cdot h \cdot g^{-1}$ 的条件下可循环超过 86 次；当电流密度从 $50mA \cdot g^{-1}$ 增加到 $500mA \cdot g^{-1}$ 时，电池的容量保持率（57.1%）远高于使用 N-CNR（21.2%）和 Co/N-CNR（20.3%）的电池。

（7）其他固体催化剂

由于独特的金属/半导体特性，共轭杂环导电聚合物自 20 世纪 70 年代后期以来受到越来越多的关注，近年也逐渐被引入锂空气电池中用作氧电极催化剂。目前，应用于锂空气电池的导电聚合物主要有：聚吡咯（PPy）、聚噻吩（PEDOT）和聚苯胺（PANi）等。Cui 等[30] 制备了管状聚吡咯（TPPy），以其为催化剂的锂空气电池在放电电流密度为 $0.1mA \cdot cm^{-2}$ 时比使用颗粒状聚吡咯（GPPy）和纯乙炔黑（AB）的电池放电电压分别提高了 100mV 和 300mV，充电电压降低了 100mV 和 600mV，而且还具有更好的倍率性能和循环性能。当电流密度增加到 $0.5mA \cdot cm^{-2}$ 时，使用 TPPy 的电池容量保持率为 89.0%，而使用 GPPy 和 AB 的电池分别只有 71.27% 和 37.07%。Zhang 等[280] 发现 PPy 的催化性能会受到掺杂剂的显著影响，掺杂 Cl^- 的 PPy 比掺杂 ClO_4^- 的 PPy 性能更好，主要体现在相应电池具有更高的放电比容量和更好的循环稳定性。Liu 等[281] 在 PPy 纳米纤维网的表面原位生长超细 Co_3O_4 纳米晶体形成 3D 多孔骨架的 Co_3O_4/PPy 材料，其中 PPy 可以作为良好的载体和 ORR 催化剂，Co_3O_4 纳米颗粒在 PPy 纳米纤维上的均匀生长改善了其 OER 性能。Zhang 等[282] 报道了 RuO_2 修饰的碳化管状 PPy，以其为催化剂的电池在电流密度为 $200mA \cdot g^{-1}$ 时放电比容量达到 $10095mA \cdot h \cdot g^{-1}$，当电流密度增大到 $1000mA \cdot g^{-1}$ 时仍有 $6758mA \cdot h \cdot g^{-1}$ 的比容量。Nasybulin 等[283] 发现 PEDOT 在锂空气电池中作为催化剂不仅可以使其放电比容量增大，而且可以使其充电过电位显著降低 $0.7 \sim 0.8V$。作者将 PEDOT 的优异性能主要归因于其较高的氧化还原活性，并认为 PEDOT 可在电池充放电过程中充当电子转移的介质。Kim 等[284] 制备了涂覆有 PANi 的 CNT/Co_3O_4 纳米复合材料。当用作锂空气电池的催化剂时，其表面的 PANi 涂层可有效抑制电极/Li_2O_2、电极/电解质界面的副反应，因此有利于电池的循环性能的改善。除了用作催化剂之外，导电聚合物还可以用作黏结剂以改善锂空气电池的导电性。比如：Cui 等[285] 采用自组装工艺将 PPy 作为空气正极的功能性黏结剂使用，所制得电池的放电比容量远高于 PVDF 作为黏结剂的电池。他们还发现电极材料之间的接触和正极中放电产物的分布也可以通过 PPy 作为黏结剂来优化，从而减少充放电过程的过电位、提升电池的能量转换效率。

近年来，磷化物也逐渐作为锂空气电池的催化剂被研究报道。Huang 等[286] 合成了高比表面积（$219m^2 \cdot g^{-1}$）的多孔 Co_2P 纳米片。与使用纯 AB 的电池相比，以 Co_2P 为催化剂的电池具有更高（约 100mV）的放电平台和更低（约 220mV）的充电平台，在电流密度 $0.1mA \cdot cm^{-2}$、限容 $500mA \cdot h \cdot g^{-1}$ 条件下可循环 132 次。Zhang 等[287] 研制的以海胆状 CoP 为催化剂的锂空气电池在 $100mA \cdot g^{-1}$ 电流密度下具有 90% 以上的能量转换效率，在电流密度 $500mA \cdot g^{-1}$、限容 $500mA \cdot h \cdot g^{-1}$ 条件下可稳定循环 80 次。Hou 等[288] 研制的以 Ni_2P 作为催化剂的锂空气电池在 $200mA \cdot g^{-1}$ 的电流密度下具有 $4104.4mA \cdot h \cdot g^{-1}$ 的放电比容量，且在电流密度 $400mA \cdot g^{-1}$、限容 $500mA \cdot h \cdot g^{-1}$ 条件下可循环 70 次。

Kumar 等[289] 将 $CoSe_2$ 纳米棒原位接枝在石墨碳氮化物（$g-C_3N_4$）纳米片上制备了复合材料 $CoSe_2@g-C_3N_4$，以其为催化剂的锂空气电池在电流密度为 $0.1mA \cdot cm^{-2}$ 时充电过电位比使用 $CoSe_2$ 的电池降低了 280mV。类似地，Hang 等[290] 制备了 $\alpha-MnO_2/g-C_3N_4$ 复合材料，以其为催化剂的电池在 $100mA \cdot g^{-1}$ 电流密度下放电比容量达到了 $9180mA \cdot h \cdot g^{-1}$，比使用 $\alpha-MnO_2$ 纳米棒的电池（$6210mA \cdot h \cdot g^{-1}$）高出了 50%，而且其充-放电电压差（1.33V）也比后者降低了 20mV。

（8）可溶性 redox mediator 类催化剂

在锂空气电池中，当使用固态催化剂时，其与放电产物 Li_2O_2 之间的接触是固-固接触，接触面积较小，因而使得其催化活性不能充分发挥。再加上放电产物 Li_2O_2 不溶解、不导电的特性，放电过程中 Li_2O_2 在催化剂表面的堆积会覆盖其表面的活性位，使其不能与活性物质氧气直接接触从而造成电池容量的降低。在充电过程中，当与固态催化剂直接接触的 Li_2O_2 分解后，在两者之间会形成空隙[291]（图 2-27），固态催化剂无法与剩余的未分解 Li_2O_2 接触，因而使得催化剂的活性难以继续发挥，从而造成充电容量的降低、充电过电位的升高和电池循环寿命的缩短。为此，有学者提出使用可溶性液态催化剂（又称为 redox mediators 或氧化还原中间体，简写为 RMs）的解决方案。它可以均匀地溶解在电解液中，在电池的工作过程中与活性物质和 Li_2O_2 之间形成充分的固-液接触，从而有利于改善电池的综合性能。

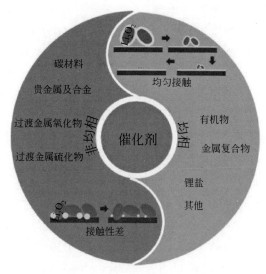

图 2-27　锂空气电池的催化剂[291]

RMs 的工作原理见图 2-28[291]，其使用将 Li_2O_2 形成（放电过程）和分解（充电过程）的电化学过程转变成了化学过程。具体地说：放电过程中，RM 首先在氧电极表面被电化学还原为 RM^{re}，然后 RM^{re} 与 Li^+ 和 O_2 发生化学反应，生成 Li_2O_2 和 RM。充电过程中，RM 首先在氧电极表面被电化学氧化为 RM^{ox}，然后 RM^{ox} 与 Li_2O_2 发生化学反应将其分解为 Li^+ 和 O_2，同时自身被还原为 RM。合适的 RM 必须满足以下条件[292]：a. 在锂空气电池的非水电解液中具有较高的溶解度和稳定性；b. 具有合适的氧化还原电位使其能够参与 Li_2O_2 的生成和分解，理想的氧化电位略高于 2.96V（$vs.\ Li^+/Li$）、还原电位略低于 2.96V；c. 加

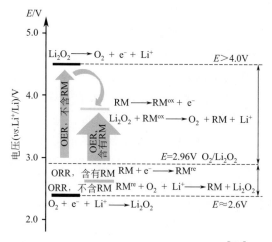

图 2-28　锂空气电池中 RMs 的工作原理[291]

入 RMs 后的电解液有足够的氧溶解度；d. 在电解液中能够快速扩散。

2013 年，Chen 等[293] 首次报道了四硫富瓦烯（TTF）作为 RMs 催化剂在锂空气电池中的应用，所研制的电池在多个不同电流密度下循环 100 次充电电压几乎没有变化。此后，RMs 在锂空气电池中的应用引起了国际学术界的广泛关注。目前被研究过的可溶性液态 RMs 催化剂可以分为 OER 催化剂（作用于充电过程中 Li_2O_2 的分解，主要效果是降低充电过电位、促进 Li_2O_2 的完全分解、抑制副反应的发生）、ORR 催化剂（作用于放电过程中 Li_2O_2 的形成，主要效果是提升放电比容量、抑制/减缓副反应的发生）和 OER/ORR 双功能催化剂。

① OER 催化剂。Bergner 等[292] 发现 2,2,6,6-四甲基哌啶氧基（TEMPO）作为 RMs 催化剂对锂空气电池的放电电压没有影响，但可以使其充电电压降低约 500mV，在电流密度 $0.1mA \cdot cm^{-2}$、限容 $500mA \cdot h \cdot g^{-1}$ 的条件下，以 TEMPO 作为 RMs 催化剂的锂空气电池可以循环 50 次，是未使用 TEMPO 电池循环寿命的两倍（图 2-29）。但是，TEMPO 的使用会使电解液中氧气的溶解度降低，从而导致电池放电比容量的降低。同时，他们还通过 DEMS 检测到了充电过程中有 CO_2 气体生成，说明有寄生副反应的发生。Nasybulin 等[294] 研究发现聚 3,4-亚乙基二氧基噻吩（PEDOT）的使用可以使锂空气电池的充电电压降低 $0.7 \sim 0.8V$，然而随着循环的进行，由于电解液的不可逆分解 PEDOT 的电催化性能逐渐减弱。Feng 等[295] 发现 N-二甲基吩噻嗪（MPT）的使用可以使锂空气电池的充电过电位降低 0.67V，并使其能量转换效率提高到 76%，同时还可以减少电池工作过程中的碳腐蚀和电解液分解等副反应的发生，在电流密度为 $150mA \cdot g^{-1}$、限容 $1000mA \cdot h \cdot g^{-1}$ 的条件下，未使用 MPT 的锂空气电池仅可稳定循环 6 次，而以 MPT 作为催化剂的锂空气电池可以稳定循环 35 次（图 2-30）。Kundu 等[296] 发现三［4-(二乙基氨基）苯基］胺（TDPA）在电位 3.1V 和 3.5V 有两个氧化还原状态（$TDPA/TDPA^+$ 和 $TDPA^+/TDPA^{2+}$），用于锂空气电池中可以使其充电电位降低至 3.7V 以下，能量转换效率提高到 80% 以上。同时，TDPA 的使用虽然不能改变电池的放电电压，但因可以增加电解液中氧气的溶解性和扩散性而可以增加电池的放电比容量，而且较低的充电过电位有利于电池循环寿命的延长，在电流密度为 $0.1mA \cdot cm^{-2}$ 时，使用 TDPA 的锂空气电池的放电比容量（$8000mA \cdot h \cdot g^{-1}$）高于未使用 TDPA 的电池（$7000mA \cdot h \cdot g^{-1}$），且限容 $1000mA \cdot h \cdot g^{-1}$ 的条件下可稳定循环 100 次，是未使用 TDPA 电池寿命（35 次）的 3 倍。

除有机化合物类 RMs 之外，卤化物和硝酸盐类无机化合物也可以用于锂空气电池作为 RMs 催化剂。其中，卤化物主要包括 LiI 和 LiBr，硝酸盐主要是 Li-NO_3。Lim 等[297] 将多孔碳纳米管纤维电极与 LiI 结合应用于锂空气电池使其

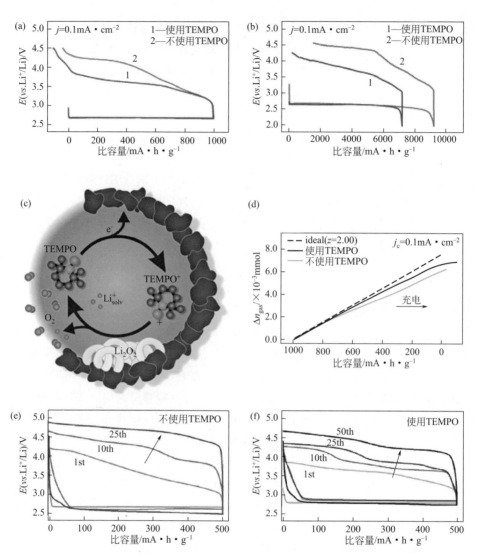

图 2-29 在 0.1mA · cm^{-2} 的电流密度下，使用/不使用 10mmol · L^{-1} TEMPO 的
锂空气电池的充放电曲线（a），（b），TEMPO 用作锂空气电池 RMs 催化剂的
工作原理（c），使用 TEMPO 的锂空气电池在充电过程中的气体释放记录曲线（d），
在电流密度 0.1mA · cm^{-2}、限容 500mA · h · g^{-1} 的条件下，
未使用（e）/使用（f）TEMPO 的锂空气电池的循环性能曲线[292]

充电电压降低至 3.2V 左右，该电池在电流密度 2A · g^{-1}、限容 1000mA · h · g^{-1}
的条件下循环 850 次后充电截止电压仍低于 3.5V、放电截止电压仍高于 2.5V，
相同电流下限容 3000mA · h · g^{-1} 可循环 300 次（图 2-31）。Kwak 等[298] 的研
究表明，LiBr（Br$^-$/Br$_3^-$）用于锂空气电池作为 RMs 催化剂可使其充电电位降

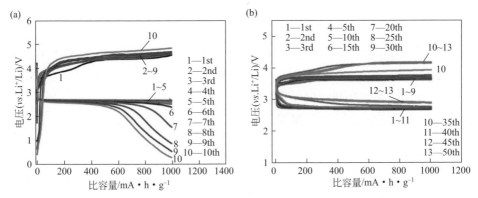

图 2-30　在电流密度为 150mA·g^{-1}、限容 1000mA·h·g^{-1} 的条件下，
不使用（a）和使用（b）0.1mol·L^{-1} MPT 的锂空气电池的循环性能曲线[295]

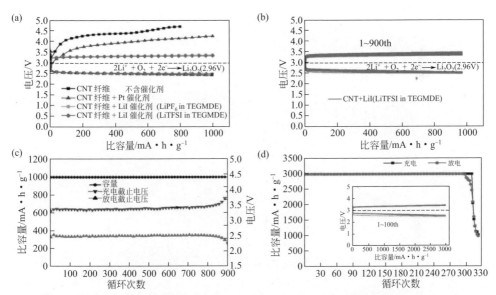

图 2-31　使用不同催化剂的锂空气电池在 2000mA·g^{-1} 电流密度的充放电曲线（a）；
使用 LiI 的锂空气电池在限容 1000mA·h·g^{-1}（b），（c）
和 3000mA·h·g^{-1}（d）的循环性能曲线[297]

低至 3.5V，同时使其放电产物的形貌由不使用 LiBr 时的薄膜态转变为环形。此外，作者对比研究发现，使用 LiBr 的锂空气电池的循环稳定性优于以 LiI 作为 RMs 催化剂的电池，在电流密度为 0.052mA·cm^{-2}、限容 0.52mA·h·cm^{-2} 的条件下，使用 LiBr 的锂空气电池循环 40 次后充电电位仍保持在 3.5V，而使用 LiI 的锂空气电池循环 30 次后充电电位已达 4.0V，同时其放电电位也在逐渐降低。Liang 等[299] 发现 LiBr 的使用不仅能提高充电过程中的氧气析出效率、降低充电过电位，而且能抑制副反应的发生（图 2-32）。当不使用 LiBr 时，电池充电过程中会产生活性中间体 $Li_{2-x}O_2$，这些中间体会与电解液或电极材料发生副反应，从而造成电池性能的降低。当使用 LiBr 时，原本充电过程中的电化学反应转变为化学反应，放电产物被 Br_3^-/Br_2 化学氧化分解，因而可以绕过活性中间体的形成，减少副反应的发生，延长电池的使用寿命，而且这些作用会随着充电电流密度的增加变得更加显著。$LiNO_3$ 在锂空气电池中不仅可以通过 NO_2^-/NO_2 氧化还原电对起到 RMs 催化剂降低充电过电位的作用，还可以通过与金属锂反应生成 SEI 膜保护锂负极，通过提高超氧自由基 O_2^- 的稳定性抑制电解液的分解和电极材料的腐蚀，从而延长电池的循环寿命[300-302]。在 Sharon 等[300] 的研究中，使用 $1mol \cdot L^{-1}$ $LiNO_3/TEGDME$ 的锂空气电池在电流密度

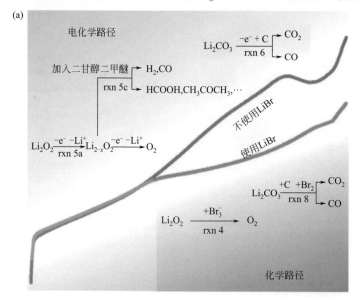

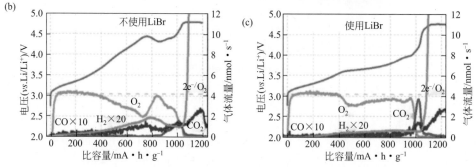

图 2-32 以 LiBr 作为 RMs 催化剂对锂空气电池充电机理（a）
和充电过程中气体释放（b），（c）的影响[299]

为 $0.1mA \cdot cm^{-2}$、限容 $0.145mA \cdot h \cdot cm^{-2}$ 的条件下循环 30 次后充电电位仍稳定在 4.2V，而使用 $1mol \cdot L^{-1}$ LiTFSI/TEGDME 的锂空气电池在相同条件下充电电位达到 4.45V。Togasaki 等[302] 研究了 $LiNO_3$ 对以 δ-MnO_2 为阴极催化剂、LiTFSI/DMSO 为电解液的锂空气电池循环性能的影响，发现 $LiNO_3$ 的使用可使电池的循环寿命延长超过 50%。同时，$LiNO_3$ 的使用还可以引起放电产物 Li_2O_2 "自上而下"的生长机理，促使放电产物的液相积累生长，并有利于电荷在其表面的快速转移[300,303]。

② ORR 催化剂。Gao 等[304] 研究发现 2,5-二叔丁基对苯醌（DBBQ）的使用可以使锂空气电池的放电电位提高、放电过电位减半、放电比容量提高，同时还可以诱导 Li_2O_2 的液相成核生长，并减缓电池性能的衰减。Liu 等[305] 的研究表明苯并 [1,2-B:4,5-B′] 二噻吩-4,8-二酮（BDTD）具有高氧化还原电位，其在电池工作过程中形成的 BDTD-LiO_2 中间产物可有效抑制 LiO_2 及副产物的生成，因而可以改善电池的循环稳定性，使用 DBBQ 和 BDTD 的锂空气电池在电流密度为 $0.2mA \cdot cm^{-2}$、限容 $0.5mA \cdot h \cdot cm^{-2}$ 的条件下相比于未使用 RMs 催化剂的电池循环寿命分别延长了 3 倍和 13 倍。Lacey 等[306] 将乙基紫罗碱（EtV^{2+}）溶解在 BMPTFSI 为溶剂的电解液中并应用于锂空气电池，发现其中的氧还原活性明显提高。Tesio 等[307] 提出了一种碳自由基化合物 TTM [三（2,4,6-三氯苯基）甲基自由基] 用于醚类电解液可以使锂空气电池的比容量提高至原来的 2 倍。

③ OER/ORR 催化剂。Sun 等[308] 报道并证实了酞菁铁（FePc）因具有 Fe^{3+}/Fe^{2+}（3.65V）和 Fe^{2+}/Fe^{+}（2.5V）两对氧化还原电对而可以作为双功能 RMs 催化剂应用于锂空气电池，达到同时实现降低电池的充电过电位、提高电池的放电电位和放电比容量的效果[309]，其催化机理见图 2-33。Deng 等[310] 将 Cu^{2+} 作为双功能 RMs 催化剂引入锂空气电池，放电过程中通过 Cu^{+}/Cu 氧化还原电对极大地提升了比容量，充电过程中通过 Cu^{+}/Cu^{2+} 氧化还原电对有效地将充电电位降低到 3.5V。在电流密度为 $500mA \cdot g^{-1}$、限容 $1000mA \cdot h \cdot g^{-1}$ 的条件下，使用 $CuCl_2$ 的锂空气电池可以稳定循环超过 80 次，远超过未使用 RMs 催化剂的电池（27 次）。Gao 等[311] 将分别对放电过程和充电过程具有 RMs 催化活性的 DBBQ 和 TEMPO 联用，有效缓解了电池工作过程中的极化并显著抑制了碳阴极的不稳定腐蚀，从而提升了电池的循环性能，其作用机理如图 2-34 所示。

RMs 催化剂的使用虽然能够通过降低过电位改善锂空气电池的综合性能，但仍存在一定的问题与挑战：其工作过程中会不可避免地扩散到电池的负极侧（穿梭效应）并与金属锂发生反应 [图 2-35(a)][312]，从而造成 RMs 催化剂的损耗、负极活性物质的腐蚀和枝晶的形成，导致电池综合性能的降低。为了解决这个问题，国际学术界进行了大量的研究工作。其中，最常用的方法是在金属锂负

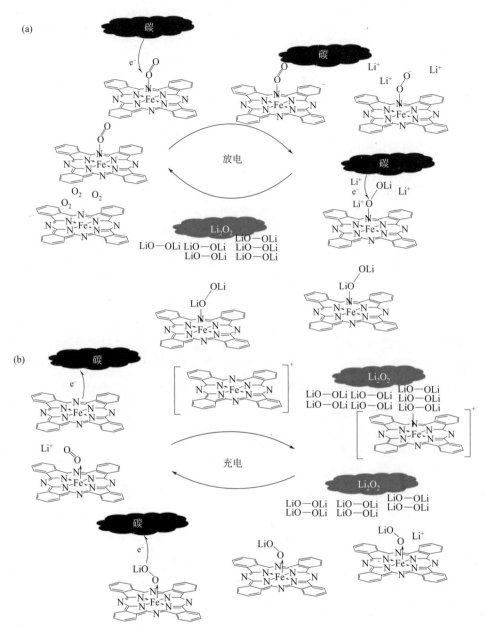

图 2-33　FePc 作为 ORR/OER 双功能 RMs 催化剂在锂空气电池中的工作机理[308]

极表面构建保护层［CPL，图 2-35(b)］，通过避免 RMs 与锂金属的直接接触来实现对双方的保护。总体来说，该保护层应满足的条件主要包括：足够的锂离子传导性；与氧气不反应；足够的机械强度来抑制锂枝晶的形成与穿透；阻止 RMs 的传输与渗透。例如：在以 TEMPO 作为 RMs 催化剂的锂空气电池中，

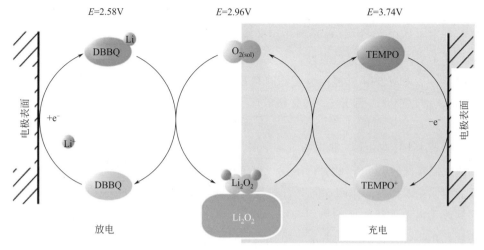

图 2-34　DBBQ 和 TEMPO 联用作为 ORR/OER 双功能 RMs 催化剂的作用机理[311]

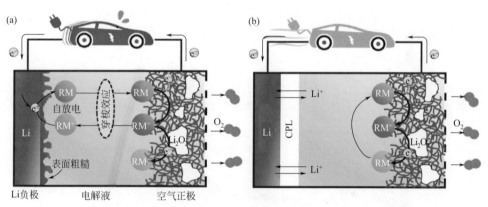

图 2-35　(a) 锂空气电池中 RMs 催化剂的穿梭效应及其对锂金属负极的影响；
(b) CPL 保护锂金属负极不受 RMs 穿梭效应的影响[312]

Lee 等[312] 将 Al_2O_3/PVdF-HFP 复合材料作为 CPL 涂覆在锂金属负极表面，有效阻断了 Li 金属电极与 TEMPO 的直接接触，从而避免了两者之间的反应，达到了 TEMPO 在发挥其 RMs 催化剂作用的同时不产生负面影响的目的。该电池在电流密度 $0.125mA \cdot cm^{-2}$、限容 $0.5mA \cdot h \cdot cm^{-2}$ 的条件下可稳定运行 100 次，而未使用 Al_2O_3/PVdF-HFP 保护层的电池在更低的电流密度（$0.1mA \cdot cm^{-2}$）下限容 $0.5mA \cdot h \cdot cm^{-2}$ 只能循环 60 次。Kwak 等[313] 引入石墨烯-聚多巴胺复合层作为锂金属保护层，使锂空气电池在循环 150 次后仍然保持高于 80% 的能量转化效率，而不使用保护层的电池在相同条件下循环 15 次后能量转化效率就降低到了 73%。Guo 等[314] 将 Li 片浸入 DMSO 的磷酸溶液中在其表面生成了一层主成分为 Li_3PO_4 的保护膜，当以 LiI 为 RMs 催化剂时所构建的锂空气电

池在电流密度 $2A \cdot g^{-1}$、限容 $1000mA \cdot h \cdot g^{-1}$ 的条件下可循环 152 次，而同样条件下未使用 Li_3PO_4 保护锂负极的电池只能循环 100 次。

除了引入锂金属保护层外，开发新型的具有自保护能力的 RMs 催化剂也是解决其穿梭效应及其对锂负极腐蚀的有效手段之一。Zhang 等[315] 发现以 LiI 作为 RMs 催化剂时，部分 I_3^- 的穿梭效应会引起锂负极的不断消耗并降低 LiI 催化剂的利用率，从而减小库仑效率并导致电池综合性能的降低（图 2-36）。当用 InI_3 代替 LiI 作为 RMs 催化剂时，电解液中的 In^{3+} 会在 Li 负极表面被还原沉积形成一层薄薄的 In 层。此时，In 层可以抵抗由穿梭过来的 I_3^- 对锂负极的攻击，从而起到保护锂负极的作用。同时，锂负极表面的 In 层还可以减少锂枝晶的生长，起到改善电池循环性能的作用。Liu 等[316] 的研究表明 $InBr_3$ 也可以起到类似的防护作用，使用 $InBr_3$ 的电池在电流密度 $250mA \cdot g^{-1}$、限容 $1000mA \cdot h \cdot g^{-1}$ 条件下可循环 206 次，而使用 LiBr 的电池在同样条件下只能循环 75 次。Lee 等[317] 认为 CsI 用作 RMs 催化剂时，除了 I^- 可促进 Li_2O_2 的分解、降低电池的充电过电位并抑制高电压范围内副反应的发生之外，Cs^+ 会吸附在锂金属负极表面的凸起或边缘处形成带正电的静电场，起到抵抗 I_3^- 对锂负极的攻击和抑制锂枝晶生长的作用。在 $500mA \cdot g^{-1}$ 的电流密度下，与以 $LiNO_3$ 作为 RMs 催化剂的电池相比，CsI 的引入使电池的充电过电位明显降低，而且限容 $1500mA \cdot h \cdot g^{-1}$ 条件下的循环寿命从 100 次增加到 130 次（图 2-37）。类似地，Yoon 等[318] 报道了在锂空气电池中同时使用 $LiNO_3$ 和 CsI 作为 RMs 催化剂的

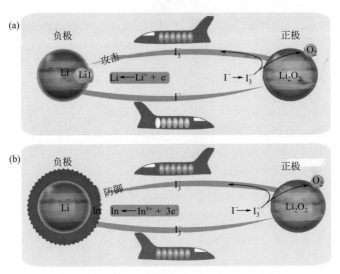

图 2-36 （a）RMs 催化剂的穿梭效应及其对锂负极的攻击示意图；
（b）自防御 RMs 催化剂 InI_3 的作用机理示意图[315]

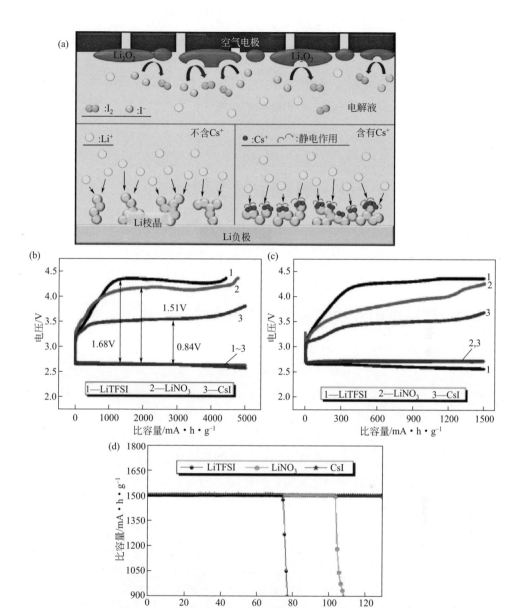

图 2-37　CsI 作为 RMs 催化剂的工作原理示意图 (a)；使用不同 RMs 催化剂的

锂空气电池在 $500mA \cdot g^{-1}$ 电流密度时的充放电曲线 (b)，(c) 和循环性能曲线 (d)[317]

研究工作。其中，来自 CsI 的 I^- 起到促进 Li_2O_2 的分解并降低充电过电位的作用，Cs^+ 用于抑制锂枝晶的生长，$LiNO_3$ 用来稳定正极碳表面和负极金属锂。这些协同作用大大改善了锂空气电池的综合性能。Xin 等[319] 在 TEGDME 溶剂中同时加入 LiBr 和 $LiNO_3$ 作为锂空气电池电解液。他们认为，其中的 Br^- /

Br_3^- 可促进放电产物 Li_2O_2 的分解、降低充电过电位，NO_3^- 可在锂金属负极表面形成保护层以防止 Br_3^- 的穿梭攻击、抑制寄生反应和锂枝晶的形成。所构建的锂空气电池循环 40 次后充电电压保持在 3.6V 以下，并且充电期间 O_2 的析出效率提高、CO_2 等副产物气体的析出量可忽略不计。

2.3
非水系锂空气电池负极材料

锂金属负极作为锂空气电池的重要组成部分，对提高电池的循环寿命起着至关重要的作用。尚未解决的锂枝晶问题与从正极迁移到负极的 O_2 和痕量 H_2O 对电池性能有极大的影响。

2.3.1 锂空气电池中锂金属负极面临的问题

（1）污染物导致的副反应

锂空气电池是开放系统，其正极（即空气电极）直接接触空气。因此，空气中的水分和二氧化碳会不可避免地从正极侧进入电池内部并溶解到电解质中，而目前锂空气电池所用的隔膜不能有效阻止这些污染物通过隔膜向负极侧的扩散，继而导致锂金属负极发生一系列副反应[320]。此外，放电过程中产生的 O_2^- 是一种高亲核性的自由基，可引起电解液分解，进而导致副反应的发生[321]。O_2^- 同时还会攻击电池中的黏结剂，如聚偏氟乙烯（PVDF），使其分解[322]。所有这些副反应的发生及其副产物的出现会导致锂负极表面的腐蚀、降低锂负极的稳定性，从而导致锂空气电池循环性能的降低[323]。因此，污染物问题对锂空气电池来说是一个巨大的挑战。为了更好地解决这一问题，需要深入研究循环过程中锂金属负极与电解质在 O_2 环境下的界面变化。

（2）锂枝晶

在锂空气电池的反复充放电过程中，锂金属负极表面不可控的形貌变化导致不能形成均匀稳定的沉积层，而是形成具有各种分枝结构（如一维针状、苔藓状或三维树枝状）的枝晶，其生长到一定程度会刺穿隔膜进而导致电池短路，造成安全隐患。同时，当锂金属浸入电解质溶液时，其表面不可控的形貌变化还会引起固体电解质界面膜（SEI）的不断开裂，造成锂和电解质的持续消耗，进而导致库仑效率降低和循环寿命变短。此外，SEI 膜沿着膨胀的锂金属界面生长会阻止锂金属颗粒的整合，引起孔隙率增加，进而导致电隔离或形成"死"锂[324]。因此，有效控制锂金属负极在工作过程中的形态变化对锂空气电池的发展至关重要。

2.3.2 锂空气电池锂负极的保护策略

（1）新型负极材料的开发

锂金属是锂空气电池理想的负极材料。然而，在长期的充放电循环中，锂枝晶的不断形成和生长阻碍了其实际应用。由于锂空气电池与锂离子电池在锂金属负极方面有极大的相似之处，锂离子电池中用复合负极材料替代锂金属的经验可以借鉴到锂空气电池中。

① 合金类负极材料。

a．Li_xC合金负极。Hirshberg 等[325] 提出使用锂化的硬碳作为锂空气电池的负极（图 2-38），所构建的全电池可以工作接近 30 个循环。该策略的主要优点在于硬碳结构稳定且晶面间距较大，因而储锂容量较高。但是，硬碳价格较高，而且在用作负极材料之前需要经过预锂化处理，这使得锂空气电池的成本进一步增加。

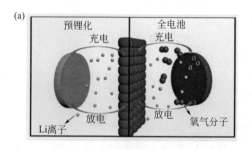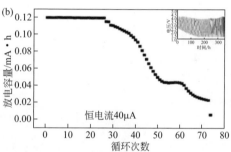

图 2-38　以预锂化硬碳为负极的锂空气电池示意图（a）及其循环性能（b）[325]

b．Li_xSi合金负极。硅基合金 Li_xSi 是锂空气电池目前最有应用前途的负极材料，其能量密度可以媲美锂金属，同时在其制备过程中会在表面形成稳定的 SEI 保护膜，有助于提高锂空气电池的循环性能。Deng 等[326] 将 Si 和 Li 按化学计量比混合后在 Ar 气氛中球磨制成 $Li_{21}Si_5$ 合金粉末直接用作锂空气电池的负极材料，明显改善了电池的循环性能，在电流密度 $500mA \cdot g^{-1}$、限容 $1000mA \cdot h \cdot g^{-1}$ 条件下可循环 80 次。Wu 等[327] 将锂化的商业 Si 颗粒作为锂空气电池的负极材料，通过充电过程在其表面原位形成 SEI 膜来阻止 O_2 对 Li_xSi 的腐蚀（图 2-39）。所构建的电池在电流密度 $500mA \cdot g^{-1}$、限容 $1000mA \cdot h \cdot g^{-1}$ 条件下可循环 100 次，且整个过程中充电终点电压始终保持在 3.6V 以下。

c．Li_xSn合金负极。Elia 等[328] 将纳米结构的 Li_xSn-C 用作锂空气电池的负极材料，其中因将 Sn 纳米颗粒分散在微碳基体中增强了电池的机械稳定性，但由于其中锂源的不可逆消耗，该电池在电流密度为 $50mA \cdot g^{-1}$、限容 $500mA \cdot h \cdot g^{-1}$ 的条件下仅能循环 9 次（图 2-40）。相应的电池反应可以用下式表示：

$$yO_2 + 2Sn_xLi \Longleftrightarrow yLi_2O_2 + 2Li_{x-y}Sn \qquad (2-21)$$

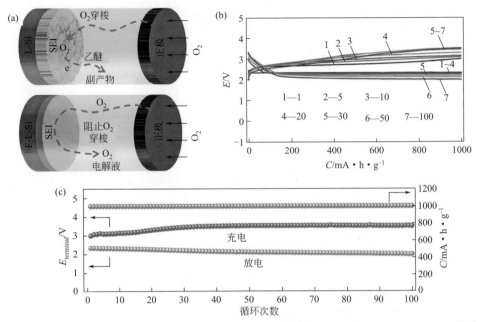

图 2-39 使用 SEI 膜抵抗 O_2 腐蚀负极的锂空气电池示意图 (a) 及其循环性能 (b), (c)[327]

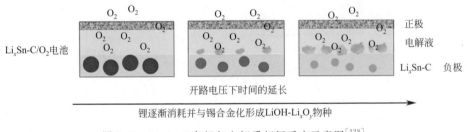

图 2-40 Li_xSn-C 负极与电解质相间反应示意图[328]

d. Li_xAl 合金负极。Guo 等[329] 用电化学方法制备了具有均匀 SEI 膜的 Li_xAl-C 复合材料，并将其作为负极材料用于锂空气电池。由于碳层表面形成的 SEI 膜可有效抵抗 O_2 的腐蚀，该电池表现出比使用金属锂负极的电池更小的充电极化、更高的能量转换效率和更优异的循环性能。

随着近几年合金类负极材料的发展，锂空气电池的安全性和循环稳定性都有了一定程度的提升，但这些研究尚处于起步阶段，仍然面临许多问题，特别是在构建稳定的合金类负极以改善锂空气电池循环寿命方面，必须克服三个方面的主要问题：合金中的 M 主体（M=Si，Ge，Sn，Al 等）在充放电循环过程的体积膨胀及其引起的性能衰退问题；因为锂化合金型负极比锂金属负极具有更高的活性，循环过程中即使受到微量氧气和空气中水分的侵蚀，也会对电池性能造成非常大的不利影响；电解液与合金型负极之间的稳定兼容性。只有这三个问题同时得到解决，才能把合金类负极材料在锂空气电池中的应用推向实用。

② LiFePO$_4$ 负极。Chen 等[330] 于 2012 年首次将磷酸铁锂（LiFePO$_4$）代替锂金属用于锂空气电池作为负极材料，所构建的电池在电流密度 1mA·cm^{-2}、限容 300mA·h·g^{-1} 条件下循环 100 次充放电曲线几乎没有变化（图 2-41）。McCloskey 等[321] 采用 LiFePO$_4$ 取代金属锂作为锂空气电池的负极材料，其在电池工作过程中既不与电解液反应、也不与氧气反应，显著提升了电池的综合性能，展示了良好的应用前景。

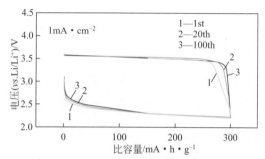

图 2-41　以 LiFePO$_4$ 为负极材料、1mol·L^{-1} LiClO$_4$/DMSO
为电解液的锂空气电池的循环性能[330]

③ Li$_4$Ti$_5$O$_{12}$ 负极。Li$_4$Ti$_5$O$_{12}$ 的嵌锂电位较高（1.55V，$vs.$ Li/Li$^+$），不易引起金属锂析出，安全隐患较小，充放电电压平稳，首次库仑效率高，与电解液相容性好，循环稳定性好，是备受关注的锂离子电池负极材料。Chun 等[331] 用 Li$_4$Ti$_5$O$_{12}$ 代替金属锂作为锂空气电池的负极材料，电池表现出较小的极化、较高的能量转换效率和良好的循环性能，但其缺点主要在于降低了电池的能量密度。

（2）构建钝化保护膜

① 人造保护膜。为了避免或减缓污染物对锂金属负极的侵蚀并进而影响到电池的性能，一种有效的方法是在电池循环之前在锂负极表面人工构建不能渗透污染物的保护层。

Liu 等[332] 通过电化学方法将 LiF 镀在锂金属表面制备了 LiF 保护的锂负极 F-TLM，相应的锂空气电池在电流密度 300mA·g^{-1}、限容 1000mA·h·g^{-1} 条件下循环 100 次其放电终点电压依然高于 2.5V（图 2-42），远远优于使用未处理锂负极的电池。作者认为如此优异的循环稳定性主要归因于由 LiF、Li$_2$CO$_3$、聚烯和氟乙烯分解的 C-F 相关产物组成的保护膜可防止锂金属负极被电解液和溶解氧腐蚀。这也可以从循环后 F-TLM 电极表面更平滑而未处理锂金属表面更粗糙得到印证。

Zhang 等[333] 将锂浸入二氧六环（DOA）中在其表面形成一层主要由环氧

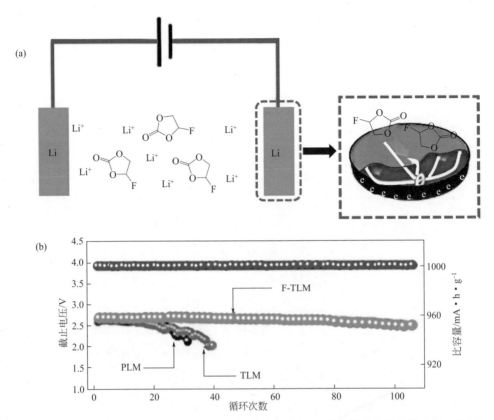

图 2-42　通过电化学方法将 LiF 镀于锂金属表面的示意图（a）；分别采用原始锂金属（PLM）、
未处理锂金属（TLM）和处理锂金属（F-TLM）负极的锂空气电池的循环性能（b）[332]

乙烷单体组成的保护膜（图 2-43）。在锂空气电池的工作过程中，该保护膜能有效缓解锂负极的腐蚀、减少其表面形貌变化，从而改善电池的循环稳定性、延长其使用寿命。在电流密度 $100mA \cdot g^{-1}$、限容 $500mA \cdot h \cdot g^{-1}$ 条件下，使用该保护锂片（TLi）为负极的锂空气电池可循环 65 次，而使用未保护锂片（PLi）的电池只能循环 29 次。

Asadi 等[334] 将锂空气电池置于纯 CO_2 气氛中，通过 Li 与 CO_2 反应在锂金属负极表面生成 Li_2CO_3/C 保护层，以此碳酸锂保护的锂金属为负极的锂空气电池的循环寿命达到 700 次。

② 原位生成 SEI 膜。负极与电解液之间的 SEI 膜是通过锂金属与电解液瞬间反应生成的。在电池的工作过程中，强韧性的 SEI 膜可以促进锂的均匀沉积、缓解锂枝晶的生成、阻止锂金属的腐蚀。实际工作中，为了稳定锂金属表面的 SEI 膜从而改善锂金属负极在液体电解液中的循环稳定性，常用的有效方法之一是在电解液中加入添加剂。

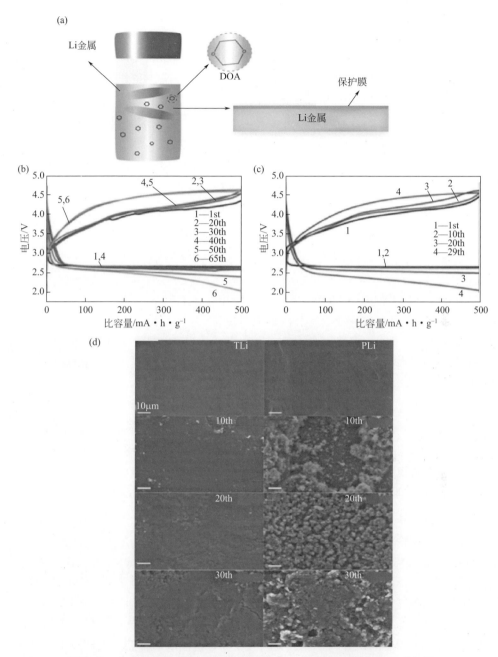

图 2-43　在锂表面形成保护膜的示意图（a）；采用保护锂片 TLi（b）和
未保护锂片 PLi（c）的锂空气电池在 100mA·g^{-1} 电流密度的循环性能曲线和
循环不同次数的表面 SEM 图（d）[333]

a. FEC 添加剂。Wu 等[327] 在电解液 1mol·L^{-1} LiTFSI/TEGDME 中以 FEC（氟代碳酸乙烯酯）为添加剂，通过原位电化学方法在锂硅合金负极表面构建了一种独特的、可以阻止氧气和电解液等对负极腐蚀的 SEI 膜，使电池在电流密度 500mA·g^{-1}、限容 1000mA·h·g^{-1} 条件下循环寿命达到 100 次。

b. LiNO$_3$ 添加剂。Uddin 等[335] 在锂空气电池中以 LiNO$_3$ 作为 2mol·L^{-1} TFSI/DMA 电解液的添加剂，通过金属锂与 LiNO$_3$ 的反应［式(2-22)］在锂金属表面沉积一层氧化锂作为钝化层，可以大幅度抑制锂金属负极与电解质的反应，从而延长电池的使用寿命。

$$2Li + LiNO_3 \longrightarrow Li_2O + LiNO_2 \qquad (2-22)$$

c. VC 添加剂。Roberts 等[336] 在 1mol·L^{-1} LiClO$_4$/DMSO 电解液中加入 0.14mol·L^{-1} VC 和 0.3mol·L^{-1} LiNO$_3$ 作为复合添加剂，在锂负极表面形成由聚环氧乙烷（PEO）、Li$_x$NO$_y$ 和氧化锂组成的 SEI 膜，使锂空气电池的库仑效率由 25% 提高到 82.5%。

d. 硼酸添加剂。Huang 等[337] 向 1.0mol·L^{-1} LiTFSI/DMSO 中添加 20mmol·L^{-1} 硼酸后在锂金属表面形成了致密的、由纳米晶硼酸锂与无定形硼酸盐、碳酸盐、氟化物等组成的具有较高离子导电性和机械强度的 SEI 膜，有效抑制了副反应和锂枝晶的生长。在电流密度 300mA·g^{-1}、限容 1000mA·h·g^{-1} 条件下，电池的循环寿命比不使用硼酸添加剂的电池延长了 6 倍以上（图 2-44）。

e. 电解质盐。Tong 等[338] 提出电解液中的锂盐对 SEI 膜及电池性能也有非常重要的影响。他们对比研究发现 LiTNFSI/TEGDME 电解液比传统的 LiTFSI/TEGDME 电解液具有更宽的电化学稳定窗口，有利于增强锂与电解质在 O$_2$ 存在下的界面稳定性、提高电池反应的可逆性。这主要是因为 LiTNFSI 中—CF$_3$ 和—C$_4$F$_9$ 分解形成的含 F 的 SEI 膜具有更好的刚性和韧性（图 2-45）。

（3）功能化隔离膜

设计功能化隔离膜是阻止污染物到达锂金属负极并对其造成腐蚀的一种有效方法。

Kim 等[339] 报道了一种可以选择性地允许 Li$^+$ 传输而阻止 O$_2$ 和 H$_2$O 通过的无孔聚氨酯（PU）隔膜，有效缓解了锂金属负极的腐蚀问题。相比于传统的 PE 隔膜，PU 隔膜还有一个重要的特点是电解液吸收率更高，有利于锂离子的快速扩散。由于金属锂界面稳定性提高，使用 PU 隔膜的锂空气电池在电流密度 200mA·g^{-1}、限容 600mA·h·g^{-1} 条件下可循环 120 次，超出使用 PE 隔膜电池的 2 倍以上（图 2-46）。

Luo 等[340] 将填充玻璃纤维（GF）的 SiO$_2$ 凝胶纳米颗粒作为支撑框架和 Li$^+$ 导体，外层附上 PU 涂层，制成 PU/SiO$_2$/GF 纳米复合隔膜。与使用传统

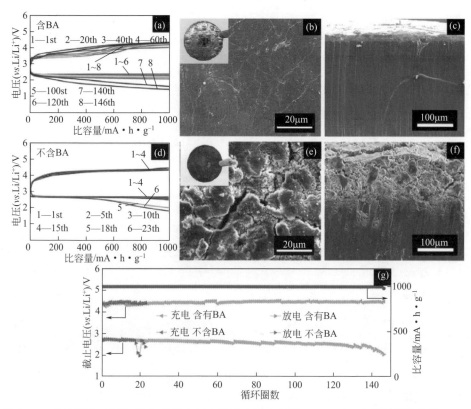

图 2-44　有无硼酸（BA）添加的锂空气电池的充放电曲线（a），（d）和循环性能曲线（g）；
有无硼酸添加的电池循环后锂负极的 SEM 俯视图（b），（e）和截面图（c），（f）[337]

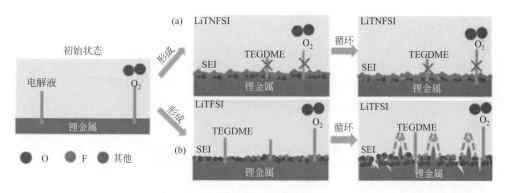

图 2-45　锂空气电池在 LiTNFSI-TEGDME（a）和 LiTFSI-TEGDME（b）两种电解液中
循环时锂金属负极变化示意图[338]

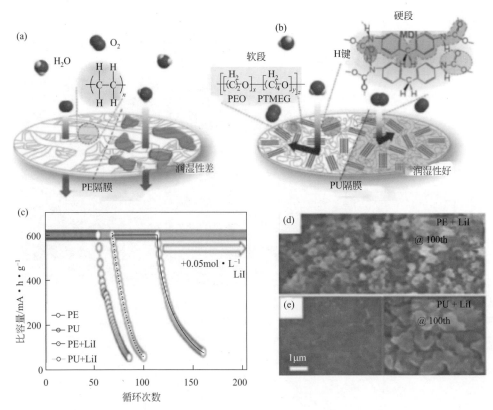

图 2-46 传统多孔 PE 隔膜和无孔 PU 隔膜对电解液润湿和气/水渗透的影响示意图 (a),(b); 使用不同隔膜的电池的循环性能 (c) 和循环 100 次后锂负极的 SEM 图 (d),(e)[339]

GF 隔膜的电池相比,使用 PU/SiO$_2$/GF 复合隔膜的电池循环寿命大大提高。当以 1mol·L^{-1} LiClO$_4$/DMSO 为电解液时,使用 GF 隔膜的电池在电流密度 1A·g^{-1}、限容 1000mA·h·g^{-1} 条件下循环 30 次放电电压就降低到 2.0V 以下,而使用 PU/SiO$_2$/GF 的电池循环 90 次后其放电终点电压仍高于 2.5V;当以 0.05~1mol·L^{-1} LiClO$_4$/DMSO 为电解液时,相同条件下使用 GF 隔膜的电池可循环 60 次,而使用复合隔膜的电池 300 次后放电终点电压仍高于 2.5V (图 2-47)。

Cao 等[341] 将包覆有聚多巴胺的 MOF 材料 CAU-1-NH$_2$ 与聚甲基丙烯酸甲酯 (PMMA) 相结合制备了一种新型混合基质膜 MMM。其中,CAU-1-NH$_2$ 丰富的氨基可以有效吸收 CO$_2$,而 PMMA 的存在使膜具有高度疏水性。因此,当用于锂空气电池正极的空气侧时,MMM 膜能有效阻止水分和 CO$_2$ 进入电池内部 (图 2-48)。由此组装的锂空气电池在相对湿度 30% 的实际环境中显示出良好的电化学性能。在电流密度为 200mA·g^{-1} 时,MMM 膜的使用不仅使电池的容量

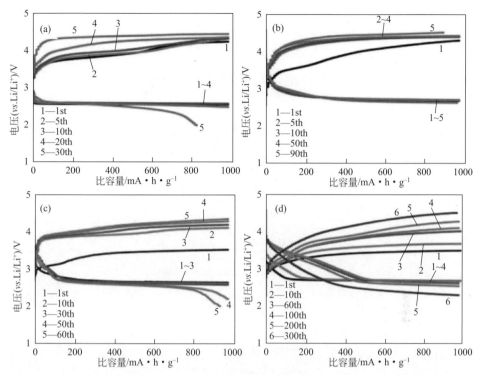

图 2-47 使用 GF 隔膜和 PU/SiO$_2$/GF 隔膜的锂空气电池在 1mol·L^{-1} LiClO$_4$/DMSO
(a)，(b) 和 0.05~1mol·L^{-1} LiClO$_4$/DMSO (c)，(d) 电解液中的循环性能[340]

从 1100mA·h·g^{-1} 增加到 1480mA·h·g^{-1}，而且在电流密度 450mA·g^{-1}、限容 450mA·h·g^{-1} 条件下的循环寿命从 6 次延长到 66 次。

（4）固体电解质

电解液是锂空气电池的重要组成部分。其不仅会影响氧气的溶解度和扩散性、锂离子的传导性、放电产物及其稳定性，而且与金属锂负极表面 SEI 膜的稳定性密切相关。为了防止液体电解液锂空气电池中常见的污染物、锂金属腐蚀和枝晶对电池性能的影响，用具有较强机械强度和较高热稳定性的固体电解质取代液态电解液是有效的手段之一。

固体电解质分为无机陶瓷电解质和固体聚合物电解质。其中，无机陶瓷电解质具有良好的离子导电性和力学性能，部分无机陶瓷电解质的离子电导率甚至超过液体电解质，如 Li$_{10}$GeP$_2$S$_{12}$ 和 Li$_{9.54}$Si$_{1.74}$P$_{1.44}$S$_{11.7}$Cl$_{0.3}$。然而，无机陶瓷电解质特别是硫化物电化学稳定性窗口较窄，因而限制了其在锂空气电池中的实际应用。目前，Li-Al-Ge-PO$_4$（LAGP）和 Li-Al-Ti-PO$_4$（LATP）两种离子电导率较高（10^{-4}~10^{-3}S·cm^{-1}）的无机陶瓷电解质已应用于锂空气电池中[342]，

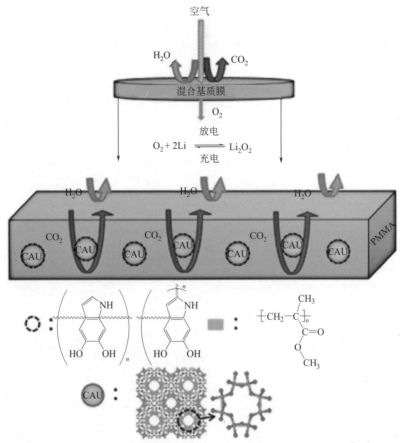

图 2-48　MMM 膜阻止 H_2O 和 CO_2 进入锂空气电池的示意图[341]

但由于其界面接触电阻高，电池性能不理想。固体聚合物电解质具有良好的柔韧性和可扩展性，并且与电极之间的黏附性比无机陶瓷电解质要好，但其离子电导率通常比液体电解质低 2～5 个数量级。通常，将固体聚合物电解质与无机陶瓷电解质结合起来使用可以达到更好的效果。

Kitaura 等[343] 把 LATP 和交联的聚乙二醇甲醚丙烯酸酯结合形成一种聚合物/陶瓷/聚合物夹层电解质 $Li_{1+x}Al_yGe_{2-y}(PO_4)_3$。该电解质拥有陶瓷一样的机械强度和柔软的表面，解决了模量-粘接的难题并可抑制锂枝晶的生长。Wu 等[344] 以聚异丁烯、二甲基二氯硅烷和 SiO_2 为原料制备了一种具有较强的耐热性（230℃以下无明显分解）、较高的电化学稳定性（＞5.5V）和离子电导率（$0.91×10^{-3}$ S·cm^{-1}）的超疏水性（接触角＞150°）的固体电解质 SHQSE。在相对湿度为 45% 的空气中，SHQSE 因可以有效阻止空气中的污染物扩散到锂负极，而使得锂空气电池的循环寿命达到 150 次，而使用玻璃纤维隔膜和液态电解质的电池只能循环 20 次（图 2-49）。

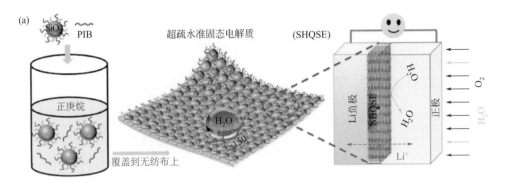

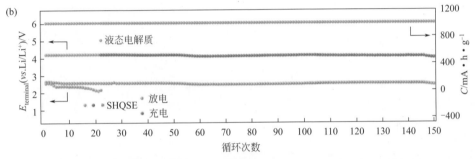

图 2-49　使用固体电解质 SHQSE 的锂空气电池在相对湿度为 45% 的
空气中的工作原理示意图（a）和循环性能（b）[344]（彩图见文前）

Yi 等[345] 将聚丙烯（PP)-聚甲基丙烯酸甲酯（PMMA)-聚苯乙烯（PSt）
和气相纳米二氧化硅（SiO$_2$）结合制成了锂空气电池固体电解质，其与锂金属
负极的界面电阻小于使用液体电解质时的情况，而且两者之间具有更好的兼容
性，明显改善了电池的循环寿命。Zhang 等[346] 将 PVDF-HFP 聚合物作为固体电
解质，研制出一种具有良好电化学性能和柔韧性的纤维状锂空气电池（图 2-50）。
在电流密度 1400mA·g^{-1}、限容 500mA·h·g^{-1} 条件下，该电池在空气中可
循环 100 次。此外，该电池的结构具有很高的灵活性，可以做成多种不同的形
状，而且反复弯折对电池的性能没有影响。

Hassoun 等[347] 报道了基于聚氧化乙烯（PEO）的固体电解质膜。循环后
的电池拆解后发现其锂金属负极仍处于良好状态，证实基于 PEO 的固体电解质
用于锂空气电池可以有效保护锂金属负极。然而，该固体电解质膜在室温下的离
子电导率很低。当温度升高到 90℃时可获得 1mS·cm^{-1} 的离子电导率，但机械
强度在高温下会下降，从而导致其在抑制枝晶方面效果不理想。Zou 等[348] 利
用热塑聚氨酯（TPU）与 SiO$_2$ 气凝胶之间的氢键作用，研制出一种在离子电导
率、机械柔性、阻燃性和疏水性方面都非常好的固体电解质（FST-GPE）膜。

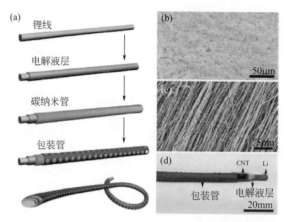

图 2-50　(a) 纤维状锂空气电池的制作过程示意图；(b) 凝胶电解质涂覆的金属锂的 SEM 图；
(c) 包裹在外层的定向排列的碳纳米管 SEM 图；(d) 纤维状锂空气电池的实物照片[346]

基于这种电解质的锂空气电池在室温下具有良好的循环性能，在电流密度 $500\text{mA} \cdot \text{g}^{-1}$、限容 $1000\text{mA} \cdot \text{h} \cdot \text{g}^{-1}$ 条件下可循环 250 次，而使用液态电解液的电池在相同条件下只能循环 70 次（图 2-51）。

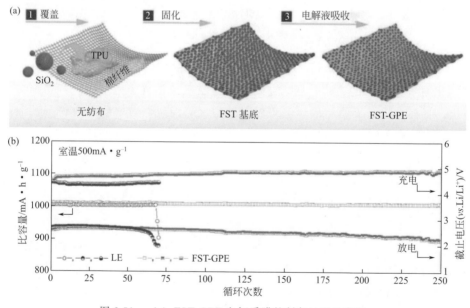

图 2-51　(a) FST-GPE 电解质膜的制备过程示意图；
(b) 使用不同电解质的锂空气电池的循环性能[348]

总之，构建稳定的锂金属负极以克服锂枝晶引起的安全问题和污染物引发的副反应已成为开发高性能锂空气电池的技术瓶颈。现有的解决技术，包括锂合金负极、钝化保护膜和固体电解质，只能起到缓解的作用，而不能从根本上完全解决问题。同时，锂金属与电解质、O_2 等的界面稳定性尚缺乏深入正确的理解，SEI 的形成机理、厚度、离子电导率、力学模量等热力学和动力学性质对电池性能的影响尚需系统研究。

2.4
非水系锂空气电池电解液

通常，二次电池的电解液需要满足以下条件[349]：a. 电解液是良好的离子导体和电子绝缘体，较高的离子电导率有利于促进充放电过程中离子的传递，优异的电子绝缘性可降低电池的自放电；b. 电解液需要有足够宽的稳定电化学窗口；c. 电解液对隔膜、电极和包材等电池组件保持惰性；d. 符合新能源电池安全、无毒和环境友好等特点。锂空气电池因其工作环境比普通二次电池（如锂离子电池）更苛刻，因而对电解液提出了更高的要求[350]：a. 电解液要对电池放电过程中产生的超氧自由基（O_2^-）稳定；b. 挥发性低；c. 溶氧能力强，氧在其中的传输速率快；d. 与锂金属负极的相容性好。

在锂空气电池发展的初期阶段，主要借鉴锂离子电池的经验，使用有机碳酸酯类电解液。但研究结果表明，碳酸酯类电解液在锂空气电池放电过程中易受到放电中间产物超氧自由基（superoxide radical，O_2^-）的亲核攻击而发生不可逆分解，生成 Li_2CO_3 等副产物而非理想的放电产物 Li_2O_2，从而对电池的性能造成不利的影响[351,352]。为了寻求锂空气电池用稳定电解液，国际学术界从酰胺类、二甲基亚砜类、醚类和离子液体等方面开展了大量的研究工作。

2.4.1 有机碳酸酯类电解液

有机碳酸酯类电解液，包括碳酸丙烯酯（propylene carbonate，PC）、碳酸乙烯酯（ethylene carbonate，EC）、碳酸二甲酯（dimethyl carbonate，DMC）和碳酸甲乙酯（ethyl methyl carbonate，EMC）等，是锂离子电池中广泛使用的电解液。由于这类电解液拥有高达 4.5V 的电化学窗口和低挥发性，因而在锂空气电池的研究初期也被选作电解液，相应的电池体系不仅可以实现充放电循环，而且拉曼光谱证实了其放电产物中确实有 Li_2O_2 [353]。然而，研究发现该类电解液在锂空气电池充放电循环过程中并不稳定，容易受到放电中间产物超氧自由基的进攻而发生分解[351,352]。Freunberger 等[354]对此进行了系统的研究，他们用 FT-IR 证实，使用 $1mol \cdot L^{-1}$ LiPF$_6$/PC 电解液的锂空气电池放电产物并不是以 Li$_2$O$_2$ 为主，其中 Li$_2$CO$_3$ 占有相当大的比重，并且出现了 C=O、C—O、C—C 和 C—H 等基团的特征峰 [图 2-52(a)]，从而证实了有机碳酸酯类电解液在锂空气电池工作过程中会发生严重分解。

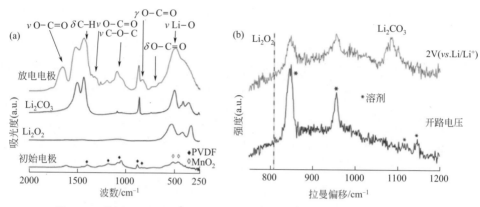

图 2-52　使用 $1mol \cdot L^{-1}$ LiPF$_6$/PC 电解液的锂空气电池放电至 2V 时的
FT-IR 谱图（a）和拉曼光谱图（b）[354]

虽然 FT-IR 结果能够证实放电产物中 Li$_2$CO$_3$ 的生成，但是仅通过红外数据难以分辨出其他副产物。为此，作者用 D$_2$O 清洗空气电极，然后用 ^{1}H NMR 对清洗液进行了分析，发现其中存在丙二醇、甲酸、乙酸和残余的碳酸丙烯酯。其中，丙二醇是丙烯碳酸锂和水反应的产物，甲酸和乙酸是甲酸锂和乙酸锂与水反应的产物。另外，他们还通过 ^{13}C 和 ^{1}H MAS-NMR 固体核磁进一步证实了放电产物中丙烯碳酸锂、甲酸锂和乙酸锂等副产物的存在。此外，虽然 FT-IR [图 2-52(a)] 不能排除放电产物中 Li$_2$O$_2$ 的生成，但因为 Li$_2$O$_2$ 与 Li$_2$CO$_3$ 的特征峰位非常接近，也不能判断其放电产物中一定含有 Li$_2$O$_2$。于是，作者采用对 Li$_2$O$_2$ 十分敏感的原位表面增强拉曼光谱（surface-enhanced Raman spectroscopy，SERS）进行分析 [图 2-52(b)]，但并未观察到关于 Li$_2$O$_2$ 的任何信号。因此，作者认为基于有机碳酸酯类电解液的锂空气电池的放电产物主要是碳酸锂（Li$_2$CO$_3$）、丙基碳酸锂 [CH$_3$H$_6$(OCO$_2$Li)$_2$]、甲酸锂（HCO$_2$Li）和乙酸锂（CH$_3$CO$_2$Li）所组成的混合物，而非理想产物 Li$_2$O$_2$。

为了阐述上述现象，作者提出了如图 2-53 所示的反应机理。他们认为基于有机碳酸酯类电解液的锂空气电池的放电机理包括以下三个方面：a. 放电反应从氧气还原为超氧自由基 O$_2^-$ 开始，O$_2^-$ 进攻 PC 电解液通过双分子亲核取代反应作用于 CH$_2$ 基团 [反应（2）和反应（3）]。生成的开环化合物 2 进一步失去 O$_2$ [反应（4）]，并与后续反应中生成的 CO$_2$ 结合，被还原为丙基碳酸锂化合物 4；b. 在氧气存在的条件下，中间产物开环化合物 2 非常容易被氧化分解生成甲酸和乙酸，然后与电解液中的 Li^+ 结合生成 HCO_2Li 和 CH_3CO_2Li；c. O_2^- 与 CO_2 经过反应（6）和反应（7）生成 Li_2CO_3。

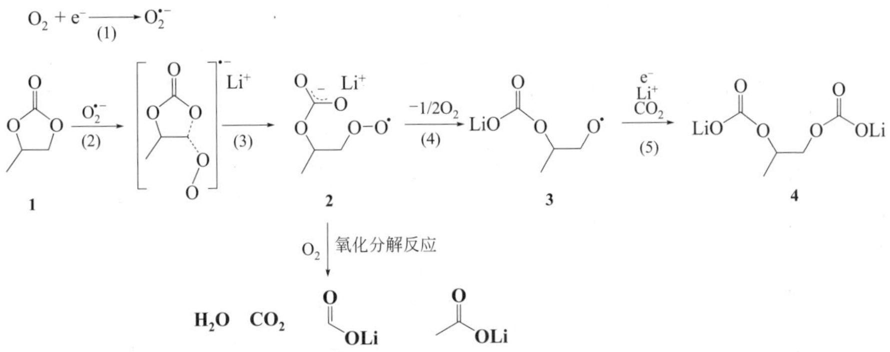

$$2O_2^{\cdot -} + 2CO_2 \longrightarrow C_2O_6^{2-} + O_2 \quad (6)$$

$$C_2O_6^{2-} + O_2^{\cdot -} + 4Li^+ \longrightarrow 2Li_2CO_3 + 2O_2 \quad (7)$$

图 2-53　PC 电解液在锂空气电池中的分解机理[354]

此外，该团队还用 DEMS、MS 和 FT-IR 等技术和 XRD 对使用 $1mol \cdot L^{-1}$ $LiPF_6$/ PC 电解液的锂空气电池的充电过程进行了研究，证明上述放电产物在充电过程中可以被分解，Li_2CO_3、HCO_2Li 和 CH_3CO_2Li 的分解电压相近，$C_3H_6(OCO_2Li)_2$ 的分解电压略低，CO_2 和 H_2O 是充电过程的主要产物。这正是该体系虽然放电产物不是 Li_2O_2 但仍可以循环充放电的原因。同时，作者也证实，该电池体系虽然能够充放电，但充放电过程的反应并不是可逆反应，由此造成充电过电位增大并加剧电解液的分解，而且 HCO_2Li、CH_3CO_2Li、Li_2CO_3 和 $CH_3H_6(OCO_2Li)_2$ 在充电过程中并不能完全分解，而是会在电池正极处不断累积。这些都会导致电池容量的降低和循环寿命的提早终结。

2.4.2　酰胺类电解液

酰胺类电解液因具有抵抗超氧自由基进攻的优异能力而被引入锂空气电池。目前，锂空气电池常用的酰胺类电解液主要包括二甲基甲酰胺（*N*,*N*-dimethylformamide，DMF）、二甲基乙酰胺（dimethylacetamide，DMA）和 *N*-甲基吡咯烷酮（*N*-methyl pyrrolidone，NMP）等。

Chen 等[355] 首先报道了 DMF 作为电解液在锂空气电池中的应用，发现以 $0.1mol \cdot L^{-1}$ $LiClO_4$/DMF 为电解液的锂空气电池放电时在 2.7V 左右出现一个平台，而充电过程中分别在 3.6V 和 3.8～3.9V 出现两个平台。他们用 XRD、FT-IR 和 DEMS 证明该电池首次放电的主要产物为 Li_2O_2，而且可以在充电过程中完全分解。但用 ^1H NMR 对第一次放电后电解液的分析却检测到了 HCO_2Li 和 CH_3CO_2Li 的存在。当对 5 次循环后的电解液进行分析时，发现 DMF 已经明显分解，有 Li_2CO_3、HCO_2Li 和 CH_3CO_2Li 等副产物。因此，作者认为 DMF 在锂空气电池的工作过程中并不稳定，首次循环即有微量分解，然后随着充放电的反复进行变得越来越严重。这些副产物在充电时不能被完全氧化分解，导致正极的孔道堵塞、电池的性能急剧下降。在此基础上，作者提出了超氧自由基进攻 DMF 的可能机理（图 2-54），从 O_2 还原为 $O_2^{\cdot-}$ ［反应（1）］开始，$O_2^{\cdot-}$ 可以与 Li^+ 反应形成 LiO_2，然后形成 Li_2O_2 ［反应（2）和反应（3）］，或者可能攻击酰胺的 C＝O 基团，产生四面体中间体 ［反应（4）］，然后是六元环状过渡态以形成碳自由基 1 ［反应（5）］。所得的以碳为中心的自由基 1 可以与 O_2 和 DMF 发生反应。其中，与 O_2 分子的反应 ［反应（6）］，产生过氧自由基 2，该自由基通过二聚体转化为烷氧基自由基 3 ［反应（7）］，并进一步转化为中间体 4 和甲醛 ［反应（8）］。随后与 $O_2/O_2^{\cdot-}$ 反应 ［反应（9）］，形成 HCO_2Li、CO_2、H_2O 和 NO。另一方面，碳自由基 1 与 DMF 分子的反应可以形成乙酰胺和中间体 4 ［反应（10）］，随后氧化分解 ［反应（11）］，形成 HCO_2Li、CO_2、H_2O

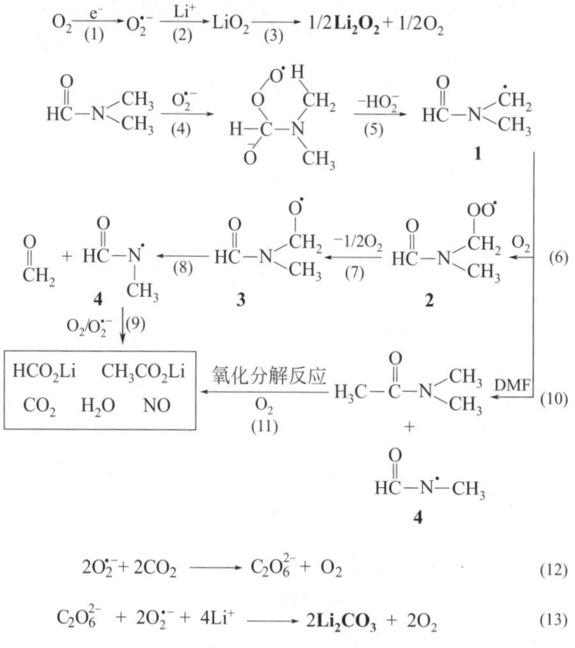

图 2-54 DMF 电解液在锂空气电池中的分解机理[355]

$$2O_2^{\cdot-} + 2CO_2 \longrightarrow C_2O_6^{2-} + O_2 \qquad (12)$$

$$C_2O_6^{2-} + 2O_2^{\cdot-} + 4Li^+ \longrightarrow 2Li_2CO_3 + 2O_2 \qquad (13)$$

和 NO。此外，还可以通过反应（12）和反应（13）形成 Li_2CO_3。

除 DMF 之外，Chen 等[355] 也对其他酰胺类电解液，如 DMA 和 NMP 等，做了大量的研究工作。与 DMF 类似，基于 DMA 电解液的锂空气电池的首次放电产物以 Li_2O_2 为主，但 DMA 也在首次循环过程中即开始分解，而 NMP 电解液的分解现象更为严重[355]。这些结果说明酰胺类电解液在锂空气电池的环境中是不稳定的，不适合作为锂空气电池的稳定电解液长时间使用。另一方面，电解液与锂金属负极反应后在其表面生成一层稳定的 SEI 膜可以对锂金属负极起到保护作用，这对于提高电池的性能和循环寿命十分重要。但是酰胺类电解液在锂空气电池中和锂金属反应后在其表面形成的 SEI 膜并不稳定，因而会导致电解液和金属锂的持续消耗，从而对电池的综合性能造成不利的影响，这也限制了酰胺类电解液在锂空气电池中的实际应用。

为了加强酰胺类电解液和锂金属负极之间的界面稳定性，科学家们采用了多种方法。例如：Walker 等[303] 在 DMA 电解液中加入 $LiNO_3$，通过 NO_3^- 与锂金属的反应可以在其表面形成稳定的 SEI 膜。以其为电解液的锂空气电池在 $0.1mA \cdot cm^{-2}$ 的电流密度下可循环超过 2000h（充放电次数大于 80 次）。

2.4.3 二甲基亚砜类电解液

在非水系锂空气电池领域，拥有最高 Gutmann 给体数（donor number，DN）的 DMSO 是二甲基亚砜类电解液的代表，它因为具有黏度小（1.948cP）、溶氧能力强、电导率高（$2.11mS \cdot cm^{-1}$）等特点而成为锂空气电池中最常用的电解液溶剂之一[356]。Xu 等[357] 在 2012 年首先报道了将 DMSO 作为电解液用于锂空气电池。在 $0.05mA \cdot cm^{-1}$ 的电流密度下，当以 KB 炭黑作为催化剂时，电池容量达到 $9400mA \cdot h \cdot g^{-1}$；当以特殊结构的多孔石墨作为催化剂时，电池容量增加到 $10600mA \cdot h \cdot g^{-1}$，充电电压降低至 3.7V，而且电池还呈现出良好的倍率性能。

Peng 等[358] 以 $0.1mol \cdot L^{-1}$ $LiClO_4$/DMSO 为电解液、纳米金多孔电极（NPG）为正极组装的锂空气电池在 1atm 的氧气氛下以电流密度 $500mA \cdot g^{-1}$ 循环 100 次充放电电压几乎不变，100 次后电池的容量保持率达到 95%。作者用 FT-IR 和原位 SERS 对循环 1 次、5 次、10 次和 100 次后的正极观察（图 2-55）发现，该电池的放电产物以 Li_2O_2 为主，其含量不低于 99%，但也有少量的副产物 Li_2CO_3 和 HCO_2Li（小于 1%），而且随着循环次数的增加，副产物的量并没有出现增加的趋势。

尽管大量的数据证实 DMSO 电解液在锂空气电池中拥有极高的化学稳定性，但也有研究报道了 DMSO 在超氧自由基存在的环境中并不稳定，会被氧化为

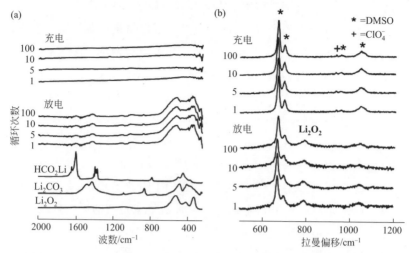

图 2-55　纳米金多孔电极在以 $0.1\,mol \cdot L^{-1}$ LiClO$_4$/DMSO 为电解液的

锂空气电池中循环不同次数后的 FT-IR（a）和 SERS（b）谱图[358]

DMSO$_2$[359-362]。比如：Mozhzhukhina 等[363] 发现 DMSO 在锂空气电池工作过程中会与电解液中少量的水反应生成 DMSO$_2$；而 Kwabi 等[364] 发现以 DMSO 为电解液的锂空气电池在循环中产生的大量 LiOH 并不是由电解液中的痕量水引起的，而是源自 Li$_2$O$_2$ 和超氧自由基与 DMSO 之间的反应，而且产物 DMSO$_2$ 和 LiOH 的比例取决于 DMSO 与 Li$_2$O$_2$ 和超氧自由基的接触时间，时间越长 LiOH 的生成量越大。这些结果说明 DMSO 或许并不适合作为稳定的电解液长时间用于锂空气电池。

2.4.4　醚类电解液

醚类电解液是目前锂空气电池中应用最广泛的电解液。相对于碳酸酯类电解液，醚类电解液拥有以下优点[365,366]：①电化学窗口更宽，大多数醚类电解液即使在 4.5V（$vs.\,Li^+/Li$）的电压下依然可以保持稳定；②不易燃，安全性更高；③黏度更低，有利于氧气的快速扩散；④介电常数更高，有利于盐的溶解；⑤对超氧自由基的攻击具有更高的稳定性。

早期关于醚类电解液的研究主要集中在二甲醚（DME）[367-378]，然后又发展到 TEGDME、2-甲基四氢呋喃（2-Me-THF）和 1,3-二氧五环（DOL）等[366,379]。尽管 DME 的稳定性相较于碳酸酯类电解液有了很大提高，但其在电池循环中依然会发生分解，导致电池容量和循环性能的下降[351]。为此，Freunberger 等[379] 提出了超氧自由基进攻醚类使其发生分解的可能机理（图 2-56）。他们认为，超氧自

由基首先进攻 β 碳原子，抓取其上的氢原子，生成的中间产物随后会被氧化分解生成 H_2O、CO_2、HCO_2Li 和 CH_3CO_2Li 等产物。他们还指出，β 碳原子不仅是超氧自由基开始进攻的位点，也会受到诸如 $Li_{2-x}O_2$ 等中间产物的进攻。

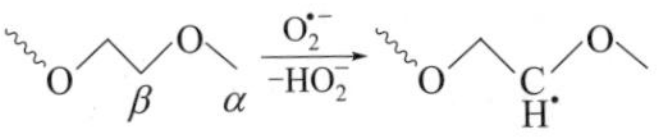

图 2-56 锂空气电池中超氧自由基进攻醚类电解液使其分解的机理[379]

对醚类分子进行设计改造是改善醚类电解液在锂空气电池中稳定性的有效手段之一。根据 Fruenberger 等提出的机理（图 2-56），β-碳上如果存在氢原子，很容易被超氧自由基进攻，如果能对醚类分子进行设计改进将氢原子除去，那么相对于超氧自由基的稳定性将会得到提高。基于这个想法，Adams 等[373] 用甲基（—CH_3）取代了 DME 分子中亚甲基上的氢原子，形成一种更加稳定的溶剂 DMDMB（2,3-dimethyl-2,3-dimethyoxybutane），从而消除了亚甲基氢原子被进攻的可能性（图 2-57）。与使用 DME 电解液的锂空气电池相比，以 DMDMB 为电解液的电池充电电压更低、放电电压更高、循环稳定性更好。采用 ^1H NMR 对循环后电池中电解液的分析（图 2-58）发现，DME 电解液在 8.46ppm 处出现

(a) 1,2-二甲氧基乙烷　　　　(b) 2,3-二甲基-2,3二甲氧基丁烷

图 2-57　DME 和 DMDMB 的分子结构示意图[373]

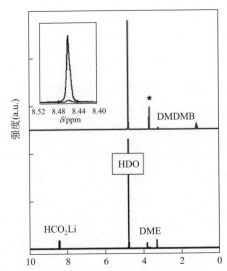

图 2-58　循环后锂空气电池中的电解液在 D_2O 的 ^1H NMR 谱图[373]

了明显的 HCO_2Li 特征峰，而 DMDMB 电解液在相同位置的峰强度要弱得多，说明 DMDMB 作为锂空气电池电解液的稳定性比 DME 有了大幅度的提高。

分子量较高的醚类（如 TEGDME）其蒸气压一般较低，这对于锂空气电池的开放体系是非常有利的，因为低蒸气压会减缓电解液的挥发，从而避免电解液干涸引起电池性能的降低和循环寿命的终结。Black 等[370] 通过 KO_2 证明了 TEGDME 在锂空气电池中对超氧自由基的稳定性。Jung 等[371,372] 以 $LiCF_3SO_3$/TEGDME 为电解液制备的锂空气电池表现出高容量、高倍率性能、优异可逆性和稳定的循环性能。作者通过飞行时间二次离子质谱（TOFSIMS）和 TEM 证明了电池工作过程中 Li_2O_2 的可逆生成和分解，但并未检测到 Li_2CO_3 等副产物的存在，说明 $LiCF_3SO_3$/TEGDME 电解液在锂空气电池循环过程中没有发生明显分解。目前，TEGDME 已经成为锂空气电池研究中最常用的电解液体系。

2.4.5 离子液体电解液

离子液体是一种仅由离子组成的液态熔盐，它由一个体积较大的阳离子和电荷离域的阴离子组合而成。其中，阴离子的灵活性和阳离子的不对称性导致离子液体的结晶性很低而以液态形式存在。和传统有机电解液相比，离子液体具有诸多优异的性质：不易燃、疏水性、可忽略的极低蒸气压。其中，疏水性使其即使在锂空气电池的开放环境下工作也不会从空气中吸收水分，因而有利于保护锂金属负极、增强电解液的稳定性和延长电池的使用寿命；低蒸气压可以避免或减缓电解液的挥发进而延长电池的寿命。此外，离子液态因其 N 原子上连接的烷基基团难以离去而在超氧自由基的进攻下具有优异的稳定性[374,375]。因此，将离子液体作为稳定电解液用于锂空气电池受到越来越多的关注。

Kuboki 等[376] 首次报道了将离子液体 EMITFSI 作为电解液应用于锂空气电池，克服了液态锂空气电池中电解液溶剂的挥发问题，明显提高了锂空气电池在高温下的放电容量。以 $PP_{13}TFSA$ [N-甲基-N-丙基哌啶双（三氟甲磺酰基）酰胺] 为电解液的锂空气电池实现了超低的充电电压（约 3.2V）和约 0.75V 的充-放电电压差[377]。为了保护锂金属负极使其在潮湿的空气中保持稳定，Zhang 等[378] 以疏水离子液体 LiTFSI-PMMITFSI、二氧化硅和 PVDF-HFP [聚（偏二氟乙烯-六氟丙烯）] 制备了一种既可用作电解质、又可起到防潮效果的聚合物复合电解质。与单纯使用离子液体 LiTFSI-PMMITFSI 的电池相比，使用该高聚物复合电解质的电池在电流密度为 $0.02mA \cdot cm^{-2}$ 时的放电容量增加一倍。

然而，离子液体应用于锂空气电池也存在一定的问题。比如：并非所有的离子液体都对超氧自由基稳定。有报道表明，咪唑类离子液体对超氧自由基不稳定，并且锂金属可以和咪唑阳离子发生强烈的反应[380-382]；离子液体的黏度通常远高于有机溶剂和水，这就限制了其中氧气的溶解度和氧气、超氧自由基等在其中的扩散速度，从而导致电池倍率性能降低[383]；离子液体普遍存在溶解 Li^+能力弱的问题，因而难以在锂金属表面形成稳定的 SEI 膜[384]；锂盐的加入有利于离子液体室温电导率的提高，但是也会导致离子液体更加容易吸水受潮。这些问题都限制了离子液体作为稳定电解液在锂空气电池中的应用。

2.4.6　电解液添加剂

为了提升锂空气电池的综合性能，在电解液中加入适当的添加剂（通常 5%～10%的质量分数或体积分数）被认为是最可行、经济和有效的方法。

在锂空气电池的放电过程中，有些阴离子受体可以提高放电产物 Li_2O_2 在电解液中的溶解度。已报道的该类阴离子受体添加剂一般是路易斯强酸，主要包括三（五氟苯基）硼烷（TPFPB）和硼酯[385,386]。Xie 等[386] 把 TPFPB 加入碳酸酯类电解液中作为催化剂加速了超氧自由基的歧化反应，在一定程度上避免或减缓了超氧自由基和碳酸酯类电解液之间的副反应，从而延长了电池的使用寿命。氟化物，如甲基九氟丁基醚（MFE）、三（2,2,2-三氟乙基）亚磷酸酯（TTFP）和全氟三丁胺（FTBA）等，可被用作添加剂增加电解液中氧气的溶解度[387,388]。

有研究表明，少量的 H_2O 可以作为溶剂添加剂来促进 Li_2O_2 在低 DN 值电解液中的形成[389-392]。Schwenke 等[389,390] 报道称 H_2O 对于锂空气电池的放电容量、放电产物的形貌以及 Li_2O_2 的电化学氧化分解有着重要的影响。他们认为，即使电池中含有一定量的 H_2O 其主要放电产物也是 Li_2O_2，且 Li_2O_2 的产率随着含 H_2O 量（最大 1%）的增加而增加。Aetukuri 等[391] 同样报道了微量水的存在可以显著提高电池的放电容量。Li 等[392] 认为电解液中少量 H_2O 的存在对正极上发生的反应有催化效果，可以改善电池的性能。这些研究说明 H_2O 是影响锂空气电池充放电过程的一个重要因素，值得深入研究。

2.5
非水系锂空气电池隔膜

隔膜是锂空气电池的重要部件之一，其作用主要包括分隔正负极、传导锂离子、绝缘电子（防止电池内部短路）等几个方面，其主要形态有多孔隔膜和玻璃/陶瓷电解质隔膜。从实际应用的角度，非水系锂空气电池隔膜须满足以下性能要求：

① 高锂离子电导率。普通多孔隔膜本身不具备锂离子传导能力，锂离子传导是通过充填在其微孔中的锂盐电解质溶液来实现的。因此，多孔隔膜必须具有较高的孔隙率，以保证隔膜具有足够高的吸液能力；固体电解质隔膜和凝胶聚合物电解质隔膜的锂离子电导率与其化学结构密切相关。

② 优异的化学和电化学稳定性。隔膜不能与电解液和电极材料发生任何反应。与传统的锂离子电池相比，非水系锂空气电池对隔膜化学稳定性的要求更高。这是因为在电池充放电过程中正极反应所产生的超氧化锂和过氧化锂具有极强的氧化性，易造成电解质和聚合物隔膜的氧化降解。此外，锂空气电池的负极材料是还原性极强的金属锂单质，一些多孔聚合物隔膜如聚丙烯腈（PAN）等可能与金属锂发生反应，在实际研究中应予以考虑。

③ 良好的力学性能，特别是良好的抗刺穿性能。电池的组装过程包括螺旋缠绕和堆积承载两个步骤，隔膜必须具有良好的力学性能以保证在电池组装过程中不出现破损。同时，锂空气电池的负极材料为金属锂，在充放电过程中易形成锂枝晶。因此，为了防止内部短路，锂空气电池的隔膜必须具有良好的抗刺穿性能。

④ 优异的阻水、阻氧性能。锂空气电池中，来自空气的氧气分子和水分子有向负极扩散的倾向，从而会造成负极的腐蚀。因此，其隔膜应该具有很好的阻水、阻氧性能。然而，目前广泛使用的多孔隔膜其孔径远大于氧气分子的尺寸，因而不具备阻氧性能，而且即使经过表面亲水处理的多孔膜其阻水性能仍然很差。从这个角度来讲，传统多孔薄膜不是锂空气电池的理想隔膜。

⑤ 良好的热稳定性和尺寸稳定性。当大电流充放电、过充电或者短路等导致电池温度快速升高时，隔膜不能发生收缩、起皱或熔融，否则会存在正负极直接接触发生爆炸的风险。

2.5.1　多孔隔膜

多孔隔膜包括单层微孔膜和多层微孔复合膜两大类。应用于非水系锂空气电池的多孔隔膜主要有：玻璃纤维过滤纸（glass-fiber filter paper）、PE 多孔膜、PP 多孔膜、纤维素多孔膜、聚偏氟乙烯/聚对苯二甲酸乙二醇酯/聚偏氟乙烯（PVDF/PET/PVDF）三层多孔复合膜。其中，除 PVDF/PET/PVDF 之外，其他隔膜都是市售产品。PVDF/PET/PVDF 三层多孔复合膜可由实验室制备多孔膜的常用方法即静电纺丝法制备[393]，所制得的多孔膜也叫无纺布（膜），具有孔隙率高、微孔高度贯通等优点。但是，生产效率低是静电纺丝法的主要缺点。

多孔隔膜的制备技术已相当成熟，很多多孔隔膜已经实现工业化生产。但这些膜因不具备阻水能力而不能直接用于非水系锂空气电池。为了防止或减轻由空气电极渗透而来的水汽对金属锂负极造成的腐蚀，研究者通常在正极的空气侧设置具有较高的氧气渗透率和极低的水汽渗透率的疏水保护膜。例如：Zhang 等[394] 以玻璃纤维过滤纸或 Celgard5500 为隔膜、金属锂箔为负极、外压有厚度为 $20\mu m$ 的聚合物多孔膜（Melinex® 301H）的空气电极为正极，制得了一种可在相对湿度为 20％的大气环境中稳定运行 30d 的袋式锂空气电池（图 2-59）。其中的 Melinex® 301H 膜不仅起到了透氧、阻水的作用，而且可以阻止电池中有机电极液的挥发，从而有利于延长电池的使用寿命。类似地，Crowther 等[395] 为了阻止空气中的水分进入锂空气电池，在正极的空气侧设计了一层 Teflon 涂覆的玻璃纤维布（TCFC）作为水汽阻挡层，极大减缓了电池工作过程中锂金属负极的腐蚀。

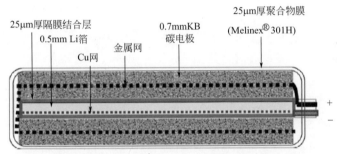

25μm厚隔膜结合层　　　0.5mm Li箔　　Cu网　　金属网　　0.7mmKB碳电极　　25μm厚聚合物膜(Melinex® 301H)

图 2-59　使用 PTFE 多孔膜的锂空气电池结构示意图[394]

除水汽之外，理论上进入空气电极的氧气也存在可能不经过电化学反应直接扩散到负极的风险，但相关研究报道很少。从实用的角度，在金属锂负极表面涂覆一层可传导锂离子但能阻止氧气分子渗透的薄膜可能是最直接有效的。

2.5.2　陶瓷/玻璃电解质隔膜

陶瓷/玻璃电解质隔膜（包括 NASICON 型、LISICON 型、钙钛矿型等）具有传导锂离子、阻挡水分子扩散的特点，主要用于水系锂空气电池。但因为非水系锂空气电池的金属锂负极同样面临来自空气中的水分和氧气腐蚀的风险，有些研究者也将陶瓷/玻璃电解质隔膜应用于非水系锂空气电池以保护锂金属负极。

NASICON 型固体电解质晶体的基本化学式为 $NaM_2(PO_4)_3$。其中，M 代表四价金属离子（如 Ge、Ti 和 Zr 等离子），其晶体构造是由 MO_6 八面体和 PO_4 四面体连接而成的三维网络，呈现相互连接的三维离子传输通道和两种不同的离子间隙位点。NASICON 型固体电解质具有快速传导钠离子的特性

（Na$^+$ super ionic conductor），但其锂离子传导率很低，不能直接用于锂空气电池。通过改变 NASICON 型固体电解质骨架的组成可以改变其结构和电学性质，通常采用三价金属离子（Al、Cr、Ga、Fe、Sc、In、Lu、Y、La 等离子）部分取代四价金属离子可有效降低其晶胞尺寸，从而有利于锂离子的传导。典型的代表为 $Li_{1.3}Al_{0.3}Ti_{1.7}(PO_4)_3$（LATP），其室温下的锂离子电导率高达 $3 \times 10^{-3}S \cdot cm^{-1[396]}$，但其结构中的四价钛离子对金属锂不够稳定，限制了其在锂空气电池中的应用[397,398]。为了克服这一缺点，Imanishi 等[399] 在金属锂负极和 LATP 之间增加了一层很薄的氧氮磷化锂（lithium phosphorous oxynitride）$Li_{3-x}PO_{4-y}N_y$（LiPON），虽然 LiPON 的锂离子电导率不及 LATP，而且 LiPON/LATP 的界面电阻比较大，但 LiPON 的使用极大地提高了锂空气电池中金属锂负极的稳定性。

LISICON 型固体电解质也是一种重要的陶瓷/玻璃电解质隔膜，其晶体骨架与 γ-Li_3PO_4 相似，由于其极高的锂离子电导率而被称为 Li$^+$ 快离子导体（Li$^+$ super ionic conductor）。$Li_{14}ZnGe_4O_{16}$ 及其衍生物 $Li_{14+2x}Zn_{1-x}Ge_4O_{16}$ 是典型的 LISICON 材料。当 $x=0.75$ 时，其在 300 ℃下的锂离子电导率高达 $0.13S \cdot cm^{-1}$，但其电导率对温度依赖性极强，室温下降至 $10^{-6}S \cdot cm^{-1}$，而且这种固体电解质对金属锂和二氧化碳不稳定，不能满足锂空气电池的使用要求[398]。采用体积更大且极化度更高的 S^{2-} 取代 O^{2-} 可以显著提高 LISICON 型固体电解质在室温下的锂离子电导率。例如：$Li_{4+x-\delta}Ge_{1-x+\delta}Ga_xS_4$（$x=0.25$）和 $Li_{4-x}Ge_{1-x}P_xS_4$（$x=0.75$）在室温下的锂离子电导率分别达到 $6 \times 10^{-5}S \cdot cm^{-1}$ 和 $2.2 \times 10^{-3}S \cdot cm^{-1[400]}$，而且这两种固体电解质对金属锂负极也非常稳定。

除 NASICON 型和 LISICON 型固体电解质隔膜外，骨架结构特征为 ABO$_3$ 的钙钛矿型陶瓷电解质隔膜也引起了研究者的关注，其中的锂离子传导主要发生在钙钛矿晶体的 A 位间隙（A-site vacancies）[398]，典型的代表为钛酸镧锂 $La_{2/3-x}Li_{3x}TiO_3$（LLTO，$0<x<0.16$）。单晶 LLTO 的锂离子电导率通常很高，当 $x=0.1$ 时达到 $10^{-3}S \cdot cm^{-1}$。但是，多晶 LLTO 因其晶界阻抗较高而锂离子电导率往往很低。Inaguma 等[401] 通过控制晶粒生长消除晶界阻抗制备了一种 LLTO 隔膜（$3x=0.29$），其室温下的锂离子电导率达到（3~5）$\times$ $10^{-4}S \cdot cm^{-1}$。

尽管陶瓷/玻璃电解质隔膜的研究近年获得了巨大进步，有些隔膜甚至已经实现商业化，但这类隔膜也存在一定的缺点。比如：与聚合物隔膜相比，陶瓷/玻璃电解质隔膜的密度较高，导致电池的质量比能量下降；由于陶瓷/玻璃电解质隔膜的韧性较差，往往需要制备得较厚，这不仅会增加电池的内阻，还进一步降低了电池的质量比能量。为了解决这一问题，Choi 等[402] 将高度交联的聚合物与一种基于磷酸钛铝锂玻璃-陶瓷固体电解质颗粒 [LATP，$Li_{1+x+y}Al_x(Ti,Ge)_{2-x}Si_yP_{3-y}O_{12}$] 进行复合，制备了一种具有锂离子传导通道且可阻止气体渗透的新型复合膜 IB-PM-LATP。其具体制备方法如图 2-60 所示，将可光固化的两种单体季戊四醇四（3-巯基丙酸）酯和 1,3,5-三烯丙基-1,3,5-三嗪-2,4,6-三酮按一定比例混合并倒在水面上，形成一层单体油层，然后将 LATP 微粒或经表面改性的 LATP 微粒撒在单体油层表面，并使之分散在油层中，再利用紫外光使单体

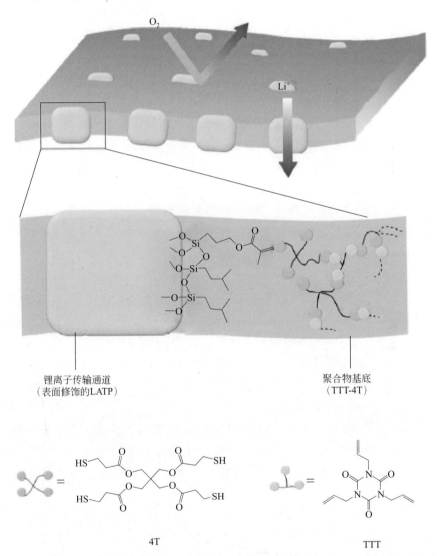

图 2-60　具有锂离子传导通道且可阻止气体渗透的 IB-PM-LATP 复合膜示意图[402]

发生聚合交联。所制得的隔膜最薄为 $20\mu m$，其在 $60\ ^\circ C$ 的面电阻为 $24\Omega \cdot cm^{-2}$，显著低于纯 LATP 板状隔膜（膜厚：$260\mu m$）的面电阻（$66\Omega \cdot cm^{-2}$）。

2.6
小结与展望

非水系锂空气电池是多种锂空气电池中结构最简单紧凑、研究最深入系统、发展最成熟、技术最先进的锂空气电池。近年来，国际学术界着重从氧电极结构构筑及其高效催化剂的开发、锂金属负极保护、稳定电解液和高锂离子传导率隔膜等方面对非水系锂空气电池进行了大量的深入研究，使其性能取得了长足的进步。但是，非水系锂空气电池目前的实际性能仍存在极化大、能量转换效率低、循环稳定性差等问题，在其真正实现规模应用之前尚有很长的路要走。

① 正极结构。在非水系锂空气电池中，正极的结构（包括其微孔结构及相应的孔径分布、比表面积、孔容大小、孔隙率等）不仅与催化剂有效电化学活性位的多少及其催化性能有关，而且还会影响放电产物的存储空间和电池放电容量的大小，其亲/憎水的表面特性还将影响到电解液的浸润性，进而影响到电池工作过程中锂离子/氧气的传输与电池的极化特性和倍率性能。因此，正极结构的优化设计对锂空气电池的性能提升至关重要，实际工作中还应综合考虑其与催化剂和电解液的协同关系。

② 正极催化剂。催化剂是改善锂空气电池中氧电极过程动力学、减小极化、提高能量转换效率、改善倍率性能和循环性能的重要因素。其实际催化性能包括催化作用机理不仅与其物相组成和表面形貌有关，而且与其微观晶相和电子结构密切相关，尚需结合理论模拟计算、实验研究和原位观察进行深入的研究。可溶性氧化还原介质 RMs 作为液相催化剂，因其流动性可以克服常规固相催化剂接触不良的问题，两者的配合使用可以大大改善锂空气电池的综合性能。但是，RMs 的具体工作机理、其与电解液及电极材料和固相催化剂之间的兼容性、RMs/Li$_2$O$_2$ 的界面特性和 RMs 对 Li$_2$O$_2$ 的生长过程及微观结构的影响有待更深入系统地研究。同时，RMs 催化剂的穿梭效应也是必须要切实解决的一大问题。

③ 负极。锂金属负极的腐蚀和锂枝晶生长是影响锂空气电池循环寿命和安全性的重要因素。目前常用的解决措施是构建锂金属保护膜或发展可替代锂金属的其他负极材料，但相关的研究报道比较有限、进展非常缓慢，因而限制了锂空气电池的性能提升和发展应用，未来应投入更多的精力发展安全、稳定的新型锂

空气电池负极材料。

④ 电解液。在非水系锂空气电池中，电解液的稳定电化学窗口及其与电极材料包括催化剂的兼容性对电池的性能有重要的影响。国内外学者虽已从碳酸酯类、酰胺类、二甲基亚砜类、醚类电解液和离子液体等方面开展了大量的研究工作，并取得了重要进展，但电解液在电池反复充放电过程中的稳定性仍然是锂空气电池亟待解决的重要课题。未来的研究中，可通过科学实验和理论分析相结合，在正确认识工作机理的基础上，从发展普适性的稳定电解液和针对特定正负极材料的稳定电解液两个方面开展深入研究。

⑤ 隔膜。作为锂空气电池的重要部件之一，隔膜主要起到分隔正负极以避免短路、传导锂离子、阻隔氧气和空气中的其他气体及痕量水分向负极传输的作用，其实际作用效果对锂空气电池的性能影响巨大。目前常用的多孔隔膜不能有效阻隔氧气及其他气体和水分向负极的扩散，凝胶态和固体电解质隔膜电导率太低，这些都限制了锂空气电池的实际工作性能，应用具备高锂离子传导能力的无孔隔离膜是一个理想的解决方案。

参考文献

[1] Tan P, Jiang H R, Zhu X B, et al. Advances and challenges in lithium-air batteries [J]. Applied Energy, 2017, 204: 780-806.

[2] Laoire C O, Mukerjee S, Abraham K M, et al. Influence of nonaqueous solvents on the electrochemistry of oxygen in the rechargeable lithium-air battery [J]. The Journal of Physical Chemistry C, 2010, 114 (19): 9178-9186.

[3] Peng Z, Freunberger S A, Hardwick L J, et al. Oxygen reactions in a non-aqueous Li^+ electrolyte [J]. Angewandte Chemie International Edition, 2011, 50 (28): 6351-6355.

[4] Lu Y C, Gasteiger H A, Crumlin E, et al. Electrocatalytic activity sudies of select metal surfaces and implications in Li-air batteries [J]. Journal of The Electrochemical Society, 2010, 157 (9): A1016-A1025.

[5] Laoire C O, Mukerjee S, Abraham K M, et al. Elucidating the mechanism of oxygen reduction for lithium-air battery applications [J]. The Journal of Physical Chemistry C, 2009, 113 (46): 20127-20134.

[6] Li F, Tao Z, Zhou H. Challenges of non-aqueous Li-O_2 batteries: electrolytes, catalysts, and anodes [J]. Energy & Environmental Science, 2013, 6 (4): 1125-1141.

[7] Lv Q, Zhu Z, Ni Y, et al. Spin-state manipulation of two-dimensional metal-organic framework with enhanced metal-oxygen covalency for lithium-oxygen batteries [J]. Angewandte Chemie, 2022, 61 (8): e202114293.

[8] Zhu Z, Ni Y, Lv Q, et al. Surface plasmon mediates the visible light-responsive lithium-oxygen battery with Au nanoparticles on defective carbon nitride [J]. Proceedings of the National Academy of Sciences, 2021, 118 (17): e2024619118.

[9] Hassoun J, Croce F, Armand M, et al. Investigation of the O_2 electrochemistry in a pol-

ymer electrolyte solid-state cell [J]. Angewandte Chemie International Edition, 2011, 50 (13): 2999-3002.

[10] Mccloskey B D, Scheffler R, Speidel A, et al. On the mechanism of nonaqueous Li-O_2 electrochemistry on C and its kinetic overpotentials: some implications for Li-air batteries [J]. The Journal of Physical Chemistry C, 2012, 116 (45): 23897-92305.

[11] Hummelshøj J S, Blomqvist J, Datta S, et al. Communications: elementary oxygen electrode reactions in the aprotic Li-air battery [J]. The Journal of Chemical Physics, 2010, 132 (7): 071101.

[12] Oh S H, Black R, Pomerantseva E, et al. Synthesis of a metallic mesoporous pyrochlore as a catalyst for lithium-O_2 batteries [J]. Nature Chemistry, 2012, 4 (12): 1004-1010.

[13] Zheng J P, Liang R Y, Hendrickson M, et al. Theoretical energy density of Li-air batteries [J]. Journal of The Electrochemical Society, 2008, 155 (6): A432-A437.

[14] Zhang S S, Foster D, Read J. Discharge characteristic of a non-aqueous electrolyte Li/O_2 battery [J]. Journal of Power Sources, 2010, 195 (4): 1235-1240.

[15] Ma Z, Yuan X, Li Lin, et al. A review of cathode materials and structures for rechargeable lithium-air batteries [J]. Energy & Environmental Science, 2015, 8: 2144-2198.

[16] Monaco S, Soavi F, Mastragostino M. Role of oxygen mass transport in rechargeable Li/O_2 batteries operating with ionic liquids [J]. The Journal of Physical Chemistry Letters, 2013, 4 (9): 1379-1382.

[17] Ryan E M, Ferris K, Tartakovsky A, et al. Computational modeling of transport limitations in Li-air batteries [J]. ECS Transactions, 2013, 45 (29): 123-136.

[18] Andrei P, Zheng J P, Hendrickson M, et al. Some possible approaches for improving the energy density of Li-air batteries [J]. Journal of The Electrochemical Society, 2010, 157 (12): A1287-A1295.

[19] Padbury R, Zhang X. Lithium-oxygen batteries-limiting factors that affect performance [J]. Journal of Power Sources, 2011, 196 (10): 4436-4444.

[20] Ma Z, Yuan X, Sha H D, et al. Influence of cathode process on the performance of lithium-air batteries [J]. International Journal of Hydrogen Energy, 2013, 38 (25): 11004-11010.

[21] Albertus P, Girishkumar G, Mccloskey B, et al. Identifying capacity limitations in the Li/oxygen battery using experiments and modeling [J]. Journal of The Electrochemical Society, 2011, 158 (3): A343-A351.

[22] Viswanathan V, Thygesen K S, Hummelshøj J S, et al. Electrical conductivity in Li_2O_2 and its role in determining capacity limitations in non-aqueous Li-O_2 batteries [J]. The Journal of Chemical Physics, 2011, 135 (21): 214704.

[23] Débart A, Paterson A J, Bao J, et al. α-MnO_2 nanowires: a catalyst for the O_2 electrode in rechargeable lithium batteries [J]. Angewandte Chemie International Edition, 2008, 47 (24): 4521-4524.

[24] Débart A, Bao J, Armstrong G, et al. An O_2 cathode for rechargeable lithium batteries: the effect of a catalyst [J]. Journal of Power Sources, 2007, 174 (2): 1177-1182.

[25] Lu Y C, Gasteiger H A, Parent M C, et al. The influence of catalysts on discharge and

Ccharge voltages of rechargeable Li-oxygen batteries [J]. Electrochemical and Solid-State Letters, 2010, 13 (6): A69-A72.

[26] Lu Y C, Xu Z, Gasteiger H A, et al. Platinum-gold nanoparticles: a highly active bifunctional electrocatalyst for rechargeable lithium-air batteries [J]. Journal of the American Chemical Society, 2010, 132 (35): 12170-12171.

[27] Cheng H, Scott K. Carbon-supported manganese oxide nanocatalysts for rechargeable lithium-air batteries [J]. Journal of Power Sources, 2010, 195 (5): 1370-4.

[28] Cheng F, Chen J. Lithium-air batteries: Something from nothing [J]. Nature Chemistry, 2012, 4 (12): 962-963.

[29] Hummelshøj J S, Luntz A C, Nørskov J K. Theoretical evidence for low kinetic overpotentials in Li-O_2 electrochemistry [J]. The Journal of Chemical Physics, 2013, 138 (3): 034703.

[30] Cui Y, Wen Z, Liang X, et al. A tubular polypyrrole based air electrode with improved O_2 diffusivity for Li-O_2 batteries [J]. Energy & Environmental Science, 2012, 5 (7): 7893-7897.

[31] Xu J J, Xu D, Wang Z L, et al. Synthesis of perovskite-based porous $La_{0.75}Sr_{0.25}MnO_3$ nanotubes as a highly efficient electrocatalyst for rechargeable lithium-oxygen batteries [J]. Angewandte Chemie International Edition, 2013, 52 (14): 3887-3890.

[32] Lu Y C, Kwabi D G, Yao K P C, et al. The discharge rate capability of rechargeable Li-O_2 batteries [J]. Energy & Environmental Science, 2011, 4 (8): 2999-3007.

[33] Abraham K M, Jiang Z. A polymer electrolyte-based rechargeable lithium/oxygen battery [J]. Journal of The Electrochemical Society, 1996, 143 (1): 1-5.

[34] Ogasawara T, Débart A, Holzapfel M, et al. Rechargeable Li_2O_2 electrode for lithium batteries [J]. Journal of the American Chemical Society, 2006, 128 (4): 1390-1393.

[35] Beattie S D, Manolescu D M, Blair S L. High-capacity lithium-air cathodes [J]. Journal of The Electrochemical Society, 2009, 156 (1): A44-A47.

[36] Schied T, Ehrenberg H, Eckert J, et al. An O_2 transport study in porous materials within the Li-O_2-system [J]. Journal of Power Sources, 2014, 269 (0): 825-833.

[37] Ohkuma H, Uechi I, Matsui M, et al. Stability of carbon electrodes for aqueous lithium-air secondary batteries [J]. Journal of Power Sources, 2014, 245 (0): 947-952.

[38] Wang Y, Cho S C. Analysis of air cathode perfomance for lithium-air batteries [J]. Journal of The Electrochemical Society, 2013, 160 (10): A1847-A1855.

[39] Hayashi M, Minowa H, Takahashi M, et al. Surface properties and electrochemical performance of carbon materials for air electrodes of lithium-air batteries [J]. Electrochemistry, 2010, 78 (5): 325-328.

[40] Song M K, Park S, Alamgir F M, et al. Nanostructured electrodes for lithium-ion and lithium-air batteries: the latest developments, challenges, and perspectives [J]. Materials Science and Engineering R: Reports, 2011, 72 (11): 203-252.

[41] Andrei P, Zheng J P, Hendrickson M, et al. Modeling of Li-air batteries with dual electrolyte [J]. Journal of The Electrochemical Society, 2012, 159 (6): A770-A780.

[42] Zhang Y, Zhang H, Li J, et al. The use of mixed carbon materials with improved oxy-

gen transport in a lithium-air battery [J]. Journal of Power Sources, 2013, 240 (0): 390-396.

[43] Zheng D, Yang X Q, Qu D. High-rate oxygen reduction in mixed nonaqueous electrolyte containing acetonitrile [J]. Chemistry-An Asian Journal, 2011, 6 (12): 3306-3311.

[44] Zhang J G, Wang D, Xu W, et al. Ambient operation of Li/Air batteries [J]. Journal of Power Sources, 2010, 195 (13): 4332-4337.

[45] Gao Y, Wang C, Pu W, et al. Preparation of high-capacity air electrode for lithium-air batteries [J]. International Journal of Hydrogen Energy, 2012, 37 (17): 12725-12730.

[46] Wang D, Xiao J, Xu W, et al. High capacity pouch-type Li-air batteries [J]. Journal of The Electrochemical Society, 2010, 157 (7): A760-A764.

[47] Xiao J, Wang D, Xu W, et al. Optimization of air electrode for Li/air batteries [J]. Journal of The Electrochemical Society, 2010, 157 (4): A487-A492.

[48] Xiao J, Xu W, Wang D, et al. Hybrid air-electrode for Li/air batteries [J]. Journal of The Electrochemical Society, 2010, 157 (3): A294-A297.

[49] Sun B, Liu H, Munroe P, et al. Nanocomposites of CoO and a mesoporous carbon (CMK-3) as a high performance cathode catalyst for lithium-oxygen batteries [J]. Nano Research, 2012, 5 (7): 460-469.

[50] Sun B, Wang B, Su D, et al. Graphene nanosheets as cathode catalysts for lithium-air batteries with an enhanced electrochemical performance [J]. Carbon, 2012, 50 (2): 727-733.

[51] Crowther O, Meyer B, Morgan M, et al. Primary Li-air cell development [J]. Journal of Power Sources, 2011, 196 (3): 1498-1502.

[52] Zhang D, Li R, Huang T, et al. Novel composite polymer electrolyte for lithium air batteries [J]. Journal of Power Sources, 2010, 195 (4): 1202-1206.

[53] Zhang J, Xu W, Liu W. Oxygen-selective immobilized liquid membranes for operation of lithium-air batteries in ambient air [J]. Journal of Power Sources, 2010, 195 (21): 7438-7444.

[54] Zhang J, Xu W, Li X, et al. Air dehydration membranes for nonaqueous lithium-air batteries [J]. Journal of The Electrochemical Society, 2010, 157 (8): A940-A946.

[55] Xu W, Xiao J, Zhang J, et al. Optimization of nonaqueous electrolytes for primary lithium/air batteries operated in ambient environment [J]. Journal of The Electrochemical Society, 2009, 156 (10): A773-A779.

[56] Zhang D, Fu Z, Wei Z, et al. Polarization of oxygen electrode in rechargeable lithium oxygen batteries [J]. Journal of The Electrochemical Society, 2010, 157 (3): A362-A365.

[57] Zhao G, Zhang L, Pan T, et al. Preparation of NiO/multiwalled carbon nanotube nanocomposite for use as the oxygen cathode catalyst in rechargeable Li-O_2 batteries [J]. Journal of Solid State Electrochemistry, 2013, 17 (6): 1759-1764.

[58] Lei Y, Lu J, Luo X, et al. Synthesis of porous carbon supported palladium nanoparticle catalysts by atomic layer deposition: application for rechargeable lithium-O_2 battery [J]. Nano Letters, 2013, 13 (9): 4182-4189.

[59] Viswanathan V, Nørskov J K, Speidel A, et al. Li-O$_2$ kinetic overpotentials: tafel plots from experiment and first-principles theory [J]. The Journal of Physical Chemistry Letters, 2013, 4 (4): 556-560.

[60] Wu G, Mack N H, Gao W, et al. Nitrogen-doped graphene-rich catalysts derived from heteroatom polymers for oxygen reduction in nonaqueous lithium-O$_2$ battery cathodes [J]. ACS Nano, 2012, 6 (11): 9764-9776.

[61] Li Y, Wang J, Li X, et al. Superior energy capacity of graphene nanosheets for a nonaqueous lithium-oxygen battery [J]. Chemical Communications, 2011, 47 (33): 9438-9440.

[62] Meini S, Piana M, Beyer H, et al. Effect of carbon surface area on first discharge capacity of Li-O$_2$ cathodes and cycle-life behavior in ether-based electrolytes [J]. Journal of The Electrochemical Society, 2012, 159 (12): A2135-A2142.

[63] Li Y, Wang L, He X, et al. Boron-doped ketjenblack based high performances cathode for rechargeable Li-O$_2$ batteries [J]. Journal of Energy Chemistry, 2016, 25 (1): 131-135.

[64] Xiao J, Hu J, Wang D, et al. Investigation of the rechargeability of Li-O$_2$ batteries in non-aqueous electrolyte [J]. Journal of Power Sources, 2011, 196 (13): 5674-5678.

[65] Ke F S, Solomon B C, Ma S G, et al. Metal-carbon nanocomposites as the oxygen electrode for rechargeable lithium-air batteries [J]. Electrochimica Acta, 2012, 85 (0): 444-449.

[66] Qin Y, Lu J, Du P, et al. In situ fabrication of porous-carbon-supported a-MnO$_2$ nanorods at room temperature: application for rechargeable Li-O$_2$ batteries [J]. Energy & Environmental Science, 2013, 6 (0): 519-531.

[67] Li F, Ohnishi R, Yamada Y, et al. Carbon supported TiN nanoparticles: an efficient bifunctional catalyst for non-aqueous Li-O$_2$ batteries [J]. Chemical Communications, 2013, 49 (12): 1175-1177.

[68] Novoselov K S, Geim A K, Morozov S V, et al. Two-dimensional gas of massless dirac fermions in graphene [J]. Nature, 2005, 438 (7065): 197-200.

[69] Geim A K, Novoselov K S. The rise of graphene [J]. Nat Mater, 2007, 6 (3): 183-1891.

[70] Liu S, Wang J, Zeng J, et al. "Green" electrochemical synthesis of Pt/graphene sheet nanocomposite film and its electrocatalytic property [J]. Journal of Power Sources, 2010, 195 (15): 4628-4633.

[71] Soin N, Roy S S, Lim T H, et al. Microstructural and electrochemical properties of vertically aligned few layered graphene (FLG) nanoflakes and their application in methanol oxidation [J]. Materials Chemistry and Physics, 2011, 129 (3): 1051-1057.

[72] Zhou Y G, Chen J J, Wang F B, et al. A facile approach to the synthesis of highly electroactive Pt nanoparticles on graphene as an anode catalyst for direct methanol fuel cells [J]. Chemical Communications, 2010, 46 (32): 5951-5953.

[73] Seger B, Kamat P V. Electrocatalytically active graphene-platinum nanocomposites. role of 2-D carbon support in PEM fuel cells [J]. The Journal of Physical Chemistry C, 2009, 113 (19): 7990-7995.

[74] Yoo E，Kim J，Hosono E，et al. Large reversible Li storage of graphene nanosheet families for use in rechargeable lithium ion batteries [J]. Nano Letters，2008，8 (8)：2277-2282.

[75] Huang X，Qi X，Boey F，et al. Graphene-based composites [J]. Chemical Society Reviews，2012，41 (2)：666-686.

[76] Wang L，Ara M，Wadumesthrige K，et al. Graphene nanosheet supported bifunctional catalyst for high cycle life Li-air batteries [J]. Journal of Power Sources，2013，234：8-15.

[77] Xin X，Ito K，Kubo Y. Graphene/activated carbon composite material for oxygen electrodes in lithium-oxygen rechargeable batteries [J]. Carbon，2016，99：167-173.

[78] Liu S，Zhu Y，Xie J，et al. Direct growth of flower-like δ-MnO_2 on three-dimensional graphene for high-performance rechargeable Li-O_2 batteries [J]. Advanced Energy Materials，2014，4 (9)：1301960.

[79] Liu C，Younesi R，Tai C W，et al. 3-D binder-free graphene foam as a cathode for high capacity Li-O_2 batteries [J]. Journal of Materials Chemistry A，2016，4 (25)：9767-9773.

[80] Kim D Y，Kim M，Kim D W，et al. Graphene paper with controlled pore structure for high-performance cathodes in Li-O_2 batteries [J]. Carbon，2016，100：265-272.

[81] Ji X，Zhu X，Huang X，et al. In situ fabrication of porous graphene electrodes for high-performance lithium-oxygen batteries [J]. International Journal of Hydrogen Energy，2018，43 (33)：16128-16135.

[82] Ozcan S，Cetinkaya T，Tokur M，et al. Synthesis of flexible pure graphene papers and utilization as free standing cathodes for lithium-air batteries [J]. International Journal of Hydrogen Energy，2016，41 (23)：9796-9802.

[83] Xiao J，Mei D，Li X，et al. Hierarchically porous graphene as a lithium-air battery electrode [J]. Nano Letters，2011，11 (11)：5071-5078.

[84] Lin Y，Moitoso B，Martinez-Martinez C，et al. Ultrahigh-capacity lithium-oxygen batteries enabled by dry-pressed holey graphene air cathodes [J]. Nano Letters，2017，17 (5)：3252-3260.

[85] Shen Y，Sun D，Yu L，et al. A high-capacity lithium-air battery with Pd modified carbon nanotube sponge cathode working in regular air [J]. Carbon，2013，62 (0)：288-295.

[86] Mi R，Liu H，Wang H，et al. Effects of nitrogen-doped carbon nanotubes on the discharge performance of Li-air batteries [J]. Carbon，2014，67 (0)：744-752.

[87] Li J，Peng B，Zhou G，et al. Partially cracked carbon nanotubes as cathode materials for lithium-air batteries [J]. ECS Electrochemistry Letters，2013，2 (2)：A25-A27.

[88] Cui Z H，Fan W G，Guo X X. Lithium-oxygen cells with ionic-liquid-based electrolytes and vertically aligned carbon nanotube cathodes [J]. Journal of Power Sources，2013，235：251-255.

[89] Wang H，Xie K，Wang L，et al. All carbon nanotubes and freestanding air electrodes for rechargeable Li-air batteries [J]. RSC Advances，2013，3 (22)：8236-8241.

[90] Chitturi V R，Ara M，Fawaz W，et al. Enhanced lithium-oxygen battery performances

with Pt subnanocluster decorated N-doped single-walled carbon nanotube cathodes [J].
Acs Catalysis, 2016, 6 (10): 7088-7097.

[91] Kim H, Lee H, Kim M, et al. Flexible free-standing air electrode with bimodal pore architecture for long-cycling Li-O$_2$ batteries [J]. Carbon, 2017, 117: 454-461.

[92] Lim H D, Park K Y, Song H, et al. Enhanced power and rechargeability of a Li-O$_2$ battery based on a hierarchical-fibril CNT electrode [J]. Advanced Materials, 2013, 25 (9): 1348-1352.

[93] Chen Y, Li F, Tang D M, et al. Multi-walled carbon nanotube papers as binder-free cathodes for large capacity and reversible non-aqueous Li-O$_2$ batteries [J]. Journal of Materials Chemistry A, 2013, 1 (42): 13076-13081.

[94] Pan J, Li H, Sun H, et al. A lithium-air battery stably working at high temperature with high rate performance [J]. Small, 2018, 14 (6): 1703454.

[95] Zhang Y, Wang L, Guo Z, et al. High-performance lithium-air battery with a coaxial-fiber architecture [J]. Angewandte Chemie-International Edition, 2016, 55 (14): 4487-4491.

[96] Xu S, Yao Y, Guo Y, et al. Textile inspired lithium-oxygen battery cathode with decoupled oxygen and electrolyte pathways [J]. Advanced Materials, 2018, 30 (4): 1704907.

[97] Yang X H, He P, Xia Y Y. Preparation of mesocellular carbon foam and its application for lithium/oxygen battery [J]. Electrochemistry Communications, 2009, 11 (6): 1127-1130.

[98] Guo Z, Zhou D, Dong X, et al. Ordered hierarchical mesoporous/macroporous carbon: a high-performance catalyst for rechargeable Li-O$_2$ batteries [J]. Advanced Materials, 2013, 25 (39): 5668-5672.

[99] Kim K, Kim M P, Lee W G. Preparation and evaluation of mesoporous carbon derived from waste materials for hybrid-type Li-air batteries [J]. New Journal of Chemistry, 2017, 41 (17): 8864-8869.

[100] Park C S, Kim K S, Park Y J. Carbon-sphere/Co$_3$O$_4$ nanocomposite catalysts for effective air electrode in Li/air batteries [J]. Journal of Power Sources, 2013, 244 (0): 72-79.

[101] Kang J, Li O L, Saito N. Hierarchical meso-macro structure porous carbon black as electrode materials in Li-air battery [J]. Journal of Power Sources, 2014, 261 (0): 156-161.

[102] Soavi F, Monaco S, Mastragostino M. Catalyst-free porous carbon cathode and ionic liquid for high efficiency, rechargeable Li/O$_2$ battery [J]. Journal of Power Sources, 2013, 224 (0): 115-119.

[103] Yang Y, Sun Q, Li Y S, et al. Nanostructured diamond like carbon thin film electrodes for lithium air batteries [J]. Journal of The Electrochemical Society, 2011, 158 (10): B1211-B1216.

[104] Lin X, Zhou L, Huang T, et al. Hierarchically porous honeycomb-like carbon as a lithium-oxygen electrode [J]. Journal of Materials Chemistry A, 2013, 1 (4): 1239-1245.

[105] Li J, Zhang H, Zhang Y, et al. A hierarchical porous electrode using a micron-sized honeycomb-like carbon material for high capacity lithium-oxygen batteries [J]. Nanoscale, 2013, 5 (11): 4647-4651.

[106] Yang W, Qian Z, Du C, et al. Hierarchical ordered macroporous/ultrathin mesoporous carbon architecture: a promising cathode scaffold with excellent rate performance for re-chargeable Li-O$_2$ batteries [J]. Carbon, 2017, 118: 139-147.

[107] Wang L, Lyu Z, Gong L, et al. Ruthenium-functionalized hierarchical carbon nanocag-es as efficient catalysts for Li-O$_2$ batteries [J]. Chemnanomat, 2017, 3 (6): 415-419.

[108] Li Y, Wang J, Li X, et al. Nitrogen-doped graphene nanosheets as cathode materials with excellent electrocatalytic activity for high capacity lithium-oxygen batteries [J]. Electrochemistry Communications, 2012, 18: 12-5.

[109] Yan H, Xu B, Shi S, et al. First-principles study of the oxygen adsorption and dissoci-ation on graphene and nitrogen doped graphene for Li-air batteries [J]. Journal of Ap-plied Physics, 2012, 112: 104316.

[110] Higgins D, Chen Z, Lee D U, et al. Activated and nitrogen-doped exfoliated graphene as air electrodes for metal-air battery applications [J]. Journal of Materials Chemistry A, 2013, 1 (7): 2639-2645.

[111] Shui J, Lin Y, Connell J W, et al. Nitrogen-doped holey graphene for high-perform-ance rechargeable Li-O$_2$ batteries [J]. Acs Energy Letters, 2016, 1 (1): 260-265.

[112] He M, Zhang P, Liu L, et al. Hierarchical porous nitrogen doped three-dimensional graphene as a free-standing cathode for rechargeable lithium-oxygen batteries [J]. Elec-trochimica Acta, 2016, 191: 90-97.

[113] Guo X, Han J, Liu P, et al. Graphene@nanoporous nickel cathode for Li-O$_2$ batteries [J]. Chemnanomat, 2016, 2 (3): 176-181.

[114] Li Y, Wang J, Li X, et al. Nitrogen-doped carbon nanotubes as cathode for lithium-air batteries [J]. Electrochemistry Communications, 2011, 13 (7): 668-672.

[115] Lin X, Lu X, Huang T, et al. Binder-free nitrogen-doped carbon nanotubes electrodes for lithium-oxygen batteries [J]. Journal of Power Sources, 2013, 242 (0): 855-859.

[116] Yang X Y, Xu J J, Chang Z W, et al. Blood-capillary-inspired, free-standing, flexi-ble, and low-cost super-hydrophobic N-CNTs@SS cathodes for high-capacity, high-rate, and stable Li-air batteries [J]. Advanced Energy Materials, 2018, 8 (12): 1702242.

[117] Shui J, Du F, Xue C, et al. Vertically aligned N-doped coral-like carbon fiber arrays as efficient air electrodes for high-performance nonaqueous Li-O$_2$ batteries [J]. ACS Nano, 2014, 8 (3): 3015-3022.

[118] Nie H, Zhang H, Zhang Y, et al. Nitrogen enriched mesoporous carbon as a high ca-pacity cathode in lithium-oxygen batteries [J]. Nanoscale, 2013, 5: 8484-8487.

[119] Wu J, Liu Y, Cui Y, et al. Pluronic F127 as auxiliary template for preparing nitrogen and oxygen dual doped mesoporous carbon cathode of lithium-oxygen batteries [J]. Journal of Physics And Chemistry of Solids, 2018, 113: 31-38.

[120] Liu J, Wang Z, Zhu J. Binder-free nitrogen-doped carbon paper electrodes derived from

polypyrrole/cellulose composite for Li-O$_2$ batteries [J]. Journal of Power Sources, 2016, 306: 559-566.

[121] Lin H, Liu Z, Mao Y, et al. Effect of nitrogen-doped carbon/Ketjenblack composite on the morphology of Li$_2$O$_2$ for high-energy-density Li-air batteries [J]. Carbon, 2016, 96: 965-971.

[122] Wu F, Xing Y, Bi X, et al. Systematic study on the discharge product of Pt-based lithium oxygen batteries [J]. Journal of Power Sources, 2016, 332: 96-102.

[123] Song K, Jung J, Park M, et al. Anisotropic surface modulation of Pt catalysts for highly reversible Li-O$_2$ batteries: high index facet as a critical descriptor [J]. Acs Catalysis, 2018, 8 (10): 9006-9015.

[124] Lu Y C, Gasteiger H A, Shao-Horn Y. Catalytic activity trends of oxygen reduction reaction for nonaqueous Li-air batteries [J]. Journal of the American Chemical Society, 2011, 133 (47): 19048-19051.

[125] Lu Y C, Gasteiger H A, Shao-Horn Y. Method development to evaluate the oxygen reduction activity of high-surface-area catalysts for Li-air batteries [J]. Electrochemical and Solid-State Letters, 2011, 14 (5): A70-A74.

[126] Yin J, Fang B, Luo J, et al. Nanoscale alloying effect of gold-platinum nanoparticles as cathode catalysts on the performance of a rechargeable lithium-oxygen battery [J]. Nanotechnology, 2012, 23 (30): 305404.

[127] Kim B G, Kim H J, Back S, et al. Improved reversibility in lithium-oxygen battery: understanding elementary reactions and surface charge engineering of metal alloy catalyst [J]. Scientific Reports, 2014, 4: 4225.

[128] Su D, Kim H S, Kim W S, et al. A study of Pt$_x$Co$_y$ alloy nanoparticles as cathode catalysts for lithium-air batteries with improved catalytic activity [J]. Journal of Power Sources, 2013, 244 (0): 488-493.

[129] Kang N, Ng M S, Shan S, et al. Synergistic catalytic properties of bifunctional nano-alloy catalysts in rechargeable lithium-oxygen battery [J]. Journal of Power Sources, 2016, 326: 60-69.

[130] Sun B, Munroe P, Wang G. Ruthenium nanocrystals as cathode catalysts for lithium-oxygen batteries with a superior performance [J]. Scientific Reports, 2013, 3: 2247.

[131] Ko B K, Kim M K, Kim S H, et al. Synthesis and electrocatalytic properties of various metals supported on carbon for lithium-air battery [J]. Journal of Molecular Catalysis A: Chemical, 2013, 379 (0): 9-14.

[132] Oloniyo O, Kumar S, Scott K. Performance of MnO$_2$ crystallographic phases in rechargeable lithium-air oxygen cathode [J]. Journal of Electronic Materials, 2012, 41 (5): 921-927.

[133] Song K, Jung J, Heo Y U, et al. α-MnO$_2$ nanowire catalysts with ultra-high capacity and extremely low overpotential in lithium-air batteries through tailored surface arrangement [J]. Physical Chemistry Chemical Physics, 2013, 15 (46): 20075-20079.

[134] Park M S, Kim J H, Kim K J, et al. Morphological modification of α-MnO$_2$ catalyst for use in Li/air batteries [J]. Journal of Nanoscience and Nanotechnology, 2013, 13

(5): 3611-3616.

[135] Truong T T, Liu Y, Ren Y, et al. Morphological and crystalline evolution of nano-structured MnO_2 and its application in lithium-air batteries [J]. ACS Nano, 2012, 6 (9): 8067-8077.

[136] Zeng J, Nair J R, Francia C, et al. Li-O_2 cells based on hierarchically structured por-ous α-MnO_2 catalyst and an imidazolium based ionic liquid electrolyte [J]. International Journal of Electrochemical Science, 2013, 8: 3912-27.

[137] Zhang M, Xu Q, Sang L, et al. α-MnO_2 nanoneedle-based hollow microspheres coated with Pd nanoparticles as a novel catalyst for rechargeable lithium-air batteries [J]. Transactions of Nonferrous Metals Society of China, 2014, 24 (1): 164-170.

[138] Jin L, Xu L, Morein C, et al. Titanium Containing γ-MnO_2 (TM) hollow spheres: one-step synthesis and catalytic activities in Li/air batteries and oxidative chemical reac-tions [J]. Advanced Functional Materials, 2010, 20 (19): 3373-3382.

[139] Zhang L, Wang Z, Xu D, et al. α-MnO_2 hollow clews for rechargeable Li-air batteries with improved cyclability [J]. Chinese Science Bulletin, 2012, 57 (32): 4210-4214.

[140] Thapa A K, Pandit B B, Paudel H S, et al. Polythiophene mesoporous birnessite-MnO_2/Pd cathode air electrode for rechargeable Li-air battery [J]. Electrochimica Acta, 2014, 127 (0): 410-415.

[141] Thapa A K, Hidaka Y, Hagiwara H, et al. Mesoporous b-MnO_2 air electrode modified with Pd for rechargeability in lithium-air battery [J]. Journal of The Electrochemical So-ciety, 2011, 158 (12): A1483-A1489.

[142] Zahoor A, Jang H S, Jeong J S, et al. A comparative study of nanostructured a and d MnO_2 for lithium oxygen battery application [J]. RSC Advances, 2014, 4 (18): 8973-8977.

[143] Wang F, Wen Z, Wu X. CNT@MnO_2 hybrid as cathode catalysts toward long-life lith-ium oxygen batteries [J]. Chemistryselect, 2016, 1 (21): 6749-6754.

[144] Hu X, Han X, Hu Y, et al. e-MnO_2 nanostructures directly grown on Ni foam: a cathode catalyst for rechargeable Li-O_2 batteries [J]. Nanoscale, 2014, 6: 3522-3525.

[145] Trahey L, Karan N K, Chan M K Y, et al. Synthesis, characterization, and structur-al modeling of high-capacity, dual functioning MnO_2 electrode/electrocatalysts for Li-O_2 cells [J]. Advanced Energy Materials, 2013, 3 (1): 75-84.

[146] Kavakli C, Meini S, Harzer G, et al. Nanosized carbon-supported manganese oxide phases as lithium-oxygen battery cathode catalysts [J]. Chem Cat Chem, 2013, 5 (11): 3358-3373.

[147] Minowa H, Hayashi M, Hayashi K, et al. Mn-Fe-based oxide electrocatalysts for air elec-trodes of lithium-air batteries [J]. Journal of Power Sources, 2013, 244 (0): 17-22.

[148] Zhang S, Wen Z, Lu Y, et al. Highly active mixed-valent MnO_x spheres constructed by nanocrystals as efficient catalysts for long-cycle Li-O_2 batteries [J]. Journal of Mate-rials Chemistry A, 2016, 4 (43): 17129-17137.

[149] Zhang L, Zhang X, Wang Z, et al. High aspect ratio γ-MnOOH nanowires for high performance rechargeable nonaqueous lithium-oxygen batteries [J]. Chemical Communi-

cations，2012，48（61）：7598-7600.

[150] Thapa A K，Saimen K，Ishihara T. Pd/MnO₂ Air electrode catalyst for rechargeable lithium/air battery [J]. Electrochemical and Solid-State Letters，2010，13（11）：A165-A167.

[151] Barile C J，Gewirth A A. Investigating the Li-O₂ battery in an ether-based electrolyte using differential electrochemical mass spectrometry [J]. Journal of The Electrochemical Society，2013，160（4）：A549-A552.

[152] Lim S H，Kim D H，Byun J Y，et al. Electrochemical and catalytic properties of V₂O₅/Al₂O₃ in rechargeable Li-O₂ batteries [J]. Electrochimica Acta，2013，107（0）：681-685.

[153] Ma S，Liu Q，Lei D，et al. A powerful Li-O₂ battery based on an efficient hollow Cu₂O cathode catalyst with tailored crystal plane [J]. Electrochimica Acta，2018，260：31-39.

[154] Wang F，Li H，Wu Q，et al. Improving the performance of a non-aqueous lithium-air battery by defective titanium dioxides with oxygen vacancies [J]. Electrochimica Acta，2016，202：1-7.

[155] Liu G，Li W，Bi R，et al. Cation-assisted formation of porous TiO₂₋ₓ nanoboxes with high grain boundary density as efficient electrocatalysts for lithium-oxygen batteries [J]. Acs Catalysis，2018，8（3）：1720-1727.

[156] Zhang R H，Zhao T S，Wu M C，et al. Mesoporous ultrafine Ta₂O₅ nanoparticle with abundant oxygen vacancies as a novel and efficient catalyst for non-aqueous Li-O₂ batteries [J]. Electrochimica Acta，2018，271：232-241.

[157] Zhang S，Wang G，Jin J，et al. Self-catalyzed decomposition of discharge products on the oxygen vacancy sites of MoO₃ nanosheets for low-overpotential Li-O₂ batteries [J]. Nano Energy，2017，36：186-196.

[158] Lai N C，Cong G，Liang Z，et al. A highly active oxygen evolution catalyst for lithium-oxygen batteries enabled by high-surface-energy facets [J].Joule，2018，2（8）：1511-1521.

[159] Mei D，Yuan X，Ma Z，et al. A SnO₂-based cathode catalyst for lithium-air batteries [J]. Acs Applied Materials & Interfaces，2016，8（20）：12804-12811.

[160] Zhang R，Zhao T S，Wu M，et al. Paramecium-like iron oxide nanotubes as a cost-efficient catalyst for nonaqueous lithium-oxygen batteries [J]. Energy Technology，2018，6（2）：263-272.

[161] Kim K，Park Y. Catalytic properties of Co₃O₄ nanoparticles for rechargeable Li/air batteries [J]. Nanoscale Research Letters，2012，7（1）：1-6.

[162] Riaz A，Jung K N，Chang W，et al. Carbon-free cobalt oxide cathodes with tunable nanoarchitectures for rechargeable lithium-oxygen batteries [J]. Chemical Communications，2013，49（53）：5984-5986.

[163] Ming J，Zhao F，Wu Y，et al. Assembling metal oxide nanocrystals into dense，hollow，porous nanoparticles for lithium-ion and lithium-oxygen battery application [J]. Nanoscale，2013，5：10390-10396.

[164] Zhao G, Xu Z, Sun K. Hierarchical porous Co_3O_4 films as cathode catalysts of rechargeable Li-O_2 batteries [J]. Journal of Materials Chemistry A, 2013, 1 (41): 12862-12867.

[165] Cui Y, Wen Z, Liu Y. A free-standing-type design for cathodes of rechargeable Li-O_2 batteries [J]. Energy & Environmental Science, 2011, 4 (11): 4727-4734.

[166] Li Y, Zou L, Li J, et al. Synthesis of ordered mesoporous $NiCo_2O_4$ via hard template and its application as bifunctional electrocatalyst for Li-O_2 batteries [J]. Electrochimica Acta, 2014, 129 (0): 14-20.

[167] Liu B, Yan P, Xu W, et al. Electrochemically formed ultrafine metal oxide nanocatalysts for high-performance lithium-oxygen batteries [J]. Nano Letters, 2016, 16 (8): 4932-4939.

[168] Zou L, Jiang Y, Cheng J, et al. Dandelion-like $NiCo_2O_4$ hollow microspheres as enhanced cathode catalyst for Li-oxygen batteries in ambient air [J]. Electrochimica Acta, 2016, 216: 120-129.

[169] Xue H, Wu S, Tang J, et al. Hierarchical porous nickel cobaltate nanoneedle arrays as flexible carbon-protected cathodes for high-performance lithium-oxygen batteries [J]. Acs Applied Materials & Interfaces, 2016, 8 (13): 8427-8435.

[170] Wang P X, Shao L, Zhang N Q, et al. Mesoporous $CuCo_2O_4$ nanoparticles as an efficient cathode catalyst for Li-O_2 batteries [J]. Journal of Power Sources, 2016, 325: 506-512.

[171] Niu F, Wang N, Yue J, et al. Hierarchically porous $CuCo_2O_4$ microflowers: a superior anode material for Li-ion batteries and a stable cathode electrocatalyst for Li-O_2 batteries [J]. Electrochimica Acta, 2016, 208: 148-155.

[172] Sun W, Wang Y, Wu H, et al. 3D free-standing hierarchical $CuCo_2O_4$ nanowire cathodes for rechargeable lithium-oxygen batteries [J]. Chemical Communications, 2017, 53 (62): 8711-8714.

[173] Li S, Xu J, Ma Z, et al. $NiMn_2O_4$ as an efficient cathode catalyst for rechargeable lithium-air batteries [J]. Chemical Communications, 2017, 53 (58): 8164-8167.

[174] Zhu F, Zhang J, Yang B, et al. Peanut shaped $MnCo_2O_4$ winded by multi-walled carbon nanotubes as an efficient cathode catalyst for Li-O_2 batteries [J]. Journal of Alloys And Compounds, 2018, 749: 433-440.

[175] Wu H, Sun W, Shen J, et al. Improved structural design of single-and double-wall $MnCo_2O_4$ nanotube cathodes for long-life Li-O_2 batteries [J]. Nanoscale, 2018, 10 (27): 13149-13158.

[176] Kim J C, Lee G H, Lee S, et al. Tailored porous $ZnCo_2O_4$ nanofibrous electrocatalysts for lithium-oxygen batteries [J]. Advanced Materials Interfaces, 2018, 5 (4): 1701234.

[177] Jadhav H S, Kalubarme R S, Jadhav A H, et al. Iron-nickel spinel oxide as an electrocatalyst for non-aqueous rechargeable lithium-oxygen batteries [J]. Journal of Alloys and Compounds, 2016, 666: 476-481.

[178] Francia C, Amici J, Tasarkuyu E, et al. What do we need for the lithium-air batteries:

a promoter or a catalyst? [J]. International Journal of Hydrogen Energy, 2016, 41 (45): 20583-20591.

[179] Fu Z, Lin X, Huang T, et al. Nano-sized $La_{0.8}Sr_{0.2}MnO_3$ as oxygen reduction catalyst in nonaqueous Li/O_2 batteries [J]. Journal of Solid State Electrochemistry, 2012, 16 (4): 1447-1452.

[180] Zhao Y, Xu L, Mai L, et al. Hierarchical mesoporous perovskite $La_{0.5}Sr_{0.5}CoO_{2.91}$ nanowires with ultrahigh capacity for Li-air batteries [J]. Proceedings of the National Academy of Sciences of the United States of America, 2012, 109 (48): 19569-19574.

[181] Shi C, Feng J, Lei H, et al. Reaction mechanism characterization of $La_{0.5}Sr_{0.5}CoO_{2.91}$ electrocatalyst for rechargeable Li-air battery [J]. International Journal of Electrochemical Science, 2013, 8 (7): 8924-8930.

[182] Xu Q, Han X, Ding F, et al. A highly efficient electrocatalyst of perovskite $LaNiO_3$ for nonaqueous $Li-O_2$ batteries with superior cycle stability [J]. Journal of Alloys And Compounds, 2016, 664: 750-755.

[183] Zhang J, Zhang C, Li W, et al. Nitrogen-doped perovskite as a bifunctional cathode catalyst for rechargeable lithium oxygen batteries [J]. Acs Applied Materials & Interfaces, 2018, 10 (6): 5543-5550.

[184] Kalubarme R S, Park G E, Jung K N, et al. $LaNi_xCo_{1-x}O_{3-\delta}$ perovskites as catalyst material for non-aqueous lithium-oxygen batteries [J]. Journal of The Electrochemical Society, 2014, 161 (6): A880-A889.

[185] Meng T, Ara M, Wang L, et al. Enhanced capacity for lithium-air batteries using $LaFe_{0.5}Mn_{0.5}O_3-CeO_2$ composite catalyst [J]. J Mater Sci, 2014, 49 (11): 4058-4066.

[186] Huang J, Zhang B, Bai Z, et al. Anomalous enhancement of $Li-O_2$ battery performance with Li_2O_2 films assisted by $NiFeO_x$ nanofiber catalysts: insights into morphology control [J]. Advanced Functional Materials, 2016, 26 (45): 8290-8299.

[187] Lee G H, Lee S, Kim J C, et al. $MnMoO_4$ electrocatalysts for superior long-life and high-rate lithium-oxygen batteries [J]. Advanced Energy Materials, 2017, 7 (6): 1601741.

[188] Sun Z, Lin L, Yuan M, et al. Two-dimensional beta-cobalt hydroxide phase transition exfoliated to atom layers as efficient catalyst for lithium-oxygen batteries [J]. Electrochimica Acta, 2018, 281: 420-428.

[189] Jung J, Song K, Bae D R, et al. b-FeOOH nanorod bundles with highly enhanced round-trip efficiency and extremely low overpotential for lithium-air batteries [J]. Nanoscale, 2013, 5 (23): 11845-11849.

[190] Ma Z, Yuan X, Zhang Z, et al. Novel flower-like nickel sulfide as an efficient electrocatalyst for non-aqueous lithium-air batteries [J]. Sci Rep, 2015, 5: 18199.

[191] Zhang P, Lu X, Huang Y, et al. MoS_2 nanosheets decorated with gold nanoparticles for rechargeable $Li-O_2$ batteries [J]. Journal of Materials Chemistry A, 2015, 3 (28): 14562-14566.

[192] Asadi M, Kumar B, Liu C, et al. Cathode based on molybdenum disulfide nanoflakes for lithium-oxygen batteries [J]. ACS Nano, 2016, 10 (2): 2167-2175.

[193] Sadighi Z, Liu J, Zhao L, et al. Metallic MoS_2 nanosheets: multifunctional electrocatalyst for the ORR, OER and $Li-O_2$ batteries [J]. Nanoscale, 2018, 10 (47): 22549-22559.

[194] Hu A J, Long J P, Shu C Z, et al. Three-dimensional interconnected network architecture with homogeneously dispersed carbon nanotubes and layered MoS_2 as a highly efficient cathode catalyst for lithium-oxygen battery [J]. Acs Applied Materials &. Interfaces, 2018, 10 (40): 34077-34086.

[195] Sun G, Li F, Wu T, et al. O_2 adsorption associated with sulfur vacancies on MoS_2 microspheres [J]. Inorganic chemistry, 2019, 58 (3): 2169-2176.

[196] Li L, Chen C, Su J, et al. Three-dimensional MoS_x ($1<x<2$) nanosheets decorated graphene aerogel for lithium-oxygen batteries [J]. Journal of Materials Chemistry A, 2016, 4 (28): 10986-10991.

[197] Lyu Z Y, Zhang J, Wang L J, et al. CoS_2 nanoparticles-graphene hybrid as a cathode catalyst for aprotic $Li-O_2$ batteries [J]. Rsc Advances, 2016, 6 (38): 31739-31743.

[198] Sennu P, Christy M, Aravindan V, et al. Two-dimensional mesoporous cobalt sulfide nanosheets as a superior anode for a Li-ion battery and a bifunctional electrocatalyst for the $Li-O_2$ system [J]. Chemistry of Materials, 2015, 27 (16): 5726-5735.

[199] Lin X, Yuan R, Cai S, et al. An open-structured matrix as oxygen cathode with high catalytic activity and large Li_2O_2 accommodations for lithium-oxygen batteries [J]. Advanced Energy Materials, 2018, 8 (18): 1800089.

[200] Dou Y, Lian R, Zhang Y, et al. Co_9S_8@carbon porous nanocages derived from a metal-organic framework: a highly efficient bifunctional catalyst for aprotic $Li-O_2$ batteries [J]. Journal of Materials Chemistry A, 2018, 6 (18): 8595-8603.

[201] Shu C, Liu Y, Long J, et al. 3D array of Bi_2S_3 nanorods supported on Ni foam as a highly efficient integrated oxygen electrode for the lithium-oxygen battery [J]. Particle &. Particle Systems Characterization, 2018, 35 (4): 1700433.

[202] Li S, Jiang Z, Hou X, et al. High performance $Li-O_2$ batteries enabled with manganese sulfide as cathode catalyst [J]. Journal of The Electrochemical Society, 2020, 167: 020520.

[203] Ramakrishnan P, Shanmugam S, Kim J H. Dual heteroatom-doped carbon nanofoam-wrapped iron monosulfide nanoparticles: an efficient cathode catalyst for $Li-O_2$ batteries [J]. Chem Sus Chem, 2017, 10 (7): 1554-1562.

[204] Hou X, Mao Y, Yang J, et al. Improved performance of rechargeable $Li-O_2$ batteries with plate-like SnS_2 as efficient cathode catalyst [J]. Chem Electro Chem, 2018, 5 (22): 3373-3378.

[205] Xu M, Hou X, Yu X, et al. Spinel $NiCo_2S_4$ as excellent bi-functional cathode catalysts for rechargeable $Li-O_2$ batteries [J]. Journal of The Electrochemical Society, 2019, 166 (6): F406-F413.

[206] Hu A, Long J, Shu C, et al. Three-dimensional $CoNi_2S_4$ nanorod arrays anchored on carbon textiles as an integrated cathode for high-rate and long-life lithium-oxygen battery [J]. Electrochimica Acta, 2019, 301: 69-79.

[207] Sadighi Z, Liu J, Ciucci F, et al. Mesoporous $MnCo_2S_4$ nanosheet arrays as an efficient

catalyst for Li-O$_2$ batteries [J]. Nanoscale, 2018, 10 (33): 15588-15599.

[208] Long J, Hou Z, Shu C, et al. Free-standing three-dimensional CuCo$_2$S$_4$ nanosheet array with high catalytic activity as an efficient oxygen electrode for lithium-oxygen batteries [J]. ACS Appl Mater Interfaces, 2019, 11 (4): 3834-3842.

[209] Zhu Q C, Xu S M, Harris M M, et al. A composite of carbon-wrapped Mo$_2$C nanoparticle and carbon nanotube formed directly on Ni foam as a high-performance binder-free cathode for Li-O$_2$ batteries [J]. Advanced Functional Materials, 2016, 26 (46): 8514-8520.

[210] Yu H, Khang Ngoc D, Sun Y, et al. Performance-improved Li-O$_2$ batteries by tailoring the phases of Mo$_x$C porous nanorods as an efficient cathode [J]. Nanoscale, 2018, 10 (31): 14877-14884.

[211] Lu Y, Ang H, Yan Q, et al. Bioinspired synthesis of hierarchically porous MoO$_2$/Mo$_2$C nanocrystal decorated N-doped carbon foam for lithium-oxygen batteries [J]. Chemistry of Materials, 2016, 28 (16): 5743-5752.

[212] Lai Y, Chen W, Zhang Z, et al. Fe/Fe$_3$C decorated 3-D porous nitrogen-doped graphene as a cathode material for rechargeable Li-O$_2$ batteries [J]. Electrochimica Acta, 2016, 191: 733-742.

[213] Qiu F, He P, Jiang J, et al. Ordered mesoporous TiC-C composites as cathode materials for Li-O$_2$ batteries [J]. Chemical Communications, 2016, 52 (13): 2713-2716.

[214] Song S, Xu W, Cao R, et al. B$_4$C as a stable non-carbon-based oxygen electrode material for lithium-oxygen batteries [J]. Nano Energy, 2017, 33: 195-204.

[215] Gao R, Zhou Y, Liu X, et al. N-doped defective carbon layer encapsulated W$_2$C as a multifunctional cathode catalyst for high performance Li-O$_2$ battery [J]. Electrochimica Acta, 2017, 245: 422-429.

[216] Thapa A K, Ishihara T. Mesoporous α-MnO$_2$/Pd catalyst air electrode for rechargeable lithium-air battery [J]. Journal of Power Sources, 2011, 196 (16): 7016-7020.

[217] Thapa A K, Shin T H, Ida S, et al. Gold-palladium nanoparticles supported by mesoporous β-MnO$_2$ air electrode for rechargeable Li-air battery [J]. Journal of Power Sources, 2012, 220 (0): 211-216.

[218] Oh D, Qi J, Lu Y C, et al. Biologically enhanced cathode design for improved capacity and cycle life for lithium-oxygen batteries [J]. Nature Communications, 2013, 4: 2576.

[219] Yoon K R, Lee G Y, Jung J W, et al. One-dimensional RuO$_2$/Mn$_2$O$_3$ hollow architectures as efficient bifunctional catalysts for lithium-oxygen batteries [J]. Nano Letters, 2016, 16 (3): 2076-2083.

[220] Zhao C, Yu C, Banis M N, et al. Decoupling atomic-layer-deposition ultrafine RuO$_2$ for high-efficiency and ultralong-life Li-O$_2$ batteries [J]. Nano Energy, 2017, 34: 399-407.

[221] Kim Y, Park J H, Kim J G, et al. Ruthenium oxide incorporated one-dimensional cobalt oxide composite nanowires as lithium-oxygen battery cathode catalysts [J]. Chemcatchem, 2017, 9 (18): 3554-3562.

[222] Yoon K R, Kim D S, Ryu W H, et al. Tailored combination of low dimensional catalysts for efficient oxygen reduction and evolution in Li-O$_2$ batteries [J]. Chemsuschem,

2016, 9 (16): 2080-2088.

[223] Gong Y, Zhang X, Li Z, et al. Perovskite $La_{0.6}Sr_{0.4}Co_{0.2}Fe_{0.8}O_3$ nanofibers decorated with RuO_2 nanoparticles as an efficient bifunctional cathode for rechargeable $Li-O_2$ batteries [J]. Chemnanomat, 2017, 3 (7): 485-490.

[224] Huang H, Luo S, Liu C, et al. Ag-decorated highly mesoporous Co_3O_4 nanosheets on nickel foam as an efficient free-standing cathode for $Li-O_2$ batteries [J]. Journal of Alloys And Compounds, 2017, 726: 939-946.

[225] Sennu P, Park H S, Park K U, et al. Formation of $NiCo_2O_4$ rods over Co_3O_4 nanosheets as efficient catalyst for $Li-O_2$ batteries and water splitting [J]. Journal of Catalysis, 2017, 349: 175-182.

[226] Wang G, Zhang S, Qian R, et al. Atomic-thick TiO_2 (B) nanosheets decorated with ultrafine Co_3O_4 nanocrystals as a highly efficient catalyst for lithium-oxygen battery [J]. Acs Applied Materials & Interfaces, 2018, 10 (48): 41398-41406.

[227] Cao X, Sun Z, Zheng X, et al. $MnCo_2O_4/MoO_2$ nanosheets grown on Ni foam as carbon-and binder-free cathode for lithium-oxygen batteries [J]. Chemsuschem, 2018, 11 (3): 574-579.

[228] Li Z, Yang J, Agyeman D A, et al. $CNT@Ni@Ni-Co$ silicate core-shell nanocomposite: a synergistic triple-coaxial catalyst for enhancing catalytic activity and controlling side products for $Li-O_2$ batteries [J]. Journal of Materials Chemistry A, 2018, 6 (22): 10447-10455.

[229] Shang C, Zhang X, Shui L, et al. $Fe_3O_4@CoO$ mesospheres with core-shell nanostructure as catalyst for $Li-O_2$ batteries [J]. Applied Surface Science, 2018, 457: 804-808.

[230] Gong C, Zhao L, Li S, et al. Atomic layered deposition iron oxide on perovskite $LaNiO_3$ as an efficient and robust bi-functional catalyst for lithium oxygen batteries [J]. Electrochimica Acta, 2018, 281: 338-347.

[231] Lu X, Yin Y, Zhang L, et al. Hierarchically porous Pd/NiO nanomembranes as cathode catalysts in $Li-O_2$ batteries [J]. Nano Energy, 2016, 30: 69-76.

[232] Luo W B, Gao X W, Shi D Q, et al. Binder-free and carbon-free 3D porous air electrode for $Li-O_2$ batteries with high efficiency, high capacity, and long life [J]. Small, 2016, 12 (22): 3031-3038.

[233] Zhao G, Zhang L, Niu Y, et al. Enhanced durability of $Li-O_2$ batteries employing vertically standing Ti nanowire array supported cathodes [J]. Journal of Materials Chemistry A, 2016, 4 (11): 4009-4014.

[234] Sevim M, Francia C, Amici J, et al. Bimetallic MPt (M: Co, Cu, Ni) alloy nanoparticles assembled on reduced graphene oxide as high performance cathode catalysts for rechargable lithium-oxygen batteries [J]. Journal of Alloys And Compounds, 2016, 683: 231-240.

[235] Wu F, Xing Y, Zeng X, et al. Platinum-coated hollow graphene nanocages as cathode used in lithium-oxygen batteries [J]. Advanced Functional Materials, 2016, 26 (42): 7626-7633.

[236] Jung H G, Jeong Y S, Park J B, et al. Ruthenium-based electrocatalysts supported on re-

duced graphene oxide for lithium-air batteries [J]. ACS Nano, 2013, 7 (4): 3532-3539.

[237] Wang H, Yang Y, Liang Y, et al. Rechargeable Li-O_2 batteries with a covalently coupled $MnCo_2O_4$-graphene hybrid as an oxygen cathode catalyst [J]. Energy & Environmental Science, 2012, 5 (7): 7931-7935.

[238] Karkera G, Chandrappa S G, Prakash A S. Viable synthesis of porous $MnCo_2O_4$/graphene composite by sonochemical grafting: a high-rate-capable oxygen cathode for Li-O_2 batteries [J]. Chemistry-a European Journal, 2018, 24 (65): 17303-17310.

[239] Liu J, Zhao Y, Li X, et al. $CuCr_2O_4$@rGO nanocomposites as high-performance cathode catalyst for rechargeable lithium-oxygen batteries [J]. Nano-Micro Letters, 2018, 10 (2): 22.

[240] Cao Y, Wei Z, He J, et al. α-MnO_2 nanorods grown in situ on graphene as catalysts for Li-O_2 batteries with excellent electrochemical performance [J]. Energy & Environmental Science, 2012, 5 (12): 9765-9768.

[241] Yang Y, Shi M, Li Y S, et al. MnO_2-graphene composite air electrode for rechargeable Li-air batteries [J]. Journal of The Electrochemical Society, 2012, 159 (12): A1917-A1921.

[242] Yuan M, Lin L, Yang Y, et al. In-situ growth of ultrathin cobalt monoxide nanocrystals on reduced graphene oxide substrates: an efficient electrocatalyst for aprotic Li-O_2 batteries [J]. Nanotechnology, 2017, 28 (18): 185401.

[243] Ryu W H, Yoon T H, Song S H, et al. Bifunctional composite catalysts using Co_3O_4 nanofibers immobilized on nonoxidized graphene nanoflakes for high-capacity and long-cycle Li-O_2 batteries [J]. Nano Letters, 2013, 13 (9): 4190-4197.

[244] Yuan M, Yang Y, Nan C, et al. Porous Co_3O_4 nanorods anchored on graphene nanosheets as an effective electrocatalysts for aprotic Li-O_2 batteries [J]. Applied Surface Science, 2018, 444: 312-319.

[245] Zhu T, Li X, Zhang Y, et al. Three-dimensional reticular material NiO/Ni-graphene foam as cathode catalyst for high capacity lithium-oxygen battery [J]. Journal of Electroanalytical Chemistry, 2018, 823: 73-79.

[246] Lee G H, Sung M C, Kim J C, et al. Synergistic effect of $CuGeO_3$/graphene composites for efficient oxygen-electrode electrocatalysts in Li-O_2 batteries [J]. Advanced Energy Materials, 2018, 8 (36): 1801930

[247] Selvaraj C, Kumar S, Munichandraiah N, et al. Reduced graphene oxide-polypyrrole composite as a catalyst for oxygen electrode of high rate rechargeable Li-O_2 cells [J]. Journal of The Electrochemical Society, 2014, 161 (4): A554-A560.

[248] Lin Q, Cui Z, Sun J, et al. Formation of nanosized defective lithium peroxides through Si-coated carbon nanotube cathodes for high energy efficiency Li-O_2 batteries [J]. Acs Applied Materials & Interfaces, 2018, 10 (22): 18754-18760.

[249] San C H, Hong C W. Quantum analysis on the platinum/nitrogen doped carbon nanotubes for the oxygen reduction reaction at the air cathode of lithium-air batteries and fuel cells [J]. Journal of The Electrochemical Society, 2012, 159 (5): K116-K121.

[250] Sun B, Guo L, Ju Y, et al. Unraveling the catalytic activities of ruthenium nanocrystals in

high performance aprotic Li-O$_2$ batteries [J]. Nano Energy, 2016, 28: 486-494.

[251] Jian Z, Liu P, Li F, et al. Core-shell-structured CNT@RuO$_2$ composite as a high-performance cathode catalyst for rechargeable Li-O$_2$ batteries [J]. Angewandte Chemie International Edition, 2014, 53 (2): 442-446.

[252] Liu Y, Liu Y, Cheng S H S, et al. Conformal coating of heterogeneous CoO/Co nanocomposites on carbon nanotubes as efficient bifunctional electrocatalyst for Li-Air Batteries [J]. Electrochimica Acta, 2016, 219: 560-567.

[253] Yoon T, Park Y. Carbon nanotube/Co$_3$O$_4$ composite for air electrode of lithium-air battery [J]. Nanoscale Research Letters, 2012, 7 (1): 1-4.

[254] Li Z, Ganapathy S, Xu Y, et al. Fe$_2$O$_3$ Nanoparticle seed catalysts enhance cyclability on deep (dis) charge in aprotic Li-O$_2$ batteries [J]. Advanced Energy Materials, 2018, 8 (18): 1703513.

[255] Salehi M, Shariatinia Z. An optimization of MnO$_2$ amount in CNT-MnO$_2$ nanocomposite as a high rate cathode catalyst for the rechargeable Li-O$_2$ batteries [J]. Electrochimica Acta, 2016, 188: 428-440.

[256] Salehi M, Shariatinia Z. Synthesis of star-like MnO$_2$-CeO$_2$/CNT composite as an efficient cathode catalyst applied in lithium-oxygen batteries [J]. Electrochimica Acta, 2016, 222: 821-829.

[257] Eom H R, Kim M K, Kim M S, et al. Synthesis and characterizations of MnO$_2$/multiwall carbon nanotubes nanocomposites for lithium-air battery [J]. Journal of Nanoscience and Nanotechnology, 2013, 13 (3): 1780-1783.

[258] Cho S A, Jang Y J, Lim H D, et al. Hierarchical porous carbonized Co$_3$O$_4$ inverse opals via combined block copolymer and colloid templating as bifunctional electrocatalysts in Li-O$_2$ battery [J]. Advanced Energy Materials, 2017, 7 (21): 1700391.

[259] Tu F, Hu J, Xie J, et al. Au-decorated cracked carbon tube arrays as binder-free catalytic cathode enabling guided Li$_2$O$_2$ inner growth for high-performance Li-O$_2$ batteries [J]. Advanced Functional Materials, 2016, 26 (42): 7725-7732.

[260] Tu F, Wang Q, Xie J, et al. Highly-efficient MnO$_2$/carbon array-type catalytic cathode enabling confined Li$_2$O$_2$ growth for long-life Li-O$_2$ batteries [J]. Energy Storage Materials, 2017, 6: 164-170.

[261] Etacheri V, Sharon D, Garsuch A, et al. Hierarchical activated carbon microfiber (ACM) electrodes for rechargeable Li-O$_2$ batteries [J]. Journal of Materials Chemistry A, 2013, 1 (16): 5021-5030.

[262] Guo X, Sun B, Zhang J, et al. Ruthenium decorated hierarchically ordered macro-mesoporous carbon for lithium oxygen batteries [J]. Journal of Materials Chemistry A, 2016, 4 (25): 9774-9780.

[263] Song M J, Kim I T, Kim Y B, et al. Metal-organic frameworks-derived porous carbon/Co$_3$O$_4$ composites for rechargeable lithium-oxygen batteries [J]. Electrochimica Acta, 2017, 230: 73-80.

[264] Huang Z, Chi B, Jian L, et al. CoFe$_2$O$_4$@multi-walled carbon nanotubes integrated composite with nanosized architecture as a cathode material for high performance re-

chargeable lithium-oxygen battery [J]. Journal of Alloys And Compounds, 2017, 695: 3435-3444.

[265] Zhang X, Wang C, Chen Y N, et al. Binder-free $NiFe_2O_4$/C nanofibers as air cathodes for $Li-O_2$ batteries [J]. Journal of Power Sources, 2018, 377: 136-141.

[266] Liu W M, Gao T T, Yang Y, et al. A hierarchical three-dimensional $NiCo_2O_4$ nanowire arrays/carbon cloth as air electrode for nonaqueous Li-air batteries [J]. Physical Chemistry Chemical Physics, 2013, 15: 15806-15810.

[267] Park I, Kim T, Park H, et al. Preparation and electrochemical properties of Pt-Ru/Mn_3O_4/C bifunctional catalysts for lithium-air secondary battery [J]. Journal of Nanoscience and Nanotechnology, 2016, 16 (10): 10453-10458.

[268] Yu L, Shen Y, Huang Y. FeNC catalyst modified graphene sponge as a cathode material for lithium-oxygen battery [J]. Journal of Alloys and Compounds, 2014, 595 (0): 185-191.

[269] Li Q, Xu P, Gao W, et al. Graphene/graphene-tube nanocomposites templated from cage-containing metal-organic frameworks for oxygen reduction in $Li-O_2$ batteries [J]. Advanced Materials, 2014, 26 (9): 1378-1386.

[270] Jiang Y, Cheng J, Zou L, et al. In-situ growth of CeO_2 nanoparticles on N-doped reduced graphene oxide for anchoring Li_2O_2 formation in lithium-oxygen batteries [J]. Electrochimica Acta, 2016, 210: 712-719.

[271] Gong Y, Ding W, Li Z, et al. Inverse spinel cobalt-iron oxide and N-doped graphene composite as an efficient and durable bifuctional catalyst for $Li-O_2$ batteries [J]. Acs Catalysis, 2018, 8 (5): 4082-4090.

[272] Chen X, Chen S, Nan B, et al. In situ, facile synthesis of $La_{0.8}Sr_{0.2}MnO_3$/nitrogen-doped graphene: a high-performance catalyst for rechargeable $Li-O_2$ batteries [J]. Ionics, 2017, 23 (9): 2241-2250.

[273] Zeng X, Dang D, Leng L, et al. Doped reduced graphene oxide mounted with IrO_2 nanoparticles shows significantly enhanced performance as a cathode catalyst for $Li-O_2$ batteries [J]. Electrochimica Acta, 2016, 192: 431-438.

[274] Leng L, Li J, Zeng X, et al. Enhancing the cyclability of $Li-O_2$ batteries using PdM alloy nanoparticles anchored on nitrogen-doped reduced graphene as the cathode catalyst [J]. Journal of Power Sources, 2017, 337: 173-179.

[275] Zhang Y, Li X, Zhang M, et al. IrO_2 nanoparticles highly dispersed on nitrogen-doped carbon nanotubes as an efficient cathode catalyst for high-performance $Li-O_2$ batteries [J]. Ceramics International, 2017, 43 (16): 14082-14089.

[276] Kim J H, Park S K, Oh Y J, et al. Hierarchical hollow microspheres grafted with Co nanoparticle-embedded bamboo-like N-doped carbon nanotube bundles as ultrahigh rate and long-life cathodes for rechargeable lithium-oxygen batteries [J]. Chemical Engineering Journal, 2018, 334: 2500-2510.

[277] Xue H, Mu X, Tang J, et al. A nickel cobaltate nanoparticle-decorated hierarchical porous N-doped carbon nanofiber film as a binder-free self-supported cathode for nonaqueous $Li-O_2$ batteries [J]. Journal of Materials Chemistry A, 2016, 4 (23): 9106-9112.

[278] Yang J，Mi H，Luo S，et al. Atomic layer deposition of TiO_2 on nitrogen-doped carbon nanofibers supported Ru nanoparticles for flexible $Li-O_2$ battery：a combined DFT and experimental study [J]. Journal of Power Sources，2017，368：88-96.

[279] Hyun S，Shanmugam S. Mesoporous Co-CoO/N-CNR nanostructures as high-performance air cathode for lithium-oxygen batteries [J]. Journal of Power Sources，2017，354：48-56.

[280] Zhang J，Sun B，Ahn H J，et al. Conducting polymer-doped polyprrrole as an effective cathode catalyst for $Li-O_2$ batteries [J]. Materials Research Bulletin，2013，48 (12)：4979-4983.

[281] Liu L，Hou Y，Wang J，et al. Nanofibrous Co_3O_4/PPy Hybrid with synergistic effect as bifunctional catalyst for lithium-oxygen batteries [J]. Advanced Materials Interfaces，2016，3 (13)：160030.

[282] Zhang R H，Zhao T S，Tan P，et al. Ruthenium dioxide-decorated carbonized tubular polypyrrole as a bifunctional catalyst for non-aqueous lithium-oxygen batteries [J]. Electrochimica Acta，2017，257：281-289.

[283] Nasybulin E，Xu W，Engelhard M H，et al. Electrocatalytic properties of poly (3,4-ethylenedioxythiophene) (PEDOT) in $Li-O_2$ battery [J]. Electrochemistry Communications，2013，29 (0)：63-66.

[284] Kim J Y，Park Y J. Carbon nanotube/Co_3O_4 nanocomposites selectively coated by polyaniline for high performance air electrodes [J]. Scientific Reports，2017，7：8610.

[285] Cui Y，Wen Z，Lu Y，et al. Functional binder for high-performance $Li-O_2$ batteries [J]. Journal of Power Sources，2013，244 (0)：614-619.

[286] Huang H B，Luo S H，Liu C L，et al. High-surface-area and porous Co_2P nanosheets as cost-effective cathode catalysts for $Li-O_2$ batteries [J]. Acs Applied Materials & Interfaces，2018，10 (25)：21281-21290.

[287] Zhang F，Wei M，Sui J，et al. Cobalt phosphide microsphere as an efficient bifunctional oxygen catalyst for Li-air batteries [J]. Journal of Alloys And Compounds，2018，750：655-658.

[288] Hou X，Jiang Y，He Y S，et al. Low-cost nickel phosphide as an efficient bifunctional cathode catalyst for $Li-O_2$ batteries [J]. Journal of the Electrochemical Society，2018，165 (11)：A2904-A2908.

[289] Kumar S，Jena A，Hu Y C，et al. Cobalt diselenide nanorods grafted on graphitic carbon nitride：a synergistic catalyst for oxygen reactions in rechargeable $Li-O_2$ batteries [J]. Chem Electro Chem，2018，5 (1)：29-35.

[290] Hang Y，Zhang C，Luo X，et al. alpha-MnO_2 nanorods supported on porous graphitic carbon nitride as efficient electrocatalysts for lithium-air batteries [J]. Journal of Power Sources，2018，392：15-22.

[291] Li J，Ding S，Zhang S，et al. Catalytic redox mediators for non-aqueous Li-O2 battery [J]. Energy Storage Materials，2021，43：97-119.

[292] Bergner B J，Schuermann A，Peppler K，et al. TEMPO：a mobile catalyst for rechargeable $Li-O_2$ batteries [J]. Journal of the American Chemical Society，2014，136

(42): 15054-15064.

[293] Chen Y, Freunberger S A, Peng Z, et al. Charging a Li-O₂ battery using a redox mediator [J]. Nature Chemistry, 2013, 5 (6): 489-494.

[294] Nasybulin E, Xu W, Engelhard M H, et al. Electrocatalytic properties of poly (3,4-ethylenedioxythiophene) (PEDOT) in Li-O₂ battery [J]. Electrochemistry Communications, 2013, 29: 63-66.

[295] Feng N, Mu X, Zhang X, et al. Intensive study on the catalytical behavior of N-Methylphenothiazine as a soluble mediator to oxidize the Li₂O₂ cathode of the Li-O₂ battery [J]. ACS Applied Materials & Interfaces, 2017, 9 (4): 3733-3739.

[296] Kundu D, Black R, Adams B, et al. A highly active low voltage redox mediator for enhanced rechargeability of lithium-oxygen batteries [J]. ACS Central Science, 2015, 1 (9): 510-515.

[297] Lim H D, Song H, Kim J, et al. Superior rechargeability and efficiency of lithium-oxygen batteries: hierarchical air electrode architecture combined with a soluble catalyst [J]. Angewandte Chemie-International Edition, 2014, 53 (15): 3926-3931.

[298] Kwak W J, Hirshberg D, Sharon D, et al. Li-O₂ cells with LiBr as an electrolyte and a redox mediator [J]. Energy & Environmental Science, 2016, 9 (7): 2334-2345.

[299] Liang Z, Lu Y C. Critical role of redox mediator in suppressing charging instabilities of lithium-oxygen batteries [J]. Journal of the American Chemical Society, 2016, 138 (24): 7574-7583.

[300] Sharon D, Hirsberg D, Afri M, et al. Catalytic behavior of lithium nitrate in Li-O₂ cells [J]. ACS Applied Materials & Interfaces, 2015, 7 (30): 16590-16600.

[301] Rosy, Akabayov S, Leskes M, et al. Bifunctional role of LiNO₃ in Li-O₂ batteries: deconvoluting surface and catalytic effects [J]. ACS Applied Materials Interfaces, 2018, 10 (35): 29622-29629.

[302] Togasaki N, Gobara T, Momma T, et al. A comparative study of LiNO₃ and LiTFSI for the cycling performance of δ-MnO₂ cathode in lithium-oxygen batteries [J]. Journal of The Electrochemical Society, 2017, 164: A2225.

[303] Walker W, Giordani V, Uddin J, et al. A rechargeable Li-O₂ battery using a lithium nitrate/N,N-dimethylacetamide electrolyte [J]. Journal of the American Chemical Society, 2013, 135 (6): 2076-2079.

[304] Gao X, Chen Y, Johnson L, et al. Promoting solution phase discharge in Li-O₂ batteries containing weakly solvating electrolyte solutions [J]. Nature Materials, 2016, 15 (8): 882.

[305] Liu X, Zhang P, Liu L, et al. Inhibition of discharge side reactions by promoting solution-mediated oxygen reduction reaction with stable quinone in Li-O₂ batteries [J]. ACS Applied Materials & Interfaces, 2020, 12 (9): 10607-10615.

[306] Lacey M J, Frith J T, Owen J R. A redox shuttle to facilitate oxygen reduction in the lithium air battery [J]. Electrochemistry Communications, 2013, 26: 74-76.

[307] Tesio A Y, Blasi D, Olivares-Marín M, et al. Organic radicals for the enhancement of oxygen reduction reaction in Li-O₂ batteries [J]. Chemical Communications, 2015, 51:

17623-17626.

[308] Sun D, Shen Y, Zhang W, et al. A solution-phase bifunctional catalyst for lithium-oxygen batteries [J]. Journal of the American Chemical Society, 2014, 136 (25): 8941-8946.

[309] Ryu W H, Gittleson F S, Thomsen J M, et al. Heme biomolecule as redox mediator and oxygen shuttle for efficient charging of lithium-oxygen batteries [J]. Nature Communications, 2016, 7: 12925.

[310] Deng H, Qiao Y, Zhang X, et al. Killing two birds with one stone: a Cu ion redox mediator for a non-aqueous Li-O_2 battery [J]. Journal of the Materials Chemistry A, 2019, 7 (29): 17261-17265.

[311] Gao X, Chen Y, Johnson L R, et al. A rechargeable lithium-oxygen battery with dual mediators stabilizing the carbon cathode [J]. Nature Energy, 2017, 2: 17118.

[312] Lee D J, Lee H, Kim Y J, et al. Sustainable redox mediation for lithium-oxygen batteries by a composite protective layer on the lithium-metal anode [J]. Advanced Materials, 2016, 28 (5): 857-863.

[313] Kwak W J, Park S J, Jung H G, et al. Optimized concentration of redox mediator and surface protection of Li metal for maintenance of high energy efficiency in Li-O_2 batteries [J]. Advanced Energy Materials, 2018, 8 (9): 1702258.

[314] Guo H, Hou G, Guo J, et al. Enhanced cycling performance of Li-O_2 battery by using a Li_3PO_4-protected lithium anode in DMSO-based electrolyte [J]. ACS Applied Energy Materials, 2018, 1: 5511-5517.

[315] Zhang T, Liao K, He P, et al. A self-defense redox mediator for efficient lithium-O_2 batteries [J]. Energy & Environmental Science, 2016, 9 (3): 1024-1030.

[316] Liu J, Wu T, Zhang S, et al. $InBr_3$ as a self-defensed redox mediator for Li-O_2 batteries: In situ construction of a stable indium-rich composite protective layer on the Li anode [J]. Journal of Power Sources, 2019, 439: 227095.

[317] Lee C K, Park Y J. CsI as Multifunctional redox mediator for enhanced Li-air batteries [J]. ACS Applied Materials & Interfaces, 2016, 8 (13): 8561-8567.

[318] Yoon S H, Park Y J. Polyimide-coated carbon electrodes combined with redox mediators for superior Li-O_2 cells with excellent cycling performance and decreased overpotential [J]. Scientific Reports, 2017, 7: 42617.

[319] Xin X, Ito K, Kubo Y. Highly efficient Br^-/NO_3^- dual-anion electrolyte for suppressing charging instabilities of Li-O_2 batteries [J]. ACS Applied Materials & Interfaces, 2017, 9 (31): 25976-25984.

[320] McCloskey B D, Bethune D S, Shelby R M, et al. Limitations in rechargeability of Li-O_2 batteries and possible origins [J]. The Journal of Physical Chemistry Letters, 2012, 3 (20): 3043-3047.

[321] McCloskey B D, Speidel A, Scheffler R, et al. Twin problems of interfacial carbonate formation in nonaqueous Li-O_2 batteries [J]. The Journal of Physical Chemistry Letters, 2012, 3 (8): 997-1001.

[322] Freunberger S A, Chen Y, Drewett N E, et al. The lithium-oxygen battery with ether-

based electrolytes [J]. Angewandte Chemie International Edition，2011，50（37）：8609-8613.

[323] Shui J L，Okasinski J S，Kenesei P，et al. Reversibility of anodic lithium in rechargeable lithium-oxygen batteries [J]. Nature Communications，2013，4：2255.

[324] Cheng X B，Zhang R，Zhao C Z，et al. Toward safe lithium metal anode in rechargeable batteries：a review [J]. Chemical Reviews，2017，117（15）：10403-10473.

[325] Hirshberg D，Sharon D，de La Llave E，et al. Feasibility of full（Li-Ion）-O_2 cells comprised of hard carbon anodes [J]. ACS Applied Materials Interfaces，2017，9（5）：4352-4361.

[326] Deng H，Qiu F，Li X，et al. A Li-ion oxygen battery with Li-Si alloy anode prepared by a mechanical method [J]. Electrochemistry Communications，2017，78：11-15.

[327] Wu S，Zhu K，Tang J，et al. A long-life lithium ion oxygen battery based on commercial silicon particles as the anode [J]. Energy & Environmental Science，2016，9（10）：3262-3271.

[328] Elia G A，Bresser D，Reiter J，et al. Interphase evolution of a lithium-ion/oxygen battery [J]. ACS Applied Materials & Interfaces，2015，7（40）：22638-22643.

[329] Guo Z，Dong X，Wang Y，et al. A lithium air battery with a lithiated Al-carbon anode [J]. Chemical Communications，2015，51（4）：676-678.

[330] Chen Y，Freunberger S A，Peng Z，et al. Charging a Li-O_2 battery using a redox mediator [J]. Nature Chemistry，2013，5：489-494.

[331] Chun J，Kim H，Jo C，et al. Reversibility of lithium-ion-air batteries using lithium intercalation compounds as anodes [J]. Chem Plus Chem，2015，80（2）：349-353.

[332] Liu Q C，Xu J J，Yuan S，et al. Artificial protection film on lithium metal anode toward long-cycle-life lithium-oxygen batteries [J]. Advanced Materials，2015，27（35）：5241-5247.

[333] Zhang X，Zhang Q，Wang X G，et al. An extremely simple method for protecting lithium anodes in Li-O_2 batteries [J]. Angewandte Chemie International Edition，2018，130（39）：12996-13000.

[334] Asadi M，Sayahpour B，Abbasi P，et al. A lithium-oxygen battery with a long cycle life in an air-like atmosphere [J]. Nature，2018，555：502.

[335] Uddin J，Bryantsev V S，Giordani V，et al. Lithium nitrate as regenerable SEI stabilizing agent for rechargeable Li/O_2 batteries [J]. The Journal of Physical Chemistry Letters，2013，4（21）：3760-3765.

[336] Roberts M，Younesi R，Richardson W，et al. Increased cycling efficiency of lithium anodes in dimethyl sulfoxide electrolytes for use in Li-O_2 batteries [J]. ECS Electrochemistry Letters，2014，3（6）：A62-A65.

[337] Huang Z，Ren J，Zhang W，et al. Protecting the Li-metal anode in a Li-O_2 battery by using boric acid as an SEI-forming additive [J]. Advanced Materials，2018，30（39）：1803270.

[338] Tong B，Huang J，Zhou Z，et al. The salt matters：enhanced reversibility of Li-O_2 batteries with a Li [（CF_3SO_2）（n-$C_4F_9SO_2$）N] -based electrolyte [J]. Advanced

Materials，2018，30（1）：1704841.

[339] Kim B G，Kim J S，Min J Lee，et al. A moisture-and oxygen-impermeable separator for aprotic Li-O$_2$ batteries［J］. Advanced Functional Materials，2016，26（11）：1747-1756.

[340] Luo K，Zhu G，Zhao Y，et al. Enhanced cycling stability of Li-O$_2$ batteries by using a polyurethane/SiO$_2$/glass fiber nanocomposite separator［J］. Journal of Materials Chemistry A，2018，6（17）：7770-7776.

[341] Cao L，Lv F，Liu Y，et al. A high performance O$_2$ selective membrane based on CAU-1-NH$_2$@polydopamine and the PMMA polymer for Li-air batteries［J］. Chemical Communications，2015，51（21）：4364-4367.

[342] Wang S，Wang J，Liu J，et al. Ultra-fine surface solid-state electrolytes for long cycle life all-solid-state lithium-air batteries［J］. Journal of Materials Chemistry A，2018，6（43）：21248-21254.

[343] Kitaura H，Zhou H. Electrochemical performance and reaction mechanism of all-solid-state lithium-air batteries composed of lithium，Li$_{1+x}$AlyGe$_{2-y}$（PO$_4$）$_3$ solid electrolyte and carbon nanotube air electrode［J］. Energy & Environmental Science，2012，5（10）：9077-9084.

[344] Wu S，Yi J，Zhu K，et al. A super-hydrophobic quasi-solid electrolyte for Li-O$_2$ battery with improved safety and cycle life in humid atmosphere［J］. Advanced Energy Materials，2017，7（4）：1601759.

[345] Yi J，Liu X，Guo S，et al. Novel stable gel polymer electrolyte：toward a high safety and long life Li-air battery［J］. ACS Applied Materials & Interfaces，2015，7（42）：23798-23804.

[346] Zhang Y，Wang L，Guo Z，et al. High-performance lithium-air battery with a coaxial-fiber architecture［J］. Angewandte Chemie International Edition，2016，55（14）：4487-4491.

[347] Hassoun J，Croce F，Armand M，et al. Investigation of the O$_2$ electrochemistry in a polymer electrolyte solid-state cell［J］. Angewandte Chemie International Edition，2011，50（13）：2999-3002.

[348] Zou X，Lu Q，Zhong Y，et al. Flexible，flame-resistant，and dendrite-impermeable gel-polymer electrolyte for Li-O$_2$/air batteries workable under hurdle conditions［J］. Small，2018，14：1801798.

[349] Li Y，Wang X，Dong S，et al. Recent advances in non-aqueous electrolyte for rechargeable Li-O$_2$ batteries［J］. Advanced Energy Materials，2016，6（18）：1600751.

[350] Laoire C O，Mukerjee S，Abraham K，et al. Influence of nonaqueous solvents on the electrochemistry of oxygen in the rechargeable lithium-air battery［J］. The Journal of Physical Chemistry C，2010，114（19）：9178-9186.

[351] McCloskey B D，Bethune D S，Shelby R M，et al. Solvents' critical role in nonaqueous lithium-oxygen battery electrochemistry［J］. The Journal of Physical Chemistry Letters，2011，2（10）：1161-1166.

[352] Girishkumar G，McCloskey B，Luntz A C，et al. Lithium-air battery：promise and

challenges [J]. The Journal of Physical Chemistry Letters, 2010, 1 (14): 2193-2203.

[353] Mizuno F, Nakanishi S, Kotani Y, et al. Rechargeable Li-air batteries with carbonate-based liquid electrolytes [J]. Electrochemistry, 2010, 78 (5): 403-405.

[354] Freunberger S A, Chen Y, Peng Z, et al. Reactions in the rechargeable lithium-O_2 battery with alkyl carbonate electrolytes [J]. Journal of the American Chemical Society, 2011, 133 (20): 8040-8047.

[355] Chen Y, Freunberger S A, Peng Z, et al. Li-O_2 battery with a dimethylformamide electrolyte [J]. Journal of the American Chemical Society, 2012, 134 (18): 7952-7957.

[356] Sharon D, Afri M, Noked M, et al. Oxidation of dimethyl sulfoxide solutions by electrochemical reduction of oxygen [J]. The Journal of Physical Chemistry Letters, 2013, 4 (18): 3115-3119.

[357] Xu D, Wang Z L, Xu J J, et al. Novel DMSO-based electrolyte for high performance rechargeable Li-O_2 batteries [J]. Chemical Communications, 2012, 48 (55): 6948-6950.

[358] Peng Z, Freunberger S A, Chen Y, et al. A reversible and higher-rate Li-O_2 battery [J]. Science, 2012, 337 (03): 563-566.

[359] Goolsby A D, Sawyer D T. Electrochemical reduction of superoxide ion and oxidation of hydroxide ion in dimethyl sulfoxide [J]. Analytical Chemistry, 1968, 40 (1): 83-86.

[360] Gampp H, Lippard S J. Reinvestigation of 18-crown-6 ether/potassium superoxide solutions in Me_2SO [J]. Inorganic Chemistry, 1983, 22 (2): 357-358.

[361] Sawyer D T, Valentine J S. How super is superoxide? [J]. Accounts of Chemical Research, 1981, 14 (12): 393-400.

[362] Krtil P, Kavan L, Hoskovcova I, et al. Anodic oxidation of dimethyl sulfoxide based electrolyte solutions: An in situ FTIR study [J]. Journal of Applied Electrochemistry, 1996, 26: 523-527.

[363] Mozhzhukhina N, Meéndez de Leo L P, Calvo E J. Infrared spectroscopy studies on stability of dimethyl sulfoxide for application in a Li-air battery [J]. The Journal of Physical Chemistry C, 2013, 117 (36): 18375-18380.

[364] Kwabi D G, Batcho T P, Amanchukwu C V, et al. Chemical instability of dimethyl sulfoxide in lithium-air batteries [J]. The Journal of Physical Chemistry letters, 2014, 5 (16): 2850-2856.

[365] McCloskey B D, Scheffler R, Speidel A, et al. On the efficacy of electrocatalysis in nonaqueous Li-O_2 batteries [J]. Journal of the American Chemical Society, 2011, 133 (45): 18038-18041.

[366] Bryantsev V S, Giordani V, Walker W, et al. Predicting solvent stability in aprotic electrolyte Li-air batteries: nucleophilic substitution by the superoxide anion radical ($O_2^{\cdot-}$) [J]. The Journal of Physical Chemistry A, 2011, 115 (44): 12399-12409.

[367] Read J. Characterization of the lithium/oxygen organic electrolyte battery [J]. Journal of The Electrochemical Society, 2002, 149 (9): A1190-A1195.

[368] Read J. Ether-based electrolytes for the lithium/oxygen organic electrolyte battery [J].

Journal of The Electrochemical Society, 2006, 153 (1): A96-A100.

[369] Lim H D, Park K Y, Gwon H, et al. The potential for long-term operation of a lithium-oxygen battery using a non-carbonate-based electrolyte [J]. Chemical Communications, 2012, 48 (67): 8374-8376.

[370] Black R, Oh S H, Lee J H, et al. Screening for superoxide reactivity in Li-O$_2$ batteries: effect on Li$_2$O$_2$/LiOH crystallization [J]. Journal of the American Chemical Society, 2012, 134 (6): 2902-2905.

[371] Jung H G, Hassoun J, Park J B, et al. An improved high-performance lithium-air battery [J]. Nature Chemistry, 2012, 4: 579.

[372] Jung H G, Kim H S, Park J B, et al. A transmission electron microscopy study of the electrochemical process of lithium-oxygen cells [J]. Nano Letters, 2012, 12 (8): 4333-4335.

[373] Adams B D, Black R, Williams Z, et al. Towards a stable organic electrolyte for the lithium oxygen battery [J]. Advanced Energy Materials, 2015, 5 (1): 1400867.

[374] Armand M, Endres F, MacFarlane D R, et al. Ionic-liquid materials for the electrochemical challenges of the future, materials for sustainable energy: a collection of peer-reviewed research and review articles from nature publishing group [J]. World Scientific, 2011, 129-137.

[375] Cai Y, Zhang Q, Lu Y, et al. Ionic liquid electrolyte with enhanced Li$^+$ transport ability enables stable Li deposition for high-performance Li-O$_2$ batteries [J]. Angewandte Chemie, 2021, 60 (49): 25973-25980.

[376] Kuboki T, Okuyama T, Ohsaki T, et al. Lithium-air batteries using hydrophobic room temperature ionic liquid electrolyte [J]. Journal of Power Sources, 2005, 146 (7): 766-769.

[377] Mizuno F, Nakanishi S, Shirasawa A, et al. Design of non-aqueous liquid electrolytes for rechargeable Li-O$_2$ batteries [J]. Electrochemistry, 2011, 79 (11): 876-881.

[378] Zhang D, Li R, Huang T, et al. Novel composite polymer electrolyte for lithium air batteries [J]. Journal of Power Sources, 2010, 4 (15): 1202-1206.

[379] Freunberger S A, Chen Y, Drewett N E, et al. The lithium-oxygen battery with ether-based electrolytes [J]. Angewandte Chemie International Edition, 2011, 50 (37): 8609-8613.

[380] Hayyan M, Mjalli F S, Hashim M A, et al. An investigation of the reaction between 1-butyl-3-methylimidazolium trifluoromethanesulfonate and superoxide ion [J]. Journal of Molecular Liquids, 2013, 181: 44-50.

[381] Matsumoto H, Sakaebe H, Tatsumi K. Preparation of room temperature ionic liquids based on aliphatic onium cations and asymmetric amide anions and their electrochemical properties as a lithium battery electrolyte [J]. Journal of Power Sources, 2005, 146 (1-2): 45-50.

[382] Rosol Z P, German N J, Gross S M. Solubility, ionic conductivity and viscosity of lithium salts in room temperature ionic liquids [J]. Green Chemistry, 2009, 11 (9): 1453-1457.

[383] Herranz J, Garsuch A, Gasteiger H A. Using rotating ring disc electrode voltammetry to quantify the superoxide radical stability of aprotic Li-air battery electrolytes [J]. The

Journal of Physical Chemistry C, 2012, 116 (36): 19084-19094.

[384] Xu K. Electrolytes and interphases in Li-ion batteries and beyond [J]. Chemical Reviews, 2014, 114 (23): 11503-11618.

[385] Shanmukaraj D, Grugeon S, Gachot G, et al. Boron esters as tunable anion carriers for non-aqueous batteries electrochemistry [J]. Journal of the American Chemical Society, 2010, 132 (9): 3055-3062.

[386] Xie B, Lee H, Li H, et al. New electrolytes using Li_2O or Li_2O_2 oxides and tris (pentafluorophenyl) borane as boron based anion receptor for lithium batteries [J]. Electrochemistry Communications, 2008, 10 (8): 1195-1197.

[387] Zhang S S, Read J. Partially fluorinated solvent as a co-solvent for the non-aqueous electrolyte of Li/air battery [J]. Journal of Power Sources, 2011, 196 (5): 2867-2870.

[388] Wang Y, Zheng D, Yang X Q, et al. High rate oxygen reduction in non-aqueous electrolytes with the addition of perfluorinated additives [J]. Energy & Environmental Science, 2011, 4 (9): 3697-3702.

[389] Schwenke K U, Metzger M, Restle T. The influence of water and protons on Li_2O_2 crystal growth in aprotic Li-O_2 cells [J]. Journal of The Electrochemical Society, 2015, 162 (4): A573-A584.

[390] Meini S, Solchenbach S, Piana M, et al. The role of electrolyte solvent stability and electrolyte impurities in the electrooxidation of Li_2O_2 in Li-O_2 batteries [J]. Journal of The Electrochemical Society, 2014, 161 (9): A1306-A1314.

[391] Aetukuri N B, McCloskey B D, García J M, et al. Solvating additives drive solution-mediated electrochemistry and enhance toroid growth in non-aqueous Li-O_2 batteries [J]. Nature Chemistry, 2015, 7: 50-56.

[392] Li F, Wu S, Zhang T, et al. The water catalysis at oxygen cathodes of lithium-oxygen cells [J]. Nature Communications, 2015, 6: 7843.

[393] Wei C N, Karuppiah C, Yang C C, et al. Bifunctional perovskite electrocatalyst and PVDF/PET/PVDF separator integrated split test cell for high performance Li-O_2 battery [J]. Journal of Physics Chemistry of Solids, 2019, 133: 67-78.

[394] Zhang J G, Wang D, Xu W, et al. Ambient operation of Li/Air batteries [J]. Journal of Power Sources, 2010, 195 (13): 4332-4337.

[395] Crowther O, Keeny D, Moureau D M, et al. Electrolyte optimization for the primary lithium metal air battery using an oxygen selective membrane [J]. Journal of Power Sources, 2012, 202 (15): 347-351.

[396] Aono H, Sugimoto E, Sadaoka Y, et al. Ionic conductivity of the lithium titanium phosphate $(Li_{1+x}M_xTi_{2-x}(PO_4)_3$, M=Al, Sc, Y and La) system [J]. Journal of The Electrochemical Society, 1989, 136: 590-591.

[397] Knauth P. Inorganic solid Li ion conductors: an overview [J]. Solid State Ionics, 2009, 180 (14): 911-916.

[398] Sun Y. Lithium ion conducting membranes for lithium-air batteries [J]. Nano Energy, 2013, 2 (5): 801-816.

[399] Imanishi N, Hasegawa S, Zhang T, et al. Lithium anode for lithium-air secondary bat-

teries [J]. Journal of Power Sources，2008，185（2）：1392-1397.

[400] Kanno R，Murayama M. Lithium ionic conductor thio-NASICON：the $Li_2SGeS_2P_2S_5$ system [J]. Journal of The Electrochemical Society，2001，148：A742-A746.

[401] Inaguma Y，Nakashima M. A rechargeable lithium-air battery using a lithium ion-conducting lanthanum lithium titanate ceramics as an electrolyte separator [J]. Journal of Power Sources，2013，228（15）：250-255.

[402] Choi W，Kim M，Park J O，et al. Ion-channel aligned gas-blocking membrane for lithium-air batteries [J]. Scientific Reports，2017，7：12037.

第 3 章

水系锂空气电池

3.1
水系锂空气电池工作原理

　　水系锂空气电池最早是由 Visco 等[1] 在第 12 届国际锂电池会议上提出来的，其结构组成如图 3-1 所示[2]，是一种以水溶液为电解液、金属锂为负极、多孔空气电极为正极、氧气为正极活性物质的金属空气电池。对于水系锂空气电池，公认的主要问题是负极侧锂金属的自放电现象。水稳定锂电极（WSLE）的引入使得水系锂空气电池得以应用，其结构（图 3-1）主要包括金属锂、水稳定的无机固体电解质和缓冲层，其原理是使用致密的锂离子固体电解质将金属锂与电解液隔开，使得锂金属负极与水系电解液得以稳定共存，从而有效防止水系锂空气电池的自放电现象。

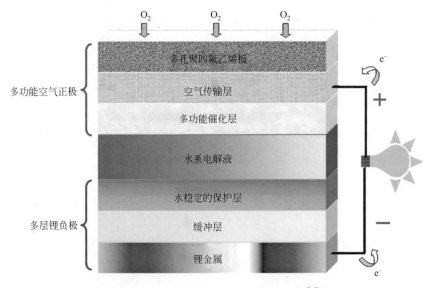

图 3-1　水系锂空气电池的结构示意图[2]

　　水系锂空气电池的电化学反应由空气电极侧的氧还原/氧析出反应及负极侧 Li/Li^+ 的氧化还原反应组成，具体的反应机理取决于水系电解液的 pH 值。根据其电解质溶液的酸碱度，水系锂空气电池可分为酸性电解液水系锂空气电池和碱性电解液水系锂空气电池，其具体的工作原理分别如下：

酸性电解液水系锂空气电池：

空气正极： $\qquad O_2 + 4e^- + 4H^+ \longrightarrow 2H_2O$ $\qquad$ (3-1)

锂负极： $\qquad Li \longrightarrow Li^+ + e^-$ $\qquad$ (3-2)

电池总反应： $\quad 4Li + O_2 + 4H^+ \longrightarrow 4Li^+ + 2H_2O \qquad E^\ominus = 4.27V$ (3-3)

碱性电解液水系锂空气电池：

空气正极： $\qquad O_2 + 2H_2O + 4e^- \longrightarrow 4OH^-$ $\qquad$ (3-4)

锂负极： $\qquad Li \longrightarrow Li^+ + e^-$ $\qquad$ (3-5)

电池总反应： $4Li + 2H_2O + O_2 \longrightarrow 4LiOH \qquad E^\ominus = 3.44V$ (3-6)

放电过程中，氧气经由空气正极的孔道扩散进入电解液中，并在空气电极侧的固液气三相界面处得到电子生成 OH^-。在酸性电解液条件下，OH^- 与电解液中的 H^+ 结合生成 H_2O；而在碱性电解液条件下，OH^- 与 Li^+ 结合生成 LiOH。因此，在水系锂空气电池中，放电产物为水或可以溶解在水系电解液中，从而克服了非水系锂空气电池中放电产物堵塞钝化空气电极的问题，且不存在有机电解质溶液在电池充放电过程中被分解的问题，因而有利于提高电池的放电比容量和循环稳定性。

对于弱酸或弱碱性电解液，在室温（25℃）环境下，水系锂空气电池的电化学反应电动势可由式(3-7) 计算得到：

$$E = 4.27 - 0.059 \times pH \qquad (3\text{-}7)$$

3.2
水系锂空气电池正极材料

水系锂空气电池的正极主要由集流体、多孔碳材料和具有 ORR/OER 催化活性的催化剂材料组成。其中，催化剂材料是决定电池充放电平台的重要因素。因此，学术界对水系锂空气电池正极材料的研究主要集中于开发兼具高活性和高稳定性的催化剂材料，其必须同时满足两个方面的要求：①可以在酸/碱性环境的电解液中稳定存在；②在酸/碱性环境中对于 ORR/OER 过程具有足够的催化活性。

3.2.1 酸性电解液下的正极材料

在酸性条件下，Pt 作为一种高活性的燃料电池 ORR 催化剂，同样广泛应用于水系锂空气电池的研究中。Zhang 等[3] 以铂网为正极催化剂材料组装的水系锂空气电池可以稳定充放电循环 15 次。但考虑到 Pt 价格昂贵、资源紧缺，需要在保持催化性能的同时尽可能降低 Pt 的负载量。因此，Pt/C 常被用作水系锂空气电池的正极催化剂材料。Li 等[4] 采用 40%（质量分数）Pt/C 为催化剂组装的水系锂空气电池在酸性环境中循环时存在较严重的碳载体腐蚀现象，从而导致 Pt 的溶解及其催化性能的降低。考虑到 IrO_2 在水溶液中具有较高的催化活性和稳定性，Li 等[4] 对比了 Pt/C 和 Pt/C＋IrO_2 分别作为水系锂空气电池正极催化剂的性能。如图 3-2(a) 所示，在 $1mA \cdot cm^{-2}$ 的电流密度下，在连续 10 次的充放电循环过程中，使用 Pt/C＋IrO_2 催化剂的电池的充电电压均低于使用 Pt/C 的电池；并且在 $0.5 \sim 2mA \cdot cm^{-2}$ 的电流密度范围内 [图 3-2(b)]，基于 Pt/C＋IrO_2 的锂空气电池的充电电压始终低于使用 Pt/C 的电池，说明 IrO_2 的使用可以有效地降低水系锂空气电池的充电过电位。同时，由于 IrO_2 较高的催化活性，电池工作过程中 OER 主要发生在 IrO_2 的表面，所产生的 O_2 可以有效地消除正极中碳表面的水溶液，从而避免碳腐蚀，有利于延长催化剂和电池的使用寿命。Huang 等[5] 将 IrO_2 和 Pt 共沉积至 CNTs 上形成了复合材料 Pt/IrO_2/CNTs，并以其为催化剂组装了水系锂空气电池。采用 $0.01mol \cdot L^{-1}$ H_2SO_4 电解液，该电池可在 $0.2mA \cdot cm^{-2}$ 电流密度下稳定循环 20 次 [图 3-2(c)]，并且其充电过电位明显低于使用 Pt/CNT 为催化剂的电池 [图 3-2(d) 和 (e)]。

除贵金属催化剂外，对 TiN 及 N 掺杂的碳应用于酸性电解液水系锂空气电池也进行了探索。He 等[6] 以 TiN 为催化剂组装的锂空气电池在 HAc/LiAc 电解液体系表现出较高的 ORR 催化性能。Yoo 等[7] 研制的以 N 掺杂石墨烯纳米片为催化剂的锂空气电池在 $0.5mA \cdot cm^{-2}$ 电流密度下于 $1mol \cdot L^{-1}$ Li_2SO_4＋$0.5mol \cdot L^{-1}$ H_2SO_4 电解液中的放电电压高于使用单纯石墨烯纳米片的电池 [图 3-2 (f)]。

3.2.2 碱性电解液下的正极材料

在碱性电解液条件下，水系锂空气电池主要使用非贵金属材料（如碳材料、过渡金属氧化物、钙钛矿等）作为其催化剂。比如：Yoo 等[8] 研制的以石墨烯纳米片为正极催化剂的锂空气电池在 $1mol \cdot L^{-1}$ $LiNO_3$＋$0.5mol \cdot L^{-1}$ $LiOH$ 碱性电解液中以 $0.5mA \cdot cm^{-2}$ 电流密度工作时表现出比使用乙炔黑的电池更高、接近于使用 Pt/C 催化剂电池的放电电压 [图 3-3(a)]，并且该石墨烯纳米片经热处理后其相应锂空气电池的循环稳定性得到明显的改善 [图 3-3(b)]。杂原子掺杂和金属纳米颗粒负载是改善碳材料在水系锂空气电池中催化性能的有效途径之一。Li 等[9] 研制的以 N 掺杂碳纳米管阵列（CNTAs）为催化剂的锂空气电池在 $0.5mol \cdot L^{-1}$ $LiNO_3$＋$0.5mol \cdot L^{-1}$ $LiOH$ 碱性电解液中于

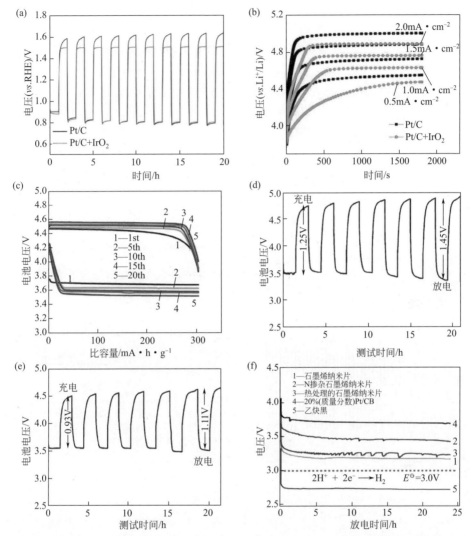

图 3-2　在 1mA·cm^{-2} 电流密度下，基于 Pt/C 和 P/C+IrO$_2$ 的空气电极在 0.5mol·L^{-1} H$_2$SO$_4$ 电解液中的循环性能[4]（a）；不同电流密度下基于 Pt/C 和 P/C+IrO$_2$ 的锂空气电池在 0.1mol·L^{-1} H$_3$PO$_4$+1mol·L^{-1} LiH$_2$PO$_4$ 电解液中的充电电压曲线[4]（b）；0.2mA·cm^{-2} 电流密度下基于 Pt/IrO$_2$/CNTs 催化剂的锂空气电池在 0.01mol·L^{-1} H$_2$SO$_4$ 电解液中的循环性能[5]（c）；0.2mA·cm^{-2} 电流密度下基于 Pt/CNTs（d）和 Pt/IrO$_2$/CNTs（e）催化剂的锂空气电池在 1.0mol·L^{-1} H$_2$SO$_4$ 电解液中的充放电曲线[5]；0.5mA·cm^{-2} 电流密度下，使用不同催化剂的锂空气电池在 1mol·L^{-1} Li$_2$SO$_4$+0.5mol·L^{-1} H$_2$SO$_4$ 电解液中的放电曲线[7]（f）

$0.5\text{mA} \cdot \text{cm}^{-2}$ 电流密度下循环 63h 前后充-放电电压差仅增加了 0.23V，表现出较好的循环稳定性〔如图 3-3（c）〕。Xu 等[10] 在 N 掺杂石墨烯上负载粒径为 $2\sim3\text{nm}$ 的 Co 纳米颗粒制得了复合材料 Co-NGS，以其为正极催化剂的锂空气电池在 $0.5\text{mol} \cdot \text{L}^{-1}$ KOH $+0.5\text{mol} \cdot \text{L}^{-1}$ $LiNO_3$ 电解液中于 $0.1\text{mA} \cdot \text{cm}^{-2}$ 电流密度下工作时过电位仅为 0.739V，低于使用商业 Pt/C 为催化剂的电池〔图 3-3（d）〕。

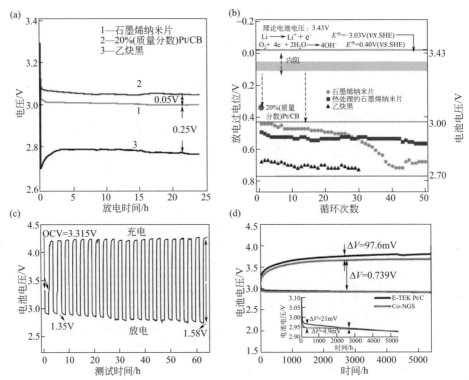

图 3-3 在 $0.5\text{mA} \cdot \text{cm}^{-2}$ 电流密度下，使用不同催化剂的锂空气电池在 $1\text{mol} \cdot \text{L}^{-1}$ $LiNO_3+0.5\text{mol} \cdot \text{L}^{-1}$ LiOH 电解液中的放电曲线（a）和循环性能（b）[8]；$0.5\text{mA} \cdot \text{cm}^{-2}$ 电流密度下，基于 CNTAs 催化剂的锂空气电池在 $0.5\text{mol} \cdot \text{L}^{-1}$ $LiNO_3+0.5\text{mol} \cdot \text{L}^{-1}$ LiOH 电解液中的循环性能[9]（c）；$0.1\text{mA} \cdot \text{cm}^{-2}$ 电流密度下，基于 Pt/C 和 Co-NGS 催化剂的锂

空气电池在 $0.5\text{mol} \cdot \text{L}^{-1}$ KOH $+0.5\text{mol} \cdot \text{L}^{-1}$ $LiNO_3$ 电解液中的充放电曲线[10]（d）

除碳材料之外，尖晶石和钙钛矿结构氧化物材料也在碱性水系锂空气电池中表现出较高的催化活性和稳定性。Wang 等[11] 将石墨烯负载的 $CoMn_2O_4$ 尖晶石纳米颗粒作为锂空气电池正极材料，在 $1\text{mol} \cdot \text{L}^{-1}$ LiOH 中于 $0.2\text{mA} \cdot \text{cm}^{-2}$ 电流密度下表现出 $3000\text{mA} \cdot \text{h} \cdot \text{g}^{-1}$ 的放电比容量。Yang 等[12] 的研究表明，钙钛矿材料 $Sr_{0.95}Ce_{0.05}CoO_{3-\delta}$ 在基于 $0.01\text{mol} \cdot \text{L}^{-1}$ LiOH 电解液的锂空气电

池中的 ORR 催化性能优于商业 Vulcan XC-72 炭黑（电流密度 $0.1mA \cdot cm^{-2}$）。

3.3
水系锂空气电池负极材料和隔膜

　　水系锂空气电池中，负极锂金属与水系电解液的直接接触会产生自放电现象，而且其剧烈反应还会引起安全隐患。因此，对于水系锂空气电池负极的研究工作主要集中于如何避免负极锂金属与水系电解液的直接接触，从而改善电池的性能并延长其使用寿命。

　　近年来，水系锂空气电池的结构不断完善，科学家们利用一层具有高的锂离子电导率、在水溶液中稳定的固体电解质作为隔离膜来分隔锂金属和水溶液，构建了水稳定锂电极（WSLE），成功克服了水系锂空气电池的自放电现象，从而能够充分发挥水系锂空气电池高能量密度的优势。典型的代表工作之一是 Visco 等[13] 在金属锂与水系电解液之间引入 NASICON 型结构的无机固态锂离子电解质隔膜材料 $Li_{1+x+y}Ti_{2-x}Al_xP_{3-y}Si_yO_{12}$，避免了金属锂和水溶液的直接接触，实现了水系锂空气电池的循环充放电。这种水稳定锂电极 WSLE 主要由三部分构成：①锂金属电极；②水稳定的无机固态锂离子电解质隔膜；③Li_3N、$Li_{3-x}PO_{4-y}N_y$ 或有机聚合物锂离子电解质缓冲层。其中，锂金属电极与非水系锂空气电池中的锂负极基本没有区别。因此，这里主要介绍无机固态锂离子电解质隔膜和有机聚合物锂离子电解质缓冲层。

3.3.1　无机固态锂离子电解质隔膜

　　水稳定的锂离子固体电解质隔膜是水系锂空气电池不可或缺的组成部分，它不仅需要具有高的锂离子电导率和与水系电解液接触的长期稳定性，还需要具有高的致密性以保证水系电解液无法渗漏到负极金属锂一侧，从而起到有效保护锂金属负极并防止其与水溶液发生反应的作用。

　　目前常用的锂离子固体电解质主要有 NASICON 型、石榴石型和钙钛矿型氧化物三大类，相关的研究工作主要聚焦于提高其锂离子电导率和化学稳定性。

　　（1）NASICON 型氧化物

　　NASICON 型氧化物的结构通式为 $AM_2(PO_4)_3$，其中 A 位为碱金属离子（Li^+、Na^+、K^+），M 位一般由四价离子占据（Ge^{4+}、Ti^{4+}、Zr^{4+}）。其骨架结构由 MO_6 八面体和 PO_4 四面体构成，两者之间通过 O 相连。1976 年，

Goodenough 等[14] 设计出一种适合 Na^+ 迁移的、空间点群属于三方晶系 $R\bar{3}C$ 的、具有三维网状结构的固体材料 $NaZr_2(PO_4)_3$（图 3-4）。其中，每个 ZrO_6 八面体通过其六个顶点与相邻的 PO_4 四面体相连，每个 PO_4 四面体的四个顶点与周围的 ZrO_6 相连[15]。因此，每个氧原子与四面体和八面体骨架中的阳离子形成化学键，从而形成稳定的骨架结构。其中的导电离子位于骨架结构的间隙之间，能沿着这些间隙构成的三维通道进行传导。

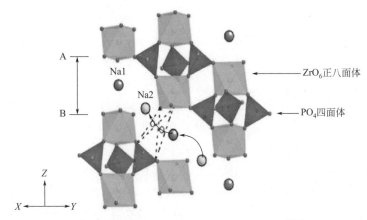

图 3-4　NASICON 型氧化物的结构示意图[15]

NASICON 型固体电解质不仅表现出较高的锂离子电导率，而且其电化学窗口较宽，具有广阔的应用前景。目前最成功的 NASICON 型锂离子固体电解质是由日本 Ohara 公司研制的 $Li-Al-Ti-PO_4$（LATP）[16]，其主要的特点在于具有较高的锂离子电导率、良好的机械强度及较好的化学稳定性和热稳定性，目前市售的两种 LATP 产品 $Li_2O-Al_2O_3-SiO_2-P_2O_5-TiO_2-GeO_2$ 和 $Li_2O-Al_2O_3-SiO_2-P_2O_5-TiO_2$ 的锂离子电导率分别达到 $1\times10^{-4}\,S\cdot cm^{-1}$ 和 $4\times10^{-4}\,S\cdot cm^{-1}$。大量研究表明，采用异价离子取代八面体位的阳离子可以调控 LATP 的离子电导率：用高价离子取代 Zr，会引入 Na^+ 空位；用低价离子取代 Zr，可形成间隙 Na^+。Aono 等[17] 的研究表明，随着 M^{3+} 含量的增加，$Li_{1+x}M_xTi_{2-x}(PO_4)_3$ （M = Al，Sc，Y，La）的导电性会随之提高，在 $x=0.3$ 时达到最高。其中，$Li_{1.3}Al_{0.3}Ti_{1.7}(PO_4)_3$ 具有最高的电导率，25℃时可达 $3\times10^{-3}\,S\cdot cm^{-1}$。Xiao 等[18] 向 $Li_{1.3}Al_{0.3}Ti_{1.7}(PO_4)_3$ 陶瓷固体电解质中掺入不同摩尔比的 Li_3PO_4 对其进行改性研究，发现 Li_3PO_4 的掺入并未改变 LATP 的 NASICON 结构，但可以提高其锂离子电导率、降低其孔隙率、提高其致密度（图 3-5），从而有利于降低 LATP 的晶界阻抗并改善电池的工作性能。

另一种具有较高锂离子电导率和化学稳定性的 NASICON 型固体电解质是

Li-Al-Ge-PO$_4$（LAGP）材料。Zhang 等[19] 通过向流延法制备的 Li$_{1.4}$Al$_{0.4}$Ge$_{1.6}$（PO$_4$）$_3$ 中掺杂 5%（质量分数）TiO$_2$ 使其电导率增大到 8.37×10^{-4} S·cm^{-1}；Jadhav 等[20] 将 B$_2$O$_3$ 添加至 Li$_{1.5}$Al$_{0.5}$Ge$_{1.5}$（PO$_4$） 使其电导率达到 6.9×10^{-4} S·cm^{-1}，并表现出较高的循环稳定性；Thokchom 等[21] 报道的固体电解质 Li$_{1.5}$Al$_{0.5}$Ge$_{1.5}$（PO$_4$）$_3$ 在室温下电导率高达 4.22×10^{-3} S·cm^{-1}。

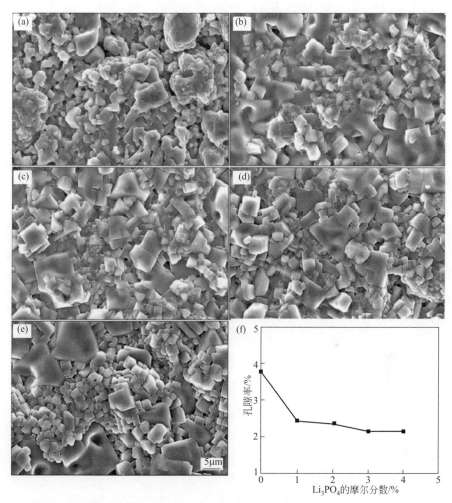

图 3-5　未掺杂（a）及掺杂 1%（b）、2%（c）、3%（d）和 4%（e）Li$_3$PO$_4$ 时 LATP 膜的 SEM 图[18]；不同 Li$_3$PO$_4$ 掺杂量时 LATP 膜的孔隙率[18]（f）

　　除了具有高锂离子电导率，NASICON 型氧化物的稳定性对水系锂空气电池的性能同样有着重要的影响。一方面，固体电解质要保证在电池工作的 pH 环境下具有高的化学稳定性；另一方面，固体电解质要与锂金属之间稳定共存。而

NASICON 型 LATP 与锂金属不能稳定共存，锂金属会与 LATP 中的 Ti^{4+} 发生氧化还原反应。因此，实际使用中需要在 LATP 与锂金属之间添加一层对锂金属稳定的缓冲层。此外，LATP 在强酸或强碱电解液中的稳定性较差对其实际应用也是一大挑战。Hasegawa 等[22] 研究了 LATP 在多种水溶液中的稳定性，对比 XRD ［图 3-6(a) 和 (b)］发现其在 $1mol \cdot L^{-1}$ LiOH 溶液中浸泡一周后会有 Li_3PO_4 生成，对比 SEM ［图 3-6(c)～(f)］发现其在 $1mol \cdot L^{-1}$ $LiNO_3$ 溶液中浸泡后无明显变化，而在 $0.1mol \cdot L^{-1}$ HCl 和 $1mol \cdot L^{-1}$ LiOH 溶液中浸泡后有明显的腐蚀现象。Shimonishi 等[23] 将 LATP 浸泡在 $0.57mol \cdot L^{-1}$ LiOH 碱性溶液中 3 周后，其锂离子电导率明显降低，晶界电导率降至 $2.8 \times 10^{-5} S \cdot cm^{-1}$。

（2）石榴石型氧化物

石榴石型氧化物 $Li_7La_3Zr_2O_{12}$（LLZO）是另一种具有高离子电导率的锂离子固体电解质，由 Murugan 等[24] 于 2007 年首次报道。LLZO 有立方相 ［图 3-7(a)］和四方相 ［图 3-7(b)］两种类型的晶体结构[25]，其中的十二面体 LaO_8 和八面体 ZrO_6 以共边形式相连。在立方相中，Li 部分占据间隙位，Li1 和 Li2 分别位于四面体 24d 位和扭曲的八面体 96h 位 ［图 3-7(a)］；而在四方相中，Li1 占据四面体 8a 位，Li2 和 Li3 分别占据八面体间隙的 16f 和 32g 位 ［图 3-7(b)］。由于立方相 LLZO 中四面体 $Li1O_4$ 和扭曲的八面体 Li_2O_6 共面连接，导致该迁移路径中 Li 之间的距离较短 ［图 3-7(c) 和 (d)］，并且立方相 LLZO 晶格中存在较多的空穴供锂离子传输。因此，立方相 LLZO 的锂离子电导率比四方相 LLZO 高两个数量级。

Murugan 等[24] 报道的石榴石型锂离子固体电解质 LLZO 在 25℃ 的电导率为 $2.44 \times 10^{-4} S \cdot cm^{-1}$，Rangasamy 等[26] 采用 Al_2O_3 掺杂 LLZO 得到的 $Li_{6.24}La_3Zr_2Al_{0.24}O_{11.98}$ 在室温下的电导率达到 $4.0 \times 10^{-4} S \cdot cm^{-1}$。此外，通过高价离子掺杂可以提高材料中空位的浓度，从而进一步提高其离子电导率。Yan 等[27] 采用 Ru 掺杂取代立方相 LLZO 中的 Zr，使得 LLZO 的晶格常数减小，电导率达到 $2.56 \times 10^{-4} S \cdot cm^{-1}$。Janani 等[28] 采用传统固相法合成 Ta 掺杂的 $Li_{6.4}La_3Zr_{1.4}Ta_{0.6}O_{12}$，其锂离子电导率在 33℃ 可达 $3.7 \times 10^{-4} S \cdot cm^{-1}$。Imagawa 等[29] 采用 Nb 对 LLZO 进行掺杂，得到的 $Li_{6.75}La_3Zr_{1.75}Nb_{0.25}O_{12}$ 的锂离子电导率可达 $8 \times 10^{-4} S \cdot cm^{-1}$。Deviannapoorani 等[30] 报道的 Te 掺杂的 $Li_{6.5}La_3Zr_{1.75}Te_{0.25}O_{12}$，其离子电导率室温下可达 $1.02 \times 10^{-3} S \cdot cm^{-1}$。Abrha 等[31] 采用溶胶-凝胶法合成了在空气中表现出优异稳定性的双掺杂（Ga，Nb）-LLZO 立方相石榴石型固体电解质，其在室温下的离子电导率高达 $9.28 \times 10^{-3} S \cdot cm^{-1}$。

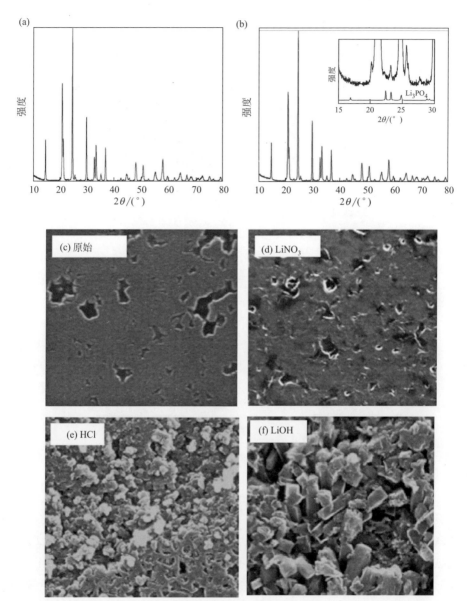

图 3-6　原始 LATP 膜（a）和浸泡于 1mol·L^{-1} LiOH 溶液 1 周后 LATP 膜（b）的
XRD 图[22]；原始 LATP 膜（c）和浸泡于 1mol·L^{-1} LiNO$_3$（d）、0.1mol·L^{-1} HCl（e）及
1mol·L^{-1} LiOH（f）溶液后 LATP 膜的 SEM 图[22]

　　石榴石型锂离子固体电解质具有较宽的电化学窗口，可以与锂金属稳定接触，因而可以免去在固体电解质和锂金属之间使用缓冲层，从而降低了水系锂空气电池的内阻。但富锂石榴石型氧化物在水溶液中不稳定，其晶格中的 Li$^+$ 会与

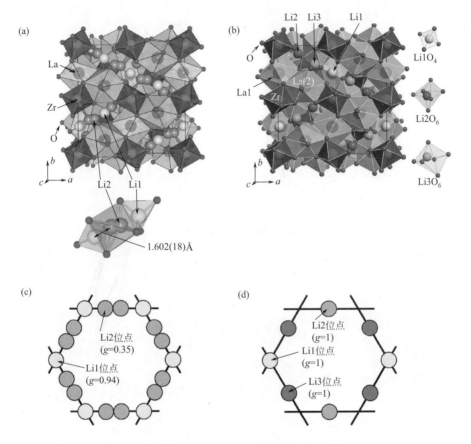

图 3-7　立方相（a）和四方相（b）LLZO 的晶体结构及 Li 填充的四面体和八面体位置；

立方相（c）和四方相（d）LLZO 中锂离子迁移通道的环状结构[25]

水中的质子发生交换。Galven 等[32] 研究表明，Li^+/H^+ 的交换程度取决于 LLZO 晶体中八面体间隙位 Li 的含量。当 Li 含量较低时，Li^+ 仅占据 LLZO 晶体的四面体位点，此时 LLZO 中的 Li 不与水中的质子发生交换反应。当 Li^+ 含量超过 LLZO 晶体四面体位点所能容纳的最大量时，Li^+ 则会占据 LLZO 晶体的八面体位点，此时 Li^+ 较容易与水中的 H 质子发生交换反应。Ishiguro 等[33] 通过控制 Ta 含量合成的石榴石型固体电解质 $Li_{6.75}La_3Zr_{1.75}Ta_{0.25}O_{12}$（LLZO-0.25Ta）表现出较高的耐水性。其不仅可以与锂金属稳定共存，而且在饱和 $LiOH+10mol \cdot L^{-1}$ LiCl 水溶液中表现出较高的稳定性。

　　总体而言，LLZO 室温下具有较高的锂离子电导率，不与金属锂发生副反应，具有良好的化学和电化学稳定性，是理想的水系锂空气电池用固体电解质材料之一。

（3）钙钛矿型氧化物

钙钛矿型氧化物固体电解质属于立方晶系，其结构通式为 ABO_3。其中，A 为镧系稀土金属元素，占据立方晶胞的顶点；B 为过渡金属元素，占据晶胞的体心；O 位于面心。锂离子可通过异价掺杂的方式占据钙钛矿中的 A 位，形成 $Li_{3x}La_{2/3-x}TiO_3$（LLTO）型固体电解质，其晶体结构示意图如图 3-8 所示。在 LLTO 中，A 位通常为载流子，且 A 位元素决定了离子在 LLTO 体相传输时需要穿过的瓶颈大小。因此，钙钛矿型氧化物 LLTO 的锂离子电导率与 A 位元素的种类密切相关。LLTO 中大量的高价态 La^{3+} 占据钙钛矿的 A 位，产生的 A 位空位为锂离子的迁移提供了通道，并且由于 La^{3+} 具有较大的离子半径，增大了锂离子扩散通道的尺寸，从而促进了锂离子的快速扩散，提高了材料的锂离子电导率。

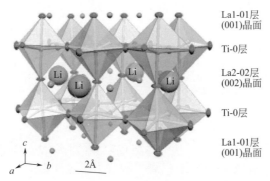

图 3-8　钙钛矿的晶体结构示意图[34]

Ling 等[35] 采用溶胶-凝胶法合成了 Zr 掺杂的 LLTO 材料 $Li_{0.5}La_{0.5}Ti_{1-x}Zr_xO_3$，发现其电导率与 Zr 掺杂量密切相关，其中 $Li_{0.5}La_{0.5}Ti_{0.96}Zr_{0.04}O_3$ 的电导率最高，达到 $5.84\times10^{-5}S\cdot cm^{-1}$ [图 3-9(a)]。Zhang 等[36] 通过溶胶-凝胶法，采用离子半径更大的 Sr^{2+} 代替 LLTO 中的 La^{3+}，可进一步提高其离子电导率，当 Sr 掺杂量为 5%（质量分数）时其离子电导率在 30℃时达到 $8.38\times10^{-5}S\cdot cm^{-1}$（图 3-9）。Jiang 等[37] 采用固相法合成了 Nb 掺杂的 LLTO，其室温电导率达到 $1.04\times10^{-4}S\cdot cm^{-1}$。

LLTO 的合成方法对其电导率也有重要影响。Ling 等[35] 研究表明溶胶-凝胶法制备的 LLTO 的电导率高于固相法制备的 LLTO [图 3-9(a)]。Jiang 等[38] 采用流延成型法制备了厚度为 $25\mu m$ 的 LLTO，与采用冷压法制得的厚电解质（$>200\mu m$）相比，其锂离子电导率从 $9.60\times10^{-6}S\cdot cm^{-1}$ 提升至 $2.00\times10^{-5}S\cdot cm^{-1}$。Geng 等[39] 研究了不同烧结气氛对 LLTO 电导率的影响，发现在氮气氛围下得到的 LLTO 具有较高的晶粒电导率，但其晶界阻抗较高，使得锂离子在晶界处的迁移较为困难，限制了其总离子电导率，阻碍了其在锂离子固体电解质中的应用。

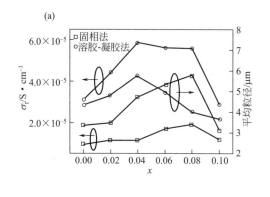 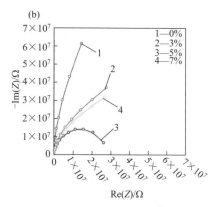

图 3-9　固相法及溶胶-凝胶法制备的 $Li_{0.5}La_{0.5}Ti_{1-x}Zr_xO_3$ 中 Zr 的含量与其离子

电导率的关系[35]（a）；30℃时不同 Sr 掺杂量下 LLTO 的阻抗[37]（b）

与 LATP 类似，钙钛矿型 LLTO 晶体中同样含有 Ti^{4+}，因而当其与金属锂直接接触时，其中的 Ti^{4+} 会与锂金属发生反应被还原成 Ti^{3+}，产生电子电导，导致电池短路。Wolfenstine 等[40] 研究表明，LLTO 在电解液的 pH≈7 时可以保持相对稳定，而在过高或过低 pH 值的电解液环境中无法稳定存在。此外，LLTO 的合成过程需要在 1000℃ 以上进行烧结，过高的温度会导致烧结过程中 Li_2O 的挥发，从而造成 LLTO 中锂离子的流失。这些都对钙钛矿型 LLTO 固体电解质在水系锂空气电池中的应用造成了不利的影响。

3.3.2　缓冲层

水系锂空气电池中，在采用 LATP 将水与锂金属负极隔开的同时，锂金属与 LATP 电解质之间的直接接触会引发一些副反应，LATP 中的 Ti^{4+} 被还原为 Ti^{3+}，从而导致 LATP 结构的破坏。通常的解决措施是在锂金属与 LATP 电解质之间引入一层缓冲层来抑制两者的直接接触和反应。

常用的缓冲层材料为对金属锂具有较高稳定性、具备较高锂离子电导率的、由含可溶剂化极性基团的 PEO 与锂盐络合形成的有机聚合物锂离子电解质。锂离子迁移数及锂离子电导率是该有机聚合物锂离子电解质的重要参数，通过热处理可提高有机聚合物电解质与锂金属及无机固体电解质的相容性，从而降低负极各部分间的接触电阻，引入添加剂可达到降低界面阻抗、抑制锂枝晶的效果。Zhang 等[41] 将 $PEO_{18}LiTFSI$-1.44PP13TFSI 作为水系锂空气电池的缓冲层，向其中添加 10%（质量分数）的纳米 $BaTiO_3$ 后电池的阻抗减小了将近 50%〔图 3-10(a)〕。Lei 等[42] 向 PEO 基电解质中添加 15%（质量分数）ZIF-8 作为填料后，其离子电导率提升至 $2.20×10^{-5}S·cm^{-1}$，且拓宽了材料的电化学窗

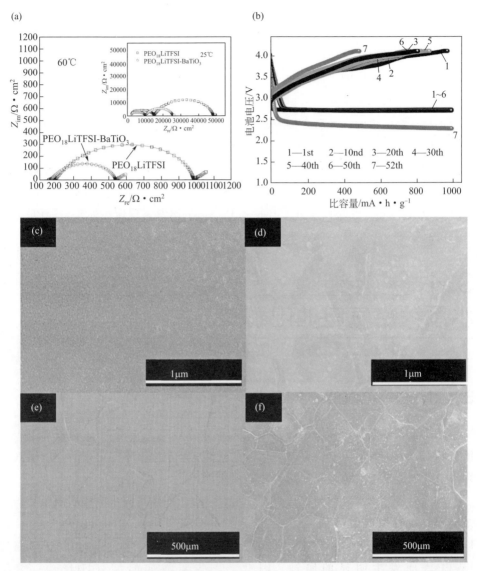

图 3-10 PEO18LiTFSI-1.44PP13TFSI 膜中添加 10％（质量分数）纳米 $BaTiO_3$ 前后电池的
阻抗谱[41]（a）；基于 LiPON/B-LAGP 复合负极保护层的锂空气电池在限定容量
1000mA·h·g^{-1} 下的循环性能（b）；循环测试前（c），（e）及循环 52 次后（d），
（f）LiPON/B-LAGP 缓冲层（c），（d）及锂金属（e），（f）的 FESEM 图[20]

口。Liu 等[43] 向 PEO 基聚合物中添加纳米 SiO_2，不仅提高了其中的锂离子迁
移数，还提高了电解质的韧性和强度，可有效地抑制锂枝晶的生长。他们又向聚
合物电解质中掺杂 PP_{13}TFSI 离子液体[44]，同样对锂枝晶的生长有明显的抑制

作用。Tang 等[45] 将蒙脱石-CNT 复合材料引入 PEO 基固体电解质中,其拉伸强度提高了 160%。总之,聚合物电解质缓冲层作为锂金属和无机固体电解质间的中间层,通过引入合适的添加剂开发离子电导率高且可抑制锂枝晶生长的聚合物电解质是目前研究的重点。

除了聚合物电解质,$Li_{3-x}PO_{4-y}N_y$(LiPON)具有较高的机械强度,也可作为水稳定锂电极的缓冲层来抑制负极锂枝晶的生长。Jadhav 等[20] 合成了 Li-PON/B-LAGP 复合负极保护层,应用于锂空气电池负极时,限定容量 $1000mA \cdot h \cdot g^{-1}$ 条件下可在 2.3V 以上循环 52 次 [图 3-10(b)],且测试前后 LiPON/B-LAGP 和锂金属表面形貌无明显变化 [图 3-10(c)~(f)],因而认为 LiPON 无定形薄膜可以有效防止 B-LAGP 与锂金属发生反应。但是,LiPON 的一大缺点在于其导电性不如有机聚合物电解质缓冲层。

3.4
水系锂空气电池电解液

3.4.1 酸性电解液

相比于碱性电解液,使用酸性电解液的水系锂空气电池具有更高的工作电压。然而,因为大多数非贵金属催化剂在酸性电解液中极不稳定,酸性电解液水系锂空气电池不可避免地要使用贵金属催化剂。

酸性电解液由水、酸和锂盐三部分组成。由于固体锂离子电解质隔膜易被腐蚀,因此强酸性电解液通常不适用于水系锂空气电池。Hasegawa 等[22] 将 LATP 浸泡于 $0.1mol \cdot L^{-1}$ HCl 中,三周后其阻抗明显增大,且通过 SEM 发现 LATP 表面发生明显的腐蚀。因此,一些弱酸如醋酸(HOAc)、磷酸 (H_3PO_4)常作为水系锂空气电池的酸性电解液。然而,HOAc 的 pH 值对于多数固体电解质来说仍然较低,Zhang 等[3] 通过引入其共轭碱醋酸锂(LiOAc)来抑制 HOAc 的解离,他们设计的 LiOAc 饱和的 90%HOAc 溶液的 pH 值达到 3.34,LATP 于 50 ℃ 在其中放置 5 个月后电导率保持不变。以其为电解液的锂空气电池在 3.2V 以上可充放电循环 15 次,并保持放电容量 $250mA \cdot h \cdot g^{-1}$、充-放电过电位 0.75V。$H_3PO_4$ 作为电解液单独使用时,会腐蚀固体电解质隔膜,增大 LATP 的体相和晶界阻抗。Li 等[46] 的研究表明,通过添加其共轭碱磷酸二氢锂（LiH$_2$PO$_4$）形成磷酸缓冲液可抑制 H$_3$PO$_4$ 的解离，提高电解液的 pH 值，从而有效抑制 LATP 阻抗的增加。但是，Li$_2$HPO$_4$ 和 Li$_3$PO$_4$ 在水中的溶解度很低，会沉积并堵塞正极孔道，导致电池性能降低。

咪唑分子对水中的质子有很强的吸附能力，可以作为一种"质子储存器"用于强酸作电解液的锂空气电池中来调节其 pH 值[47]。如图 3-11(a) 所示，咪唑分子首先捕获电解液中的质子，形成咪唑-质子复合物，保持 pH 接近中性。随着放电的进行，电解液中的质子不断消耗，咪唑-质子复合物开始向电解液中释放质子，维持放电过程的持续进行。作者比较了不同咪唑添加量时 HCl 电解液的 pH 值 [图 3-11(b)]，发现要获得 pH＝5 的电解液，咪唑分子的浓度需要稍高于 HCl 的浓度。他们将 LATP 分别浸泡于 0.1mol·L^{-1} HCl、0.1mol·L^{-1} HCl＋1.01mol·L^{-1} 咪唑和 6mol·L^{-1} HCl＋6.06mol·L^{-1} 咪唑三种电解液中，发现相比于原始 LATP [图 3-11(c)]，两种含咪唑分子的 HCl 电解液对 LATP 无明显的腐蚀 [图 3-11(e)、(f)]，而 LATP 在 0.1mol·L^{-1} HCl 水溶液中浸泡一个月后，膜的腐蚀现象比较严重 [图 3-11(d)]。

3.4.2 碱性电解液

碱性电解液中最常用的电解质为 LiOH，它不仅提供了碱性环境，促进非贵金属催化 ORR 过程，还为电解液提供了 Li$^+$，提高了电解液的离子电导率。但是，LiOH 电解液对水系锂空气电池并非理想的选择。首先，为了保持电解液的高电导率，需要使用高浓度的 LiOH，从而导致电解液的 pH 值过高，进而引发催化剂及锂负极发生一系列副反应。另一方面，电池在长时间的充电过程中，由于 LiOH 的不断消耗会导致电池内阻急速上升。因此，实际使用中需要向电解液中提供额外的辅助盐来维持其离子电导率及 pH。He 等[48] 向 LiOH 电解液中引入 LiClO$_4$ 作为辅助盐，虽然使电池的放电电压略有下降，但可以明显降低其充电电压（图 3-12），而且电池的内阻相比于使用纯水和 0.01mol·L^{-1} LiOH 电解液时有明显的降低。此外，LiCl 也常用作碱性锂空气电池电解液的辅助盐。Shimonishi 等[23] 研究了 LiCl 对锂离子固体电解质隔膜 Li$_{1+x+y}$Ti$_{2-x}$Al$_x$Si$_y$P$_{3-y}$O$_{12}$ 稳定性的影响。发现 LiCl 可以抑制电解液中 LiOH 的解离，将电解液的 pH 值维持在 7~9 之间，从而有效地避免 LATP 发生副反应。他们将 LATP 浸泡于饱和 LiCl-5.1mol·L^{-1} LiOH 水溶液中 3 周后，其导电性相较于初始的 LATP 仅轻微下降；延长浸泡时间至 3 个月，其导电性无明显变化，表现出较高的稳定性。

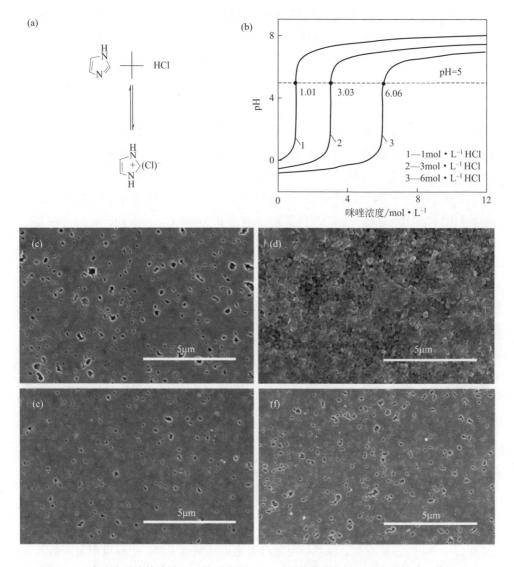

图 3-11　咪唑分子维持溶液 pH 的示意图（a）；不同咪唑添加量下溶液的 pH 值（b）；
原始 LATP（c）以及浸泡于 $0.1mol \cdot L^{-1}$ HCl 一个月（d）、浸泡于
$0.1mol \cdot L^{-1}$ HCl＋$1.01mol \cdot L^{-1}$ 咪唑 2.5 个月（e）和浸泡于 $6mol \cdot L^{-1}$
HCl＋$6.06mol \cdot L^{-1}$ 咪唑 2.5 个月（f）后 LATP 的 SEM 图[47]

　　总的来说，由于已有的锂离子固体电解质在强酸或强碱性电解质条件下稳定
性不高，选择合适 pH 值及成分的电解液对于提高固体电解质在水溶液中的稳定
性及改善水系锂空气电池的长期运行稳定性具有重要意义。

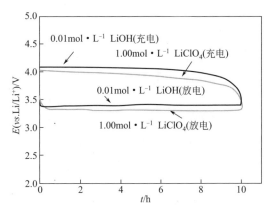

图 3-12　在 0.05mA·cm^{-2} 电流密度下基于 0.01mol·L^{-1} LiOH 和
1.00mol·L^{-1} LiClO$_4$ 电解液的锂空气电池的充放电曲线[48]

3.5
小结与展望

尽管水系锂空气电池近年来受到研究者的广泛关注，相对于非水系锂空气电池也有其独特的优势，但其仍然面临许多严峻的问题与挑战。

① 正极。水系锂空气电池中电解液的 pH 值范围较宽，因而其正极催化剂在电池工作环境中的 ORR/OER 双功能催化活性及其稳定性是水系锂空气电池的一大挑战。此外，正极其他材料在宽 pH 值环境中的稳定性也值得关注。

② 负极。锂金属的保护是水系锂空气电池负极侧的关键问题，需要采用合适的固体电解质隔膜将水系电解液和锂金属隔开以防止金属锂被腐蚀。同时，锂金属枝晶的生长会破坏固体电解质隔膜，从而导致电池失效，甚至引起安全隐患。因此，有效的锂金属负极稳定保护策略或新型、高效、长寿命负极材料的开发是水系锂空气电池发展必须解决的重要课题。

③ 电解液。在水系锂空气电池中，电解液作为电极反应发生的环境，其酸碱性对催化剂的性能及其稳定性、电极材料的稳定性、固体电解质膜的稳定性都有重要的影响，而且其 pH 值在电池工作过程中的变化还增加了这些影响的复杂性和不确定性。目前这方面只有一些初步的探索性研究工作报道，未来应展开专门的系统研究，这是发展水系锂空气电池的关键所在和技术保障。

④ 固体电解质膜。目前，水系锂空气电池用固体电解质隔膜面临的主要技术瓶颈在于室温锂离子电导率低、水系电解液中的长期稳定性和机械强度差、与

金属锂负极的界面不稳定等，高性能固体电解质必须同时解决这些问题才能真正用于实用水系锂空气电池。在已报道的多种类型固体电解膜材料中，石榴石型固体电解质具有更高的锂离子电导率，且对锂金属具有较高的稳定性，是目前最具竞争力的候选材料之一，值得深入研究。

参考文献

［1］ Visco S J，Nimon E，Katz B D，et al. Lithium metal aqueous batteries ［A］. Abstracts of the International Meeting on Lithium batteries，2004：53.

［2］ Zhang T，Imanishi N，Takeda Y，et al. Aqueous lithium/air rechargeable batteries ［J］. Chemistry Letters，2011，40 (7)：668-673.

［3］ Zhang T，Imanishi N，Shimonishi Y，et al. A novel high energy density rechargeable lithium/air battery ［J］. Chemical Communications，2010，46 (10)：1661-1663.

［4］ Li L，Manthiram A. Dual-electrolyte lithium-air batteries：influence of catalyst，temperature，and solid-electrolyte conductivity on the efficiency and power density ［J］. Journal of Materials Chemistry A，2013，1 (16)：5121.

［5］ Huang K，Li Y，Xing Y. Increasing round trip efficiency of hybrid Li-air battery with bifunctional catalysts ［J］. Electrochimica Acta，2013，103：44-49.

［6］ He P，Wang Y，Zhou H. Titanium nitride catalyst cathode in a Li-air fuel cell with an acidic aqueous solution ［J］. Chemical Communications，2011，47 (38)：10701-10703.

［7］ Yoo E，Nakamura J，Zhou H. N-doped graphene nanosheets for Li-air fuel cells under acidic conditions ［J］. Energy & Environmental Science，2012，5 (5)：6928.

［8］ Yoo E，Zhou H. Li-air rechargeable battery based on metal-free graphene nanosheet catalysts ［J］. ACS Nano，2011，5 (4)：3020-3026.

［9］ Li Y，Huang Z，Huang K，et al. Hybrid Li-air battery cathodes with sparse carbon nanotube arrays directly grown on carbon fiber papers ［J］. Energy & Environmental Science，2013，6 (11)：3339.

［10］ Xu C，Lu M，Yan B，et al. Electronic coupling of cobalt nanoparticles to nitrogen-doped graphene for oxygen reduction and evolution reactions ［J］. Chem Sus Chem，2016，9 (21)：3067-3073.

［11］ Wang L，Zhao X，Lu Y，et al. $CoMn_2O_4$ Spinel nanoparticles grown on graphene as bifunctional catalyst for lithium-air batteries ［J］. Journal of The Electrochemical Society，2011，158 (12)：A1379.

［12］ Yang W，Salim J，Li S，et al. Perovskite $Sr_{0.95}Ce_{0.05}CoO_{3-\delta}$ loaded with copper nanoparticles as a bifunctional catalyst for lithium-air batteries ［J］. Journal of Materials Chemistry，2012，22 (36)：18902.

［13］ Visco S J，Nimon V Y，Petrov A，et al. Aqueous and nonaqueous lithium-air batteries enabled by water-stable lithium metal electrodes ［J］. Journal of Solid State Electrochemistry，2014，18：1443-1456.

［14］ Goodenough J B. Fast Na^+-intransport in skeleton structures ［J］. Materials Research Bulletin，1976，11 (2)：203-220.

[15] Baliteau S, Sauvet A L, Lopez C, et al. Characterization of a NASICON based potentiometric CO_2 sensor [J]. Journal of the European Ceramic Society, 2005, 25 (12): 2965-2968.

[16] Fu J. Fast Li^+ ion conduction in Li_2O-$(Al_2O_3 \cdot Ga_2O_3)$-TiO_2-P_2O_5 glass-ceramics [J]. Journal of Materials Science, 1998, 33 (6): 1549-1553.

[17] Aono H, Sugimoto E, Sadaoka Y, et al. Ionic conductivity and sinterability of lithium titanium phosphate system [J]. Solid State Ionics, 1990, 40: 38-42.

[18] Xiao Z B, Chen S, Guo M M. Influence of Li_3PO_4 addition on properties of lithium ion-conductive electrolyte $Li_{1.3}Al_{0.3}Ti_{1.7}(PO_4)_3$ [J]. Transactions of Nonferrous Metals Society of China, 2011, 21 (11): 2454-2458.

[19] Zhang M, Takahashi K, Uechi I, et al. Water-stable lithium anode with $Li_{1.4}Al_{0.4}Ge_{1.6}(PO_4)_3$-$TiO_2$ sheet prepared by tape casting method for lithium-air batteries [J]. Journal of Power Sources, 2013, 235: 117-121.

[20] Jadhav H S, Kalubarme R S, Jadhav A H, et al. Highly stable bilayer of LiPON and B_2O_3 added $Li_{1.5}Al_{0.5}Ge_{1.5}(PO_4)$ solid electrolytes for non-aqueous rechargeable Li-O_2 batteries [J]. Electrochimica Acta, 2016, 199: 126-132.

[21] Thokchom J S, Kumar B. The effects of crystallization parameters on the ionic conductivity of a lithium aluminum germanium phosphate glass-ceramic [J]. Journal of Power Sources, 2010, 195 (9): 2870-2876.

[22] Hasegawa S, Imanishi N, Zhang T, et al. Study on lithium/air secondary batteries-Stability of NASICON-type lithium ion conducting glass-ceramics with water [J]. Journal of Power Sources, 2009, 189 (1): 371-377.

[23] Shimonishi Y, Zhang T, Imanishi N, et al. A study on lithium/air secondary batteries-stability of the NASICON-type lithium ion conducting solid electrolyte in alkaline aqueous solutions [J]. Journal of Power Sources, 2011, 196 (11): 5128-5132.

[24] Murugan R, Thangadurai V, Weppner W. Fast lithium ion conduction in garnet-type $Li_7La_3Zr_2O_{12}$ [J]. Angewandte Chemie, 2007, 46 (41): 7778-7781.

[25] Awaka J, Takashima A, Kataoka K, et al. Crystal structure of fast lithium-ion-conducting cubic $Li_7La_3Zr_2O_{12}$ [J]. Cheminform, 2010, 42 (18).

[26] Rangasamy E, Wolfenstine J, Sakamoto J. The role of Al and Li concentration on the formation of cubic garnet solid electrolyte of nominal composition $Li_7La_3Zr_2O_{12}$ [J]. Solid State Ionics, 2012, 206: 28-32.

[27] Yan B, Kotobuki M, Liu J. Ruthenium doped cubic-garnet structured solid electrolyte $Li_7La_3Zr_{2-x}Ru_xO_{12}$ [J]. Materials Technology, 2016, 31 (11): 623-627.

[28] Janani N, Ramakumar S, Kannan S, et al. Optimization of lithium content and sintering aid for maximized Li^+ conductivity and density in Ta-doped $Li_7La_3Zr_2O_{12}$ [J]. Journal of the American Ceramic Society, 2015, 98 (7): 2039-2046.

[29] Imagawa H, Ohta S, Kihira Y, et al. Garnet-type $Li_{6.75}La_3Zr_{1.75}Nb_{0.25}O_{12}$ synthesized by coprecipitation method and its lithium ion conductivity [J]. Solid State Ionics, 2014, 262: 609-612.

[30] Deviannapoorani C, Dhivya L, Ramakumar S, et al. Lithium ion transport properties of

high conductive tellurium substituted $Li_7La_3Zr_2O_{12}$ cubic lithium garnets [J]. Journal of Power Sources, 2013, 240: 18-25.

[31] Abrha L, Hagos T, Nikodimos Y, et al. Dual-doped cubic garnet solid electrolyte with superior air stability [J]. ACS Applied Materials & Interfaces, 2020, 12 (23): 25709-25717.

[32] Galven C, Dittmer J, Suard E, et al. Instability of lithium garnets against moisture: structural characterization and dynamics of $Li_{7-x}H_xLa_3Sn_2O_{12}$ and $Li_{5-x}H_xLa_3Nb_2O_{12}$ [J]. Chemistry of Materials, 2012, 24 (17): 3335-3345.

[33] Ishiguro K, Nemori H, Sunahiro S, et al. Ta-doped $Li_7La_3Zr_2O_{12}$ for water-stable lithium electrode of lithium-air batteries [J]. Journal of The Electrochemical Society, 2014, 161 (5): A668-A674.

[34] Yashima M, Itoh M, Inaguma Y, et al. Crystal structure and diffusion path in the fast lithium-ion conductor $La_{0.62}Li_{0.16}TiO_3$ [J]. Journal of the American Chemical Society, 2005, 127 (10): 3491-3495.

[35] Ling M E, Zhu X, Jiang Y, et al. Comparative study of solid-state reaction and sol-gel process for synthesis of Zr-doped $Li_{0.5}La_{0.5}TiO_3$ solid electrolytes [J]. Ionics, 2016, 22 (11): 2151-2156.

[36] Zhang Y, Meng Z, Wang Y. Sr doped amorphous LLTO as solid electrolyte material [J]. Journal of The Electrochemical Society, 2020, 167 (8): 080516.

[37] Jiang Y, Huang Y, Hu Z, et al. Effects of B-site ion (Nb^{5+}) substitution on the microstructure and ionic conductivity of $Li_{0.5}La_{0.5}TiO_3$ solid electrolytes [J]. Ferroelectrics, 2020, 554, 89-96.

[38] Jiang Z, Wang S, Chen X, et al. Tape-casting $Li_{0.34}La_{0.56}TiO_3$ Ceramic electrolyte films permit high energy density of lithium-metal batteries [J]. Advanced materials, 2020, 32 (6): e1906221.

[39] Geng H, Ao M, Lin Y, et al. Effect of sintering atmosphere on ionic conduction and structure of $Li_{0.5}La_{0.5}TiO_3$ solid electrolytes [J]. Materials Science & Engineering B, 2009, 164 (2): 91-95.

[40] Wolfenstine J. Stability predictions of solid Li-ion conducting membranes in aqueous solutions [J]. Journal of Materials Science, 2010, 45 (14): 3954-3956.

[41] Zhang T, Imanshi N, Hasegawa S, et al. Water-stable lithium anode with the three-layer construction for aqueous lithium-air secondary batteries [J]. Electrochemical and Solid-State Letters, 2009, 12 (7): A132.

[42] Lei Z, Shen J, Zhang W, et al. Exploring porous zeolitic imidazolate frame work-8 (ZIF-8) as an efficient filler for high-performance poly (ethyleneoxide)-based solid polymer electrolytes [J]. Nano Research, 2020, 13 (8): 2259-2267.

[43] Liu S, Imanishi N, Zhang T, et al. Effect of nano-silica filler in polymer electrolyte on Li dendrite formation in Li/poly (ethylene oxide)-Li (CF_3SO_2)$_2$N/Li [J]. Journal of Power Sources, 2010, 195 (19): 6847-6853.

[44] Liu S, Imanishi N, Zhang T, et al. Lithium dendrite formation in Li/Poly (ethylene oxide)-Lithium Bis (trifluoromethanesulfonyl)' imide and N-Methyl-N-propylpiperidinium

Bis (trifluoromethanesulfonyl) imide/Li Cells [J]. Journal of The Electrochemical Socie
ty, 2010, 157 (10): A1092.

[45] Tang C, Hackenberg K, Fu Q, et al. High ion conducting polymer nanocomposite elec-
trolytes using hybrid nanofillers [J]. Nano letters, 2012, 12 (3): 1152-1156.

[46] Li L, Zhao X, Manthiram A. A dual-electrolyte rechargeable Li-air battery with phos-
phate buffer catholyte [J]. Electrochemistry Communications, 2012, 14 (1): 78-81.

[47] Li L, Fu Y, Manthiram A. Imidazole-buffered acidic catholytes for hybrid Li-air batter-
ies with high practical energy density [J]. Electrochemistry Communications, 2014, 47:
67-70.

[48] He H, Niu W, Asl NM, et al. Effects of aqueous electrolytes on the voltage behaviors
of rechargeable Li-air batteries [J]. Electrochimica Acta, 2012, 67: 87-94.

第 4 章

全固态锂空气电池

4.1
全固态锂空气电池结构及工作原理

使用液态电解质的锂空气电池，包括水系、非水系锂空气电池，其较高的理论能量密度使其成为极具前景的新一代储能器件[1-8]，但目前仍存在很多问题需要解决。比如：液态电解液的易燃性、高毒性和挥发性等制约了锂空气电池的实际应用；充电过程中有机电解液可能会发生分解，所形成的副产物会引起过电位的增大，甚至导致电池失活；循环过程中锂枝晶的生成会导致电池发生内部短路甚至引发爆炸[9,10]。此外，锂空气电池使用空气中的氧气作为正极活性物质，空气中的水分和其他气体可能会随氧气一起进入电池内部，通过电解液和隔膜到达负极，进而腐蚀锂金属电极，导致电池性能的下降。这些问题严重阻碍着液态锂空气电池的发展和推广应用。

利用固体电解质（比如陶瓷电解质或聚合物电解质）取代液态电解质开发全固态锂空气电池可有效解决上述问题[11-14]。如图 4-1 所示，全固态锂空气电池由金属锂负极、固体电解质和具有良好离子/电子传导通道的空气正极组成[15-19]。相对于液态锂空气电池，全固态锂空气电池拥有许多优势：①可避免液态电解液带来的液体泄漏和蒸发/挥发问题；②可避免液态电解液分解产生副产物及其带来的不利影响；③可降低电池燃烧和爆炸的风险；④可保护金属锂负极不受水和杂质气体的腐蚀，使电池能在空气中正常工作。因此，全固态锂空气电池自 2010 年[20] 问世以来引起了广泛的关注。

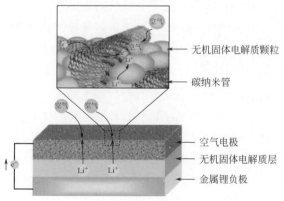

图 4-1　全固态锂空气电池的结构示意图[15]

然而，全固态锂空气电池的发展目前仍处于初级阶段，这主要是两个方面的原因造成的。首先，目前尚缺乏合适的固体电解质材料。理想地应用于锂空气电池的固体电解质需要有较高的锂离子传导率（$10^{-2} \sim 10^{-3} \text{S} \cdot \text{cm}^{-1}$）、较宽的电化学窗口，并与电极材料具有良好的界面稳定性。然而，现有的固体电解质材料并不能完全满足这些要求。例如：常见的 $Li_{3x}La_{2/3-x}\square_{1/3-2x}TiO_3$（LLTO）固体电解质，虽然具有较高的锂离子传导率，但其中的 Ti^{4+} 会与金属锂负极发生氧化还原反应，从而导致固体电解质和锂金属负极的界面不稳定[16]。石榴石型固体电解质虽然可与金属锂稳定共存，但其锂离子传导率比液态电解液低 1～2 个数量级[17,18]。其次，全固态锂空气电池中的界面接触性（包括正极与电解质的接触和负极与电解质的接触）较差[13,14,19]，固-固相界面不能保证足够的接触面积，因而会直接影响到电池中锂离子的输运，进而影响全固态锂空气电池的内阻。

4.2
全固态锂空气电池正极结构及材料

与常规液态锂空气电池的正极有所不同，全固态锂空气电池中通常是将电子导体（碳材料）、离子导体（固体电解质）和催化剂混合在一起制成复合正极。这种设计有利于对正极各材料颗粒间、正极与放电产物间以及正极和固体电解质之间的界面进行改性，进而降低界面电阻，是提高固态锂空气电池性能的关键措施。

碳材料（如 Super P，科琴黑和 Vulcan XXC-72 等）因为具有理想的电子导电性、高的表面积和催化活性，而且成本低廉，容易大规模生产，被广泛用作固态锂空气电池的电子导电网络和催化剂[20]。碳纳米管、石墨烯纳米片和还原氧化石墨烯具有独特的结构和高比表面积，也常用作正极材料。此外，碳易于通过机械研磨或热处理在其与固体电解质间形成良好的界面，可在一定程度上减小界面电阻，有效改善全固态锂空气电池的性能。Kumar 等[20] 将镍网、乙炔黑、Teflon 和陶瓷电解质（LAGP）粉末相结合制备了复合正极，并与锂金属负极和层压固体电解质一起装配了第一个全固态锂空气电池，在 30～105℃的温度范围内表现出良好的热稳定性和可再充电性。Kitaura 等[21] 将碳纳米管（CNT）和 LAGP 粉末混合共热制成空气电极。该电极综合了 CNT 的高表面积、LAGP 的 Li 离子迁移通道和 3D 结构中的气体扩散路径，形成了连续的电子传导通道。以其为正极所构建的全固态锂空气电池在室温标准大气压下限容 500mA·h·g^{-1} 时可进行稳定的充放循环。他们的研究还表明，在 25～120℃的范围内，适当升高温度能减小电池的内阻，从而降低充放电过电位，改善电池的循环性能[22]。类似地，将小粒径的单壁碳纳米管（SWCNT）和固体电解质粉末通过高能球磨得到正极材料，并制备相应的固态锂空气电池，小粒径 SWCNT 与固体电解质之间的紧密接触使得电池在室温下空气环境中限容 1000mA·h·g^{-1} 可进行稳定的充放电循环[23]。Zhu 等[24-26] 采用一步烧结法将 LATP 粉末与碳纳米颗粒（CNP）和碳纳米纤维（CNF）混合制得一种无缝致密的电极-电解质结构并应用于全固态锂空气电池，实现了 32.1mA·h·cm^{-2} 的放电容量。其中，CNP 和 CNF 与 LATP 紧密接触，放电时形成的薄膜状的、覆盖于电极表面的产物会在充电过程中完全分解（图 4-2），该电池在氧气气氛中能够在 0.5mA·cm^{-2} 的电流密度下维持 1174 次循环。若在正极中加入 RuO_2 和 NiO 纳米颗粒作为催化剂，电池能够在空气中稳定循环 450 次[26]。这些结果表明，全固态锂空气电池在氧气和空气环境中均可实际使用。为了克服固体电解质与正极以及 Li_2O_2 之间较高的界面阻抗，Yi 等[27] 设计了一种复合正极来匹配准固体电解质（HQSSE）。他们将 SWCNT 超声分散在 0.5mol·L^{-1} LiTFSI 的 ［C2Clim］［TFSI］溶液中，然后经研磨、离心制备成复合正极（LSM@CNG）。对于纯 SWCNT 制备的正极，由于 Li_2CO_3 等副产物的产生，HQSSE 和 SWCN 正极之

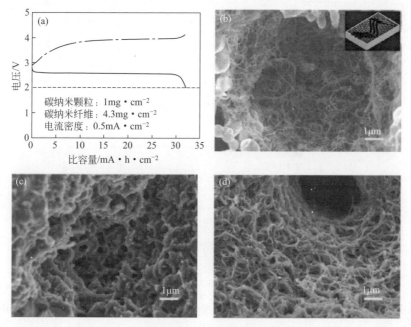

图 4-2　CNP/CNF 负载 LATP 的固态锂空气电池的充放电曲线（a）；固态正极放电前（b），放电到 2V 后（c）以及再次充电后（d）的 SEM 图[26]

间的 O_2 和 Li^+ 扩散通道可能会被阻塞，同时由于绝缘性放电产物 Li_2O_2 的存在，会导致电池放电提前终止。而通过锂盐改性的 SWCNT 单壁碳纳米管与离子液体交联网络凝胶复合制得的 LSM@CNG 正极能提供高效率的离子和氧气传输通道，使电池的循环性能得到明显改善，100 次循环后其充、放电终点电压都基本没有变化（图 4-3）。除了将催化剂/碳材料和固体电解质粉末混合制成正极

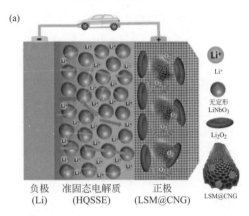

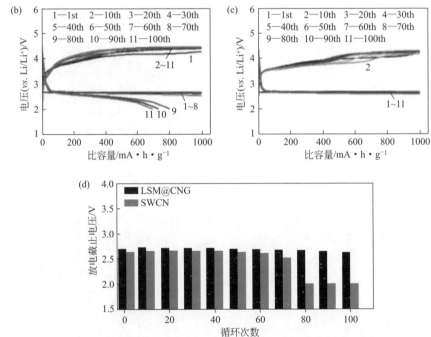

图 4-3　基于 HQSSE 电解质的可充电固态锂空气电池示意图（a）；SWCN 正极（b）和 LSM@CNG 正极（c）基于 HQSSE 电解质的复合锂空气电池在电流密度为 250mA·g^{-1}、限容 1000mA·h·g^{-1}、干燥 O_2 气氛条件下的充放电曲线（b），（c），以及放电端电压随循环次数变化（d）[27]

外，Wang 等[28] 在 LISICON 固体电解质 Li_{1+x+y}（Ti，Ge）$_{2-x}Si_yP_{3-y}O_{12}$ 上用铅笔直接"画"了一个空气电极。铅笔迹线有碳纳米片的 2D 结构，具有多个原子层，即多层石墨烯的典型特征。他们用复合电解质（LISICON 陶瓷和有机电解质）制作的锂空气电池在 $0.1A \cdot g^{-1}$ 的电流密度下放电比容量能够达到 $950 mA \cdot h \cdot g^{-1}$。

尽管碳材料具有很多优点，但含碳的空气电极不可避免地会与氧自由基发生副反应。因此，无碳电极受到科研人员的关注。Suzuki 等[29,30] 将 Pt 溅射到 LATP 的表面，形成条纹状的 Pt 作为空气电极（图 4-4）。结合锂金属负极和 LATP 与聚合物层组成的复合电解质所构建的固态锂空气电池在 $100\mu A \cdot cm^{-2}$ 的电流密度下于 60℃氧气环境中表现出 $1750 mA \cdot h \cdot g^{-1}$ 的放电容量，其放电产物 Li_2O_2 主要出现在 LATP、Pt 和氧气的三相界面上。同时，作者还发现潮湿的环境对电池的性能有积极的影响，较低的过电位可能是因为 LiOH 形成和分解的电化学过程（图 4-4）。该电池有效地避免了含碳正极可能发生的副反应，但 Pt 资源的紧缺限制了其在锂空气电池中的大规模应用。此外，对于无碳正极，其中的电极材料必须以适当的方式与固体电解质结合，以确保电子和锂离子的顺利传输，并实现具有高活性反应区域的多孔结构。

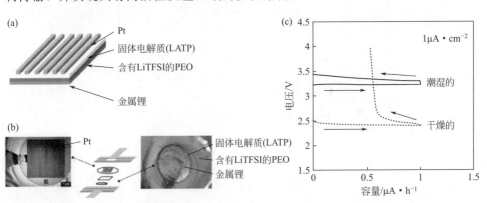

图 4-4 基于铂正极的锂空气电池的示意图（a）和光学照片（b）；干燥和潮湿的氧气中 Li/PEO18LiTFSI/LATP/Pt 电池在 60℃、$1\mu A \cdot cm^{-2}$ 下的充放电曲线（c）[30]

4.3
全固态锂空气电池固体电解质

作为分隔正负极、传输锂离子的中间层，固体电解质是全固态锂空气电池的关键组成部分，对电池的性能起着决定性作用[31]。按照组成成分，适用于锂空气电池的固体电解质可分为无机固体电解质和聚合物固体电解质两大类。其中，无机固体电解质又可分为氧化物电解质和硫化物电解质[32]（图 4-5）。评估固体电解质基本性能的指标是离子输运能力和界面稳定性，不同的固体电解质材料各有其突出的特点。

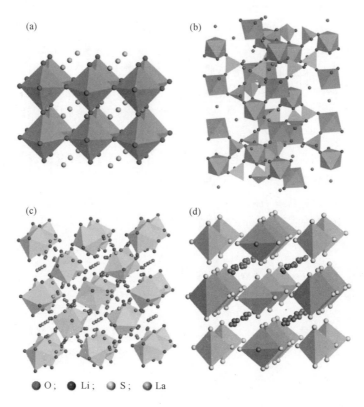

○ O；● Li；○ S；○ La

图 4-5　不同固体电解质的晶体结构：钙钛矿型氧化物（a）；NASICON 型氧化物（b）；
石榴石型氧化物（c）；硫化物（d）[32]（彩图见文前）

4.3.1　氧化物固体电解质

钙钛矿型固体电解质（LLTO）是氧化物类固体电解质的典型代表，其通式为 ABO_3（A = Ca，Sr，La；B = Al，Ti），晶体结构为立方晶胞 [图 4-5 (a)]，空间群为 Pm/3m。其中，A 离子位于立方体的顶点，B 离子位于立方体的中心，O 原子位于面中心位置，由此形成 12 配位的 A 位点和 6 配位的 B 位点，即 A 离子位于八个共顶点连接的 BO_6 八面体形成的间隙，锂离子可以通过不等价掺杂存在于 A 位置，形成诸如 $Li_{3x}La_{2/3-x}\square_{1/3-2x}TiO_3$（$0.06 < x < 0.14$）的钙钛矿结构锂离子导体。在该类固体电解质中，锂离子的引入不仅增加了其中锂的含量，并且提高了空位浓度，允许锂离子以空位传导的机理在正方形的瓶颈中跃迁。比如，$Li_{3-x}La_{2/3-x}TiO_3$ 的电导率取决于锂离子的浓度。当 x 为 0.11 时，其体相室温电导率高达 $1 \times 10^{-3} S \cdot cm^{-1}$，但总电导率仅为 $1 \times 10^{-5} S \cdot cm^{-1}$，巨大的晶界阻抗降低了材料的总电导率[16]。其中锂离子跃迁的瓶颈是由相邻 A 位中间的四个氧离子构成的，瓶颈的尺寸可以通过在 A 位引入大半径的稀有碱金属离子来扩大，从而提高锂离子的传导率。另一种途径是降低 B 位的离子半径，进而改变原子间的结合力，起到提高传导率的作用。

总体而言，钙钛矿结构固体电解质的晶界电阻较大，且该结构中的 Ti^{4+} 与金属锂的电化学稳定性较差，同时晶界存在严重的阻隔作用。因此，目前对钙钛矿结构固体电解质的研究重点在于其基本性能的完善。Kwon 等[33] 发现采用热处理可以控制其晶粒尺寸，较高温度的烧结有利于制得较大的晶粒，同时得到的晶界电导率也更高（图 4-6）。Ma 等[34] 通过 STEM/EELS 分析研究了 LLTO 晶界处低传导率的原因，揭示了晶界处与体相骨架中存在着极大的结构偏差和化学变化，晶界处更多表现出 Ti-O 二元相，而缺乏 La^{3+} 和更重要的 Li^{+}（图 4-7）。Zhao 等[35] 报道了一种新型的、化学式为 Li_3OX（X = Cl,Br）的反钙钛矿结构固体电解质。其中，锂离子占据八面体的顶角位置，并与八面体中心位置的阳离子相连接，而卤族元素则是在十二面体的中心（图 4-8）[36]。这种反钙钛矿固体电解质的优势是富含锂元素、质量较轻，而且具有高的锂离子传导能力。比如：Li_3OCl 和 $Li_3OCl_{0.5}Br_{0.5}$ 的室温锂离子电导率分别高达 $0.85 \times 10^{-3} S \cdot cm^{-1}$ 和 $1.94 \times 10^{-3} S \cdot cm^{-1}$。Li 等[37] 进一步研究发现，具有反钙钛矿结构的 Li_2OHX 也可以作为固体电解质，并且可与锂金属稳定共存。用氟阴离子取代氢氧根离子得到的化合物 $Li_2(OH)_{0.9}F_{0.1}Cl$ 作为固体电解质的电化学窗口达到 9V。然而，第一性原理计算表明，反钙钛矿结构固体电解质 Li_3OX 在电压高于 2.5V 时会发生分解[38]。

NASICON 型快离子导体也是一种常见的氧化物类固体电解质材料，属于六方晶胞和 R$\overline{3}$C 空间群。应用于固态锂空气电池的 NASICON 型固体电解质的一般化学式为 $Li_{1+6x}M_{4+2-x}M'_{3+x}(PO_4)_3$。其中 M 为四价金属离子（如 Ti，Ge，Sn，Hf，Zr 等），M' 为三价金属离子（如 Cr，Al，Ga，Sc，Y，In，La 等）[39-42]。该固体电解质晶体由 MO_6 八面体和 PO_4 四面体构成，这些多面体通

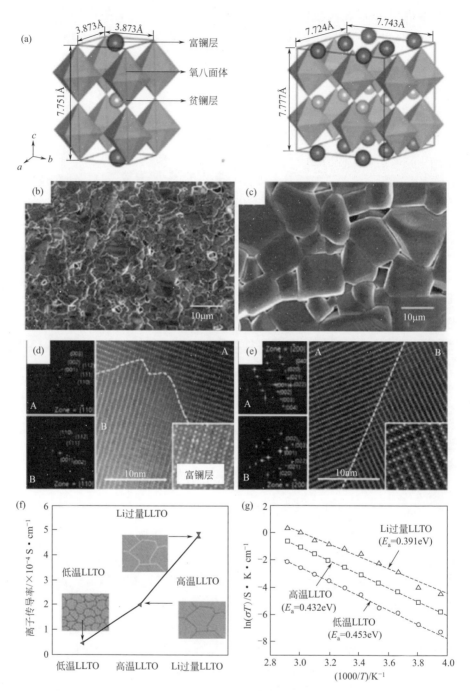

图 4-6　LLTO 晶体结构示意图（a）；低烧结温度（1200℃）（b），
（d）和高烧结温度（1400℃）（c），（e）对于 LLTO 陶瓷结构和性能的影响；SEM 图（b），
（c），HRTEM 图（d），（e），离子传导率（f）；晶界电导率的阿伦尼乌斯图（g）[33]

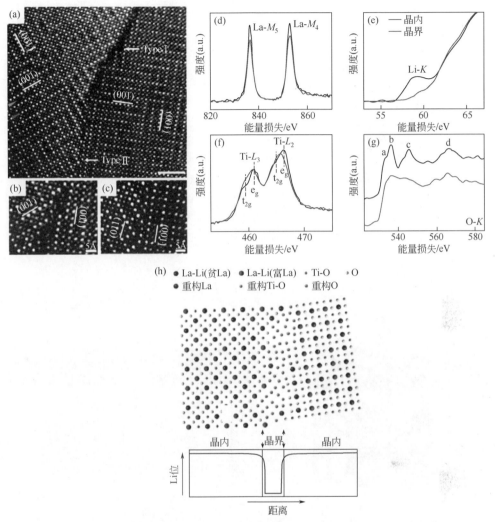

图 4-7　LLTO 晶界处的 HAADF-STEM 图(a)~(c)，EELS 图 (d)~(g) 和

原子组成 (h)[34]（彩图见文前）

过共角联结在一起形成三维网络结构［图 4-9(a)］[43]。其中的锂离子占据两种不同的位置，一种位于两个相邻 MO_6 八面体之间，另一种位于两排 MO_6 八面体之间，锂离子通过在这两种位置间跃迁进行移动。为了提高 NASICON 型氧化物的锂离子电导率，一般可采取两种方法［图 4-9(b)］：一种是采用半径更大的同价元素进行掺杂，比如用 Ti^{4+} (0.605Å) 取代 Ge^{4+} (0.530Å) 可以增大锂离子的传输通道，从而降低锂离子传导所需的活化能，提高锂离子电导率；另一种是通过异价元素掺杂，比如用 Al^{3+} 掺杂 $LiMM'(PO_4)_3$，可以增加可移动锂离子的浓度，从而提高锂离子电导率[44]。另外，NASICON 型固体电解质在空气中

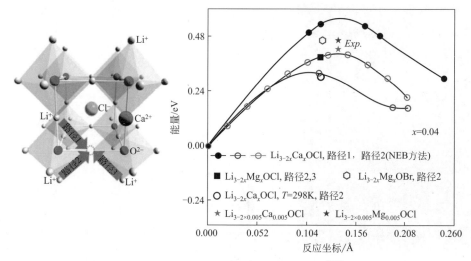

图 4-8 Li₃OX 的结构与离子传导势垒[36]

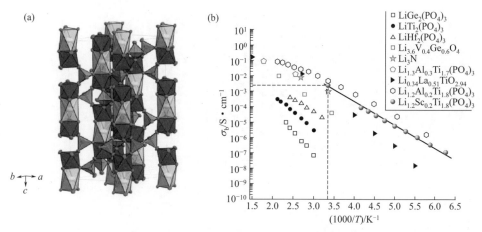

图 4-9 NASICON 型氧化物的晶体结构[43] （a）和锂离子传导率[44] （b）

十分稳定，其电化学窗口也较高。但与钙钛矿型固体电解质类似，含有 Ti^{4+} 的 NASICON 型固体电解质对锂金属负极不稳定，两者之间容易发生氧化还原反应，从而导致电池性能的降低甚至引起安全隐患。

石榴石（garnet）型固体电解质的结构通式为 $Li_{3+x}A_3B_2O_{12}$，Thangadurai 等[17] 在 2003 年首先研究了此类化合物，他们制备的 $Li_5La_3M_2O_{12}$ （M＝Nb，Ta）在室温下离子电导率达到 $10^{-6}S \cdot cm^{-1}$。直至 2007 年，锂镧锆氧化物 $Li_7La_3Zr_2O_{12}$ （LLZO）被发现具有高达 $7.74 \times 10^{-4}S \cdot cm^{-1}$ 的室温离子电导率及 0.32eV 的活化能[18]。LLZO 有立方相和四方相两种晶相结构[45,46]。其中，

立方相 LLZO 室温下通常表现出较高的离子电导率，其晶体结构如图 4-10（a）所示：La 和 Zr 离子分别位于 $16a$ 和 $24c$ 位，形成 LaO_8 十二面体和 ZrO_6 八面体[46]；锂离子分别占据四面体 $24d$ 和八面体 $96h$ 位，形成一种三维网络结构，有利于 Li^+ 的快速传导。相反地，四方相 LLZO 则表现出较低的离子电导率，室温下约为 $10^{-6} S \cdot cm^{-1}$[45]。

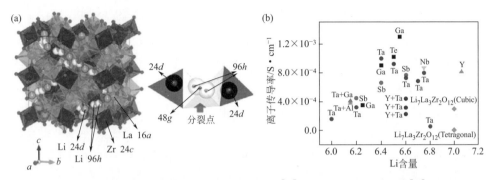

图 4-10　常见石榴石型固体电解质的晶体结构[46]（a）和锂离子传导率[47]（b）

通过元素掺杂可以有效地提高石榴石型固体电解质中锂离子的传导能力。比如：使用 Ta 掺杂取代部分 Zr 制得的 $Li_{6.4}La_3Zr_{1.4}Ta_{0.6}O_{12}$ 表现出高达 $1.0 \times 10^{-3} S \cdot cm^{-1}$ 的离子电导率，Nb 部分取代 Zr 得到的 $Li_{6.75}La_3Zr_{1.75}Nb_{0.25}O_{12}$ 室温锂离子电导率达到 $8 \times 10^{-4} S \cdot cm^{-1}$，Ga 掺杂的 $Li_{6.55}La_3Zr_2Ga_{0.15}O_{12}$ 室温电导率可达 $1.3 \times 10^{-3} S \cdot cm^{-1}$ [图 4-10（b）][47]。

与钙钛矿型和 NASICON 型固体电解质相比，石榴石型固体电解质最显著的优势是对锂金属稳定。但是，石榴石型固体电解质在空气中的稳定性有待提高，该类电解质容易与空气中的水和二氧化碳发生反应，在其表面形成一层惰性薄膜，因而阻碍了其实际应用。

4.3.2　硫化物固体电解质

与氧原子相比，硫原子具有更低的电负性，与锂离子具有更低的结合能，因而可以降低锂离子在晶格中的迁移能垒。典型的硫化物固体电解质包括玻璃相 Li-P-S（LPS）硫化物、玻璃陶瓷相 LPS、thio-LISICON 和 $Li_{11-x}M_{2-x}P_{1+x}S_{12}$（M 为 Ge、Sn 或 Si）。

无机玻璃相 LPS 由于具有开放型结构和较大的体积，通常表现出高于其相应晶相材料的离子电导率。其中，二元体系 $xLi_2S \cdot (100-x)P_2S_5$ 因其较高的室温离子传导率（超过 $10^{-4} S \cdot cm^{-1}$）而受到研究者的关注[48-50]，其离子电

导率与 Li_2S 的含量密切相关，$75Li_2S-25P_2S_5$ 在室温下表现出最高的离子传导率，达到 $2.0 \times 10^{-4} S \cdot cm^{-1}$ 左右[48]，当 x 大于 75 时会出现结晶相的 Li_2S，阻碍锂离子的传导。通过增加带电离子的浓度可以进一步提高玻璃相 $75Li_2S$-$25P_2S_5$ 的离子电导率，掺杂锂盐可以提高其中锂离子的浓度，从而增强材料的电导率。以 $LiBH_4$ 作为掺杂剂得到的 $77(75Li_2S \cdot 25P_2S_5) \cdot 33LiBH_4$ 展现出 $1.6 \times 10^{-3} S \cdot cm^{-1}$ 的超高离子电导率[49]。除 $75Li_2S \cdot 25P_2S_5$ 之外，$50Li_2S \cdot 50P_2S_5$、$70Li_2S \cdot 30P_2S_5$ 和 $67Li_2S \cdot 33P_2S_5$ 等[50] 通常也呈现出玻璃陶瓷相。结晶相的玻璃陶瓷通常表现出较低的离子电导率，比如 $67Li_2S \cdot 33P_2S_5$ 玻璃陶瓷的离子电导率约为 $10^{-7} S \cdot cm^{-1}$[51]。然而，在经过高温处理后，LPS 玻璃陶瓷中会出现超导亚稳晶相，可大幅度提高其离子电导率。当加热到 230℃ 时，$80Li_2S-20P_2S_5$ 玻璃陶瓷电解质可形成高传导率的物相，锂离子传导率可提高到 $7.4 \times 10^{-4} S \cdot cm^{-1}$[39]。此外，$Li_2S-P_2S_5$ 玻璃陶瓷在 280℃ 下发生致密化，具有极高的导电性（$1.7 \times 10^{-3} S \cdot cm^{-1}$）和较低的活化能（$17kJ \cdot mol^{-1}$），可与有机液体电解质相媲美[52]。

锂离子快离子导体（LISICON）早在 1978 年就有报道，当时研究发现一种化学式为 $Li_{16-2x}D_x(TO_4)_4$ 的化合物。其中，D 为二价离子，如 Mg^{2+} 或 Zn^{2+}；T 是四价离子，如 Si^{4+} 或 Ge^{4+}。之后一系列由 GeO_4、SiO_4、PO_4、ZnO_4、VO_4 四面体和 LiO_6 八面体所构成的具有 γ-Li_3PO_4 网络结构的 LISICON 材料被研制出来，但这些化合物的离子电导率较低，难以实际应用。为了提高 LISICON 电解质的电导率，研究人员提出用硫元素替换氧元素。相比于 Li—O 键，Li—S 键的键能更低，同时硫的离子半径大于氧，且硫的极化性质更大，因而有助于提高材料的锂离子电导率。东京工业大学 Kanno 等[53] 首先在 Li_2S-GeS_2、Li_2S-GeS_2-ZnS 和 Li_2S-GeS_2-Ga_2S_3 体系中发现了化学组成为 $Li_{4-x}Ge_{1-x}P_xS_4$ 的 thio-LISICON 型电解质，其中 $Li_{3.25}Ge_{0.25}P_{0.75}S_4$ 在室温下具有高达 $2.2 \times 10^{-3} S \cdot cm^{-1}$ 的电导率。thio-LISICON 固态锂离子导体具有类 LISICON 结构，S 为六方密堆积，金属阳离子位于四面体位置，锂离子位于无序的八面体位置。thio-LISICON 中正交晶系的 $Li_{4+x+y}(Ge_{1-y-x}Ga_x)S_4$ 表现出很高的单离子传导率和较低的激活能，室温离子传导率可达 $6.5 \times 10^{-5} S \cdot cm^{-1}$。三元体系的 thio-LISICON 型电解质 Li_2S-SiS_2-Al_2S_3 和 Li_2S-SiS_2-P_2S_5 具有更高的离子电导率。比如，$Li_{3.4}Si_{0.4}P_{0.6}S_4$ 在 27℃ 下的锂离子传导率可达 $6.4 \times 10^{-4} S \cdot cm^{-1}$，且电化学稳定窗口可以达到 $5.1V$[54]；$Li_{4-x}Ge_{1-x}P_xS_4$ 固溶体在 25℃ 的离子传导率达到 $2.2 \times 10^{-3} S \cdot cm^{-1}$，并且当 x 为 0.75 时电化学窗口可达 5V[55]。

此外，研究人员还发现，通过控制二元 $Li_2S-P_2S_5$ 的成分和热处理温度可以产生新的亚稳相并增强结晶度。比如，在 $240\sim360℃$ 形成的高传导率的 $Li_7P_3S_{11}$ 相可以提高玻璃陶瓷的离子传导率，而当热处理温度达到 $550℃$ 时反而会降低离子传导性能[52,56]。

Kuhn 等[57] 发现一种室温电导率高达 $1.2\times10^{-2}S\cdot cm^{-1}$ 的 $Li_{10}GeP_2S_{12}$ (LGPS) 锂离子导体，其结构是由 $(Ge_{0.5}P_{0.5})S_4$ 四面体、PS_4 四面体、LiS_4 四面体及 LiS_6 八面体构成的三维网络结构，其中沿着 c 轴有一个由 $16h$ 和 $8f$ 位的 LiS_4 四面体共边所形成的一维锂离子传输通道（图 4-11）。因为 Li 离子在各向同性的晶格中具有较低的跃迁活化能，LGPS 在低温下仍能表现出较高的离子电导率[58]。比如，其在 $-30℃$ 下的离子电导率仍可达 $1.0\times10^{-3}S\cdot cm^{-1}$。

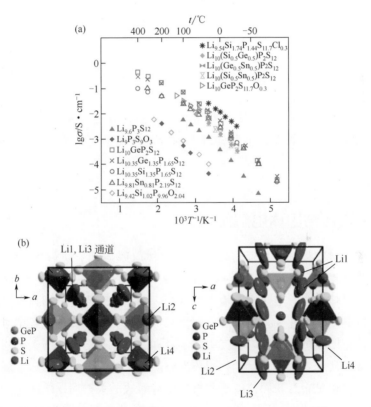

图 4-11　LGPS 系列电解质的离子传导率[58]（a）和 $Li_{10}GeP_2S_{12}$ 的晶体结构[57]（b）（彩图见文前）

2016 年，Kraft 等[59] 研制出室温电导率高达 $2.5\times10^{-2}S\cdot cm^{-1}$ 的固体电解质 $Li_{9.54}Si_{1.74}P_{1.44}S_{11.7}Cl_{0.3}$。这种固体电解质和 LGPS 类似（图 4-12），也具有沿着 c 轴的一维锂离子通道，不同的是它在 ab 面有一个新的二维锂离子运输平面，从而构成三维锂离子通道，大大增加了其锂离子电导率。

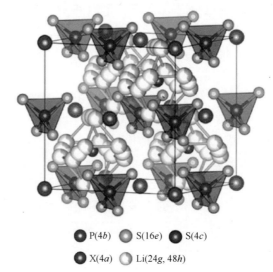

P(4*b*)　　S(16*e*)　　S(4*c*)

X(4*a*)　　Li(24*g*, 48*h*)

图 4-12　Li_6PS_5X（X＝Cl，Br）型电解质的晶体结构[59]（彩图见文前）

硫化物固体电解质具有目前堪比有机液态电解液的最高的室温锂离子电导率，具有很好的应用前景。但是，硫系固体电解质在空气中不稳定，容易吸水，这就要求该类电解质必须在惰性气氛下制备，增加了工艺难度和生产成本。另外，硫系固体电解质对金属锂并不稳定，如何提高界面稳定性也是一项重要的挑战。

4.3.3　聚合物固体电解质

相比于无机固体电解质而言，聚合物固体电解质拥有更好的柔性和可加工性，已在传统锂离子电池体系中得到了广泛研究和初步应用[60]。然而，在锂空气电池的开放体系中，电化学环境更加复杂，因而也对聚合物固体电解质的性质提出了更高的要求。比如，聚合物电解质在电池的充放电循环过程中对正负极及其界面各反应产物的稳定性，空气中的水分和二氧化碳等杂质与聚合物电解质的相互作用等。此外，大部分聚合物固体电解质的锂离子传输能力通常弱于无机固体电解质，这也是聚合物固体电解质材料亟待解决的关键问题之一。

1996 年，Abraham 等[7] 首次报道了由锂金属负极、聚丙烯腈（PAN）基固态聚合物电解质和碳复合正极组成的具有三明治结构的聚合物锂空气电池。2011 年，Hassoun 等[61] 报道了基于 ZrO_2 掺杂的 PEO 基聚合物固体电解质的锂空气电池，其在无催化剂的条件下首次氧化-还原峰电位之差仅为 400mV，远低于常规的使用液态电解液的锂空气电池，但该电池中电极/电解质的高界面阻抗限制了电池的实际工作性能。作者由此提出高界面阻抗是聚合物电解质固态锂空气电池的一大挑战。Balaish 等[62] 发展了一种使用聚氧化乙烯（PEO）为固体电解质的锂空气电池。在工作温度为 80℃、充放电电流密度为 0.1mA·cm^{-2} 的条件下，该聚合物电解质锂空气电池的放电电压比使用 1mol·L^{-1} LiTFSI/TEGDME 液态电解液的锂空气电池高出 80mV，充电电压降低了大约 400mV。因此，综合聚合物固体电解质锂空气电池的高能量密度和优异安全性能，作者提出其有望取代传统锂离子电池作为电动汽车的动力来源，具有广阔的应用前景。Bonnet-Mercier 等[63] 开发了基于三维结构聚合物电解质的固体电解质锂空气电池，其中多孔碳纳米管/固态聚合物电解质中的孔洞可以作为 Li$^+$、氧气和电子的活性反应区域，从而使电池的放电容量明显提高。Elia 等[64] 开发的增塑 PEO 基聚合物固体电解质显示出比普通 PEO 电解质更高的离子电导率，相应的锂空气电池表现出高于 300W·h·kg^{-1} 的实际能量密度，相当于传统锂离子电池能量密度的两倍。此外，聚丙烯酸（PVA）基固态聚合物电解质在锂空气电池的应用也受到了研究者的关注，其离子电导率在 100℃ 下可达到 10^{-3}S·cm^{-1}[65]。Luo 等[66] 将负载 RuO$_2$ 的氮掺杂石墨烯（N-rGO@RuO$_x$）作为正极催化剂应用于使用凝胶聚合物电解质的复合电池体系。相比于普通液态电解液，N-rGO@RuO$_x$ 与凝胶聚合物电解质具有更好的适配性，相应的电池表现出更好的循环稳定性［图 4-13(a)、(b)］。Kim 等[67] 利用 SiO$_2$ 纳米颗粒与聚乙二醇二甲醚（PEGDME）之间较强的亲和力设计了一种凝胶状准固体电解质，对比了基于凝胶 PEGDME 电解质、液态 PEGDME500 电解液和液态 PEGDME 1000 电解液的锂空气电池的充放电性能。如图 4-13(c)、(d) 所示，基于凝胶 PEGDME 电解质的锂空气电池在 10 次放电循环过程中放电平台稳定在 2.65V 左右，而使用液态电解液 PEGDME 500 和 PEGDME 1000 的电池却表现出了明显的极化，展示了全固态锂空气电池比液态锂空气电池更优异的循环稳定性。

4.3.4　固体电解质的化学稳定性

化学稳定性是锂空气电池固体电解质的一项关键性能指标，它不仅影响着电池的循环稳定性和倍率性能，而且与电池的安全性密切相关。一方面，固体电解质直接与金属锂接触，由于金属锂较强的还原性，往往在固体电解质和负极界面处发生一系列的电化学作用，形成固体电解质层（solid electrolyte interface，SEI 膜）。这层 SEI 膜的力学性能和化学稳定性对电池的应用表现有重要的影响。优异的 SEI 膜既要保证金属锂不形成枝晶、防止其刺破固体电解质造成短路，又需要维持一定的锂离子输运能力，同时还要在电池的反复充放电过程中保持一定的形状以保证界面接触。另一方面，对于开放型的锂空气电池体系，固体电解

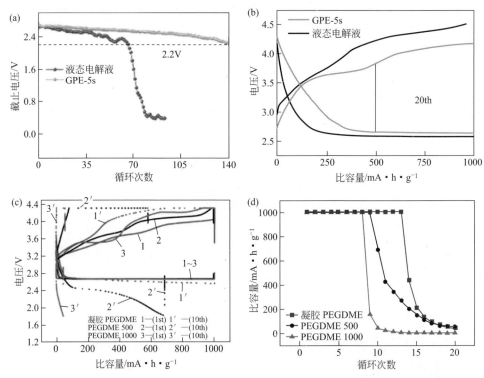

图 4-13　N-rGO@RuO$_x$ 正极基于凝胶聚合物电解质和液态电解液的锂空气电池循环
性能 (a) 和第 20 圈的充放电曲线 (b)[66]；使用凝胶态 PEGDME 电解质、液体
PEGDME 500 和液体 PEGDME 1000 电解质的锂空气电池在电流密度为 0.24mA·cm^{-2}
条件下的充放电曲线 (c) 和循环性能 (d)[67]

质材料除了与氧气接触外，还与空气中的水和二氧化碳等杂质气体直接接触，必
须要保证固体电解质与这些物质及电池反应（中间）产物的稳定共存。

聚合物固体电解质材料对于金属锂的稳定性较好，其与金属锂形成的 SEI
膜也比较稳定。常见的 PEO 基聚合物电解质在与负极锂金属的界面处会形成稳
定的有机-无机复合 SEI 膜，此界面层具有一定的离子输运能力，同时也能保护
聚合物固体电解质不被进一步消耗。但是，聚合物电解质的抗氧化能力普遍较
弱。PMMA、PVP 和 CMC 等聚合物固体电解质在界面处会形成电阻较大的碳
酸锂，因而不宜作为锂空气电池的电解质使用，而 PTFE 和 PE 等聚合物在空气
中比较稳定，但其离子传导能力还有待提高[68]。

钙钛矿型和 NASICON 型无机固体电解质中存在容易被金属锂还原的高价
阳离子，因而对负极锂金属不稳定，应用于锂空气电池时需要引入对锂稳定的缓
冲层。比如：Li$_{1+x+y}$Al$_x$(Ti, Ge)$_{2-x}$Si$_y$P$_{3-y}$PO$_{12}$（LATGP）陶瓷电解质有高

的锂离子传导率，对空气比较稳定，但应用于锂空气电池时需要在其与负极之间加入一层添加了锂盐的 PEO 基聚合物[69]；Imanishi 等[70] 通过溅射方式将无机薄膜 $Li_{3-x}PO_{4-y}N_y$ 沉积到锂离子导体 LATP 表面，可有效避免 LATP 与金属锂之间的副反应。缓冲层的使用虽然能够有效保护无机固体电解质与金属锂的界面稳定性，但也会相应地增加界面电阻，进而增大整个电池的内阻，这也是发展实用全固态锂空气电池必须解决的一个关键问题。

石榴石型无机固体电解质对金属锂具有良好的稳定性，且其电化学窗口较宽[71]，但对空气中的水和二氧化碳不稳定[72]，会在其表面生成碳酸锂，极大地增加了界面阻抗和电池的内阻。Xia 等[73] 研究发现，在惰性气氛保护下对石榴石型无机固体电解质进行表面处理，不仅能够减少碳酸锂的存在，而且能够进一步提高材料表面对锂金属的润湿性，从而使电池的性能得到大幅度提高。此外，LLZO 的晶粒尺寸对其空气稳定性也有一定的影响。晶粒尺寸较大的 LLZO 电解质会迅速与水蒸气反应形成 LiOH，并进一步吸收空气中的 CO_2 形成 Li_2CO_3，导致界面阻抗的增大。相反，晶粒尺寸较小的 LLZO 则更加稳定。烧结条件对 LLZO 的性能也有一定的影响，使用铂坩埚烧结的 LLZO 具有较大晶粒尺寸，但仍表现出较少的晶界和高的空气稳定性。

与氧化物固体电解质相比，硫化物固体电解质具有更高的离子传导率和更好的机械柔性，但大多数硫化物固体电解质在潮湿的环境中不稳定，容易发生水解产生 H_2S 气体[74] [式(4-1)]，从而造成固体电解质的结构和离子电导率发生变化。通过向硫化物固体电解质中掺杂少量氧化物，可以有效避免 H_2S 的生成 [式(4-2)]，从而保障固体电解质的稳定性。Hayashi 等[75] 发现采用 10%（摩尔分数）P_2O_5 取代 $75Li_2S \cdot 25P_2S_5$ 中的 P_2S_5 可有效抑制 H_2S 气体的生成。此外，他们还发现 Fe_2O_3、ZnO 和 Bi_2O_3 与 H_2S 反应具有更负的吉布斯自由能，可有效防止 H_2S 气体的生成[76]，且 $90Li_3PS_4 \cdot 10N_xO_y$（$N_xO_y$ 为 Fe_2O_3、ZnO 或 Bi_2O_3）的离子电导率在室温下可保持在 $10^{-4}S \cdot cm^{-1}$。

$$M_xS_y + H_2O \longrightarrow M_xO_y + H_2S \qquad (4\text{-}1)$$

$$N_xO_y + H_2S \longrightarrow N_xS_y + H_2O \qquad (4\text{-}2)$$

总之，对无机固体电解质而言，具有更高空气稳定性的氧化物电解质比硫化物更加适合用于锂空气电池的工作环境。其中，钙钛矿型固体电解质的离子传输率较低，NASICON 和石榴石型电解质具有较高的离子传导能力。然而，石榴石型固体电解质在空气中不稳定；而钙钛矿型和 NASICON 型固体电解质对锂金属不稳定。因此，开发同时具有高离子输运能力和高空气稳定性的氧化物型固体电解质仍是十分重要的研究方向。对于硫化物固体电解质，空气稳定性是需要解决的主要问题。此外，薄膜电解质 LIPON 对锂金属和空气都是稳定的，但其大规模制备和电池总能量的提升仍存在较大挑战。

4.4
全固态锂空气电池电极反应机理及电极/电解质界面

4.4.1　全固态锂空气电池中的电极反应机理

不同于传统的液态电解液锂空气电池，全固态锂空气电池中的界面主要是固-固接触界面，具体包括电极材料（含催化剂）相互之间的界面，负极/固体电解质界面和正极/固体电解质界面。其中，电极材料（含催化剂）相互之间的界面对放电产物的生成/分解动力学有十分重要的影响，固体电解质与正、负极之间的界面是决定锂离子传输和电池阻抗的重要因素。

为了深入了解全固态锂空气电池中的电极机理，研究者采用原位 TEM 和 SEM 观察了微型全固态锂空气电池的充放电过程。Zhong 等[77] 制备了硅纳米线负极，并在其表面覆盖了 $LiAlSiO_x$ 固体电解质，结合多壁碳纳米管与过氧化锂的复合材料（$MWCNT/Li_2O_2$）作为正极构建了微型的全固态锂空气电池。他们发现靠近固体电解质的 Li_2O_2 颗粒 1 在充电时首先开始分解 ［图 4-14(a)、(b)］，而 Li_2O_2 颗粒 2 直到接触到颗粒 1 时才开始分解 ［图 4-14(c)、(d)］，说明 Li_2O_2 的电化学分解是一个电子传输控制过程，Li_2O_2 的氧化分解反应首先开始于 $MWCNT/Li_2O_2$ 界面。类似地，Zheng 等[78] 构建了一个由超均碳纳米管（SACNT）、原生 Li_2O 电解质和金属锂负极组成的固态锂空气电池，原位环境 SEM 观察发现粒径为 $0.5\sim1\mu m$ 的放电产物优先在 CNT-固体电解质-氧气三相界面处生成，而更小的放电产物则沿着 CNT 生长；在充电过程中，Li_2O_2 首先从表面开始分解，然后其体相逐渐分解；Li_2O_2 的电子/离子电导率是维持放电产物生成和分解的关键因素（图 4-15）。另外，他们还发现在较高的充电电压下，Li_2O_2 会与碳发生副反应转变为 Li_2CO_3 薄膜覆盖在 SACNT 表面。

通常，全固态锂空气电池在氧气中测试时只有一个充电平台和一个放电平台，但在空气中测试时会有两个充电平台[79-81]，说明电池在氧气和空气两种环境中工作具有不同的电极反应机理。图 4-16 展示了全固态锂空气电池在空气环境中工作时不同充放电状态下的 TEM 照片和可能的电化学反应机理。由于空气中水和二氧化碳的存在，实际的电池反应除了理想反应 ［式(4-3)］外，仍会发

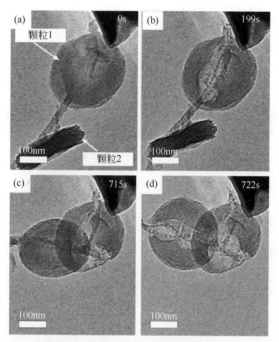

图 4-14　全固态锂空气电池充电过程的原位 TEM 照片[77]

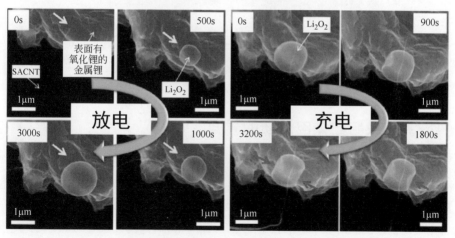

图 4-15　全固态锂空气电池充放电过程的原位 SEM 照片[78]

生副反应生成 Li_2CO_3 和 LiOH［式(4-4)～式(4-8)］围绕在 Li_2O_2 周围。在充电过程中，Li_2O_2 被优先分解，而副产物则需要在较高的充电电位下分解，因而使得充电过程出现两个电压平台[79]。

$$2Li^+ + O_2 + 2e^- \longrightarrow Li_2O_2 \tag{4-3}$$

$$4Li^+ + O_2 + 2H_2O + 4e^- \longrightarrow 4LiOH \tag{4-4}$$

$$4Li^+ + O_2 + 2CO_2 + 4e^- \longrightarrow 2Li_2CO_3 \tag{4-5}$$

$$2Li_2O_2 + 2H_2O \longrightarrow 4LiOH + O_2 \tag{4-6}$$

$$2LiOH + CO_2 \longrightarrow Li_2CO_3 + H_2O \tag{4-7}$$

$$2Li_2O_2 + 2CO_2 \longrightarrow 2Li_2CO_3 + O_2 \tag{4-8}$$

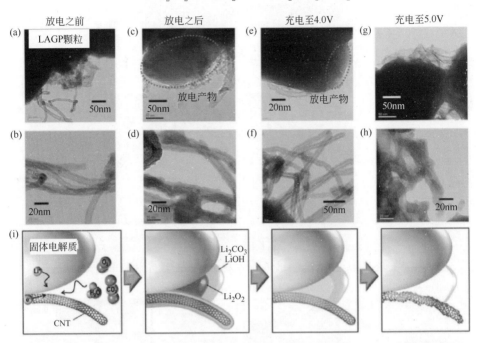

图 4-16 全固态锂空气电池中空气电极的 TEM 照片：放电之前（a），（b），放电之后（c），（d），充电到 4.0V(e)，（f），充电到 5V（g），（h）；充放电电化学反应过程示意图（i）[80]

4.4.2 正极与固体电解质的界面

对于全固态电池而言，一个稳定的、低阻抗的固体电解质/正极界面是十分重要的，它决定着电池的内阻大小。因此，固体电解质/正极界面阻抗的有效调控对全固态锂空气电池的性能提升至关重要。界面改造和添加缓冲层是减小界面阻抗的常用策略。Broek 等[82] 设计了一种可有效改善固体电解质和正极接触的多孔固体电解质表面。与传统存在明显分界面的电解质/电极界面相比 [图 4-17(a)]，该设计中电极材料可嵌入电解质的表面孔中形成紧密的、没有明显分界的接触 [图 4-17(b)]，有利于减小固体电解质/正极的界面阻抗和电池的内阻 [图 4-17(c)]。

在传统全固态锂空气电池中，固体电解质与正极的接触面积有限，从而限制着锂离子在固体电解质与正极间的传输。Zhu 等[24,25] 在多孔 LATP 电解质表面制备了厚度为 $19\mu m$ 的 LATP 超薄固体电解质薄膜，然后将碳纳米颗

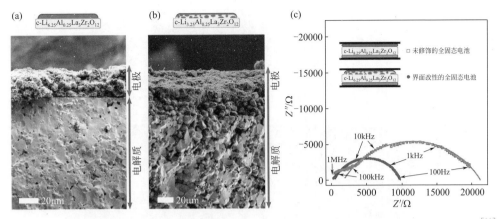

图 4-17　正极与普通（a）和多孔（b）固体电解质的接触界面及相应全固态电池的阻抗谱（c）[82]

粒涂敷在多孔 LATP 侧制得了复合正极 ［图 4-18（a）～（d）］。由于超薄 LATP 膜在此正极中的存在，相应全固态电池中的正极与固体电解质之间实现了无缝连接，因而不存在传统的界面电阻和势垒，降低了锂离子在正极与电解质之间的传输阻抗。而且多孔的正极结构可以为放电产物的沉积和氧气的传输提供广阔的空间，有效解决了传统液态锂空气电池中氧气扩散速率受限的问题。在 0.15mA·cm^{-2} 的电流密度下，该全固态锂空气电池放电比容量达到 14200mA·h·g^{-1}，放电平台和充电平台分别为 2.65V 和 3.60V，限容 1000mA·h·g^{-1} 和 5000mA·h·g^{-1} 的条件下能够分别循环超过 100 次和 20 次 ［图 4-19（a）、（b）］。为了使该结构的全固态电池在空气条件下也能稳定工作，研究者将能够分离氧气和其他气体的硅油涂敷在多孔 LATP 正极表面 ［图 4-18（e）、（f）］。当使用 1μL 硅油的时候，该全固态锂空气电池在 0.3mA·cm^{-2} 的电流密度下于空气中的放电比容量最高，达到 17000mA·h·g^{-1}，在限容 1000mA·h·g^{-1} 和 5000mA·h·g^{-1} 的条件下能够分别循环超过 100 次和 50 次 ［图 4-19（c）、（d）］。这种结构的全固态锂空气电池在空气和氧气中都展示了良好的电化学性能和循环稳定性，具有极大的研究价值和广阔的应用前景。

4.4.3　负极与固体电解质的界面

全固态锂空气电池采用具有最高比容量和最低电化学电位的金属锂为负极活性物质，但锂枝晶的产生和较大的固体电解质/金属锂界面阻抗是阻碍该类电池发展应用的两大关键问题。在充电过程中，锂枝晶会沿着固体电解质的晶界生长，并占据固体电解质中的孔洞，从而导致电池在循环过程中发生短路并失效[83]。为了解决这个问题，最常用的方法是采取致密的固体电解质来抑制锂枝

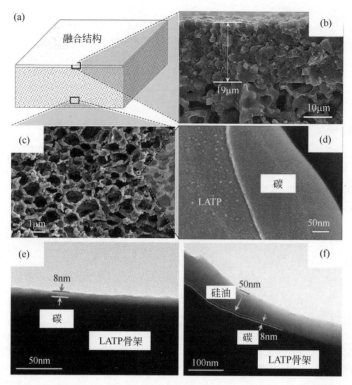

图 4-18　致密 LATP 固体电解质膜和多孔 LATP 融合结构示意图（a）；
致密 LATP 层（b），多孔 LATP 电解质（c）和载碳的 LATP 复合正极（d）的 SEM 图；
载碳 LATP 复合正极（e）和渗有硅油的 LATP 正极的 TEM 图（f）[24,25]

晶的生长。此外，对固体电解质/金属锂界面进行热处理和合金化负极也是改善
负极与固体电解质接触并且抑制锂枝晶生长的有效方法，但这方面的研究报道目
前还比较少。

对于热处理方法，有研究表明在 LAGP 上采用热熔金属锂可以在很大程度
上减小负极与固体电解质的界面阻抗[23]。类似地，对金属锂与石榴石型 LLZO
固体电解质的界面加热到 175℃ 可促使金属锂与粗糙固体电解质表面的接触变得
紧密，进而将界面阻抗从 $5822\Omega \cdot cm^{-2}$ 降到 $514\Omega \cdot cm^{-2}$[84]。

对于合金化负极，根据其尺寸的不同，可以分为块状合金和薄膜合金。制备
块状金属锂合金的方法通常是将金属锂与金属或者半导体（例如 Si，Sn，Al，
In，Ge 等）进行合金化[85-90]。研究发现，该类合金负极与固体电解质的界面经
过充放电循环后会形成一层 SEI 膜，而且其界面阻抗会随固体电解质的不同而
不同[86]。比如，Li-Al 合金负极与 LISICON 固体电解质具有较小的界面阻抗，
但与 $Li_3PO_4\text{-}Li_2S\text{-}SiS_2$ 电解质却有着较大的阻抗，说明 SEI 膜的特性对界面阻

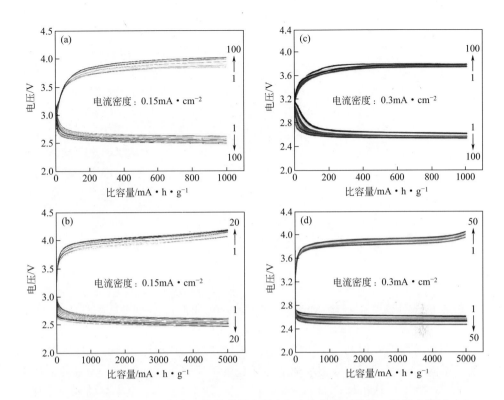

图 4-19　使用载碳 LATP 复合正极的全固态锂空气电池的循环性能：氧气中测试 (a)，
(b)，空气中测试 (c)，(d)[24,25]

抗有重要的影响。薄膜锂合金负极通常可用磁控溅射、物理气相沉积、化学气相沉积等方法制得，其因为基板对原子极强的黏附性消除了不同锂化基底的相转变[91-98] 而具有极高的电化学性能。然而，薄膜 Li-Al 合金负极在实际应用中却表现出严重的容量衰减[92]。这主要是由于 Li-Al 合金的凸起主要发生在铝薄膜的表面而不是在固体电解质表面，所以一部分锂被凸起部分所俘获而不能脱嵌，从而导致容量的下降。这种现象说明在全固态金属锂电池中使用薄膜锂合金负极不足以解决实际问题，所以研究者提出了在金属锂负极与固体电解质界面增加一层锂合金薄膜，这样既能获得金属锂的高容量，又能解决电极与固体电解质的接触问题。Nagao 等[93] 研究发现薄膜铟可以蒸镀在金属锂或者固体电解质上得到平整的表面 [图 4-20(a)、(b)]，从而提高电池的电化学性能。如果固体电解质被设计成表面有亲锂致密层的多孔结构 [图 4-20(c)]，则该多孔电解质就可以作为金属锂的"宿主"来抑制其在循环过程中的体积变化，同时固体电解质自身又能提供良好的锂离子传导，从而使得金属锂负极的性能得到极大的提高[99]。

　　石榴石型固体电解质因其对金属锂稳定的特性而很有希望用作全固态锂空气

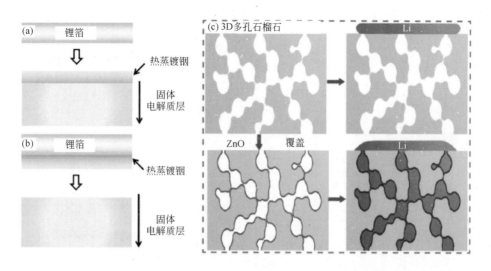

图 4-20 利用金属铟在固体电解质（a）和 Li 箔（b）上进行蒸镀而实现金属锂与固体电解质
的良好接触示意图[93]；金属锂渗入多孔固体电解质形成混合负极的示意图（c）[99]

电池的固体电解质，但其与金属锂间较大的阻抗会造成电池循环稳定性和高倍率
性能的下降。同时，石榴石型固体电解质脆性很大，因而导致通过增加界面压力
来改善金属锂和固体电解质间的物理接触从而降低界面阻抗是十分困难的。合金
化薄膜法是解决石榴石型固体电解质和金属锂界面问题的最优选择，目前常用的
合金主要包括 Li-Si，Li-Ge，Li-Al，Li-Zn 和 Li-Au 等。Luo 等[94] 利用等离子
体增强化学气相沉积法在石榴石型固体电解质 LLZO 表面沉积了一层无定形硅
薄膜 [图 4-21(a)]，使 LLZO 的表面由疏锂状态转变为亲锂状态，对金属锂的
润湿性得到了明显提高，锂离子传导电阻从 925Ω·cm^{-2} 减小到 127Ω·cm^{-2}
[图 4-21(b)]。以其为固体电解质的锂-锂对称电池在恒流充放电过程中展现了稳
定的工作电压 [图 4-21(c)、(d)]，说明这种含有硅薄膜的固体电解质与金属锂
具有稳定的界面电化学性质，为解决固态电池中的界面问题提供了有效的途径。
利用溅射法制备的金薄膜通常被认为是一种锂离子阻塞层，但金属锂与金薄膜会
发生合金化反应，所以金薄膜置于金属锂和固体电解质之间又能使两者形成良好
的接触[95,96]。同时，在 LLZO 表面溅射一层金膜也能抑制锂枝晶的生长 [图 4-
21(e)][97]。使用覆有金膜的 LLZO 固体电解质的锂-锂对称电池的阻抗和充电电
压远低于未使用金膜的电池 [图 4-21 (f)、(g)]，说明金膜的引入使金属锂与
LLZO 的界面电阻得到了有效降低。另外，Han 等[98] 的研究发现，利用原子层
沉积（ALD）技术在 LLZO 表面沉积一层超薄的 Al$_2$O$_3$ 可以有效地使金属锂与
LLZO 的界面电阻从1710Ω·cm^{-2} 降低到 34Ω·cm^{-2}，而且金属锂沉积与剥离

的过电位只有 13mV，十分稳定（图 4-22）。作者通过第一性原理计算证明，这主要是因为锂化的 Al_2O_3 能够在金属锂和固体电解质之间提供快速的锂离子传导，并可以提高金属锂与电解质界面的润湿性，同时 Al_2O_3 膜的存在还可以抑制副反应的发生。

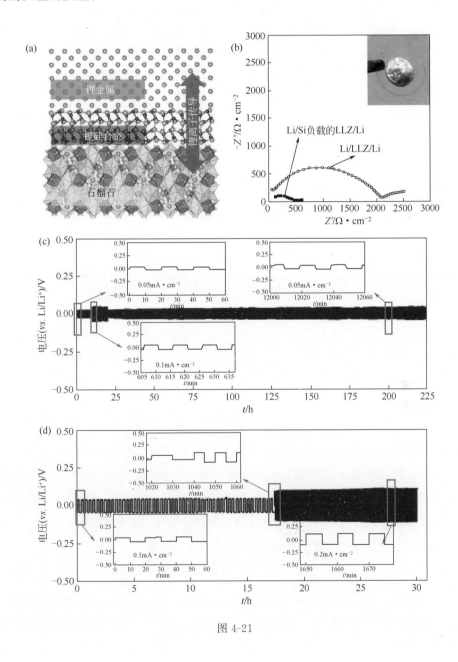

图 4-21

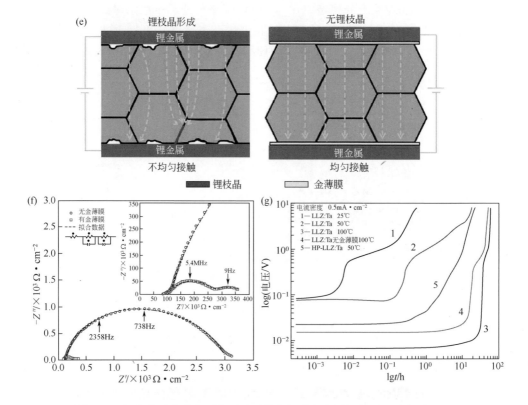

图 4-21　沉积有硅薄膜的石榴石型固体电解质与金属锂的界面示意图（a）；
使用普通固体电解质和沉积有硅薄膜的固体电解质的锂-锂对称电池的
阻抗图（b）和恒电流充放电曲线（c），
(d)[94]；金属锂与普通 LLZO 和沉积有金薄膜的 LLZO 的
界面示意图（e）；使用普通 LLZO 和沉积有金薄膜的 LLZO 的锂-锂对称电池的
阻抗谱（f）和极化曲线（g）[97]（彩图见文前）

　　此外，第二相掺杂也是提高金属锂与石榴石型电解质界面性能的有效方法之一。Xu 等[100] 研究了 Li_3PO_4 第二相掺杂对 $Li_{6.5}La_3Zr_{1.5}Ta_{0.5}O_{12}$（LLZT）/Li 界面稳定性的影响（图 4-23）。他们发现，虽然掺杂 5%（质量分数）的 Li_3PO_4 后 LLZT（LLZT-LPO）的室温离子电导率从 4.6×10^{-4}S·cm^{-1} 降至 1.4×10^{-4}S·cm^{-1}，但 Li_3PO_4 的引入将 LLZT/Li 的界面阻抗从 2080Ω·cm^{-2} 降到了 1008Ω·cm^{-2}，采用 LLZT-LPO 的锂-锂对称电池在 60℃、0.1mA·cm^{-2} 条件下可稳定循环 60h 以上。而相比之下，采用未掺 Li_3PO_4 的 LLZT 的电池电压信号非常不稳定，约 33h 后由于锂枝晶的生成导致电池完全短路。

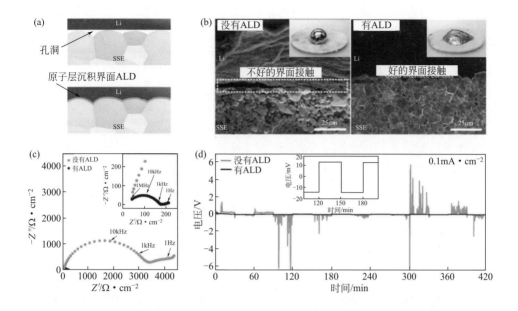

图 4-22 普通 LLZO 和沉积有纳米厚度 Al_2O_3（ALD）的 LLZO 与
金属锂的界面示意图（a）和截面 SEM 图（b）；使用普通 LLZO 和沉积有纳米厚度
Al_2O_3 的 LLZO 电解质的锂-锂对称电池的阻抗谱（c）和充放电曲线（d）[98]

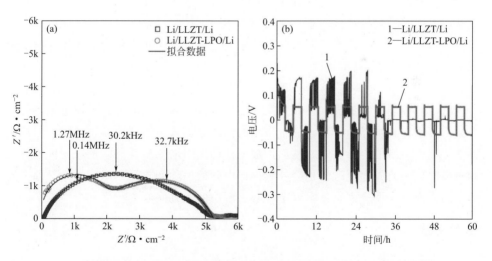

图 4-23 使用 LLZT-LPO 和 LLZT 电解质的全固态锂-锂对称电池在循环前的
阻抗谱（a）和在 60℃、0.1mA·cm^{-2} 条件下的循环性能（b）[100]

4.5
小结与展望

与常规的液态锂空气电池相比，采用固体电解质取代液态电解质所构建的全固态锂空气电池具有可抑制锂枝晶的生长、避免副反应的发生等特点，因而有利于提高锂空气电池的循环稳定性和安全性能，自 2010 年问世以来引起了广泛的关注，其工作性能也取得了长足的进步。但总的来说，全固态锂空气电池的发展目前仍处于初级阶段，主要原因在于其关键材料固体电解质的发展还远不成熟。

① 固体电解质的锂离子传导率。在全固态锂空气电池中，锂离子要通过在固体电解质中的传输来实现在正负极之间的穿梭，从而实现电池的充放电循环。因此，固体电解质中锂离子的传导率直接决定了锂空气电池的工作性能尤其是倍率性能。但目前开发的固体电解质的室温离子电导率普遍偏低，极大地限制了电池的性能。未来的工作中，提高固体电解质的室温离子电导率是一项关键任务。

② 固体电解质的化学稳定性。固体电解质在全固态锂空气电池中的主要作用是分隔正、负极不直接接触，并起到传输锂离子的作用。因此，其在电池的工作过程中必须保持稳定，不可与电池的锂金属负极、正极材料及其催化剂、充放电（中间）产物、空气中的水分和二氧化碳等发生化学反应。但目前开发的固体电解质不能同时满足这些要求，要么对金属锂不稳定，要么对空气或充放电（中间）产物不稳定。因此，开发在整个锂空气电池环境中化学稳定的固体电解质是未来工作的重点之一。

③ 固体电解质/电极界面。固体电解质与正、负极间的界面特性对全固态锂空气电池的性能至关重要，主要包括界面稳定性、界面接触性和界面电阻等几个方面。目前，解决界面不稳定通常采用的措施是加入缓冲层或合金薄膜，但这些办法无疑都会增加界面电阻，从而造成电池的内阻增加和性能降低；固体电解质和电极间较差的界面接触性也会导致界面电阻的增加和电池内阻的增大。稳定的低电阻界面是发展全固态锂空气电池必须解决的关键问题。

参考文献

[1] Armand M，Tarascon J M. Building better batteries [J]. Nature，2008，451：652-657.

[2] Goodenough J B，Park K S. The Li-ion rechargeable battery：a perspective [J]. Journal of the American Chemical Society，2013，135（4）：1167-1176.

[3] He P，Yu H，Li D，et al. Layered lithium transition metal oxide cathodes towards high energy lithium-ion batteries [J]. Journal of Materials Chemistry，2012，22（9）：

3680-3695.

[4] Jiang J, He P, Tong S, et al. Ruthenium functionalized graphene aerogels with hierarchical and three-dimensional porosity as a free-standing cathode for rechargeable lithium-oxygen batteries [J]. Npg Asia Materials, 2016, 8: e239.

[5] He P, Zhang T, Jiang J, et al. Lithium-air batteries with hybrid electrolytes [J]. The Journal of Physical Chemistry Letters, 2016, 7 (7): 1267-1280.

[6] Feng N, He P, Zhou H. Critical challenges in rechargeable aprotic Li-O_2 batteries [J]. Advanced Energy Materials, 2016, 6 (9): 1502303.

[7] Abraham K M, Jiang Z. A polymer electrolyte - based rechargeable lithium/oxygen battery [J]. Journal of The Electrochemical Society, 1996, 143: 1-6.

[8] Ogasawara T, Débart A, Holzapfel M, et al. Rechargeable Li_2O_2 electrode for lithium batteries [J]. Journal of the American Chemical Society, 2006, 128 (4): 1390-1393.

[9] Li Z, Huang J, Yann Liaw B, et al. A review of lithium deposition in lithium-ion and lithium metal secondary batteries [J]. Journal of Power Sources, 2014, 254 (15): 168-182.

[10] Xu W, Wang J, Ding F, et al. Lithium metal anodes for rechargeable batteries [J]. Energy & Environmental Science, 2014, 7 (2): 513-537.

[11] Fergus J W. Ceramic and polymeric solid electrolytes for lithium-ion batteries [J]. Journal of Power Sources, 2010, 195 (15): 4554-4569.

[12] Bachman J C, Muy S, Grimaud A, et al. Inorganic solid-state electrolytes for lithium batteries: mechanisms and properties governing ion conduction [J]. Chemical Reviews, 2016, 116 (1): 140-162.

[13] Janek J, Zeier W G. A solid future for battery development [J]. Nature Energy, 2016, 1: 16141.

[14] Manthiram A, Yu X, Wang S. Lithium battery chemistries enabled by solid-state electrolytes [J]. Nature Reviews Materials, 2017, 2: 16103.

[15] Yang C S, Gao K N, Zhang X P, et al. Rechargeable solid-state Li-air batteries: a status report [J]. Rare Metals, 2018, 37: 459-472.

[16] Inaguma Y, Liquan C, Itoh M, et al. High ionic conductivity in lithium lanthanum titanate [J]. Solid State Communications, 1993, 86 (10): 689-693.

[17] Thangadurai V, Kaack H, Weppner W J F. Novel fast lithium ion conduction in garnet-type $Li_5La_3M_2O_{12}$ (M = Nb, Ta) [J]. Journal of the American Ceramic Society, 2003, 86 (3): 437-440.

[18] Murugan R, Thangadurai V, Weppner W. Fast lithium ion conduction in garnet-type $Li_7La_3Zr_2O_{12}$ [J]. Angewandte Chemie International Edition, 2007, 46 (41): 7778-7781.

[19] Wu B, Wang S, Evans Iv W J, et al. Interfacial behaviours between lithium ion conductors and electrode materials in various battery systems [J]. Journal of Materials Chemistry A, 2016, 4: 15266-15280.

[20] Kumar B, Kumar J, Leese R, et al. A solid-state, rechargeable, long cycle life lithium-air battery [J]. Journal of The Electrochemical Society, 2010, 157 (1): A50-A54.

[21]　Kitaura H，Zhou H. Electrochemical performance and reaction mechanism of all-solid-state lithium-air batteries composed of lithium，$Li_{1+x}AlyGe_{2-y}$ $(PO_4)_3$ solid electrolyte and carbon nanotube air electrode [J]. Energy & Environmental Science，2012，5 (10)：9077-9084.

[22]　Kitaura H，Zhou H. All-solid-state lithium-oxygen battery with high safety in wide ambient temperature range [J]. Scientific Reports，2015，5：13271.

[23]　Liu Y，Li B，Kitaura H，et al. Fabrication and performance of all-solid-state Li-air battery with SWCNTs/LAGP cathode [J]. ACS Applied Materials & Interfaces，2015，7 (31)：17307-17310.

[24]　Zhu X B，Zhao T S，Wei Z H，et al. A novel solid-state $Li-O_2$ battery with an integrated electrolyte and cathode structure [J]. Energy & Environmental Science，2015，8 (9)：2782-2790.

[25]　Zhu X B，Zhao T S，Wei Z H，et al. A high-rate and long cycle life solid-state lithium-air battery [J]. Energy & Environmental Science，2015，8 (12)：3745-3754.

[26]　Zhu X，Zhao T，Tan P，et al. A high-performance solid-state lithium-oxygen battery with a ceramic-carbon nanostructured electrode [J]. Nano Energy，2016，26：565-576.

[27]　Yi J，Zhou H. A unique hybrid quasi-solid-state electrolyte for $Li-O_2$ batteries with improved cycle life and safety [J]. ChemSusChem，2016，9 (17)：2391-96.

[28]　Wang Y，Zhou H. To draw an air electrode of a Li-air battery by pencil [J]. Energy & Environmental Science，2011，4 (5)：1704-1707.

[29]　Suzuki Y，Kami K，Watanabe K，et al. Characteristics of discharge products in all-solid-state Li-air batteries [J]. Solid State Ionics，2015，278 (1)：222-227.

[30]　Suzuki Y，Watanabe K，Sakuma S，et al. Electrochemical performance of an all-solid-state lithium-oxygen battery under humidified oxygen [J]. Solid State Ionics，2016，289：72-76.

[31]　Li F，Kitaura H，Zhou H. The pursuit of rechargeable solid-state Li-air batteries [J]. Energy & Environmental Science，2013，6 (8)：2302-2311.

[32]　Liu Y，He P，Zhou H. Rechargeable solid-state Li-air and Li-S batteries：materials，construction，and challenges [J]. Advanced Energy Materials，2018，8 (4)：1701602.

[33]　Kwon W J，Kim H，Jung K N，et al. Enhanced Li^+ conduction in perovskite $Li_{3x}La_{2/3-x}\square_{1/3-2x}TiO_3$ solid-electrolytes via microstructural engineering [J]. Journal of Materials Chemistry A，2017，5 (13)：6257-6262.

[34]　Ma C，Chen K，Liang C，et al. Atomic-scale origin of the large grain-boundary resistance in perovskite Li-ion-conducting solid electrolytes [J]. Energy & Environmental Science，2014，7 (5)：1638-1642.

[35]　Zhao Y，Daemen L L. Superionic conductivity in lithium-rich anti-perovskites [J]. Journal of the American Chemical Society，2012，134 (36)：15042-15047.

[36]　Braga M H，Ferreira J A，Stockhausen V，et al. Novel Li_3ClO based glasses with superionic properties for lithium batteries [J]. Journal of Materials Chemistry A，2014，2 (15)：5470-5480.

[37]　Li Y，Zhou W，Xin S，et al. Fluorine-doped antiperovskite electrolyte for all-solid-state

lithium-ion batteries [J]. Angewandte Chemie International Edition, 2016, 55 (34):
9965-9968.

[38] Emly A, Kioupakis E, Van der Ven A. Phase stability and transport mechanisms in an-
tiperovskite Li_3OCl and Li_3OBr superionic conductors [J]. Chemistry of Materials,
2013, 25 (23): 4663-4670.

[39] Arbi K, París M A, Sanz J. Li mobility in Nasicon-type materials LiM_2 $(PO_4)_3$, M =
Ge, Ti, Sn, Zr and Hf, followed by ^{7}Li NMR spectroscopy [J]. Dalton Transactions,
2011, 40 (39): 10195-10202.

[40] París M A, Sanz J. Structural changes in the compounds LiM_2^{IV} $(PO_4)_3$ (M^{IV} =Ge, Ti,
Sn, and Hf) as followed by ^{31}P and ^{7}Li NMR [J]. Physical Review B, 1997, 55:
14270-14278.

[41] Morin E, Le Mercier T, Quarton M, et al. Neutron powder diffraction data for low-and
high-temperature NASICON phases of LiM_2 $(PO_4)_3$ (M=Hf, Sn) [J]. Powder Dif-
fraction, 2013, 14 (1): 53-60.

[42] Weiss M, Weber D A, Senyshyn A, et al. Correlating transport and structural proper-
ties in $Li_{1+x}Al_xGe_{2-x}(PO_4)_3$ (LAGP) prepared from aqueous solution [J]. ACS Ap-
plied Materials & Interfaces, 2018, 10 (13): 10935-10944.

[43] Giarola M, Sanson A, Tietz F, et al. Structure and vibrational dynamics of NASICON-
Type $LiTi_2$ $(PO_4)_3$ [J]. The Journal of Physical Chemistry C, 2017, 121 (7):
3697-3706.

[44] Kahlaoui R, Arbi K, Sobrados I, et al. Cation miscibility and lithium mobility in NASI-
CON $Li_{1+x}Ti_{2-x}Sc_x(PO_4)_3$ ($0 \leqslant x \leqslant 0.5$) series: a combined NMR and impedance
study [J]. Inorganic Chemistry, 2017, 56 (3): 1216-1224.

[45] Awaka J, Kijima N, Hayakawa H, et al. Synthesis and structure analysis of tetragonal
$Li_7La_3Zr_2O_{12}$ with the garnet-related type structure [J]. Journal of Solid State Chemis-
try, 2009, 182 (8): 2046-2052.

[46] Jalem R, Yamamoto Y, Shiiba H, et al. Concerted migration mechanism in the Li ion
dynamics of garnet-type $Li_7La_3Zr_2O_{12}$ [J]. Chemistry of Materials, 2013, 25 (3):
425-430.

[47] Zhang Z, Shao Y, Lotsch B, et al. New horizons for inorganic solid state ion conductors
[J]. Energy & Environmental Science, 2018, 11: 1945-1976.

[48] Hayashi A, Hama S, Morimoto H, et al. Preparation of Li_2S-P_2S_5 amorphous solid
electrolytes by mechanical milling [J]. Journal of the American Ceramic Society, 2001,
84 (2): 477-479.

[49] Yamauchi A, Sakuda A, Hayashi A, et al. Preparation and ionic conductivities of
$(100-x)$ $(0.75Li_2S \cdot 0.25P_2S_5)$ · $xLiBH_4$ glass electrolytes [J]. Journal of Power
Sources, 2013, 244 (dec. 15): 707-710.

[50] Dietrich C, Weber D A, Culver S, et al. Synthesis, structural characterization, and
lithium ion conductivity of the lithium thiophosphate $Li_2P_2S_6$ [J]. Inorganic Chemistry,
2017, 56 (11): 6681.

[51] Mizuno F, Hayashi A, Tadanaga K, et al. High Lithium ion conducting glass-ceramics

in the system $Li_2S-P_2S_5$ [J]. Solid State Ionics，2006，177 (26-32)：2721-2725.

[52] Seino Y，Ota T，Takada K，et al. A sulphide lithium super ion conductor is superior to liquid ion conductors for use in rechargeable batteries [J]. Energy & Environmental Science，2014，7 (2)：627-631.

[53] Kanno R，Hata T，Kawamoto Y，et al. Synthesis of a new lithium ionic conductor，thio-LISICON-lithium germanium sulfide system [J]. Solid State Ionics，2000，130 (1-2)：97-104.

[54] Murayama M，Kanno R，Irie M，et al. Synthesis of new lithium ionic conductor thio-LISICON-lithium silicon sulfides system [J]. Journal of Solid State Chemistry，2002，168 (1)：140-148.

[55] Kanno R，Murayama M. Lithium ionic conductor thio-LISICON：the $Li_2S-GeS_2-P_2S_5$ System [J]. Journal of The Electrochemical Society，2001，148 (7)：A742-A746.

[56] Hayashi A，Minami K，Mizuno F，et al. Formation of Li^+ superionic crystals from the $Li_2S-P_2S_5$ melt-quenched glasses [J]. Journal of Materials Science，2008，43：1885-1889.

[57] Kuhn A，Köhler J，Lotsch B V. Single-crystal X-ray structure analysis of the superionic conductor $Li_{10}GeP_2S_{12}$ [J]. Physical Chemistry Chemical Physics，2013，15 (28)：11620-11622.

[58] Kato Y，Hori S，Saito T，et al. High-power all-solid-state batteries using sulfide superionic conductors [J]. Nature Energy，2016，1：16030.

[59] Kraft M A，Culver S P，Calderon M，et al. Influence of lattice polarizability on the ionic conductivity in the lithium superionic argyrodites Li_6PS_5X (X = Cl，Br，I) [J]. Journal of the American Chemical Society，2017，139 (31)：10909-10918.

[60] Fenton D E，Parker J M，Wright P V. Complexes of alkali metal ions with poly (ethylene oxide) [J]. Polymer，1973，14：589.

[61] Hassoun J，Croce F，Armand M，et al. Investigation of the O_2 electrochemistry in a polymer electrolyte solid-state cell [J]. Angewandte Chemie International Edition，2011，50 (13)：2999-3002.

[62] Balaish M，Peled E，Golodnitsky D，et al. Liquid-free lithium-oxygen batteries [J]. Angewandte Chemie International Edition，2015，127 (2)：436-440.

[63] Bonnet-Mercier N，Wong R A，Thomas M L，et al. A structured three-dimensional polymer electrolyte with enlarged active reaction zone for Li-O_2 batteries [J]. Scientific Reports，2014，4：7127.

[64] Elia G A，Hassoun J. A polymer lithium-oxygen battery [J]. Scientific Reports，2015，5：12307.

[65] Noor I S，Majid S R，Arof A K. Poly (vinyl alcohol) -LiBOB complexes for lithium-air cells [J]. Electrochimica Acta，2013，102 (15)：149-160.

[66] Luo W B，Chou S L，Wang J Z，et al. A hybrid gel-solid-state polymer electrolyte for long-life lithium oxygen batteries [J]. Chemical Communications，2015，51 (39)：8269-8272.

[67] Kim H，Kim T Y，Roev V，et al. Enhanced electrochemical stability of quasi-solid-state

electrolyte containing SiO_2 nanoparticles for Li-O_2 battery applications [J]. ACS Applied Materials & Interfaces, 2016, 8 (2): 1344-1350.

[68] Nasybulin E, Xu W, Engelhard M H, et al. Stability of polymer binders in Li-O_2 batteries [J]. Journal of Power Sources, 2013, 243 (1): 899-907.

[69] West W C, Whitacre J F, Lim J R. Chemical stability enhancement of lithium conducting solid electrolyte plates using sputtered LiPON thin films [J]. Journal of Power Sources, 2004, 126 (1-2): 134-138.

[70] Imanishi N, Hasegawa S, Zhang T, et al. Lithium anode for lithium-air secondary batteries [J]. Journal of Power Sources, 2008, 185 (2): 1392-1397.

[71] Thangadurai V, Narayanan S, Pinzaru D. Garnet-type solid-state fast Li ion conductors for Li batteries: critical review [J]. Chemical Society Reviews, 2014, 43 (13): 4714-4727.

[72] Jin Y, McGinn P J. $Li_7La_3Zr_2O_{12}$ electrolyte stability in air and fabrication of a Li/ $Li_7La_3Zr_2O_{12}$/$Cu_{0.1}V_2O_5$ solid-state battery [J]. Journal of Power Sources, 2013, 239 (1): 326-331.

[73] Xia W, Xu B, Duan H, et al. Ionic conductivity and air stability of Al-doped $Li_7La_3Zr_2O_{12}$ sintered in alumina and Pt crucibles [J]. ACS Applied Materials & Interfaces, 2016, 8 (8): 5335-5342.

[74] Muramatsu H, Hayashi A, Ohtomo T, et al. Structural change of Li_2S-P_2S_5 sulfide solid electrolytes in the atmosphere [J]. Solid State Ionics, 2011, 182 (1): 116-119.

[75] Hayashi A, Muramatsu H, Ohtomo T, et al. Improved chemical stability and cyclability in Li_2S-P_2S_5-P_2O_5-ZnO composite electrolytes for all-solid-state rechargeable lithium batteries [J]. Journal of Alloys and Compounds, 2014, 591: 247-250.

[76] Hayashi A, Muramatsu H, Ohtomo T, et al. Improvement of chemical stability of Li_3PS_4 glass electrolytes by adding M_xO_y (M = Fe, Zn, and Bi) nanoparticles [J]. Journal of Materials Chemistry A, 2013, 1 (21): 6320.

[77] Zhong L, Mitchell R R, Liu Y, et al. In situ transmission electron microscopy observations of electrochemical oxidation of Li_2O_2 [J]. Nano Letters, 2013, 13 (5): 2209-2214.

[78] Zheng H, Xiao D, Li X, et al. New insight in understanding oxygen reduction and evolution in solid-state lithium-oxygen batteries using an in situ environmental scanning electron microscope [J]. Nano Letters, 2014, 14 (8): 4245-4249.

[79] Zhang T, Zhou H. A reversible long-life lithium-air battery in ambient air [J]. Nature Communications, 2013, 4: 1817.

[80] Kitaura H, Zhou H. Reaction and degradation mechanism in all-solid-state lithium-air batteries [J]. Chemical Communications, 2015, 51: 17560-17563.

[81] Wang X, Zhu D, Song M, et al. A Li-O_2/air battery using an inorganic solid-state air cathode [J]. ACS Applied Materials & Interfaces, 2014, 6 (14): 11204-11210.

[82] Broek J, Afyon S, Rupp J L M. Interface-engineered all-solid-state Li-ion batteries based on garnet-type fast Li^+ conductors [J]. Advanced Energy Materials, 2016, 6 (19): 1600736.

[83] Xu L, Tang S, Cheng Y, et al. Interfaces in solid-state lithium batteries [J]. Joule, 2018, 2 (10): 1991-2015.

[84] Sharafi A, Meyer H M, Nanda J, et al. Characterizing the Li-$Li_7La_3Zr_2O_{12}$ interface stability and kinetics as a function of temperature and current density [J]. Journal of Power Sources, 2016, 302 (20): 135-139.

[85] Aguesse F, Manalastas W, Buannic L, et al. Investigating the dendritic growth during full cell cycling of garnet electrolyte in direct contact with Li metal [J]. ACS Applied Materials & Interfaces, 2017, 9 (4): 3808-3816.

[86] Sakuma M, Suzuki K, Hirayama M, et al. Reactions at the electrode/electrolyte interface of all-solid-state lithium batteries incorporating Li-M (M=Sn, Si) alloy electrodes and sulfide-based solid electrolytes [J]. Solid State Ionics, 2016, 285: 101-105.

[87] Kobayashi T, Yamada A, Kanno R. Interfacial reactions at electrode/electrolyte boundary in all solid-state lithium battery using inorganic solid electrolyte, thio-LISICON [J]. Electrochimica Acta, 2008, 53 (15): 5045-5050.

[88] Hashimoto Y, Machida N, Shigematsu T. Preparation of $Li_{4.4}Ge_xSi_{1-x}$ alloys by mechanical milling process and their properties as anode materials in all-solid-state lithium batteries [J]. Solid State Ionics, 2004, 175 (1-4): 177-180.

[89] Hang B T, Ohnishi T, Osada M, et al. Lithium silicon sulfide as an anode material in all-solid-state lithium batteries [J]. Journal of Power Sources, 2010, 195 (10): 3323-3327.

[90] Yersak T A, Son S B, Cho J S, et al. An all-solid-state Li-ion battery with a pre-lithiated Si-Ti-Ni alloy anode [J]. Journal of The Electrochemical Society, 2013, 160: A1497-A1501.

[91] Gong C, Ruzmetov D, Pearse A, et al. Surface/interface effects on high-performance thin-film all-solid-state Li-ion batteries [J]. ACS Applied Materials & Interfaces, 2015, 7 (47): 26007-26011.

[92] Leite M S, Ruzmetov D, Li Z, et al. Insights into capacity loss mechanisms of all-solid-state Li-ion batteries with Al anodes [J]. Journal of Materials Chemistry A, 2014, 2 (48): 20552-20559.

[93] Nagao M, Hayashi A, Tatsumisago M. Bulk-type lithium metal secondary battery with indium thin layer at interface between Li electrode and Li_2S-P_2S_5 solid electrolyte [J]. Electrochemistry, 2012, 80 (10): 734-736.

[94] Luo W, Gong Y, Zhu Y, et al. Transition from superlithiophobicity to superlithiophilicity of garnet solid-state electrolyte [J]. Journal of the American Chemical Society, 2016, 138 (37): 12258-12262.

[95] Wenzel S, Leichtweiss T, Krüger D, et al. Interphase formation on lithium solid electrolytes-an in situ approach to study interfacial reactions by photoelectron spectroscopy [J]. Solid State Ionics, 2015, 278: 98-105.

[96] Kato A, Hayashi A, Tatsumisago M. Enhancing utilization of lithium metal electrodes in all-solid-state batteries by interface modification with gold thin films [J]. Journal of Power Sources, 2016, 309 (31): 27-32.

[97] Tsai C L, Roddatis V, Chandran C V, et al. $Li_7La_3Zr_2O_{12}$ interface modification for Li dendrite prevention [J]. ACS Applied Materials & Interfaces, 2016, 8 (16): 10617-10626.

[98] Han X, Gong Y, Fu K, et al. Negating interfacial impedance in garnet-based solid-state Li metal batteries [J]. Nature Materials, 2016, 16: 572.

[99] Wang C, Gong Y, Liu B, et al. Conformal, nanoscale ZnO surface modification of garnet-based solid-state electrolyte for lithium metal anodes [J]. Nano Letters, 2017, 17 (1): 565-571.

[100] Xu B, Li W, Duan H, et al. Li_3PO_4-added garnet-type $Li_{6.5}La_3Zr_{1.5}Ta_{0.5}O_{12}$ for Li-dendrite suppression [J]. Journal of Power Sources, 2017, 354 (30): 68-73.

第 5 章

复合锂空气电池

5.1
复合锂空气电池的工作原理

　　传统非水系锂空气电池的发展受限于循环寿命短、能量密度低、有机电解液易分解和金属锂易腐蚀等问题，而水系锂空气电池负极侧的金属锂存在严重的自放电现象[1]。通过在正极侧和负极侧分别使用不同的电解液，并在正、负极之间采用快锂离子导体陶瓷膜进行隔离构建复合锂空气电池体系可以有效解决这些问题[2-6]。在复合锂空气电池体系中，正极侧的电解液通常为水系电解液，负极侧的电解液为非水系电解液，两种电解液之间用锂离子导体陶瓷膜（固体电解质）隔开[2]，其典型的基本结构如图 5-1 所示[7]。复合锂空气电池的负极侧与非水系锂空气电池类似、正极侧与水系锂空气电池类似，其放电电压平台可通过对正极侧水系电解液 pH 值的调节进行调控。

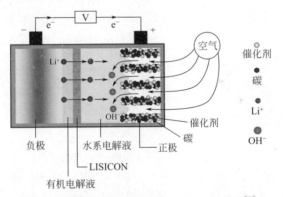

图 5-1　复合锂空气电池的基本结构示意图[7]

　　日本产业技术研究所（AIST）的周豪慎教授课题组[7] 于 2010 年首次提出并报道了复合锂空气电池体系。其中，与锂金属负极直接接触的是 $1mol \cdot L^{-1}$ $LiClO_4/EC+DMC$ 有机电解液，而与空气正极直接接触的是 KOH 水溶液，两相之间以固体电解质 LISICON 陶瓷膜隔开[8]。稳定的固体电解质膜能够隔绝正极侧来自空气的 H_2O 和 O_2，保护锂金属负极免受腐蚀，使得电池可直接在空气环境中工作[8-11]。放电时，正极的活性物质氧气得到电子被还原成 OH^-，负极侧的金属锂被氧化为 Li^+，其在有机电解质溶液中迁移并穿过 LISICON 膜进入水系电解质溶液，再扩散至正极与 O_2 还原反应产生的 OH^- 结合生成可溶于电解液的放电产物 LiOH，不会堵塞多孔空气电极，从而使得放电反应可以长时间持续进行。其电极/电池反应可用式(5-1)、式(5-3) 和式(5-4) 表示。

当复合锂空气电池中的水系电解液为酸性时，正极反应如式(5-2)，氧气还原生成 H_2O，电池的总反应如式(5-5)。

正极反应：

碱性和中性电解液体系 $O_2 + 2H_2O + 4e^- \longrightarrow 4OH^-$ $E^\ominus = 0.402V$ (5-1)

酸性电解液体系 $O_2 + 4e^- + 4H^+ \longrightarrow 2H_2O$ $E^\ominus = 1.229V$ (5-2)

负极反应： $Li \longrightarrow Li^+ + e^-$ $E^\ominus = -3.04V$ (5-3)

电池总反应：

碱性和中性电解液体系 $4Li + O_2 + 2H_2O \longrightarrow 4LiOH$ $E^\ominus = 3.44V$ (5-4)

酸性电解液体系 $4Li + O_2 + 4H^+ \longrightarrow 4Li^+ + 2H_2O$ $E^\ominus = 4.27V$ (5-5)

除了正极侧为水系电解液的传统复合锂空气电池外，国内外近年来也报道了一些正极侧使用有机电解液或离子液体电解液、负极侧使用功能性电极液的新型结构复合锂空气电池（图 5-2）[4,5,12]。例如，韩国汉阳大学 Kwak 等[4] 在正极侧采用含有多氧化还原吩嗪分子（DMPZ）的醚类电解液、负极侧采用含氟代碳酸乙烯酯（FEC）的有机电解液、中间用 LATP 隔绝正负极电解液，并使用 DMPZ 作为氧化还原中间体类催化剂以降低电池的充电电位、FEC 作为成膜添加剂以

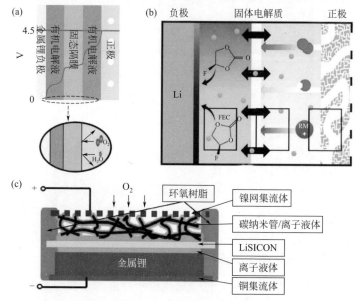

图 5-2 新型的复合锂空气电池结构：双有机电解液复合锂空气电池[5]（a），含功能添加剂的双有机电解液复合锂空气电池[4]（b），离子液体-有机电极液复合锂空气电池[12]（c）

在锂负极侧形成稳定的 SEI 层，而且其中的固体电解质可以抑制正极侧氧化还原中间体穿梭到负极造成的不利影响，从而实现了高效的双有机电解液复合锂空气电池。华中科技大学的黄云辉团队[12] 也构建了正极侧使用有机电解液、负极侧使用离子液体的双有机体系复合锂空气电池。这些新型的电解液设计丰富了复合锂空气电池的发展思路，有利于未来高性能实用化锂空气电池的高效设计和发展应用。

5.2
复合锂空气电池正极结构及材料

5.2.1 有机-水系酸性电解液复合锂空气电池正极

在有机-水系酸性电解液复合锂空气电池中，正极不仅要具有足够的 ORR/OER 催化活性，还须在酸性条件下具有较好的稳定性。考虑到非贵金属催化剂在酸性条件下不稳定，有机-水系酸性电解液复合锂空气电池常采用碳材料和贵金属的复合催化剂[13-16]，其中最广泛使用的是 Pt/C 复合催化剂。Li 等[13] 报道了以商业 Pt/C 为催化剂、LTAP 为陶瓷隔膜、正极侧使用 $0.1 mol \cdot L^{-1}$ $H_3PO_4 + 1 mol \cdot L^{-1}$ LiH_2PO_4 水系电解液、负极侧使用 $1 mol \cdot L^{-1}$ $LiPF_6$/EC+DEC 有机电解液的复合锂空气电池。在电流密度为 $0.5 mA \cdot cm^{-2}$ 的条件下，该电池基于 H_3PO_4 计算的放电比容量和能量密度分别到达 $221 mA \cdot h \cdot g^{-1}$ 和 $770 W \cdot h \cdot kg^{-1}$，并且循环 20 次后性能只有小幅衰减。虽然 Pt/C 作为正极催化剂在酸性电解质溶液中具有极高的催化活性，但仍存在许多问题。比如：碳载体的腐蚀、Pt 颗粒的溶解和迁移、纳米粒子的团聚等。为此，Li 等[14] 将 IrO_2 与 Pt/C 一起组成复合催化剂，并应用于正极侧使用 $0.1 mol \cdot L^{-1}$ $H_3PO_4 + 1 mol \cdot L^{-1}$ LiH_2PO_4 水系电解液、负极侧使用 $1 mol \cdot L^{-1}$ $LiPF_6$/EC+DEC 有机电解液的复合锂空气电池，展示出高于 Pt/C 的催化活性，相应电池的充电电压比使用 Pt/C 催化剂的电池降低了 $150 mV$ 左右（图 5-3）。此外，该复合锂空气电池的性能与 IrO_2 的载量密切相关，当 IrO_2 负载量为 $1.2 mg \cdot cm^{-2}$ 甚至更高时，OER 极化曲线接近一条直线，此时 IrO_2 具有最高的催化活性，电池充电过程中产生的氧气可以消除碳表面的水分，从而能够抑制碳载体的腐蚀。

为了彻底避免催化剂中碳载体的腐蚀问题，He 等[17] 将非碳材料 TiN 作为

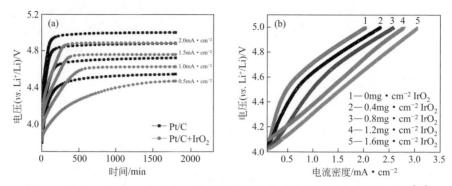

图 5-3　基于 Pt/C 和 Pt/C＋IrO$_2$ 催化剂的复合锂-空气电池的充电电压曲线[14]

正极催化剂引入分别以 $1\,mol \cdot L^{-1}$ LiClO$_4$/TEGDME 和 LiAc/HAc 为负、正极电解液的有机-水系酸性电解液复合锂空气电池，并对其性能进行了研究。结果表明，TiN 在该体系中具有较好的氧还原催化性能，其氧还原起始电位为 3.8V（$vs.$ Li/Li$^+$），仅仅略低于 Pt/C 催化剂的 4.0V，相应的锂空气电池在电流密度为 $0.5\,mA \cdot cm^{-2}$ 的条件下放电平台高达 2.85V（图 5-4）。但是，在电池的长时间工作过程中，TiN 会与电解质溶液发生副反应，引起电池阻抗的增加。

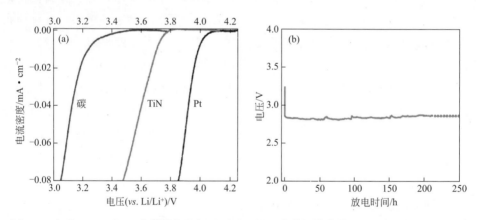

图 5-4　由碳、TiN 和 Pt 分别催化的氧还原过程的电化学极化曲线（a），基于 TiN 正极的
复合锂空气电池在电流密度为 $0.5\,mA \cdot cm^{-2}$ 条件下的恒流放电曲线（b）[17]

综上，在不考虑成本的情况下，从催化活性和稳定性的角度，贵金属及其复合物尤其是 Pt/C 催化剂是有机-水系酸性复合锂空气电池正极催化剂的极佳选择。但是，考虑到贵金属昂贵的价格而难以实现商业化应用，其他高活性、高稳定性的催化剂材料亟待开发，目前虽有些材料表现出一定的应用前景，但其实际性能仍有很大的改进空间。

5.2.2 有机-水系碱性电解液复合锂空气电池正极

在有机-水系碱性电解液复合锂空气电池中，正极催化剂材料主要包括碳材料、过渡金属及其氧化物、钙钛矿型氧化物等。Wang 等[18] 采用由氧化石墨烯和碳纳米管复合的富氧碳材料为正极催化剂，所构建的分别以 1mol·L^{-1} LiPF$_6$/EC+DMC 和 1mol·L^{-1} LiNO$_3$+0.5mol·L^{-1} LiOH 为负、正极电解液的有机-水系碱性电解液复合锂空气电池可实现短时间的充放电循环，但长期循环性能并不稳定。他们根据密度泛函理论计算认为，催化剂表面的富氧官能团有助于氧气的吸附和三相界面反应的进行，但在高电压的充电过程中会促使石墨烯分解，从而导致催化剂活性的降低和电池性能的衰退。Yoo 等[19] 将石墨烯纳米片（GNSs）用作分别采用 1mol·L^{-1} LiClO$_4$/ED+DEC 和 1mol·L^{-1} LiNO$_3$+0.5mol·L^{-1} LiOH 为负、正极电解液的有机-水系碱性电解液复合锂空气电池的双功能催化剂，发现经高温处理的 GNSs 可以使电池的循环性能大幅度提高。在 0.5mA·cm^{-2} 电流密度放电 2h 的条件下，使用热处理 GNSs 催化剂的复合锂空气电池循环 50 次前后放电截止电压仅降低了 0.07V，远低于使用未热处理催化剂电池的 0.2V。他们认为热处理对 GNSs 催化性能的提升主要源自两方面：一方面是热处理使 GNSs 表面结构发生了重排，导致 sp^3/sp^2 的降低；另一方面是热处理去除了 GNSs 表面的官能团，从而使得 GNSs 不易被氧化，稳定性得到改善。Li 等[20] 利用电沉积制备了垂直排列的氮掺杂碳纳米管阵列（CNTAs），并通过等离子体增强化学气相沉积将 CNTAs 生长在碳纤维纸上。当应用于分别采用 1mol·L^{-1} LiPF$_6$/EC+EMC 和 1mol·L^{-1} LiNO$_3$+0.5mol·L^{-1} LiOH 为负、正极电解液的有机-水系碱性电解液复合锂空气电池时，该材料表现出接近于 Pt/C 的催化活性，作者认为这主要归功于氮掺杂碳纳米管表面暴露的大量石墨化边缘。采用该催化剂的复合锂空气电池在 0.5mA·cm^{-2} 电流密度下的充-放电平均电压差为 1.35V，能量转化效率为 71%，能量密度为 2057W·h·kg^{-1}，功率密度达到 10.4mW·cm^{-2}。

碳材料作催化剂或导电剂的有机-水系碱性电解液复合锂空气电池的一个最大问题是其在充电过程中的腐蚀，从而导致电池综合性能的降低。为了避免碳腐蚀问题，逐渐有各种非碳类催化剂被提出来。过渡金属氧化物即其中的一个典型代表，其因为在碱性水溶液中通常具有双功能 ORR/OER 催化活性，也被用作复合锂空气电池的正极催化剂。Wang 等[21] 将 CoMn$_2$O$_4$ 纳米颗粒生长在石墨烯纳米片上作为正极催化剂，并以 1mol·L^{-1} LiPF$_6$/EC+DMC 和 1mol·L^{-1} LiOH 分别作为负、正极电解液装配成复合锂空气电池，在 0.2mA·cm^{-2} 的电流密度下展现出 3000mA·h·g^{-1} 的首圈放电容量，增大电流密度至 2mA·cm^{-2} 后电池展现出良好的倍率性能。Jung 等[22] 通过静电纺丝法制得 Mn$_3$O$_4$/C 纳米纤维正极催化剂，并结合 1mol·L^{-1} LiTFSI/TEGDME 和 1mol·L^{-1} LiNO$_3$＋0.5mol·L^{-1} LiOH 分别为负、正极电解液装配的复合锂空气电池展现出较低的充放电过电位及较高的循环稳定性。

　　基于镧系稀土金属的钙钛矿型氧化物在碱性电解液中被视为理想的 ORR 催化剂。其中，钙钛矿型氧化物 LaMnO$_3$ 展现出较高的 ORR 催化活性，但其 OER 催化活性并不理想。为了提高 LaMnO$_3$ 的 OER 催化性能，Liu 等[23] 通过溶胶凝胶结合煅烧法合成了不同 Co 掺杂量的钙钛矿型氧化物 LaMn$_{1-x}$Co$_x$O$_3$ 作为正极催化剂，并分别采用 LiClO$_4$/TEGDME 和 0.5mol·L^{-1} LiOH 作为负、正极电解液组装成复合锂空气电池进行了对比研究。他们发现，LaMn$_{0.7}$Co$_{0.3}$O$_3$ 具有最高的 OER 催化性能，以其为催化剂的复合锂空气电池在电流密度为 200mA·g^{-1}、限容 1000mA·h·g^{-1} 的条件下可稳定循环 300h 以上。

　　Wang 等[24] 对比研究了纳、微尺寸的 TiN 作为分别以 1mol·L^{-1} LiClO$_4$/EC＋DMC 和 1mol·L^{-1} LiOH 为负、正极电解液的复合锂空气电池正极催化剂的性能，发现纳米 TiN 因具有更大的比表面积有利于催化活性位的暴露而具有更好的、接近于纳米 Mn$_3$O$_4$ 催化剂的性能，而且其具体的氧还原过程机理也不相同。Wang 等[25] 提出了一种基于铜腐蚀催化的有机-水系碱性电解液复合锂空气电池（图 5-5）。在他们所搭建的分别以 1mol·L^{-1} LiClO$_4$/EC＋DMC 和 1mol·L^{-1} LiNO$_3$ 为负、正极电解液的复合锂空气电池中，正极中的铜首先被电解液中的氧气腐蚀生成 Cu$_2$O［式(5-6)］，然后 Cu$_2$O 与从外电路传递过来的电子结合又被还原为金属铜［式(5-7)］，这样的循环过程催化了锂空气电池中的氧还原过程，其总的电极反应可以用式(5-8)表示。因此，他们认为在有机-水系碱性电解液复合锂空气电池中，Cu 可以通过自腐蚀的方式催化 O$_2$ 的还原。该工作为有机-水系碱性电解液复合锂空气电池正极催化剂的研究提供了新的思路。

$$2Cu＋1/2O_2 \longrightarrow Cu_2O \tag{5-6}$$

$$Cu_2O＋H_2O＋2e^- \longrightarrow 2Cu＋2OH^- \tag{5-7}$$

$$1/2O_2＋2e^-＋H_2O \longrightarrow 2OH^- \tag{5-8}$$

　　除催化剂材料本身以外，合理的正极结构设计也是影响复合锂空气电池性能的重要因素。Li 等[26] 分别以 1mol·L^{-1} LiPF$_6$/EC＋DMC 和 1mol·L^{-1} LiNO$_3$＋0.5mol·L^{-1} LiOH 为负极和正极电解液、Pt/C（作用于 ORR）和 NiCo$_2$O$_4$（作用于 OER）为催化剂、LATP 为电解质膜构建了有机-水系碱性电解液复合锂空气电池，并对比研究了其中正极结构设计（主要包括单一电极、解

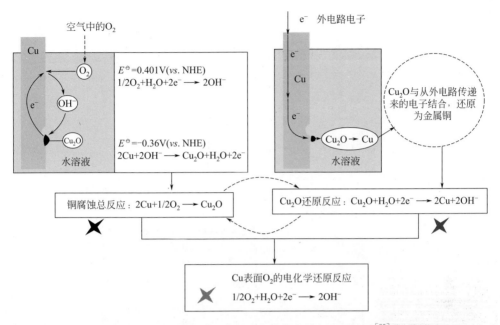

图 5-5　基于铜腐蚀生成的 Cu_2O 催化的氧还原过程[25]

耦双功能电极和复合电极）对电池性能的影响（图 5-6）。他们发现，解耦双功能电极因可分别针对 ORR 和 OER 反应过程设计其结构而表现出最优异的循环性能。其中，ORR 反应需要在催化剂、空气和电解质的三相界面进行，因而采用了疏水材料负载 Pt/C 催化剂；而 OER 过程只需要催化剂和电解液接触，因而亲水性的 $NiCo_2O_4$ 纳米片完全浸泡在水中，同时由于 $NiCo_2O_4$ 纳米片中不含有碳材料和黏结剂，因而在高压充电过程中可保持良好的稳定性。

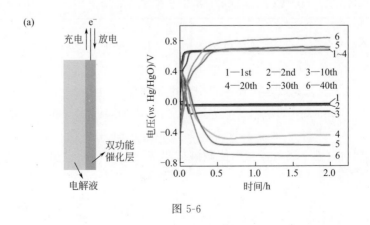

图 5-6

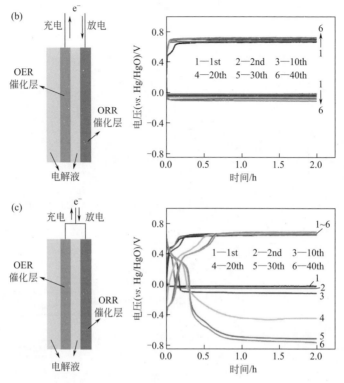

图 5-6　三种正极结构的复合锂空气电池在 $2.0 \mathrm{mA} \cdot \mathrm{cm}^{-2}$ 电流密度下的性能：
单一电极（a），解耦双功能电极（b），复合电极（c）[26]

5.3
复合锂空气电池负极材料

　　在复合锂空气电池中，因负极侧电解液与传统的非水系锂空气电池中的电解液相似，因而其负极材料及其存在的主要问题也与非水系锂空气电池有较大的相似性。在电池的反复充放电循环过程中，由于锂离子的传导速度、浓度和锂金属负极表面的不均匀性（如缺陷、晶界等），负极表面容易出现锂枝晶的生长并发生粉化，从而大大降低电池的性能、缩短电池的使用寿命，甚至造成安全隐患[27-30]。同时，锂金属负极与固体电解质隔膜之间的界面接触性和稳定性也对电池的性能有重要的影响。如果两者之间不能稳定共存而发生反应，将导致固体电解质隔膜电导率的降低和电池内阻的增加，并进一步引起电池性能的降低；如果两者之间接触不良，也会导致电池内阻的增大[31-34]。此外，锂金属电极与负极侧电解液之间的副反应会引起锂金属和电解液的不断消耗和 SEI 的持续生长，从而造成电池性能的降低[35-37]。为此，国际学术界开发了多种技术来保护锂金属负极、抑制其枝晶生长、改善其稳定性及与固体电解质之间的界面特性，以提高以锂金属为负极的复合锂空气电池的性能[38-45]。

5.3.1　缓冲层

在复合锂空气电池中，固体电解质隔膜的使用不仅起到分隔正、负极及其电解液的作用，而且可以保护锂金属负极不受来自正极空气中 H_2O 和 CO_2 等的腐蚀。其中，典型的代表是 NASICON 型陶瓷固体电解质 $Li_{1+x+y}Al_xTi_{2-x}Si_yP_{3-y}O_{12}$（LATP），其因较高的锂离子电导率和机械强度，以及在水系电解液中较高的化学稳定性而得到了广泛的应用[46-52]。但是，锂金属负极和固体电解质隔膜之间的化学稳定性是一大挑战。因为锂枝晶的生长在复合锂空气电池中依然存在，其极易与固体电解质直接接触，如果两者之间不能稳定共存的话将引起负极活性物质和固体电解质的损耗与电池内阻的增加，甚至有锂枝晶穿过固体电解质隔膜与正极接触造成短路和安全问题。例如，对于常用的 LATP 电解质膜，因为其中有 Ti^{4+} 的存在而容易与金属锂发生氧化还原反应，因而实际使用中需要在 LATP 与锂金属之间添加一层对锂金属稳定的缓冲层。Wang 等[53] 研究了缓冲层聚氧化乙烯（PEO）/LiTFSI 在加入不同含量的 N-甲基-N-丙基哌啶双（氟磺酰）亚胺（PP13FSI）离子液体后其电导率的变化和锂离子的输运特性。他们发现，在 $PEO_{18}LiTFSI$ 中加入少量 PP13FSI 能够有效抑制锂枝晶的生长，而且 $PEO_{18}LiTFSI-xPP13FSI$ 的电导率随着 x 的增大而升高，当 x 为 $1.2\sim1.44$ 时其与锂金属负极间的界面阻抗最低。Liu 等[54] 的研究表明，在 $PEO_{18}LiTFSI$-PP13FSI 中添加 SiO_2 纳米粒子可进一步提高离子电导率、降低界面阻抗，而且能够改善界面相容性、降低锂金属与电解质的反应活性、增加缓冲层的刚度和韧性、提高充放电电流分布的均匀性，从而抑制锂枝晶的生长[55]。但是，总体来讲，虽然在锂金属负极和固体电解质之间引入缓冲层可以抑制或缓解锂枝晶的生长，并改善两者之间的化学相容性和界面稳定性，但往往电池在多次循环之后锂枝晶还是会穿透缓冲层并接触到固体电解质[56-58]。因此，探索从根本上抑制锂枝晶生长的方法及开发与锂金属具有良好化学稳定性的固体电解质极为重要[59,60]。

此外，锂金属/缓冲层的界面特性对复合锂空气电池的性能也有重要的影响。通常，两者之间的界面阻抗在室温下比较大，因而会导致电池整体阻抗较大[61]，需要将电池的工作温度提高到 60℃ 左右才能大幅度降低其界面阻抗[62]。另一方面，锂金属与缓冲层之间的界面接触性会随循环次数的增加而变化，从而导致电池性能的降低[63]。因此，降低锂金属/缓冲层的室温界面阻抗并提升其界面稳定性是发展复合锂空气电池负极用高效缓冲层的关键。

5.3.2 合金化结构

当锂元素以离子态的形式存在时，锂金属的枝晶问题和高反应活性会得到大幅度降低。因此，开发锂合金（LiSi，LiSn，LiAl，LiB，LiC 等）作为金属锂的替代材料是锂空气电池负极材料的重要研究方向之一。Hassoun 等[64] 于 2012 年首次用 LiSi 合金取代传统的锂金属作为负极，辅以 LiTFSI/TEGDME 电解液和超导炭黑空气电极，制得了具有良好循环性能的锂空气电池。该电池的放电电压平台约为 2.4V，基于空气电极计算的能量密度可达 980W·h·kg^{-1}，优于商业化的以 LiCoO$_2$ 为正极、石墨为负极的锂离子电池（384W·h·kg^{-1}）。Ma 等[65] 通过 1,3-二氧戊环（DOL）添加剂与 LiNa 合金反应，在合金表面形成一层坚固且柔韧的钝化膜来抑制锂枝晶的生长和缓冲合金负极的体积膨胀，避免了电解质的持续消耗，确保了高电子传输效率和持续的电化学反应，因而明显改善了双金属 LiNa 合金-O$_2$ 电池的循环稳定性。Ye 等[66] 提出利用 LiAl 合金介质调控金属锂的均匀成核、实现金属锂的均匀生长，有效地解决了金属锂在安全性和循环稳定性等方面的问题。他们认为，三维集流体本身具有疏锂特性，其在循环过程中与金属锂之间的接触较差，容易脱落形成"死锂"。将纳米铝包覆的三维纳米铜箔用于金属锂的沉积时，锂优先和铝发生合金化反应形成亲锂的 LiAl 合金层，此后这层 LiAl 合金层作为锂的成核位点，诱导金属锂呈球状生长而避免了枝晶的形成，提高了电池的安全性。同时，在电池的循环过程中金属锂会出现不可逆损失，此时锂铝合金中储存的锂会缓慢释放出来补偿损失的锂，从而保证锂负极的长循环稳定性。

5.3.3 电解液修饰和固液界面设计

通过选择合适的溶剂、锂盐和电解液添加剂可以有效抑制锂枝晶的形成。有机碳酸酯类电解液虽然因与氧化物正极和石墨碳电极之间具有良好的相容性而在工业锂离子电池中得到了普遍应用，但其无法很好地抑制锂枝晶的生长[67]。相比之下，在醚类溶剂如四氢呋喃（THF）、二甲基四氢呋喃（2-Me-THF）和乙醚（DEE）等中存在较少的锂枝晶形成问题[68]，但是长时间的循环仍会导致金属锂的不均匀沉积[69,70]。此外，其他溶剂包括离子液体、酰胺、砜类等都可以改善锂金属负极的性能[71,72]，而且锂盐电解质也对电池的性能有重要的影响。

其中，已用于锂空气电池的 $LiClO_4$、$LiOSO_2CF_3$ 和 LiTFSI 等对锂枝晶没有明显的抑制作用[56,67]，而 $LiPF_6$ 作为电解质时其中的 PF_6^- 与电解液中微量水反应生成的 HF 可提高锂金属表面的稳定性[67,68]。总体而言，电解液的修饰不需要大幅度地改变电极/电池的制造工艺，在经济上可行性较高。因此，大量的研究工作都专门针对电解液展开，以寻找最佳的电解液组成。

在电解液中加入少量添加剂也是保护锂金属负极的一种有效方法，其保护机制主要包括[55]：①与锂金属表面反应形成稳定的 SEI 层；②控制电流分布或降低锂金属与电解液的反应活性；③形成锂金属的合金，影响锂沉积形貌；④通过引入 Cs^+ 或 Rb^+ 等产生静电屏蔽效应。

通过添加剂在金属锂表面形成一层稳定的 SEI 层或人造界面膜可以极大地稳定金属锂和有机电解液的接触界面，从而保护锂金属负极稳定存在于有机电解液中。其中，有效的电解液添加剂必须具有低的 LUMO 轨道，以保证其优先与锂金属发生反应生成 SEI 膜，进而保护锂金属和电解液的稳定性。目前，氟代碳酸乙烯酯（FEC）[73,74] 和碳酸亚乙烯酯（VC）[75,76] 等电解液添加剂已经获得了成功应用。当 FEC 用作添加剂时，可以在锂金属负极表面形成含有较多 LiF 成分的 SEI 层[73]，将其与 $1mol \cdot L^{-1}$ LiTFSI-TEGDME[74]、$1mol \cdot L^{-1}$ $LiPF_6$-DMC[77] 和 $1mol \cdot L^{-1}$ $LiPF_6$-EC/DEC[78] 等电解液相配合，可实现金属锂负极在电池中的稳定循环。考虑到硼酸易与羟基或含氧化合物形成较强的 O—B—O 或者 B—O—B 键，在工业上常作为辅剂用于提高含羟基聚合物的力学性能和隔水性，Huang 等[79] 将硼酸作为电解液添加剂引入了锂空气电池。因为锂金属负极表面在电池的循环过程中易产生含氧物种，电解液中硼酸的加入能够与之形成 O—B—O 或者 B—O—B 共价键结构，使所形成的 SEI 膜具有一定的隔水性和离子导电性，能有效地抑制锂枝晶的生长，且能阻挡 H_2O、O_2 以及电解液对金属锂的腐蚀。基于金属锂与亚硫酰氯（$SOCl_2$）接触时会发生化学反应产生不溶于电解液的无机物 LiCl，Wang 等[38] 以亚硫酰氯（$SOCl_2$）作为电解液添加剂在金属锂负极表面形成了均匀致密的人工 SEI 膜。其主要成分 LiCl 具备一定的离子电导性，可调控锂离子流在负极界面处的均匀扩散，而且还可以作为物理屏障阻隔电解液与锂负极的直接接触，因而改善了金属锂负极界面的稳定性，实现了电池的长期循环。Shiraishi 等[58] 的研究发现，在多种非水电解质中加入少量 HF 后沉积的锂都是无枝晶的，这主要是因为添加的 HF 会与锂金属表面反应生成非常薄的、有利于促进锂的平整沉积的 $LiF-Li_2O$ 双层膜。Mori 等[80] 发现在电解液中加入聚乙二醇二甲醚和二甲基硅酮与环氧丙烷的共聚物作为表面活性剂可以有效抑制锂的局部沉积，且在锂金属表面形成的膜非常稳定。

除上述成膜添加剂外，还有一类添加剂不与电解液和金属锂反应，而是通过调控锂离子的沉积行为来抑制其枝晶的生长。即在电解质中引入少量的金属离子（如 Na^+、Mg^{2+}、Al^{3+} 和 Sn^{4+}）作为添加剂[81,82]，以使添加剂离子和锂离子产生共沉积，从而达到抑制锂枝晶生长的效果，且所生成的锂合金薄层也使负极表面变得更加规整。Ding 等[60] 还提出了一种静电屏蔽机制来抑制锂枝晶的形成。他们在电解液中加入少量还原电位比 Li^+ 低的 Cs^+，它在锂离子沉积过程中不被还原而在电解液中稳定存在。当锂沉积出现凸起时，Cs^+ 会吸附聚集在凸起位置形成离子盾，通过同种电荷相互排斥的原理，阻止 Li^+ 在这些凸起位置的继续沉积，而是沉积在附近位置，从而抑制了锂枝晶生长，提高了电池的安全性。部分其他的碱金属（如钠[83]）和碱土金属[84] 也可以实现类似的效果，在实际工作中需要对其浓度进行精确控制，以保证其电位低于锂离子的电位，从而在锂的沉积过程中发挥离子盾的作用，达到抑制金属锂枝晶生长的目的。

采用高浓度锂盐电解液也是保护金属锂负极并改善其性能的一种有效策略[85]。这是因为随着盐浓度的提高，电解液的黏度增大，锂负极表面的液相传质速度得到了均化，而且高浓度盐可以固定电解液中的大部分溶剂组分，减少游离的溶剂分子数量，从而降低电解液与锂金属的反应活性。Qian 等[86] 将 $4.0 mol \cdot L^{-1}$ LiFSI 分散到 DME 溶剂中形成电解液体系并应用于锂-锂对称电池，在 $10 mA \cdot cm^{-2}$ 的极高电流密度下可保持 6000 次的稳定循环。

5.3.4 锂金属负极的结构设计

通过设计高效的锂金属负极结构，调控锂离子在负极表面的沉积及其分布，可有效抑制锂枝晶的生长。Yue 等[87] 以疏锂的泡沫铜为骨架，通过熔锂法在其表面成功合成了一种赤铜矿（$Cu_{2+1}O$）氧化层，从而构建了复合锂金属负极 CCOF-Li。该结构设计显著提高了泡沫铜的锂润湿性，可诱导锂金属优先在平行于电极表面的方向生长，同时抑制了其在垂直于电极表面方向的生长（即枝晶的形成），因而可以很大程度上改善锂负极及电池的循环性能和倍率性能。Liang 等[88] 发明了一种熔融复合的方法来优化锂负极的结构。他们将亲锂性集流体骨架浸入高温熔融状态的锂中，通过毛细作用将锂吸入亲锂性骨架的内部，从而得到了复合锂负极。这种亲锂性的骨架能够改善锂离子在集流体表面的成核行为，提供了实现锂离子均匀分布的可能性，有望彻底解决金属锂负极的枝晶问题。Wang 等[38] 提出了一种具有良好的机械强度和锂离子电导率的新型褶皱石墨烯笼载体（WGC）作为金属锂的宿主用于锂金属负极。在较低的面容量下，锂金属优先沉积在石墨烯笼内，笼表面均匀致密的 SEI 层保护锂金属不与电解液直接接触；随着容量的增加，锂金属致密且均匀地沉积在石墨烯笼之间的外部孔隙中，没有枝晶生长或体积变化（图 5-7）。Li 等[89] 开发了一种具有亲锂特性的 3D 交联多孔聚乙烯-亚胺海绵（PPS），依靠其对 Li⁺ 的强亲和力将 Li⁺ 浓缩在海绵中（自浓特性），致使其局部 Li⁺ 的浓度高于溶液中 Li⁺ 的浓度，从而改变了电池工作过程中电流密度的分布，使得能够在高沉积容量和高电流密度下实现高库仑效率的无枝晶沉积与剥离，显著改善了锂金属负极的稳定性和循环性能。

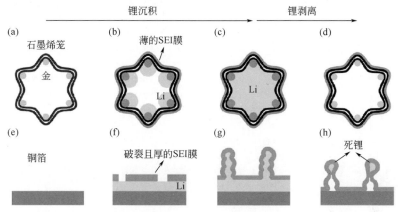

图 5-7　褶皱石墨烯笼和铜箔上锂沉积/剥离过程示意图[38]

5.4
复合锂空气电池电解液

　　电解液作为复合锂空气电池的重要组成部分，其性能对于锂空气电池的充放电反应以及循环寿命起着至关重要的作用。复合锂空气的电解液主要分为两部分，一部分是与金属锂接触的非水系电解液，称之为负极电解液，主要是包括碳酸酯类、醚类及砜类的有机电解液。理想的负极电解液须满足以下条件[90]：①可溶解一定量的锂盐，用以传导锂离子；②低黏度，锂离子传导速度快；③对氧气及超氧自由基稳定，不易降解；④低蒸气压，暴露在环境中挥发少；⑤与锂金属负极相容性好；⑥低毒性，价格实惠。另一部分是与正极接触的水系电解液，称之为正极电解液，与水系锂空气电池的电解液类似，主要有中性、碱性和酸性电解液。

5.4.1　负极有机电解液

　　在锂空气电池的发展初期，研究人员主要借鉴锂离子电池的相关经验，将其

最常用的碳酸酯类电解液直接应用到锂空气电池中。1996 年，Abraham 等[91]
报道了以碳酸亚乙酯（EC）和碳酸丙烯酯（PC）为电解液的非水系可循环锂空
气电池。但后来 Mizuno 等[92] 报道以 PC 为电解液的锂空气电池的主要放电产
物不是 Li_2O_2，而是 Li_2CO_3 和 $RO—(C=O)—OLi$。Freunberger 等[93] 进一
步通过红外光证明 PC 在电池循环过程中容易被超氧自由基攻击而分解成
Li_2CO_3 和 $RO—(C=O)—OLi$ 等，而且这些副产物在充电过程中主要转化为
CO_2 而不是 O_2。因此，他们提出碳酸酯类电解液在锂空气电池中是不稳定的，
无法作为实用锂空气电池的电解液，其具体的分解机理如图 5-8 所示：

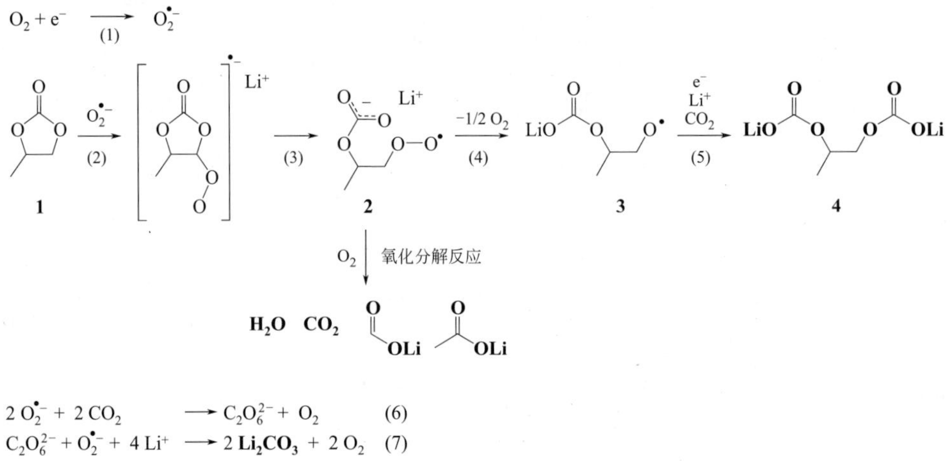

图 5-8 碳酸酯类电解液在锂空气电池中的分解机理[93]

醚类电解液能够与超氧自由基等锂空气电池的反应中间产物稳定共存，与金
属锂接触时具有良好的化学稳定性，且其离子传导能力和黏度均比碳酸酯类电解
液更有优势，因而在锂空气电池领域引起了广泛关注[94]，尤其是乙二醇二甲醚
（DME）和四乙二醇二甲醚（TEGDME）获得了深入的研究。其中，TEGDME
具有挥发性低和介电常数高等特点，低挥发性使其能够适用于开放体系的锂空气
电池，保证电解液在电池循环过程中不易挥发，高介电常数则使其能够溶解更多
的锂盐，传导更多的锂离子；DME 与 TEGDME 相比黏度更小，但其挥发性更
强。McCloskey 等[95] 发现以 DME 为电解液的锂空气电池在充电过程中释放的
O_2 量只有放电过程消耗 O_2 量的 60%，即放电消耗的氧气未能在充电过程中完
全释放出来，说明在充放电循环过程中发生了副反应。Marinaro 等[96] 的研究
表明以 LiTFSI/TEGDME 为电解液的锂空气电池的放电产物几乎全是 Li_2O_2。
Freunberger 等[94] 研究发现，和碳酸酯类电解液相比，TEGDME 在超氧根自
由基存在情况下稳定性更高，但在电池多次循环之后仍然会有 HCO_2Li、

CH_3CO_2Li、Li_2CO_3 等副产物生成，表明醚类电解液在电池的循环过程中仍然不够稳定，以其为电解液的锂空气电池在循环过程中放电产物的变化如图 5-9 所示。

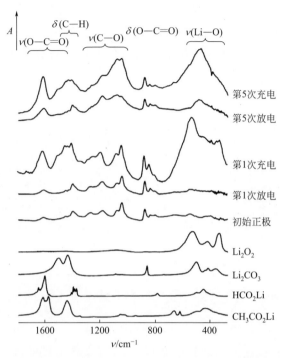

图 5-9　四乙二醇二甲醚电解液中锂空气电池放电产物的变化[94]

　　砜类电解液因对超氧自由基有较高的稳定性，且具有较宽的电化学窗口和良好的氧气扩散能力而引起了锂空气电池研究者的关注。目前在锂空气电池应用中研究最多的砜类电解液是二甲亚砜[97]（DMSO）。Trahan 等[98] 发现 DMSO 比醚类电解液对氧还原反应具有更大的促进作用，而且电池的充放电极化也更低。但是，Kwabi 等[99] 的研究表明 DMSO 作为锂空气电池的电解液也是不稳定的，放电时也会产生一些副产物如 $DMSO_2$、Li_2SO_4 和 LiOH 等。

5.4.2　正极水系碱性电解液

　　常见的复合锂空气电池用正极水系碱性电解液主要包括 KOH 和 LiOH。Wang 等[100] 以 1mol · L^{-1} $LiClO_4$/EC + DMC 为负极电解液、1mol · L^{-1} KOH 为正极电解液、固体电解质 LISICON 为隔离膜构建了可持续放电的复合锂空气电池。虽然该电池的理论能量密度较高，但其正极电解液中放电产物 LiOH 的浓度会随着放电过程的进行不断增加，而 LiOH 在水中的溶解能力是有限的（室温的溶解度是 12.8g），如果采用往电解液中加水的方式以溶解更多的固态 LiOH，必然会增大复合锂空气电池的体积和重量，导致其能量密度的降低。同时，高浓度的 LiOH 对电池中的固体电解质也有一定的腐蚀作用。为此，他们提出将放电产物 LiOH 从电池体系中分离出来，通过还原反应再生金属锂来补充到电池中（图 5-10），不仅有效保护了固体电解质，而且保证了复合锂空气电池的长时间放电能力（类似于用金属锂取代了氢气的燃料电池），提高了放电比容量和能量密度。

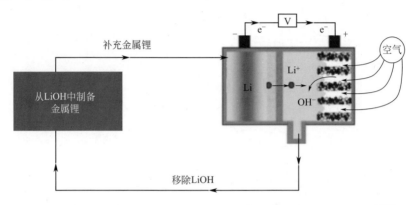

图 5-10　隔离放电产物 LiOH 并再生金属锂的复合锂空气电池示意图[100]

　　LiOH 是正极水系碱性电解液中最常用的锂盐，它不仅可以提供碱性环境促进正极的氧还原反应，同时也能够提供 Li$^+$ 以改善正极电解液的离子导电性。He 等[101]以 1mol·L^{-1} LiClO$_4$/EC＋DMC 为负极电解液、LiOH 为正极电解液、固体电解质 LISICON 为隔离膜构建了复合锂空气电池，发现 LiOH 的浓度主要通过三个方面影响复合锂空气电池的能量和功率密度：①氧还原的热力学势垒；②空气正极的催化活性；③溶液电导率。随着电解液中 LiOH 浓度的增加，电池的电动势和内阻均降低，0.5～1.0mol·L^{-1} 是比较合适的复合锂空气电池用正极 LiOH 电解液浓度。但是，因为 LiOH 浓度的增加对电池电动势和内阻的影响是一对矛盾，再加上高浓度 LiOH 对固体电解质膜的腐蚀作用，无法进一步通过调节 LiOH 的浓度来改善复合锂空气电池的性能。另一方面，复合锂空气电池在长期充电过程中会消耗 LiOH，从而使得充电后期的电池内阻急剧增加，导致充电电压的升高和副反应的发生。为了解决这个问题，可借助额外的锂盐来提供电解液在初始状态下高的 Li$^+$ 电导率和较低的 pH 值，同时降低电池的内阻，并提高固体电解质在电解液中的稳定性，延长电池的使用寿命。He 等[102]用弱碱性电解液（＜0.05mol·L^{-1} LiOH）代替常用的强碱性电解液（1mol·L^{-1} LiOH），结合 1mol·L^{-1} LiPF$_6$/EC＋DMC 负极电解液和 Li$_{1.3}$Ti$_{1.7}$Al$_{0.3}$

（PO$_4$）$_3$（LiGC）固体电解质膜构建了复合锂空气电池。在该体系中，低的LiOH浓度使电池能够保持比较高的放电电压，并能够减缓电池放电过程中电解液pH值的增加，从而有效地保护固体电解质。同时，为了保证电解液高的锂离子传导能力以降低电池的内阻，他们在正极电解液中添加了1mol·L^{-1}的LiClO$_4$。在0.05mA·cm^{-2}的电流密度下，由此制得的复合锂空气电池的放电电压稳定在3.32V，能量转换效率高达85%。Shimonishi等[103]研究发现，在LiOH溶液中加入饱和浓度的LiCl能有效抑制LiOH在水中的溶解，并将pH值稳定在7~9的范围，大大提高了固体电解质LATP的稳定性。在LiCl和LiOH双饱和的电解液LiCl-LiOH-H$_2$O中，LiCl和LiOH的浓度分别为11.57mol·L^{-1}和5.12mol·L^{-1}，但pH值只有8.14，作者认为这可能与体系中的中间体LiCl·LiOH和2LiCl·3LiOH有关，减少了LiOH的电离。但是，在复合锂空气电池正极电解液中添加饱和浓度的LiCl可能存在以下缺点：①在高压充电过程中可能会产生强氧化性的Cl$_2$，对电池体系的稳定性产生不利的影响；②饱和LiCl水溶液的浓度大于11mol·L^{-1}，大量的非活性盐会降低整个电池的实际能量密度；③高浓度的LiCl在很大程度上会降低放电产物LiOH在正极电解液的溶解度，导致LiOH在空气正极表面堆积并堵塞正极孔道，阻碍氧气的传输，降低正极的导电性，从而造成电池性能的衰减。

在以水系碱性电解液作为正极电解液的复合锂空气电池中，放电产物是LiOH，电解质溶液中OH$^-$的浓度随放电深度的增加而增加，但受限于LiOH在水中的溶解度，过量的LiOH产物会造成多孔正极的堵塞。此外，LiOH对固体电解质具有强烈的腐蚀性，并会与来自空气中的CO$_2$反应生成无活性的Li$_2$CO$_3$，使得电池的寿命急速衰减。虽然采取添加锂盐等方式可以稳定电解液的pH值、减缓LiOH对固体电解质的腐蚀，但是仍难从根本上解决放电产物LiOH的沉积问题及其对固体电解质的腐蚀，该类复合锂空气电池的循环性能依然处于较低的水平。

5.4.3 正极水系酸性电解液

与采用水系碱性正极电解液的复合锂空气电池相比，使用水系酸性正极电解液的复合锂空气电池的放电电压更高，而且放电产物锂盐在酸性电解液中的溶解度大，不容易造成对正极孔道的堵塞，酸性电解液体系也不会从空气中吸收CO$_2$发生反应，可以避免空气中CO$_2$对电池性能的影响。但是，使用酸性正极电解液的复合锂空气电池也面临着三大挑战[104]：①因为非贵金属催化剂在酸性电解液中稳定性差、催化活性低，使用酸性电解液的复合锂空气电池需要使用贵金属催化剂，使得电池的成本大大增加；②为了提升电池的能量密度，需要加大电解液中酸的浓度，再次造成电池成本的增加；③大多数固体电解质及集流体等电池组件在酸性电解液中的稳定性欠佳，导致电池的循环寿命降低。

复合锂空气电池中常用的强酸性水系电解液主要包括硫酸和盐酸。Kowalczk等[105]以 5.25mol·L^{-1} H$_2$SO$_4$ 水溶液为正极电解液构建的复合锂空气电池在 0.1mA·cm^{-2} 的电流密度下，可在 3.2V 电压持续放电超过 6d，但是该体系中高浓度的硫酸水溶液会对固体电解质 LATP 产生较强的腐蚀。在 Li 等[106]以 1mol·L^{-1} H$_2$SO$_4$ 水溶液为正极电解液制得的复合锂空气电池中，固体电解质保持相对较高的稳定性，在电流密度为 0.2mA·cm^{-2}、放电截止电压为 3.15V 的条件下，电池的放电比容量达到 306mA·h·g^{-1}，充放电循环 9 次后极化电压增加到 1.59V。但是，该体系中 1mol·L^{-1} H$_2$SO$_4$ 水溶液的氧化性较强，导致在贵金属催化剂 Pt 的表面生成一层氧化膜，钝化了 Pt 催化剂的活性位点，并且会对固体电解质造成一定的腐蚀。当他们将 H$_2$SO$_4$ 水溶液的浓度降低到 0.01mol·L^{-1} 时，电解液的氧化性降低，其对 Pt 催化剂的氧化和对固体电解质的腐蚀都得到一定程度的缓解，相应的复合锂空气电池在充放电循环 10 次之后极化电压只增加到 1.37V，与采用高浓度（1mol·L^{-1}）硫酸水溶液的电池相比得到了大幅降低。Zhang 等[62] 将 LATP 浸入 5mol·L^{-1} HCl 溶液中 1 周后完全分解；浸入 0.1mol·L^{-1} HCl 溶液 3 周后虽然其 XRD 没有出现明显的杂质峰，但阻抗显著增加，SEM 图表明 LATP 表面存在严重的腐蚀。这些结果说明强酸性水系电解液不宜用作复合锂空气电池的正极电解液。

常用于复合锂空气电池作为水系正极电解液的弱酸性电解液主要包括乙酸（HOAc）和磷酸（H$_3$PO$_4$）。其中，乙酸虽然属于弱酸，但对于固体电解质来说其 pH 值仍太低，仍会对 LATP 产生腐蚀。Zhang 等[62] 通过引入其共轭碱乙酸锂（LiOAc）制备了由 10%（体积分数）LiOAc 和 90%（体积分数）HOAc 水溶液混合而成的缓冲正极电解液，以抑制 HOAc 的解离并提高电解液的 pH 值，实现了 LATP 固体电解质的稳定存在。但是，乙酸的另一个问题是挥发性强，利用效率比较低，需要在封闭环境中储存，并在高压环境下使用。为了避免这些问题，Li 等[13] 提出 H$_3$PO$_4$ 作为复合锂空气电池的正极酸性电解液，其因可与 O$_2$ 和 Li 金属进行多步反应而有利于提供更大的比容量。但是，磷酸是一种中强酸，单独使用时仍会不可避免地腐蚀固体电解质 LATP 而导致其体积变化以及晶界阻抗的增加。为了解决这个问题，他们进一步提出加入共轭碱 LiH$_2$PO$_4$ 与 H$_3$PO$_4$ 共同形成磷酸盐缓冲液，实现了在复合锂空气电池中与 LATP 良好的兼容性。由 0.1mol·L^{-1} H$_3$PO$_4$ 和 1mol·L^{-1} LiH$_2$PO$_4$ 组成的磷酸盐缓冲溶液在室温下净 pH 值为 3.14，固体电解质 LATP 在其中长时间存放体积或晶界阻抗没有发生明显变化，有效地避免了对 LATP 的腐蚀。作者认为主要的原因在于 LiH_2PO_4 的加入抑制了电解液中 H_3PO_4 的解离，从而提高了正极电解液的 pH 值，减轻了其对 LATP 的腐蚀。在电流密度 0.5mA·cm^{-2}、限容 221mA·h·g^{-1} 的条件下，以 1mol·L^{-1} $LiPF_6$/EC＋DEC 为负极电解液、0.1mol·L^{-1} H_3PO_4＋1mol·L^{-1} LiH_2PO_4 为正极电解液的复合锂空气电池实现了 770W·h·kg^{-1} 的能量密度，循环 20 次后充放电过电位从 1.0V 增加到 1.3V，表现出了良好的循环稳定性。

对于磷酸电解液来说，如果能把三个质子都用上，理论比容量可以增加至三倍，达到 820mA·h·g^{-1}，该数值甚至超过了使用 HCl（735mA·h·g^{-1}）电解液时的理论比容量。但这会导致放电（中间）产物在正极表面发生沉积，堵塞氧气通道，从而导致电池的极化增大、能量转换效率降低。因此，为了提高 H_3PO_4 的质子利用率以提高复合锂空气电池的能量密度，Li 等[107] 提出以 0.1mol·L^{-1} H_3PO_4＋1mol·L^{-1} Li_2SO_4 作为正极电解液以消除 LiH_2PO_4 质子对电池放电的影响。其中，Li_2SO_4 的加入可以抑制放电产物 Li_3PO_4 的水解，从而保持电解液的 pH 在酸性偏中性的范围，以使固体电解质 LATP 能在其中稳定存在。在以 0.1mol·L^{-1} H_3PO_4＋1mol·L^{-1} Li_2SO_4 为正极电解液的复合锂空气电池中，当 H_3PO_4 中的 3 个质子全部被使用后，电池的实际比容量达到 740mA·h·g^{-1}，为理论比容量的 90.2％，实际能量密度达到 2442W·h·kg^{-1}，循环 20 次后充放电曲线几乎无变化，表现出了良好的循环稳定性。作者认为，复合锂空气电池的放电电压与电池体系中水系电解液的 pH 值密切相关，3 个放电平台分别对应于 1 个质子的反应（图 5-11）。

虽然在弱酸性溶液中加入共轭碱形成缓冲溶液可以使电解液的 pH 接近中性，减缓电解液对固体电解质的腐蚀作用，但加入的共轭碱往往是放电（中间）产物，在一定程度上会抑制电池的实际放电比容量。而对于强酸电解液来说，其解离常数比较低，即使加入很高浓度的共轭碱，也没有办法提高电解液的 pH 值，其对固体电解质还是有很强的腐蚀性。为了解决该问题，Li 等[108] 提出了在高浓度的强酸电解液中加入等量咪唑的策略。其中，高浓度的酸可以提高电解液的实际能量密度，而咪唑作为一种小分子弱碱具有相当高的解离常数（7.0），且咪唑环上的氮原子很容易被质子化，在水溶液中容易形成咪唑-酸复合物 [图 3-11(a)]，因而可储存电解液中的质子，保持电解液为中性。在电池的初始状态下，正极电解液中的大多数质子被捕获在咪唑-酸复合物中，电解液的 pH 接近中性。为了使电解液的 pH 值达到 5，咪唑的浓度应略高于酸浓度 1％［图 3-11

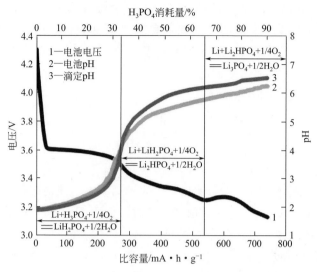

图 5-11　复合锂空气电池放电过程中电压及正极电解液 pH 值的变化曲线[107]

（b）］。将固体电解质 LATP 浸入 $0.1mol \cdot L^{-1}$ HCl + $1.01mol \cdot L^{-1}$ 咪唑 和 $6mol \cdot L^{-1}$ HCl + $6.06mol \cdot L^{-1}$ 咪唑中静置 2.5 个月后，其表面形貌与浸泡前原始的 LATP 相比几乎没有变化，说明 LATP 在 HCl 与咪唑缓冲溶液中具有良好的稳定性［图 3-11(c)～(f)］。他们以 $1mol \cdot L^{-1}$ $LiPF_6$/EC + DEC 和 $6mol \cdot L^{-1}$ HCl + $6.06mol \cdot L^{-1}$ 咪唑分别为负、正极电解液构建的复合锂空气电池在 $0.5mA \cdot cm^{-2}$ 电流密度下的放电比容量达到 $734mA \cdot h \cdot g^{-1}$（基于 $6mol \cdot L^{-1}$ HCl）。但是，咪唑缓冲溶液需要克服的主要问题在于其在高电压下不稳定，即在充电过程中会被氧化。

5.5
复合锂空气电池固体电解质隔膜

　　固体电解质隔膜是复合锂空气电池的核心部件，主要用来分隔正负极活性物质使其不直接接触，同时还可以保护金属锂负极，防止正极侧的水溶液与其接触发生副反应，而且可以有效阻挡空气中的水分和二氧化碳等物质对锂金属负极的侵蚀。固体电解质属于离子导体，其载流子可以是阳离子、阴离子或离子空位。高性能的固体电解质材料应当满足以下条件[109]：①离子迁移率大于 0.99，电子迁移率小于 0.01，电子电导率比离子电导率小三个数量级以上，否则容易造成电池短路；②具有较宽的电化学窗口，不易与正负极材料发生反应；③具有良好的热稳定性；④具有适当的机械强度，能够做成各种复杂的形状来适应电池的设计；⑤制备工艺简单，易于大规模批量生产，且材料成本和生产成本可控制在较低水平。目前，应用于复合锂空气电池的固体电解质主要为氧化物类电解质，具体包括 NASICON 型、石榴石型和钙钛矿型三大类。

5.5.1 超离子导体型固体电解质

NASICON（钠超离子导体，sodium super ionic conductor）型化合物具有菱形六面体结构，属于 $\overline{R3C}$ 空间群。1976 年，Goodenough 等发现用 Si 取代 $NaZr_2(PO_4)_3$ 中的 P 可以获得钠离子电导率为 10^{-3} S·cm^{-1} 的超离子导体 $Na_{1+x}Zr_2P_{3-x}Si_xO_{12}$（$0 \leqslant x \leqslant 3$），并将与此结构类似的化合物统称为 NASICON 型化合物[110]。NASICON 结构的化合物分子式可写为 $A_xM_2(PO_4)_3$，其晶体结构如图 5-12 所示。其中，MO_6 八面体与 PO_4 四面体通过共顶点方式形成 $[A_2P_3O_{12}]^-$ 三维共价键骨架，锂离子占据两个 MO_6 八面体之间的 M1 间隙位置，通过元素取代而引入的锂离子可以进入垂直于 c 轴的位置（与 MO_6 八面体连接的 PO_4 四面体之间），从而形成三维锂离子输运通道[111]。

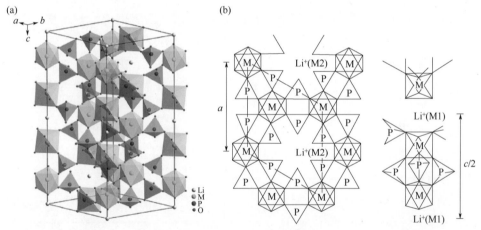

图 5-12　NASICON 型化合物 $A_xM_2(PO_4)_3$ 的晶体结构示意图[111]（彩图见文前）

NASICON 型锂离子固体电解质具有较高的锂离子电导率，而且其电化学稳定窗口较宽，具有广阔的应用前景。Subramanian 等[112] 用 Ti 部分或完全取代 $LiZr_2(PO_4)_3$ 中的 Zr 制得了 $LiZr_{2-x}Ti_x(PO_4)_3$，其锂离子电导率得到显著提升。Knauth 等[113] 对固体电解质 $Li_{1+x}A_xM_{2-x}(PO_4)_3$（A＝Al，Cr，Sc，In，Lu，Y，La；$M^{IV}$＝Ge，Ti，Zr）的研究表明，当 M^{4+} 由半径更小的 Al^{3+} 取代时，可有效促进电解质的致密化、提高晶界电导率、改善其离子导电性能，也可以通过提高材料的致密度来提高离子总电导率。Aono 等[114] 发现引入 Li_3BO_4、Li_3PO_4 等低熔点的烧结助剂可以同时提高 $LiTi_2(PO_4)_3$ 的体相电导率和晶界电导率。Geng 等[115] 用 Al 元素部分取代 Ti 生成的 Li-Al-Ti-PO_4（LATP）材料 $Li_{1.3}Al_{0.3}Ti_{1.7}(PO_4)_3$ 在 25℃ 时具有最高的锂离子电导率，达到 $3\times 10^{-3}S\cdot cm^{-1}$。

目前，LATP 已成为一种典型的固体电解质材料，其制备方法（主要包括熔融淬火法[116]、溶胶凝胶法[117]、高能球磨法、等离子烧结法和共沉淀法[118]等）对性能有重要的影响。Waetzig 等[118] 发现借助火焰等离子烧结技术制备的 LATP 固体电解质中的微裂纹主要是由晶体生长和杂相生成时产生的应力造成的；Schroeder 等[117] 使用沉淀法、喷雾干燥法和溶胶凝胶法等湿化学方法分别制备了 LATP，发现不同方法制备的前驱体粉末具有不同的微观形貌和电化学性能，其中采用溶胶凝胶法和喷雾干燥法制备的前驱体粉体粒径更小、更均匀，颗粒间团聚也较少，锂离子电导率较高；Xu 等[119] 通过放电等离子烧结法在 650℃ 的温度下制得了相对密度为 100%、晶粒尺寸为纳米级、室温总离子电导率达到 $1.12\times 10^{-3}S\cdot cm^{-1}$ 的 LATP 陶瓷电解质 $Li_{1.4}Al_{0.4}Ti_{1.6}(PO_4)_3$。其中，晶粒纳米化使得晶界和表面原子数量显著增多，从而形成空间电荷层，大量带有电荷的表面原子参与离子导电；并且相对于非纳米结构体系，纳米结构材料晶界迁移距离会明显减小，致使 LATP 纳米晶玻璃陶瓷中可迁移的载流子浓度和离子迁移率发生显著提高，从而提高材料的总电导率。与传统固相法制备的同组分材料相比，晶界离子电导率提高了 2 倍，锂离子在晶界处的传导得到了有效改善。

除 LATP 材料之外，Li-Al-Ge-PO_4（LAGP）也是一种应用较广的 NASICON 型固体电解质。Arbi 等[120] 研制的 LAGP 材料 $Li_{1.5}Al_{0.5}Ge_{1.5}(PO_4)_3$ 的室温离子电导率可达 $2.4\times 10^{-4}S\cdot cm^{-1}$；Jadhav 等[121] 将 B_2O_3 添加至 $Li_{1.5}Al_{0.5}Ge_{1.5}(PO_4)$ 使其电导率达到 $6.9\times 10^{-4}S\cdot cm^{-1}$。Zhang 等[122] 通过掺杂 5%（质量分数）TiO_2 使 $Li_{1.4}Al_{0.4}Ge_{1.6}(PO_4)_3$ 的电导率增大到 $8.37\times 10^{-4}S\cdot cm^{-1}$；Thokchom 等[123] 报道的固体电解质 $Li_{1.5}Al_{0.5}Ge_{1.5}(PO_4)_3$ 在室温下电导率高达 $4.22\times 10^{-3}S\cdot cm^{-1}$。

NASICON 型电解质具有在空气中稳定、热稳定性好、电化学窗口宽等特点，已被广泛应用于复合锂空气电池中。Gao 等[124] 分别采用 $0.3mol\cdot L^{-1}$ $LiClO_4$/TEGDME 和 $25mmol\cdot L^{-1}$ DBBQ+$25mmol\cdot L^{-1}$ TEMPO+$0.3mol\cdot L^{-1}$ $LiClO_4$/DME 为负、正极电解液，与 NASICON 型固体电解质一起构筑了复合锂空气电池，并评价了 TEMPO 和 DBBQ 作为氧化还原介质（RMs）类催

化剂分别对电池充、放电过程的影响。其中，由于 NASICON 型固体电解质有效抑制了 RMs 催化剂的穿梭效应，电池在 $2mA \cdot h \cdot cm^{-2}$ 的高限容条件下循环 50 次其充放电电压未发生明显的变化，展现了优异的循环稳定性。类似地，Kwak 等[4] 分别以 $1mol \cdot L^{-1}$ LiTFSI/TEGDME＋FEC 和 $1mol \cdot L^{-1}$ LiTF-SI＋$0.2mol \cdot L^{-1}$ DMPZ/TEGDME 为负、正极电解液，结合 NASICON 型固体电解质一起构筑了复合锂空气电池。其中，负极电解液中 FEC 的使用有利于促进锂金属表面稳定 SEI 膜的形成，正极侧电解液中 DMPZ 作为 RMs 催化剂有利于降低充电过电位，NASICON 型固体电解质则可以有效抑制 RMs 的穿梭，从而起到保护锂金属负极和延长电池循环寿命的作用。

然而，需要注意的是，LATP 和 LAGP 等 NASICON 型固体电解质与锂金属直接接触时不稳定，其中的离子 Ti^{4+} 和 Ge^{4+} 会被锂金属还原而生成离子和电子导电性差的杂相，从而引起固体电解质在电池的工作过程中不断地被消耗并发生粉化和失效，进而导致电池的失效[125]。因此，使用 LAGP 和 LATP 等 NASICON 型固体电解质时往往需要在其与锂金属之间引入合金或聚合物电解质作为缓冲层。比如：Liu 等[126] 采用溅射法在 LAGP 的负极侧沉积了厚度为 60nm 的无定形金属锗薄膜，其与锂金属形成的锂锗合金（Li-Ge）界面层不仅起到了降低界面阻抗的作用，且抑制了 Ge^{4+} 与锂金属的直接接触而造成的副反应，电池的循环性能因而得到了明显提高。

5.5.2　石榴石型固体电解质

石榴石（garnet）型锂离子电解质是近年来广受关注的一类固体氧化物电解质，其化学通式为 $Li_{3+x}A_3B_2O_{12}$。其中，$A_3B_2O_{12}$ 整体框架是由 BO_6 八面体和 AO_4 四面体构成的网络结构，其中 B、A 分别代表 6、4 配位的阳离子位[127]。该类材料自 2007 年 Murugan 等[128] 成功制得具有高离子电导率的材料 $Li_7La_3Zr_2O_{12}$（LLZO）开始受到广泛关注。

石榴石型 LLZO 材料有立方相和四方相两种晶体结构（图 5-13），两者虽然具有相似的 $La_3Zr_2O_{12}$ 框架，但因锂离子在其中的占位不同而形成了不同的晶体结构。其中，四方相的空间群为 $I4_1/acd$，晶格常数 $a = 13.134(4)Å$，$c = 12.663(8)Å$，$c/a = 0.9641$[129]。Li^+ 占据四面体位置 $8a$ 和八面体位置 $16f$ 与 $32g$，占位率均为 1，而与 $8a$ 等价的四面体位置 $16e$ 完全是空的。即锂离子在四面体中的占位率为 1/3，而在八面体中大约 2/3 的锂离子偏离中心位置、1/3 的锂离子接近中心位置[130]。立方相的空间群为 Ia-3d，晶格常数 $a = 12.9827(4)Å$[131]。锂离子占据四面体位置 $24d$ 和扭曲的八面体位置 $96h$，占位率分别为 0.947

和 0.349。

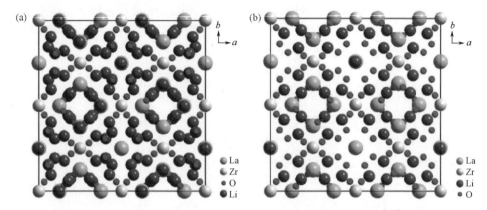

图 5-13 立方相（a）及四方相（b）石榴石型固体电解质的晶体结构示意图[130]（彩图见文前）

由于锂离子在不同晶相中迁移机制的不同，立方相 LLZO 固体电解质的离子电导率比四方相高 2~3 个数量级。在理想的石榴石结构中，AO_6 八面体和 CO_4 四面体共棱形成 $[—AO_6—CO_4—]_n$ 链，同时沿着 a、b、c 轴的排列一致。而在四方相 LLZO 中，四面体位置 $8a$ 和八面体位置 $16f$ 的 Li^+ 排列呈现完全有序化，导致 $[—LiO_4—LaO_8—]_n$ 链沿着 a、b 轴的排列被 $16f$ 位置的空位所中断[131]。在四方相 LLZO 中，四面体和八面体位置中的锂空位是有序化排列的，而在立方相 LLZO 中则是无序化排列的[132]。根据结构的观点，Li^+ 的迁移路径对应着 Li 在 LLZO 晶体结构中的排列方式。在立方相 LLZO 的三维网络中，Li 的排列可以简化为由四面体位置 Li1 和八面体位置 Li2 构成的环状单元在整个空间的重复排列（图 5-14），$Li1O_4$ 四面体和扭曲的 $Li2O_6$ 八面体共面相连，Li^+ 的三维扩散路径由 $24d$-$96h$-$48g$-$96h$-$24d$ 构成，因而 Li-Li 之间距离较短，Li^+ 容易迁移。而在四方相 LLZO 的环状结构中，四面体位置由 Li1 和空位构成，扭曲的八面体位置为 Li2 和 Li3，Li1、Li2 和 Li3 均被完全占据，Li-Li 之间的距离较长，导致四方相中 Li^+ 的迁移比较困难。

通过对 LLZO 电解质中 Li、La、Zr 晶格位置进行掺杂可以提高石榴石型电解质中的锂空位浓度和无序度，进而提高电解质的锂离子电导率。其中，最常用的 Li 位掺杂方式之一是采用原子半径较小的三价金属离子（如 Al^{3+}）进行取代，以产生锂离子空位，从而提高锂离子电导率[133]。具体的掺杂方式除了直接在合成原料中加入铝元素，还可以在粉体制备和陶瓷烧结过程中引入铝元素。比如：用刚玉球磨珠进行长时间球磨可引入铝元素；使用氧化铝坩埚进行高温烧结时，其中的铝元素也会掺入材料中[134]。在该类材料中，Al^{3+} 可以起到稳定 $Li_7La_3Zr_2O_{12}$ 室温立方相结构和提高锂离子电导率的作用。此外，铝在晶界处

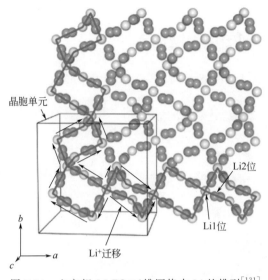

图 5-14　立方相 LLZO 三维网络中 Li 的排列[131]

富集生成的低熔点 Li-Al-O 相可以促进液相烧结，从而提高材料的致密化程度、减小晶界电阻，但 Al 元素进入晶格中的 Li 位可能会阻挡部分离子输运途径。另一种常用的 Li 位掺杂元素是 Ga，其三价离子 Ga^{3+} 拥有更大的离子半径，能够扩充锂占位的四面体和八面体间隙，从而获得更高的室温离子电导率（10^{-3} S · cm^{-1}）[135]。相比之下，Zr 位掺杂不存在 Li 位掺杂可能会阻断锂离子的传输路径，Al、Ga 等元素不能完全进入晶体结构内部等问题，有利于获得更高的锂离子电导率。Zr 位掺杂常用的元素主要有 Ta[136]、Nb[137]、W[138] 等。Li 等[136] 通过传统的固相烧结法制得的 Ta 掺杂的 LLZO 具有高达 2.0×10^{-4} S · cm^{-1} 的离子电导率。Huang 等[137] 通过快速烧结法制备了不同 Nb 掺杂量的 $Li_{7-x}La_3Zr_{2-x}Nb_xO_{12}$，发现当 Nb 掺杂量为 0.4 时离子电导率最高可达 6×10^{-4} S · cm^{-1}。Li 等[138] 发现 W 掺杂可以有效地稳定 LLZO 的立方晶相，他们用 W 取代 Zr 得到的立方相 LLZO 材料 $Li_{6.30}La_3Zr_{1.65}W_{0.35}O_{12}$ 的离子电导率达到 6.6×10^{-4} S · cm^{-1}。此外，双（多）掺杂也是改善 LLZO 离子电导率的重要途径。Abrha 等[139] 采用溶胶凝胶法合成的双掺杂材料（Ga，Nb）-LLZO 在室温下的离子电导率高达 9.28×10^{-3} S · cm^{-1}。

石榴石型固体电解质具有较高的稳定性，已被广泛应用于复合锂空气电池中。Wang 等[5] 研究发现向 $Li_{6.5}La_3Zr_{1.5}Ta_{0.5}O_{12}$ 中添加 2%（质量分数）的 Al_2O_3 后可以促进 LLZO 晶粒间的联结，提高 LLZO 的致密度，在空气中表现出较高的稳定性。他们以其为固体电解质膜制备的有机-有机复合电解液锂空气电池在电流密度为 200mA · g^{-1}、限容 500mA · h · g^{-1} 的条件下可以稳定循环

43 圈。

5.5.3 钙钛矿型固体电解质

钙钛矿型固体电解质的通式为 ABO_3，其中的 A 位一般由 Ca、Sr 或 La 等元素占据，B 位元素通常是 Al 或者 Ti。Inaguma 等[140] 于 1993 年首先提出了结构式为 $Li_{3x}La_{2/3-x}TiO_3$（LLTO）、室温下拥有高达 $10^{-3}S \cdot cm^{-1}$ 的体相离子电导率的钙钛矿型固体电解质。如图 5-15，其中，Li^+ 和 La^{3+} 共同占据 A 位，即位于由八个共顶点的 $[TiO_6]$ 八面体包围的中心位置，半径较大的 La^{3+} 引入大量 A 位空位，使得 LLTO 具有较高的体相电导率[141]。

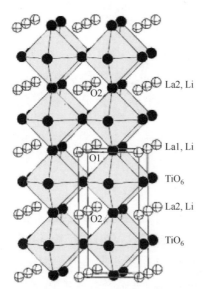

图 5-15　钙钛矿 LLTO 晶体结构示意图[141]

元素掺杂是改善 LLTO 电解质材料性能的有效途径。Katsumata 等[142] 通过掺杂制备了新型钙钛矿型锂离子导体 $La_xM_yLi_{1-3x-y}NbO_3$（M＝Ag 和 Na），对比研究发现 $La_{0.25}Ag_{0.20}Li_{0.05}NbO_3$ 在 36℃时拥有最大的锂离子电导率（$3.9×10^{-5}S \cdot cm^{-1}$）。Okumura 等[143] 研究发现，F 离子掺杂可以有效改变 LLTO 的晶格结构，增大锂离子的迁移通道，降低锂离子迁移的激活能，从而提高 LLTO 的离子电导率。总的来说，目前文献报道的 LLTO 相关掺杂体系主要有 3 种：①用更小半径的镧系元素（Pr，Nd，Sm，Gd，Dy，Y）部分或全部取代 A 位的 La，使 LLTO 的晶体结构向斜交晶相变化[144,145]。②用碱金属（Na，K）或碱土金属（Sr，Ba）取代 A 位的 La。碱金属部分取代 La 会减小锂离子迁移的有效空间，从而大幅提高离子电导率；用 5％左右的 Sr 取代 La 可得到稳定的立方结构 LLTO，且阻碍钙钛矿结构的有序化，可提高离子电导率；而使用 Ba 部分取代 La 虽然能扩大晶格，但会使材料的局部结构发生变形，引起离子电导率的降低[146,147]。③用高价离子部分或全部取代 B 位的 Ti，LLTO 电解质的晶胞结构和离子电导率会随取代离子大小、取代的量和空位数的变化而得到调控[148]。

虽然立方相 LLTO 电解质具有较高的体相离子电导率，但在制备过程中容易在晶界处出现电导率较低的四方相、六方相甚至三方相等杂相，造成材料总电导率的降低。烧结过程中引入低熔点的烧结助剂能改善晶界并提高离子电导率。Mei 等[149] 在烧结过程中向晶粒间引入了 SiO_2，形成无定形的 Li-Si-O，获得了接近 $10^{-4}S \cdot cm^{-1}$ 的总离子电导率。因为 LLTO 电解质对水具有较高的稳定性，其在复合锂空气电池领域展现了极广的应用前景。Inaguma 等[150] 在 1450℃下煅烧得到正交晶系钙钛矿 $La_{0.57}Li_{0.29}TiO_3$，在室温下其总离子电导率可达到 $5.7 \times 10^{-4}S \cdot cm^{-1}$，且 $La_{0.57}Li_{0.29}TiO_3$ 在 LiOH 水溶液及 $LiClO_4$ EC/DMC 有机溶液中均表现出较高的化学稳定性。以其为隔膜、$1.0mol \cdot L^{-1}$ $LiClO_4$/EC+DMC 和 $0.5mol \cdot L^{-1}$ LiOH 分别为负极和正极电解液组装的复合锂空气电池在 $0.06mA \cdot cm^{-2}$ 电流密度下持续放电 250h 电压几乎不衰减，而且展示了优异的循环性能。

但是，因为一般的钙钛矿型锂离子固体电解质中都含有 Ti^{4+}，当其与锂金属直接接触时会发生化学反应，这是钙钛矿型 LLTO 电解质应用于复合锂空气电池的主要问题和挑战。

5.6
小结与展望

复合锂空气电池结合了常规的水系、非水系锂空气电池的特点，在较大程度上克服了这两种电池体系的缺陷与不足，展示了广阔的应用前景。但是，复合锂空气电池的发展目前仍处于起步阶段，其实际工作性能离应用需求尚有较大的差距，未来工作需要从正负极材料、电解液、固体电解质膜等多个方面进行综合考虑、均衡设计。

① 正极。复合锂空气电池的正极催化剂材料及电极结构设计对电池性能影响重大。催化剂的开发不仅要追求对 ORR 和 OER 过程兼具高催化活性，而且要重点关注其在正极电解液（尤其是酸性水系电解液）中的长期稳定性。同时还要综合考虑其资源、成本和制备过程的工程化可行性，低成本、长寿命、易规模制备的高活性催化剂是最基本的目标。同时，与具体催化剂相应的正极结构设计与优化是充分发挥催化剂性能的关键，两者的优势组合是促进电池综合性能提升的保障。

② 负极。在复合锂空气电池中，锂枝晶的生长和锂金属负极与电解液间的界面稳定性仍是重要的挑战。虽然固体电解质隔膜的使用在一定程度上抑制了锂枝晶的生长并减缓了其不利影响，但在较高的电流密度下锂枝晶的不均匀生长仍

然比较严重，甚至会破坏固体电解质引起安全隐患。构建稳定的界面 SEI 膜、创建能够从根本上真正抑制锂枝晶生长的有效措施是复合锂空气电池负极发展的关键主题。

③ 电解液。正负极分别使用不同的电解液是复合锂空气电池区别于其他锂空气电池的主要技术特征。其中，负极有机电解液的电化学稳定性及其与锂金属之间的化学稳定性是影响电池性能的关键。正极电解液主要是水系电解液，放电产物在其中的溶解度及其与正极材料尤其是催化剂之间的兼容稳定性对电池的性能有重要影响。中性和碱性电解液中放电产物 LiOH 的溶解度有限，其在正极表面的沉积会堵塞氧气通道从而引起电池容量的降低；酸性电解液中正极催化剂易溶解，而且其对固体电解质膜有一定的腐蚀性，严重影响电池的循环稳定性。目前这些方面都仅有一些初步的研究工作报道，未来可从电解液的酸碱度调控入手进行深入研究来优化电池的综合性能，也可以结合共轭酸碱、离子液体、双有机体系电解液等促进复合锂空气电池向实用化方向发展。

④ 固体电解质隔膜。固体电解质隔膜是复合锂空气电池中正负极体系之间的媒介，其较低的锂离子电导率是限制锂空气电池性能的重要因素。近年来虽已有大量的相关研究工作报道，但国际学术界对固体电解质本身的晶体结构、锂离子传导机理及其在电池体系中的化学、电化学稳定性和固-液界面等的认识尚不够深入，未来需要结合先进的原位分析技术、理论计算与模拟、实验研究等多个方面进行基础研究，只有在正确理解其内在规律和影响因素的基础上才能实现性能的快速提升，推动复合锂空气电池的发展与进步。

参考文献

[1] Shu C，Wang J，Long J，et al. Understanding the reaction chemistry during charging in aprotic lithium-oxygen batteries：existing problems and solutions [J]. Advanced Materials，2019：1804587-1804629.

[2] Abraham K M，Jiang Z. A polymer electrolyte-based rechargeable lithium oxygen battery [J]. Journal of Electrochemical Society，1996，143 (1)：1-5.

[3] Manthiram A，Li L. Hybrid and aqueous lithium-air batteries [J]. Advanced Energy Materials，2015，5 (4)：1401302-1401318.

[4] Kwak W J，Jung H G，Aurbach D，et al. Optimized bicompartment two solution cells for effective and stable operation of Li-O_2 batteries [J]. Advanced Energy Materials，2017，7 (21)：1701232-1701242.

[5] Wang J，Yin Y，Liu T，et al. Hybrid electrolyte with robust garnet-ceramic electrolyte for lithium anode protection in lithium-oxygen batteries [J]. Nano Research，2018，11 (6)：3434-3441.

[6] He P，Zhang T，Jiang J，et al. Lithium-air batteries with hybrid electrolytes [J]. The

Journal of Physical Chemistry Letters, 2016, 7: 1267-1280.

[7] Wang Y, Zhou H. A lithium-air battery with a potential to continuously reduce O_2 from air for delivering energy [J]. Journal of Power Sources, 2010, 195 (1): 358-361.

[8] Aono H, Sugimoto E. Ionic conductivity of the lithium titanium phosphate ($Li_{1+x}M_xTi_{2-x}$ $(PO_4)_3$, $M = Al$, Sc, Y, and La) systems [J]. Journal of the Electrochemical Society, 1989, 2 (136): 590-591.

[9] Hasegawa S, Imanishi N, Zhang T, et al. Surface chemistry and morphology of the solid electrolyte interphase on silicon nanowire lithium-ion battery anodes [J]. Journal of Power Sources, 2009, 189 (2): 371-77.

[10] Gong H, Xue H, Gao B, et al. Introduction of photo electrochemical water-oxidation mechanism into hybrid lithium-oxygen batteries [J]. Energy Storage Materials, 2020, 31: 11-19.

[11] Shimonishi Y, Toda A, Zhang T, et al. Synthesis of garnet-type $Li_{7-x}La_3Zr_2O_{12-1/2x}$ and its stability in aqueous solutions [J]. Solid State Ionics, 2011, 183 (1): 48-53.

[12] Shen Y, Sun D, Yu L, et al. A high-capacity lithium-air battery with Pd modified carbon nanotube sponge cathode working in regular air [J]. Carbon, 2013, 62: 288-95.

[13] Li L, Zhao X, Manthiram A. A dual-electrolyte rechargeable Li-air battery with phosphate buffer catholyte [J]. Electrochemistry Communications, 2012, 14 (1): 78-81.

[14] Li L, Manthiram A. Dual-electrolyte lithium-air batteries: influence of catalyst, temperature, and solid-electrolyte conductivity on the efficiency and power density [J]. Journal of Materials Chemistry A, 2013, 1 (16): 5121-5127.

[15] Huang K, Li Y, Xing Y. Increasing round trip efficiency of hybrid Li-air battery with bifunctional catalysts [J]. Electrochimica Acta, 2013, 103: 44-49.

[16] Yoo E, Nakamura J, Zhou H. N-Doped graphene nanosheets for Li-air fuel cells under acidic conditions [J]. Energy & Environmental Science, 2012, 5 (5): 6928-6932.

[17] He P, Wang Y, Zhou H. Titanium nitride catalyst cathode in a Li-air fuel cell with an acidic aqueous solution [J]. Chemical communications, 2011, 47 (38): 10701-10703.

[18] Wang S, Dong S, Wang J, et al. Oxygen-enriched carbon material for catalyzing oxygen reduction towards hybrid electrolyte Li-air battery [J]. Journal of Materials Chemistry, 2012, 22 (39): 21051-21056.

[19] Yoo E, Zhou H. Li-air rechargeable battery based on metal-free graphene nanosheet catalysts [J]. ACS Nano, 2011, 4: 3020-3026.

[20] Li Y, Huang Z, Huang K, et al. Hybrid Li-air battery cathodes with sparse carbon nanotube arrays directly grown on carbon fiber papers [J]. Energy & Environmental Science, 2013, 6 (11): 3339-3345.

[21] Wang L, Zhao X, Lu Y, et al. $CoMn_2O_4$ Spinel nanoparticles grown on graphene as bifunctional catalyst for lithium-air batteries [J]. Journal of the Electrochemical Society, 2011, 158 (12): A1379.

[22] Jung K N, Lee J I, Yoon S, et al. Manganese oxide/carbon composite nanofibers: electrospinning preparation and application as a bi-functional cathode for rechargeable lithium-oxygen batteries [J]. Journal of Materials Chemistry, 2012, 22 (41): 21845-21848.

[23] Liu X, Gong H, Wang T, et al. Cobalt-doped perovskite-type oxide LaMnO$_3$ as bifunctional oxygen catalysts for hybrid lithium-oxygen batteries [J]. Chemistry-An Asian Journal, 2018, 13: 528-535.

[24] Wang Y, Ohnishi R, Yoo E, et al. Nano-and micro-sized TiN as the electrocatalysts for ORR in Li-air fuel cell with alkaline aqueous electrolyte [J]. Journal of Materials Chemistry, 2012, 22 (31): 15549-15555.

[25] Wang Y, Zhou H. A lithium-air fuel cell using copper to catalyze oxygen-reduction based on copper-corrosion mechanism [J]. Chemical communications, 2010, 46 (34): 6305-6307.

[26] Li L, Manthiram A. Decoupled bifunctional air electrodes for high-performance hybrid lithium-air batteries [J]. Nano Energy, 2014, 9: 94-100.

[27] Zhang X, Xie Z, Zhou Z. Recent progress in protecting lithium anodes for Li-O$_2$ batteries [J]. Chem Electro Chem, 2019, 6 (7): 1969-1977.

[28] Cheng X B, Zhang R, Zhao C Z, et al. Toward safe lithium metal anode in rechargeable batteries: a review [J]. Chemical Reviews, 2017, 117 (15): 10403-10473.

[29] Cheng X B, Zhang Q. Dendrite-free lithium metal anodes: stable solid electrolyte interphases for high-efficiency batteries [J]. Journal of Materials Chemistry A, 2015, 3 (14): 7207-7209.

[30] Cheng X B, Zhang Q. Growth mechanisms and suppression strategies of lithium metal dendrites [J]. Progress in Chemistry, 2018, 30 (1): 51-72.

[31] Guo H, Hou G, Dai L, et al. Stable lithium anode of Li-O$_2$ batteries in wet electrolyte enabled by high current treatment [J]. Journal of Physical Chemistry Letters, 2020, 11: 172-178.

[32] Xu J, Liu Q, Yu Y, et al. In situ construction of stable tissue-directed/reinforced bifunctional separator/protection film on lithium anode for lithium-oxygen batteries [J]. Advanced Materials, 2017, 29 (24): 1606552.

[33] Yu Y, Yin Y B, Ma J L, et al. Designing a self-healing protective film on a lithium metal anode for long-cycle-life lithium-oxygen batteries [J]. Energy Storage Materials, 2019, 18: 382-388.

[34] Lin X, Gu Y, Shen X R, et al. An oxygen-blocking oriented multifunctional solid-electrolyte interphase as protective layer for lithium metal anode in lithium-oxygen batteries [J]. Energy & Environmental Science, 2021, 14, 1439-1448.

[35] Togasaki N, Momma T, Osaka T. Role of the solid electrolyte interphase on a Li metal anode in a dimethylsulfoxide-based electrolyte for a lithium-oxygen battery [J]. Journal of Power Sources, 2015, 294: 588-592.

[36] Kim Y, Koo D, Ha S, et al. Two-dimensional phosphorene-derived protective layers on a lithium metal anode for lithium-oxygen batteries [J]. ACS Nano, 2018, 12 (5): 4419-4430.

[37] Bi X, Amine K, Lu J. The importance of anode protection towards lithium oxygen batteries [J]. Journal of Materials Chemistry A, 2020, 8: 3563-3573.

[38] Wang H S, Li Y Z, Li Y B, et al. Wrinkled graphene cages as hosts for high-capacity Li

metal anodes shown by cryogenic electron microscopy [J]. Nano Letters, 2019, 19 (2): 1326-1335.

[39] Liang W, Lian F, Meng N, et al. Adaptive formed dual-phase interface for highly durable lithium metal anode in lithium-air batteries [J]. Energy Storage Materials, 2020, 28: 350-356.

[40] Yoo E, Zhou H. A LiF protective layer on the Li anode: Towards improving the performance of Li-O_2 batteries with a redox mediator [J]. ACS Applied Materials & Interfaces, 2020, 12: 18490-18495.

[41] Luo Z, Zhu G, Yin L, et al. A facile surface preservation strategy for the lithium anode for high-performance Li-O_2 batteries [J]. ACS Applied Materials & Interfaces, 2020, 12: 27316-27326.

[42] Guo H, Yao Y, Cheng J, et al. Flexible rGO@nonwoven fabrics' membranes guide stable lithium metal anodes for lithium-oxygen batteries [J]. ACS Applied Energy Materials, 2020, 3: 7944-7951

[43] Guo H, Hou G, Guo J, et al. Enhanced cycling performance of Li-O_2 battery by using a Li_3PO_4-protected lithium anode in DMSO-based electrolyte [J]. ACS Applied Energy Materials, 2018, 1: 5511-5517.

[44] Zhou B, Guo L, Zhang Y, et al. A high-performance Li-O_2 battery with a strongly solvating hexamethylphosphoramide electrolyte and a LiPON-protected lithium anode [J]. Advanced Materials, 2017, 29: 1701568.

[45] Wang D, Zhang F, He P, et al. A versatile halide ester enabling Li-anode stability and a high rate capability in lithium-oxygen batteries [J]. Angewandte Chemie, 2019, 131: 2377-2381.

[46] Wang X, Zhu D, Song M, et al. A Li-O_2/air battery using an inorganic solid-state air cathode [J]. ACS Applied Materials & Interfaces, 2014, 6: 11204-11210.

[47] Chen Z, Kim G, Kim J, et al. Highly stable quasi-solid-state lithium metal batteries: reinforced $Li_{1.3}Al_{0.3}Ti_{1.7}$ $(PO_4)_3$/Li interface by a protection interlayer [J]. Advanced Energy Materials, 2021, 11 (30): 2101339.

[48] Nie Y, Xiao W, Miao C, et al. Boosting the electrochemical performance of $LiNi_{0.8}Co_{0.15}Al_{0.05}O_2$ cathode materials in-situ modified with $Li_{1.3}Al_{0.3}Ti_{1.7}$ $(PO_4)_3$ fast ion conductor for lithium-ion batteries [J]. Electrochimica Acta, 2020, 353: 136477.

[49] Lai X, Hu G, Peng Z, et al. Surface structure decoration of high capacity $Li_{1.2}Mn_{0.54}Ni_{0.13}Co_{0.13}O_2$ cathode by mixed conductive coating of $Li_{1.4}Al_{0.4}Ti_{1.6}$ $(PO_4)_3$ and polyaniline for lithium-ion batteries [J]. Journal of Power Sources, 2019, 431: 144-152.

[50] Zhang B, Lin Z, Dong H, et al. Revealing cooperative Li-ion migration in $Li_{1+x}Al_xTi_{2x}$ $(PO_4)_3$ solid state electrolytes with high Al doping [J]. Journal of Materials Chemistry A, 2019, 8: 342-348.

[51] Monchak M, Hupfer T, Senyshyn A, et al. Lithium diffusion pathway in $Li_{1.3}Al_{0.3}Ti_{1.7}$ $(PO_4)_3$ (LATP) superionic conductor [J]. Inorganic Chemistry, 2016, 55 (6): 2941-2945.

[52]   Fu J. Superionic conductivity of glass-ceramics in the system Li_2O-$A_{12}O_3$-TiO_2-P_2O_5 [J]. Solid State Ionics, 1997, 96 (3-4): 195-200.

[53]   Wang H, Imanishi N, Hirano A, et al. Electrochemical properties of the polyethylene oxide-Li $(CF_3SO_2)_2N$ and ionic liquid composite electrolyte [J]. Journal of Power Sources, 2012, 219: 22-28.

[54]   Liu S, Wang H, Imanishi N, et al. Effect of co-doping nano-silica filler and N-methyl-N-propylpiperidinium bis (trifluoromethanesulfonyl) imide into polymer electrolyte on Li dendrite formation in Li/poly (ethylene oxide)-Li $(CF_3SO_2)_2N$/Li [J]. Journal of Power Sources, 2011, 196 (18): 7681-7686.

[55]   Kim H, Jeong G, Kim Y U, et al. Metallic anodes for next generation secondary batteries [J]. Chemical Society Reviews, 2013, 42 (23): 9011-9034.

[56]   Naoi K, Mori M, Naruoka Y, et al. The surface film formed on a lithium metal electrode in a new imide electrolyte, lithium bis (perfluoroethylsulfonylimide) LiN $(C_2F_5SO_2)_2$ [J]. Journal of the Electrochemical Society, 1999, 146 (2): 462-469.

[57]   Takehara Z. Future prospects of the lithium metal anode [J]. Journal of Power Sources, 1997, 68 (1): 82-86.

[58]   Shiraishi S, Kanamura K, Takehara Z. Study of the surface composition of highly smooth lithium deposited in various carbonate electrolytes containing HF [J]. Langmuir, 1997, 13 (13): 3542-3549.

[59]   Yoon S, Lee J, Kim S O, et al. Enhanced cyclability and surface characteristics of lithium batteries by Li-Mg co-deposition and addition of HF acid in electrolyte [J]. Electrochimica Acta, 2008, 53 (5): 2501-2506.

[60]   Ding F, Xu W, Graff G L, et al. Dendrite-free lithium deposition via self-healing electrostatic shield mechanism [J]. Journal of the American Chemical Society, 2013, 135 (11): 4450-4456.

[61]   Imanishi N, Hasegawa S, Zhang T, et al. Lithium anode for lithium-air secondary batteries [J]. Journal of Power Sources, 2008, 185 (2): 1392-1397.

[62]   Zhang T, Imanishi N, Shimonishi Y, et al. A novel high energy density rechargeable lithium/air battery [J]. Chemical Communications, 2010, 46 (10): 1661-1663.

[63]   Stevens P, Toussaint G, Caillon G, et al. Development of a lithium air rechargeable battery [J]. ECS Transactions, 2010, 28 (32): 1-12.

[64]   Hassoun J, Jung H G, Lee D J, et al. A metal-free, lithium-ion oxygen battery: a step forward to safety in lithium-air batteries [J]. Nano Letters, 2012, 12 (11): 5775-5779.

[65]   Ma J L, Meng F L, Yu Y, et al. Prevention of dendrite growth and volume expansion to give high-performance aprotic bimetallic Li-Na alloy O_2 batteries [J]. Nature Chemistry, 2019, 11 (1): 64-70.

[66]   Ye H, Zheng Z J, Yao H R, et al. Guiding uniform Li plating/stripping through lithium-aluminum alloying medium for long-life Li metal batteries [J]. Angewandte Chemie International Edition, 2019, 58 (4): 1094-1099.

[67]   Aurbach D, Zaban A, Schechter A, et al. The study of electrolyte-solutions based on

ethylene and diethyl carbonates for rechargeable Li batteries [J]. Journal of the Electrochemical Society, 1995, 142 (9): 2873-2882.

[68] Koch V R, Young J H. Stability of secondary lithium electrode in tetrahydrofuran-based electrolytes [J]. Journal of the Electrochemical Society, 1978, 125 (9): 1371-1377.

[69] Yoshimatsu I, Hiai T, Yamaki J. Lithium electrode morphology during cycling in lithium cells [J]. Journal of the Electrochemical Society, 1988, 135 (10): 2422-2427.

[70] Abraham K M, Foos J S, Goldman J L. Long cycle-life secondary lithium cells utilizing tetrahydrofuran [J]. Journal of the Electrochemical Society, 1984, 131 (9): 2197-2199.

[71] Yamaki J I, Yamazaki I, Egashira M, et al. Thermal studies of fluorinated ester as a novel candidate for electrolyte solvent of lithium metal anode rechargeable cells [J]. Journal of Power Sources, 2001, 102 (1-2): 288-293.

[72] Zhang S S, Angell C A. A novel electrolyte solvent for rechargeable lithium and lithium-ion batteries [J]. Journal of the Electrochemical Society, 1996, 143 (12): 4047-4053.

[73] Kuwata H, Sonoki H, Matsui M, et al. Surface layer and morphology of lithium metal electrodes [J]. Electrochemistry, 2016, 84 (11): 854-860.

[74] Heine J, Hilbig P, Qi X, et al. Fluoroethylene carbonate as electrolyte additive in tetraethylene glycol dimethyl ether based electrolytes for application in lithium ion and lithium metal batteries [J]. Journal of the Electrochemical Society, 2015, 162 (6): A1094-A1101.

[75] Guo J, Wen Z, Wu M, et al. Vinylene carbonate-LiNO$_3$: a hybrid additive in carbonic ester electrolytes for SEI modification on Li metal anode [J]. Electrochemistry Communications, 2015, 51: 59-63.

[76] Sano H, SakaebeA H, Matsumoto H. Observation of electrodeposited lithium by optical microscope in room temperature ionic liquid-based electrolyte [J]. Journal of Power Sources, 2011, 196 (16): 6663-6669.

[77] Markevich E, Salitra G, Chesneau F, et al. Very stable lithium metal stripping-plating at a high rate and high areal capacity in fluoroethylene carbonate-based organic electrolyte solution [J]. ACS Energy Letters, 2017, 2 (6): 1321-1326.

[78] Zhang X Q, Cheng X B, Chen X, et al. Fluoroethylene carbonate additives to render uniform Li deposits in lithium metal batteries [J]. Advanced Functional Materials, 2017, 27 (10): 1605989.

[79] Huang Z M, Ren J, Zhang W, et al. Protecting the Li-metal anode in a Li-O$_2$ battery by using boric acid as an SEI-forming additive [J]. Advanced Materials, 2018, 30 (39): 1803270.

[80] Mori M, Naruoka Y, Naoi K, et al. Modification of the lithium metal surface by nonionic polyether surfactants: quartz crystal microbalance studies [J]. Journal of the Electrochemical Society, 1998, 145 (7): 2340-8.

[81] Stark J K, Ding Y, Kohl P A. Dendrite-free electrodeposition and reoxidation of lithium-sodium alloy for metal-anode battery [J]. Journal of the Electrochemical Society, 2011, 158 (10): A1100-A1105.

［82］ IShikawa M，Morita M，Matsuda Y. In situ scanning vibrating electrode technique for lithium metal anodes ［J］. Journal of Power Sources，1997，68（2）：501-505.

［83］ Stark J K，Ding Y，Kohl P A. Nucleation of electrodeposited lithium metal：dendritic growth and the effect of co-deposited sodium ［J］. Journal of the Electrochemical Society，2013，160（9）：D337-D342.

［84］ Goodman J K S，Kohl P A. Effect of alkali and alkaline earth metal salts on suppression of lithium dendrites ［J］. Journal of the Electrochemical Society，2014，161（9）：D418-D424.

［85］ Yamada Y，Yamada A. Review-superconcentrated electrolytes for lithium batteries ［J］. Journal of the Electrochemical Society，2015，162（14）：A2406-A2423.

［86］ Qian J，Henderson W A，Xu W，et al. High rate and stable cycling of lithium metal anode ［J］. Nature Communications，2015，6：6362.

［87］ Yue X Y，Wang W W，Wang Q C，et al. Cuprite-coated Cu foam skeleton host enabling lateral growth of lithium dendrites for advanced Li metal batteries ［J］. Energy Storage Materials，2019，21：189-189.

［88］ Liang Z，Lin D，Zhao J，et al. Composite lithium metal anode by melt infusion of lithium into a 3D conducting scaffold with lithiophilic coating ［J］. Proceedings of the National Academy of Sciences，2016，113（11）：201518188.

［89］ Li G X，Liu Z，Huang Q Q，et al. Stable metal battery anodes enabled by polyethylenimine sponge hosts by way of electrokinetic effects ［J］. Nature Energy，2018，3（12）：1076-1083.

［90］ Xu W，Hu J，Engelhard M H，et al. The stability of organic solvents and carbon electrode in nonaqueous Li-O_2 batteries ［J］. Journal of Power Sources，2012，215：240-247.

［91］ Abraham K，Jiang Z. A polymer electrolyte-based rechargeable lithium/oxygen battery ［J］. Journal of The Electrochemical Society，1996，143（1）：1-5.

［92］ Mizuno F，Nakaishi S，Kotani Y，et al. Rechargeable Li-air batteries with carbonate-based liquid electrolytes ［J］. Electrochemistry，2010，78（5）：403-405.

［93］ Freunberger S A，Chen Y，Peng Z，et al. Reactions in the rechargeable lithium-O_2 battery with alkyl carbonate electrolytes ［J］. Journal of the American Chemical Society，2011，133（20）：8040-8047.

［94］ Freunberger S A，Chen Y，Drewett N E，et al. The lithium-oxygen battery with ether-based electrolytes ［J］. Angewandte Chemie International Edition，2011，50（37）：8609-8613.

［95］ McCloskey B D，Scheffler R，Speidel A，et al. On the efficacy of electrocatalysis in nonaqueous Li-O_2 batteries ［J］. Journal of the American Chemical Society，2011，133（45）：18038-18041.

［96］ Marinaro M，Theil S，Jörissen L，et al. New insights about the stability of lithium bis（trifluoromethane）sulfonimide-tetraglyme as electrolyte for Li-O_2 batteries ［J］. Electrochimica Acta，2013，108：795-800.

［97］ Xu D，Wang Z L，Xu J J，et al. Novel DMSO-based electrolyte for high performance rechargeable Li-O$_2$ batteries [J]. Chemical Communications, 2012, 48 (55): 6948-6950.

[98] Trahan M J, Mukerjee S, Plichta E J, et al. Studies of Li-air cells utilizing dimethyl sulfoxide-based electrolyte [J]. Journal of The Electrochemical Society, 2013, 160 (2): A259-A267.

[99] Kwabi D G, Batcho T P, Amanchukwu C V, et al. Chemical instability of dimethyl sulfoxide in lithium-air batteries [J]. The Journal of Physical Chemistry Letters, 2014, 5 (16): 2850-2856.

[100] Wang Y, Zhou H. A lithium-air battery with a potential to continuously reduce O$_2$ from air for delivering energy [J]. Journal of Power Sources, 2010, 195 (1): 358-361.

[101] He P, Wang Y, Zhou H. The effect of alkalinity and temperature on the performance of lithium-air fuel cell with hybrid electrolytes [J]. Journal of Power Sources, 2011, 196 (13): 5611-5616.

[102] He H, Niu W, Asl N M, et al. Effects of aqueous electrolytes on the voltage behaviors of rechargeable Li-air batteries [J]. Electrochimica Acta, 2012, 67: 87-94.

[103] Shimonishi Y, Zhang T, Imanishi N, et al. A study on lithium/air secondary batteries stability of the NASICON-type lithium ion conducting solid electrolyte in alkaline aqueous solutions [J]. Journal of Power Sources, 2011, 196 (11): 5128-5132.

[104] Park M, Sun H, Lee H, et al. Lithium-air batteries: survey on the current status and perspectives towards automotive applications from a battery industry standpoint [J]. Advanced Energy Materials, 2012, 2 (7): 780-800.

[105] Kowalczk I, Read J, Salomon M. Li-air batteries: a classic example of limitations owing to solubilities [J]. Pure and Applied Chemistry, 2007, 79 (5): 851-860.

[106] Li Y, Huang K, Xing Y. A hybrid Li-air battery with buckypaper air cathode and sulfuric acid electrolyte [J]. Electrochimica Acta, 2012, 81: 20-24.

[107] Li L, Zhao X, Fu Y, et al. Polyprotic acid catholyte for high capacity dual-electrolyte Li-air batteries [J]. Physical Chemistry Chemical Physics, 2012, 14 (37): 12737-12740.

[108] Li L, Fu Y, Manthiram A. Imidazole-buffered acidic catholytes for hybrid Li-air batteries with high practical energy density [J]. Electrochemistry Communications, 2014, 47: 67-70.

[109] Irvine J, West A R. Crystalline lithium ion conductords [M]. 2014.

[110] Hong Y P. Crystal structures and crystal chemistry in the system Na$_{1+x}$Zr$_2$Si$_x$P$_{3-x}$O$_{12}$ [J]. Materials Research Bulletin, 1976, 11 (2): 173-182.

[111] Aono H, Imanaka N, Adachi G Y. High Li$^+$ conducting ceramics [J]. Accounts Chemistry Research, 1994, 27: 265-270.

[112] Subramanian M A, Subramanian R, Clearfield A. Lithium ion conductors in the system AB (IV)$_2$ (PO$_4$)$_3$ (B = Ti, Zr and Hf) [J]. Solid State Ionics, 1986, 18: 562-569.

[113] Knauth P. Inorganic solid Li ion conductors: An overview [J]. Solid State Ionics, 2009, 180 (14): 911-916.

[114] Aono H, Sugimoto E, Sadaoka Y, et al. Electrical property and sinterability of LiTi$_2$

$(PO_4)_3$ mixed with lithium salt （Li_3PO_4 or Li_3BO_3） [J]. Solid State Ionics，1991，47 （3-4）：257-264.

[115] Geng H，Lan J，Mei A，et al. Effect of sintering temperature on microstructure and transport properties of $Li_{3x}La_{2/3-x}TiO_3$ with different lithium contents [J]. Electrochimica Acta，2011，56 （9）：3406-3414.

[116] Xu X，Wen Z，Gu Z，et al. Lithium ion conductive glass ceramics in the system $Li_{1.4}Al_{0.4}(Ge_{1-x}Ti_x)_{1.6}(PO_4)_3$ （$x=0$-1.0） [J]. Solid State Ionics Diffusion & Reactions，2004，171 （3）：207-213.

[117] Schroeder M，Glatthaar S，Binder J R. Influence of spray granulation on the properties of wet chemically synthesized $Li_{1.3}Ti_{1.7}Al_{0.3}(PO_4)_3$ （LATP） powders [J]. Solid State Ionics，2011，201 （1）：49-53.

[118] Waetzig K，Rost A，Heubner C，et al. Synthesis and sintering of $Li_{1.3}Al_{0.3}Ti_{1.7}$ （$PO_4)_3$ （LATP） electrolyte for ceramics with improved Li^+ conductivity [J]. Journal of Alloys and Compounds，2019，818：153237.

[119] Xu X，Wen Z，Yang X，et al. Dense nanostructured solid electrolyte with high Li-ion conductivity by spark plasma sintering technique [J]. Materials Research Bulletin，2008，43 （8）：2334-2341.

[120] Arbi K，Bucheli W，Jiménez R，et al. High lithium ion conducting solid electrolytes based on NASICON $Li_{1+x}Al_xM_{2-x}(PO_4)_3$ materials （M = Ti，Ge and $0 \leqslant x \leqslant 0.5$） [J]. Journal of the European Ceramic Society，2015，35 （5）：1477-1484.

[121] Jadhav H S，Kalubarme R S，Jadhav A H，et al. Highly stable bilayer of LiPON and B_2O_3 added $Li_{1.5}Al_{0.5}Ge_{1.5}(PO_4)$ solid electrolytes for non-aqueous rechargeable $Li-O_2$ batteries [J]. Electrochimica Acta，2016，199：126-132.

[122] Zhang M，Takahashi K，Uechi I，et al. Water-stable lithium anode with $Li_{1.4}Al_{0.4}Ge_{1.6}$ $(PO_4)_3$-TiO_2 sheet prepared by tape casting method for lithium-air batteries [J]. Journal of Power Sources，2013，235：117-121.

[123] Thokchom J S，Kumar B. The effects of crystallization parameters on the ionic conductivity of a lithium aluminum germanium phosphate glass-ceramic [J]. Journal of Power Sources，2010，195 （9）：2870-2876.

[124] Gao X W，Chen Y H，Johnson L R，et al. A rechargeable lithium-oxygen battery with dual mediators stabilizing the carbon cathode [J]. Nature Energy，2017，2 （9）：7.

[125] Hartmann P，Leichtweiss T，Busche M R，et al. Degradation of NASICON-type materials in contact with lithium metal：formation of mixed conducting interphases （MCI） on solid electrolytes [J]. Journal of Physical Chemistry C，2013，117 （41）：21064-21074.

[126] Liu Y J，Li C，Li B J，et al. Germanium thin film protected lithium aluminum germanium phosphate for solid-state Li batteries [J]. Advanced Energy Materials，2018，8 （16）：7.

[127] Thangadurai V，Kaack H，Weppner W J F. Novel fast lithium ion conduction in garnet-type $Li_5La_3M_2O_{12}$ （M：Nb，Ta） [J]. Cheminform，2003，34 （27）：437-440.

[128] Murugan R，Thangadurai V，Weppner W. Fast lithium ion conduction in garnet-type

$Li_7La_3Zr_2O_{12}$ [J]. Angewandte Chemie International Edition, 2007, 46 (41): 7778-7781.

[129] Awaka J, Kijima N, Hayakawa H, et al. Synthesis and structure analysis of tetragonal $Li_7La_3Zr_2O_{12}$ with the garnet-related type structure [J]. Journal of Solid State Chemistry, 2009, 182 (8): 2046-2052.

[130] Yang T, Gordon Z D, Ying L, et al. Nanostructured garnet-type solid electrolytes for lithium batteries: electrospinning synthesis of $Li_7La_3Zr_2O_{12}$ nanowires and particle size-dependent phase transformation [J]. Journal of Physical Chemistry C, 2015, 119 (27): 14947-14953.

[131] Awaka J, Takashima A, Kataoka K, et al. Crystal structure of fast lithium-ion-conducting cubic $Li_7La_3Zr_2O_{12}$ [J]. Chemistry Letter, 2011, 40 (1): 60-62.

[132] Awaka J, Kijima N, Takahashi Y, et al. Synthesis and crystallographic studies of garnet-related lithium-ion conductors $Li_6CaLa_2Ta_2O_{12}$ and $Li_6BaLa_2Ta_2O_{12}$ [J]. Solid State Ionics, 2009, 180 (6-8): 602-606.

[133] Cheng L, Park J S, Hou H, et al. Effect of microstructure and surface impurity segregation on the electrical and electrochemical properties of dense Al-substituted $Li_7La_3Zr_2O_{12}$ [J]. Journal of Material Chemistry A, 2014, 2 (1): 172-181.

[134] Li Y, Han J T, Wang C A, et al. Optimizing Li^+ conductivity in a garnet framework [J]. Journal of Materials Chemistry, 2015, 22 (22): 15357-15361.

[135] Jalem R, Rushton M J D, Manalastas W, et al. Effects of gallium doping in garnet-type $Li_7La_3Zr_2O_{12}$ solid electrolytes [J]. Chemistry of Materials, 2015, 27 (8): 2821-2831.

[136] Li Y, Wang C A, Xie H, et al. High lithium ion conduction in garnet-type $Li_7La_3Zr_2O_{12}$ [J]. Electrochemistry Communications, 2011, 13 (12): 1289-1292.

[137] Huang X, Song Z, Xiu T, et al. Sintering, micro-structure and Li^+ conductivity of $Li_{7-x}La_3Zr_{2-x}Nb_xO_{12}/MgO$ ($x=0.2-0.7$) Li-garnet composite ceramics [J]. Ceramics International, 2019, 45: 56-63.

[138] Li Y, Zheng W, Yang C, et al. W-doped $Li_7La_3Zr_2O_{12}$ ceramic electrolytes for solid state Li-ion batteries [J]. Electrochimica Acta, 2015, 180: 37-42.

[139] Abrha L, Hagos T, Nikodimos Y, et al. Dual-doped cubic garnet solid electrolyte with superior air stability [J]. ACS Applied Materials & Interfaces, 2020, 12 (23): 25709-25717.

[140] Inaguma Y, Chen L, Itoh M, et al. High ionic conductivity in lithium lanthanum titanate [J]. Solid State Communications, 1993, 86 (10): 689-693.

[141] Stramare S, Thangadurai V, Weppner W. Lithium lanthanum titanates: a review [J]. Chemistry of Materials, 2003, 15 (21): 3974-3990.

[142] Katsumata T, Inaguma Y, Itoh M. New perovskite-type lithium ion conductors, $La_xM_yLi_{1-3x-y}NbO_3$ (M = Ag and Na) [J]. Solid State Ionics Diffusion & Reactions, 1998, 115: 465-469.

[143] Okumura T, Yokoo K, Fukutsuka T, et al. Improvement of Li-ion conductivity in A-site disordering lithium-lanthanum-titanate perovskite oxides by adding LiF in synthesis [J].

Journal of Power Sources, 2009, 189 (1): 536-538.

[144] Harada Y, Hirakoso Y, KawaiI H, et al. Order-disorder of the A-site ions and lithium ion conductivity in the perovskite solid solution $La_{0.67-x}Li_{3x}TiO_3$ ($x=0.11$) [J]. Solid State Ionics, 1999, 121 (1): 245-251.

[145] Morata-Orrantia A, García-Martín S, Morán E, et al. A new $La_{2/3}Li_x Ti_{1-x}Al_x O_3$ solid solution: structure, microstructure, and Li^+ conductivity [J]. Chemistry of Materials, 2002, 14 (7): 2871-2875.

[146] Katsumata T, Matsui Y, Inaguma Y, et al. Influence of site percolation and local distortion on lithium ion conductivity in perovskite-type oxides $La_{0.55}Li_{0.35-x}K_x TiO_3$ and $La_{0.55}Li_{0.35}TiO_3 MO_3$ ($M=$ Nb and Ta) [J]. Solid State Ion, 1996, 86-88 (1): 165-169.

[147] Wang G X, Yao P, Bradhurst D H, et al. Structure characteristics and lithium ionic conductivity of $La_{(0.57-2x/3)}Sr_x Li_{0.3}TiO_3$ perovskites [J]. Journal of Materials Science, 2000, 35 (17): 4289-4291.

[148] Skakle J M S, Mather G C, Morales M, et al. Crystal structure of the Li^+ ion-conducting phases, $Li_{0.5-3x}Re_{0.5+x}TiO_3$: RE= Pr, Nd; $x=0.05$ [J]. Journal of Materials Chemistry, 1995, 5 (11): 1807-1808.

[149] Mei A, Wang X L, Feng Y C, et al. Enhanced ionic transport in lithium lanthanum titanium oxide solid state electrolyte by introducing silica [J]. Solid State Ionics, 2008, 179 (39): 2255-2259.

[150] Inaguma Y, Nakashima M. A rechargeable lithium-air battery using a lithium ion-conducting lanthanum lithium titanate ceramics as an electrolyte separator [J]. Journal of Power Sources, 2013, 228 (15): 250-255.

第 6 章

锂空气电池的理论模拟与计算

在过去的十年间，科研人员大多采用先进的合成、表征等实验手段来理解锂空气电池的基本反应机理[1-4]。然而，ORR/OER 在不同催化剂表面或不同电解液中的反应机理、电解液和锂金属负极的性能衰退机理是十分复杂的，仅通过实验技术很难从微观尺度进行深入理解。

随着高性能计算机的迅速发展，理论模拟技术已广泛应用于材料科学领域，通过模拟材料的各种物理化学性质，从微观到宏观多个尺度理解反应机理及设计新材料。目前常用的计算方法包括第一性原理、分子动力学和蒙特卡洛方法，也因此诞生了诸多常用的计算软件程序，如应用于量子化学的 Gaussian 软件包、基于原子尺度的 VASP 计算程序包、用于分子材料模拟的 Materials Studio 计算程序、基于第一性原理分子动力学的 CP2K 软件，以及基于分子动力学模拟的 LAMMPS 软件。

作为理论模拟计算的重要手段，基于第一性原理的密度泛函理论[5]（density functional theory，DFT）计算及分子动力学（molecular dynamics，MD）模拟[6] 可从微观尺度分析材料的固有特性、反应热力学和动力学性质，已成为解释锂空气电池中的反应机理，并为其设计高性能材料的重要工具。目前，国际学术界已经从放电产物过氧化锂的固有性质、正极催化剂、电解液和锂金属负极等方面对非水系锂空气电池进行了大量的理论模拟与计算研究。

6.1
过氧化锂的固有性质

6.1.1 模型结构

（1）晶体结构

Li_2O_2 的晶体结构属于六方晶系（空间群：$P6_3/mmc$），由密堆积的锂离子以三角棱柱和正八面体层交替排布和超氧二聚体沿 c 轴排布构成[7] [图 6-1(a)]。其晶胞中含有两种类型的 Li 位点：与超氧根同一层的三角棱柱 Li 和超氧根层间的八面体 Li，具体晶胞参数为 $a=b=3.187\text{Å}$、$c=7.726\text{Å}$。

（2）表面结构

放电产物 Li_2O_2 的表面结构特性与锂空气电池的电化学性能有着密切的联系。基于 Wulff 规则的 Li_2O_2 晶体，其（0001）、（$1\bar{1}00$）和（$11\bar{2}0$）是最稳定的暴露面，其中（0001）晶面占比最大，达到 79.3%[8] [图 6-1(b)]。Radin 等[9]

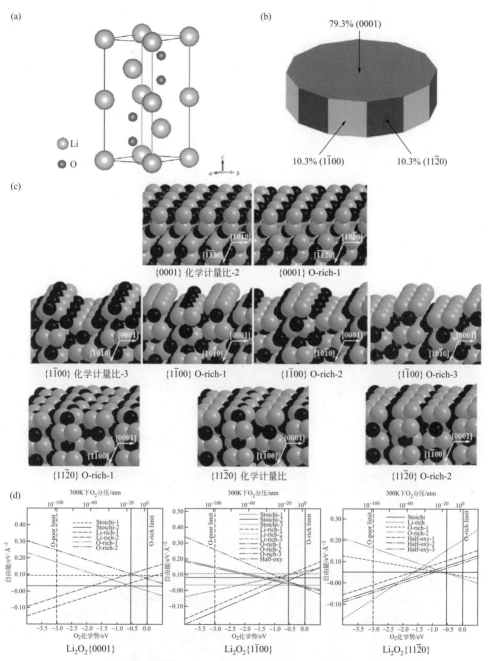

图 6-1 （a）Li$_2$O$_2$ 的晶体结构[7]；（b）300K 和 1atm 下，基于 DFT 得到的 Li$_2$O$_2$ 的 Wulff
晶体表面[8]；（c）Li$_2$O$_2$ 晶体中最稳定的化学计量比和非化学计量比晶面的结构，其中
灰色和黑色球分别代表 O 和 Li[9]；（d）Li$_2$O$_2$ 晶体不同晶面的自由能与 O$_2$
化学势和 300K 下 O$_2$ 分压的关系[9]

通过 DFT 计算了 Li$_2$O$_2$（0001）、（1$\bar{1}$00）和（11$\bar{2}$0）晶面的热力学性质 [图 6-1 (c)、(d)]，发现在 300K 和 1atm 下，O-rich-1 是 Li$_2$O$_2$（0001）晶面最稳定的表面，O-rich-3 和 O-rich-2 分别是（1$\bar{1}$00）和（11$\bar{2}$0）晶面最稳定的表面。因此，富氧晶面在 Li$_2$O$_2$ 晶体中占主导地位。根据 Mo 等[10] 对 Li$_2$O$_2$ 晶面的 DFT 研究，Li$_2$O$_2$ 的晶面取向对 OER 过程的动力学速率有重要影响，O$_2$ 在 Li$_2$O$_2$ 晶体的（0001）和（11$\bar{2}$0）晶面上的脱附能垒高于其他晶面，因而导致其 OER 动力学过程较慢。

（3）簇模型结构

（Li$_2$O$_2$）$_n$ 簇模型通常用来描述放电产物成核和生长初期的构型。Lau 等[11] 基于 DFT 计算了单体、二聚体、三聚体和四聚体 Li$_2$O$_2$ 最稳定的单重态和三重态簇模型（图 6-2），并通过比较单重态和三重态之间的能量差发现当 $n > 2$ 时三

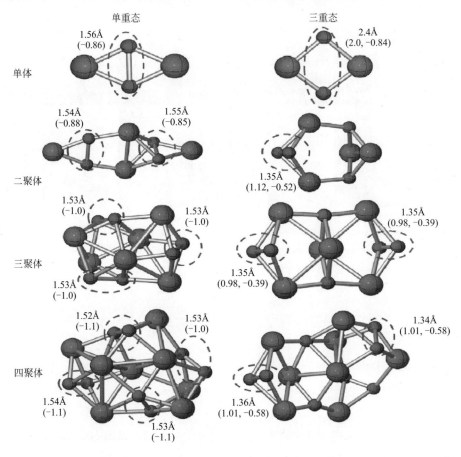

图 6-2　基于 B3LYP/6-31G（2df）泛函的单体、二聚体、三聚体和
四聚体 Li$_2$O$_2$ 最稳定的单重态和三重态簇模型[11]

重态模型比单重态更稳定。Dabrowski 等[12] 也证明了实际的 Li_2O_2 团簇是以三重态形式存的。

6.1.2 电子结构

Li_2O_2 中 O_2^{2-} 的分子轨道包括 σ_p，π_p，π_p^* 和 σ_p^* 轨道，价带由完全占据的 σ_p，π_p 和 π_p^* 轨道组成，导带由未占据的 σ_p^* 轨道和 Li 的 s 轨道组成 [图 6-3(a)][13]。Kang 等[13] 基于 HSE 杂化泛函计算了 Li_2O_2 的分波态密度（projected sensity of states，PDOS）[图 6-3(b)]，Li_2O_2 体相存在的大约 4.5eV 的带隙表明其体相呈现绝缘体性质，会导致其电子传导性的降低和电池充放电过电位的增加。然而，实际充放电过程中生成的 Li_2O_2 并非完美的晶体，而是存在一些非化学计量比缺陷和结构缺陷[14]，从而使得 Li_2O_2 晶体的电子传递通道得以打开。Radin 等[15] 的研究表明，Li_2O_2 中的电子传输主要是极化子的跃迁。根据 Li_2O_2 的 PDOS[13]，费米能级附近的态密度主要由 O 的 2p 轨道构成，因而在 Li_2O_2 晶体中富氧相比富锂相更有利于电子传输。近年来，许多基于 DFT 的研究工作通过在 Li_2O_2 晶体中引入空位[16,17]、掺杂[18]、极化子[13,19]、表面传导[9]、晶界[20] 和无定形 Li_2O_2[21] 等缺陷来设计电子转移通道，达到改善其导电性的目的。

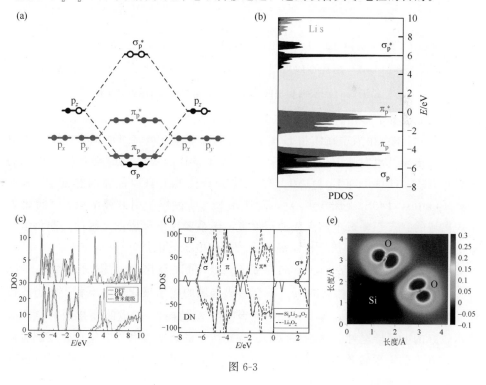

图 6-3

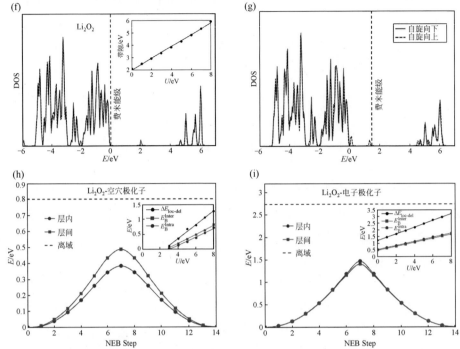

图 6-3 (a) O_2^{2-} 的分子轨道示意图[13]；(b) 基于 HSE 杂化泛函计算的 Li_2O_2 的分波态密度图[13]；(c) 纯 Li_2O_2 (上) 和含 1/16 Li 空位的 Li_2O_2 (下) 的 DOS 图[16]；(d)，(e) Si 掺杂的 Li_2O_2 的 DOS 图 (d) 和差分电荷密度图 (e)[22]；(f)，(g) 包含空穴 (f) 和额外电子 (g) 的 Li_2O_2 超胞的 DOS 图[19]；(h)，(i) 空穴极化子 (h) 和电子极化子 (i) 沿着 Li_2O_2 层内和层间路径的跃迁能垒[19]（彩图见文前）

　　Hummelshøj 等[16] 证明了在充放电过程中由于形成非化学计量比的 $Li_{2-x}O_2$ 中间体，相当于在体相 Li_2O_2 晶格中引入锂空位，可以加快电子在放电产物中的传导。他们基于 DFT 和 GW（单粒子格林函数 G 和屏蔽库仑作用 W 的乘积）方法，计算了纯 Li_2O_2 和含有 1/16 锂空位的 Li_2O_2 晶体的态密度（density of states，DOS）[图 6-3(c)]，发现在 Li_2O_2 晶体中引入锂空位后，价带处出现离域的空穴态，费米能级移动至价带，体系表现出金属性。因此，非化学计量比的 Li_2O_2 通过空穴传导机制展示出较好的电子导电性。

　　掺杂可以有效调控 Li_2O_2 的电子结构从而提高电子的传递速率。Kang 等[13] 的研究表明，n-掺杂的 Li_2O_2 会形成局域的电子极化子，不利于电子的传递。然而，Timoshevskii 等[22] 的研究表明由 Si 替换 Li 形成的 n-掺杂 Li_2O_2 表现出较好的电子导电性。从图 6-3(d)、(e) 所示的态密度和差分电荷密度图可以看出，Si 上的电子转移至 O 自旋向上的 σ_p^* 反键轨道，在价带顶处引入导电态，

提高了 Li_2O_2 的电子导电性。此外，p-掺杂的 Li_2O_2 通常表现出良好的电子导电性。Zhao 等[18] 表明引入石墨碳纳米片可形成 p-掺杂的 Li_2O_2，电子由超氧根离子的 π^* 反键轨道转移至碳纳米片的 π^* 反键轨道，在 Li_2O_2 中引入空穴，从而提高其电子传递性能。

极化子跳跃机制也被认为是 Li_2O_2 体相中电子传导的有效方式。在 Li_2O_2 的 O_2^{2-} 中，O—O 共价键存在高度局域的电子，从而在 Li_2O_2 中形成极化子。Kang 等[13] 发现小电子极化子的迁移具有较高的活化能，因而呈现出较低的电子传导性能。Garcia-Lastra 等[19] 采用 DFT＋U 的方法提出了不同的观点，他们认为 Li_2O_2 中空穴极化子的存在可以有效地调控电子转移。根据 DOS 分析 [图 6-3(f)、(g)]，当 O_2^{2-} 转变成 O_2^- 后，在高于价带顶 2eV 处出现空穴态，表明空穴极化子局域在 O_2^- 的 π_p^* 反键轨道。当 O_2^{2-} 转变成 O_2^{3-} 后，在低于导带底 3.3eV 处出现电子极化子，局域在 O_2^{3-} 的 σ_p^* 轨道。他们还通过弹性能带法 (nudged elastic band，NEB) 计算了空穴极化子和电子极化子的迁移能垒 [图 6-3(h)、(i)]，对比发现空穴极化子具有较低的跃迁能垒，因而 Li_2O_2 中的电子转移主要由空穴极化子的传递来实现。

在 Li_2O_2 晶体中，晶面和晶界的存在可以促进电子的转移。Radin 等[9] 认为在 Li_2O_2 的富氧表面，由于 O 与 Li 的配位数减少，导致在表面产生金属性和铁磁性区域，展现出不同于 Li_2O_2 体相的电子性质。如图 6-4(a)、(b) 所示，Li_2O_2 的富氧（0001）和（1$\bar{1}$00）晶面的 DOS 展现出绝缘性的自旋向上态和导体性的自旋向下态，呈现出半金属特性，相比于 Li_2O_2 体相表现出较高的电子导电性。Geng 等[20] 基于 DFT 证明了 Li_2O_2 的晶界处呈现出不同于体相的电子性质。Li_2O_2 的边界面主要由（1$\bar{1}$00）和（11$\bar{2}$0）晶面构成。晶界形成能 [图 6-4(c)] 的计算表明化学计量的和富氧的边界结构均为稳定的晶界结构，DOS 图 [图 6-4(d)] 表明富氧晶界的电子结构的 π_p^* 反键轨道不同于化学计量晶界。GB2-O-rich1-1 自旋向下的 π_p^* 轨道电子态跨越费米能级，表现出金属性质。GB2*-O-rich1-1 自旋向下的 π_p^* 轨道电子态进入禁带，从而减小了带隙，呈现出半导体性质。因此，晶界的存在改变了 Li_2O_2 晶体的电子结构，打开了电子传递通道，提高了 Li_2O_2 的导电性。

相比于结晶态的 Li_2O_2，放电过程中形成无定形 Li_2O_2 通常展现出更优异的电池性能。Tian 等[21] 基于第一性原理分子动力学 (abinitio molecular dynamics，AIMD) 研究了无定形态和晶态 Li_2O_2 的电荷传递特性，发现虽然两者呈现相似的带隙宽度，但由于无定形态 Li_2O_2 较低的空穴极化子和锂空位形成能，

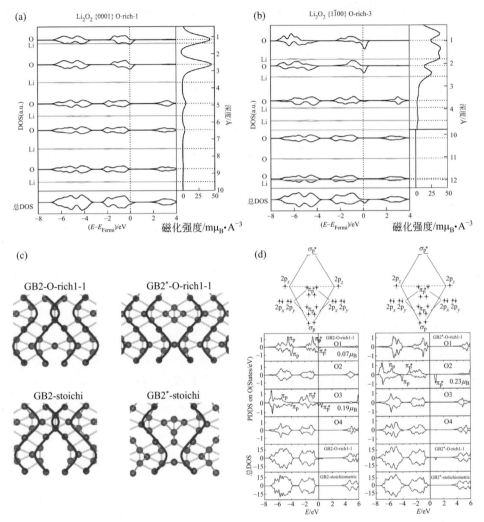

图 6-4　O-rich-1（0001）Li_2O_2（a）和 O-rich-3（1-100）Li_2O_2（b）的

DOS 与磁化强度图[9]；（c）最稳定的 $\Sigma 3$（1-100）[11-20] 晶界模型结构[20]；

（d）$\Sigma 3$（1-100）[11-20] GB2（左）和 GB2*（右）晶界附近 O 的

分子轨道、DOS 和 PDOS 图[20]

其电子和离子导电性均高于晶态 Li_2O_2。因此，放电过程中形成无定形态 Li_2O_2 有助于提高锂空气电池的能量转化效率。另一方面，Dutta 等[23] 基于 DFT 计算证明无定形态 Li_2O_2 表面无序的原子排布导致其 Li-O 间较弱的结合，从而有利于降低充放电过电位、改善电池的工作性能。

6.1.3 生长机制

在锂空气电池的放电过程中，放电产物 Li_2O_2 的生长机制决定了其形貌和分布，进一步影响电池的放电比容量及充电过电位。放电过程中，O_2 首先吸附到正极表面，形成 O_2^*（$*$ 指正极表面）[式(6-1)]，然后 O_2^* 在正极表面失去电子被还原成 O_2^-，并结合一个 Li^+ 形成 LiO_2^* [式(6-2)]。随后，Li_2O_2 的生长可分为表面生长机制和溶液生长机制两种情况[24,25]，具体经历何种生长机制取决于放电中间体 LiO_2 的状态[24,26,27]。如果 LiO_2 在正极表面的吸附能较高或在电解液中的溶解性较弱，则在放电过程中表面生长机制占主导[24]。在这种情形下，LiO_2^* 与另一个 Li^+ 通过电化学反应 [式(6-3)] 或与另一个 LiO_2^* 通过化学歧化反应 [式(6-4)] 生成 $Li_2O_2^*$。通常，前者电化学反应相比于后者歧化反应具有更高的动力学可行性[24]，经过表面生长机制得到的薄膜状 Li_2O_2 放电产物覆盖在正极表面。相反地，如果 LiO_2 在正极表面的吸附能较弱或在电解液中的溶解度较高，LiO_2^* 会溶解至电解液中形成可溶的 $LiO_{2(sol)}$ [式(6-5)]，然后电解液中的两个 $LiO_{2(sol)}$ 相结合通过化学歧化反应在正极表面形成环状的 Li_2O_2 颗粒[24] [式(6-6)]。

$$O_2 + * \longrightarrow O_2^* \tag{6-1}$$

$$O_2^* + e^- + Li^+ \longrightarrow LiO_2^* \tag{6-2}$$

$$LiO_2^* + e^- + Li^+ \longrightarrow Li_2O_2^* \tag{6-3}$$

$$LiO_2^* + LiO_2^* \longrightarrow Li_2O_2^* + O_2^* \tag{6-4}$$

$$LiO_2^* \longrightarrow LiO_{2(sol)} + * \tag{6-5}$$

$$LiO_{2(sol)} + LiO_{2(sol)} \longrightarrow Li_2O_2 + O_2 \tag{6-6}$$

放电产物 Li_2O_2 的形貌对锂空气电池的电化学性能有至关重要的影响[28,29]。通过表面生长机制形成的薄膜状 Li_2O_2，由于其紧密地覆盖在电极表面，因而在充电过程中 Li_2O_2 与电极表面有较大的接触面积，呈现较低的充电过电位。但由于 Li_2O_2 的绝缘性，密堆积的 Li_2O_2 在放电过程中会钝化电极表面，阻碍电子转移，从而阻止 Li^+ 和 O_2 与电极接触生成 Li_2O_2，使得电池"突然死亡"，表现出较低的放电容量[28]；若经历溶液生长机制形成环状 Li_2O_2 颗粒，由于其与电极表面的接触面较小，电极表面的一些活性位点未被覆盖，因而可以继续催化氧还原反应，使得电池表现出较高的放电比容量。但另一方面，电极与产物之间较小的接触面积使得电池在充电过程中的过电位升高，能量转换效率降低[30]。

总之，Li_2O_2 的形貌和结构对锂空气电池的性能有着重要的影响，通过理论计算深入理解 Li_2O_2 的固有性质可为设计高性能锂空气电池提供理论基础。

6.2
正极催化剂

正极催化剂是锂空气电池最为关键的组成部分，高效正极催化剂的成功设计与开发可以有效地解决上述由放电产物 Li_2O_2 的固有性质对电池性能造成的不利影响。一方面，正极催化剂可以加快反应动力学，减小充放电过电位，从而提高电池的能量转化效率、改善电池的倍率性能；另一方面，正极催化剂可以调控 Li_2O_2 的生长机制和微观形貌，从而提升电池的综合性能。因此，理解催化机理和设计理想的正极催化剂已成为锂空气电池研究的热点课题[31]。

6.2.1 催化剂对氧还原/析出过程的影响

DFT 计算和 MD 模拟在锂空气电池催化剂方面的研究工作主要是基于 Nørskov 的经典电催化计算方法[32]，并参考 Hummelshøj 等针对锂空气电池提出的假设模型[33]，即假定吸附物的动力学、迁移率可忽略，通过第一性原理的热力学研究来计算充放电反应的过电位。

首先，通过式(6-7)计算反应方程式中每个分子的吉布斯自由能[34]：

$$G = E + ZPE - TS \tag{6-7}$$

式中，E 为分子的总能量；T 为温度；ZPE，S 分别为零点振动能和熵对自由能的贡献。

然后，根据式(6-8)计算每个基元反应步骤的吉布斯自由能变化：

$$\Delta G_i = G_{Li_xO_y} - (x-u)G_{Li} - (y-v)/2G_{O_2} - G_{Li_uO_v} + neU \tag{6-8}$$

式中，n 为反应转移电子数；e 为元电荷；U 为电极电势。

反应的总吉布斯自由能变化可通过最终生成物 Li_xO_y 的吉布斯自由能减去孤立 Li 原子和 O_2 分子的吉布斯自由能得到：

$$\Delta G_f = G_{Li_xO_y} - xG_{Li} - y/2G_{O_2} + neU \tag{6-9}$$

平衡电极电势 (U_{eq}) 是驱动总的 ORR 或 OER 自发进行的电势，可以通过 Nernst 方程计算得到：

$$U_{eq} = -\Delta G_f/(ne) \tag{6-10}$$

放电电压 (U_{DC}) 是使所有放电反应基元步骤的吉布斯自由能下降时所能提供的最大电压[16]，是由 ORR 过程中最小吉布斯自由能变化的基元步骤决定的，具体可由式(6-11)计算得到：

$$U_{DC} = \min - \Delta G_i / e \qquad (6-11)$$

充电电压（U_C）是使所有充电反应基元步骤的吉布斯自由能下降时所需要提供的最小电压[16]，是由 OER 过程中最大吉布斯自由能变化的基元步骤决定的，具体可由式(6-12)计算得到：

$$U_C = \max - \Delta G_i / e \qquad (6-12)$$

最后，ORR 和 OER 的理论过电位通过充放电电压与平衡电势的差值求得：

$$\eta_{ORR} = U_{eq} - U_{DC} \qquad (6-13)$$

$$\eta_{OER} = U_C - U_{eq} \qquad (6-14)$$

（1）掺杂对催化剂性能的影响

杂原子掺杂的碳材料由于打破了 sp^2 碳的电负性，材料表面发生电子重排，有利于 O_2 的吸脱附，通常展现出优异的 ORR 和 OER 催化性能。Lee 等[35]研究表明，N 掺杂的石墨烯可以增强对 LiO_2 的吸附能力，促进了石墨烯与 LiO_2 间的电子转移。Zheng 等基于 DFT 研究了 BC_3 和 NC_3 纳米片对 ORR 的催化性能[36]。如图 6-5(a)、(b) 的差分电子密度图所示，由于 N、C、B 原子的电负性存在差异，BC_3 中的电子主要累积在碳环上，而 NC_3 中的电子主要集中在 N 上。根据反应物、中间体和产物在 BC_3 和 NC_3 纳米片上吸附能的不同 [图 6-5(c)、(d)]，ORR 过程在 BC_3 和 NC_3 上表现出不同的放电产物：在 BC_3 上，ORR 反应经过 4 电子还原路径生成 $(Li_2O)_2$，而在 NC_3 上的 ORR 反应经过 2 电子还原路径生成 $(Li_2O_2)_2$。反应过程的自由能计算结果 [图 6-5(e)、(f)] 表明，在 BC_3 纳米片上进行的氧还原/析出的过电位 η_{ORR} 和 η_{OER} 均较低，因而展现出更好的催化性能。

杂原子掺杂除了可以提高吸附能和改善 ORR 过程中的电荷传递，还可以加强 OER 过程中 O_2 的脱附。Ren 等[37]通过第一性原理热力学研究证明了锂空气电池充电过程中 $Li^+ \rightarrow Li^+ \rightarrow O_2$ 是热力学能量最低路径，且 O_2 析出过程是速控步骤 [图 6-6(a)]，因而需要提高 Li_2O_2 在催化剂表面的氧析出速率来提高 OER 过程动力学。他们认为，p 型催化剂表面由于存在空穴可以从 O_2^{2-} 中获得电子，从而促进 O_2^{2-} 向 O_2 转变，有利于降低 O_2 解吸能垒，展示出卓越的 OER 动力学性能[37]。比如，电子从 Li_2O_2 向 B 掺杂石墨烯的转移表明 B 掺杂的石墨烯可促进 O_2^{2-} 的氧化 [图 6-6(b)]。他们还基于第一性原理热力学分析计算了石墨烯和 B 掺杂石墨烯表面 OER 过程的自由能 [图 6-6(c)、(d)]，通过比较三种可能路径的自由能得知，$Li^+ \rightarrow Li^+ \rightarrow O_2$ 过程是热力学能量最低路径，且在 B 掺杂石墨烯上 O_2 的脱附能垒（1.24eV）低于在石墨烯上的脱附能垒

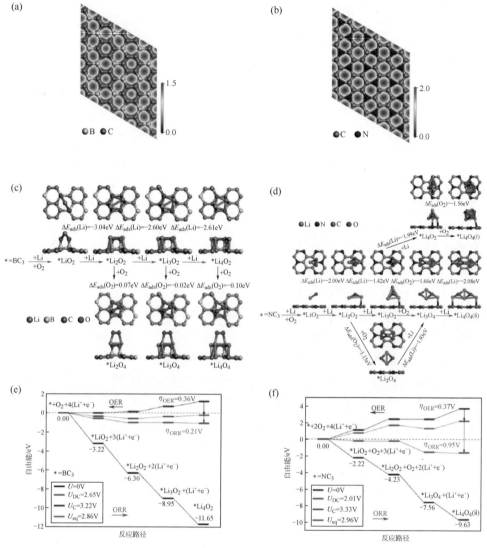

图 6-5　BC_3（a）和 NC_3（b）的差分电荷密度图；Li_xO_{2y} 中间体在 BC_3（c）和

NC_3（d）纳米片上最稳定的吸附构型及吸附能；以 BC_3（e）和 NC_3

（f）纳米片为催化剂的锂空气电池的充放电自由能图[36]（彩图见文前）

（1.69eV）。因此，p 型掺杂的石墨烯可以降低速控步骤的反应能垒，从而提高 OER 反应动力学。

（2）官能团对催化剂性能的影响

官能团修饰可以使锂空气电池的正极催化剂展示出特殊的催化特性。Yang 等[38] 研究了 O、F、OH 修饰的 Ti_2C MXene 对锂空气电池的催化性能。他们

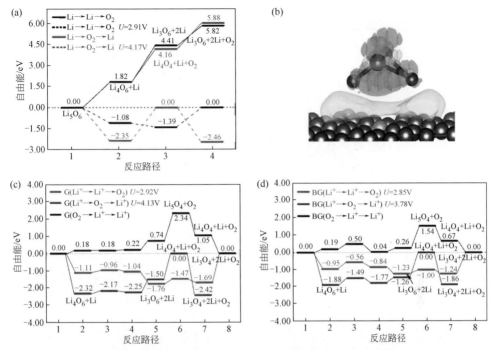

图 6-6 （a）锂空气电池两种可能的 OER 过程的自由能；（b）Li_2O_2 与 B 掺杂

石墨烯间的差分电荷密度；Li_5O_6 在石墨烯 （c）和 B 掺杂石墨烯

（d）表面可能的 OER 过程的自由能[37]（彩图见文前）

基于第一性原理的热力学计算表明，反应过电位的大小顺序为 $Ti_2C >$ Ti_2C $(OH)_2 >$ $Ti_2CF_2 > Ti_2CO_2$，说明 O 官能团修饰的 Ti_2C MXene 具有最好的催化性能。Xiao 等[39] 基于 DFT 的研究证明在 ORR 过程中，由于官能团较强的吸附作用，Li_2O_2 更倾向于生长在石墨烯 COOH 官能团附近。因此，在官能团附近引入活性位可以提高催化剂的作用效果。

（3）缺陷对催化剂性能的影响

在催化剂表面引入空位缺陷也会造成其电子的不均匀分布，从而提高其催化活性。Jiang 等[40] 采用 DFT 研究了 SV、DV5-8-5、DV555-777、DV5555-6-7777 和 SW 五种缺陷结构对碳材料表面催化性能的影响（图 6-7），通过比较反应的吉布斯自由能变化发现 DV555-777、DV5555-6-7777 和 SW 缺陷可以提高锂空气电池的放电电压并且降低充电电压，同时加快 ORR 和 OER 反应动力学，而且 DV555-777 缺陷使锂空气电池具有最高的放电电压，DV5555-6-7777 和 SW 缺陷使电池具有最低的充电电压。

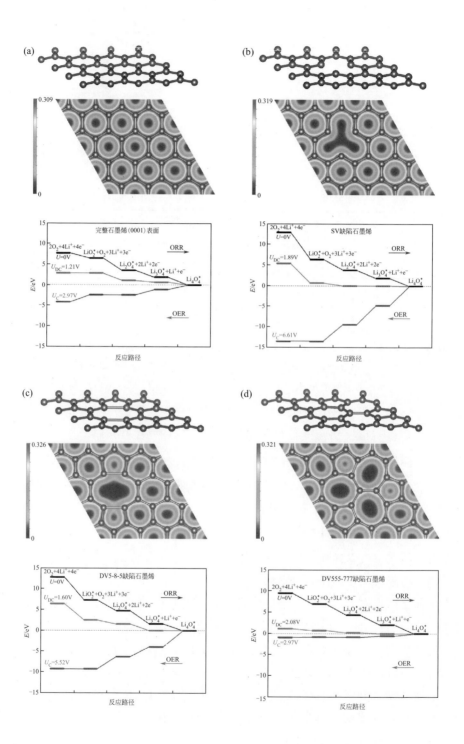

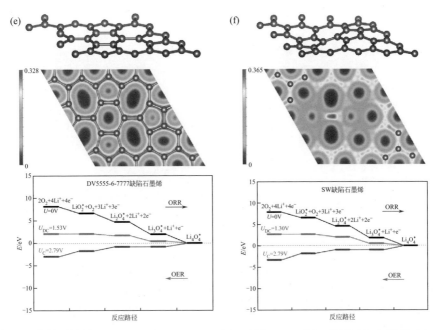

图 6-7　完整石墨烯（a）、SV（b）、DV5-8-5（c）、DV555-777(d)、DV5555-6-7777（e）和

SW（f）缺陷石墨烯的结构（上）、电子云密度（中）和反应的自由能（下）[40]

近年来，硅烯成为一种热点的无碳新材料应用于锂空气电池作为正极催化剂。Hwang 等[41] 于 2015 年首次通过 DFT 证明了纯硅烯表面可以发生锂空气电池中的 ORR 和 OER 反应。Yu 等[42] 通过 DFT 对比研究了纯硅烯和缺陷硅烯对 ORR 和 OER 的催化性能。如图 6-8 所示，SV、DV、STW 三种点缺陷结构均增大了硅烯表面 ORR 和 OER 的过电位，作者认为这主要是由含缺陷的硅烯表面对 Li-O 物种过强的吸附作用造成的。因此，他们提出放电产物中间体在催化剂表面适中的吸附能更有利于促进 ORR 和 OER 的进行。

（4）过渡金属修饰对催化剂性能的影响

当用过渡金属修饰石墨烯等碳材料时，由于异质结构的形成，石墨烯的 π 电子与过渡金属 d 电子之间发生相互作用和转移，从而展现出独特的电子特性和更好的催化性能[43]。Kang 等[44] 分别构建了 N 掺杂的石墨烯（N-Gr）、石墨烯负载的 Cu（Gr/Cu）和 N-Gr 负载的 Cu（N-Gr/Cu）三种结构模型来研究 Cu（111）单晶修饰对石墨烯材料催化性能的影响。结果表明，N-Gr 和 Gr/Cu 可以降低反应过电位，且 Gr/Cu 表现出最低的 ORR 过电位 [图 6-9(a)～(c)]，这主要是因为 N 掺杂或负载 Cu（111）单晶可以使石墨烯表面的电荷重新分布 [图 6-9(d)～(f)]。而且石墨烯表面 ORR 和 OER 反应的过电位 [图 6-9(g)] 与 LiO_2 和 Li_2O_2 的吸附能呈现 "V" 型曲线关系 [图 6-9(f)]。随着 LiO_2 和

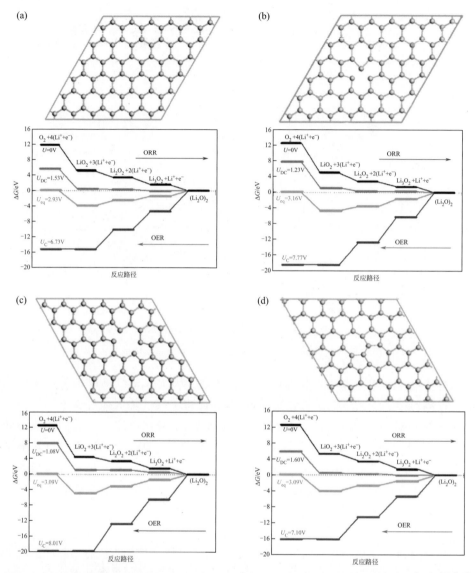

图 6-8　在完整硅烯（a）以及含 SV（b）、DV（c）、STW（d）缺陷硅烯上反应的自由能[42]

Li_2O_2 在催化剂表面吸附能的增加，ORR 和 OER 的过电位逐渐减小，当过电位达到一个极小值后，若继续增大催化剂对 LiO_2 或 Li_2O_2 的吸附能，其 ORR 和 OER 过电位则呈上升趋势。此外，Li-O 物种在 N-Gr/Cu 和 Cu 上的吸附能较大，使得其 ORR 和 OER 过电位更大，从而导致催化性能较差。因此，Li-O 物种在催化剂表面适中的吸附能有利于电催化反应的快速进行。

　　过渡金属氧化物的催化活性与其表面路易斯酸度（即吸电子能力）有密切联

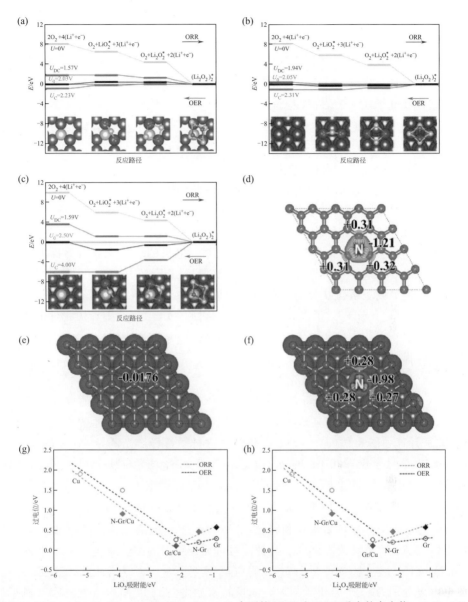

图 6-9　N-Gr（a）、Gr/Cu（b）和 N-Gr/Cu（c）表面的 ORR 和 OER 反应的自由能；N-Gr（d）、
Gr/Cu（e）和 N-Gr/Cu（f）表面的 Bader 电荷分布；ORR/OER 过电位与 LiO_2（g）和
Li_2O_2（h）在催化剂表面吸附能的关系[44]

系[45]。Zhu 等[46] 基于 DFT 研究了 Co_3O_4（111）和（110）面的 OER 催化活
性。他们发现，在富氧的 Co_3O_4（111）面上，O 原子可作为酸性位点从 Li_2O_2
上吸取电子，促使 Li_2O_2 中 O_2^{2-} 向 O_2 转变，因而有利于 Li_2O_2 的分解和 OER

过电位的降低。而被视为碱性位点的 Co 原子在 Co_3O_4（110）面上占主导，其 3d 轨道电子向 Li_2O_2 的 π^* 轨道转移导致 Li_2O_2 向 Li_2O 转变，因而增大了 OER 过电位。因此，他们提出 p 掺杂的 Co_3O_4（111）由于引入空穴，可促进 O_2 的脱附，因而具有优异的 OER 催化活性。该团队还进一步提出[47]，常用来描述表面结构吸电子能力的表面酸度（V_{sa}）可作为一个重要的参数来评估催化剂的 OER 活性，O_2 和 Li^+ 的脱附能垒分别与 V_{sa} 呈线性和二次函数关系，适中的 V_{sa} 有利于 OER 的快速进行。

（5）正极表面形貌对催化剂性能的影响

正极材料的表面形貌对电极/电解液界面的重构有至关重要的影响，而电极/电解液界面可影响充放电反应动力学。Pavlov 等[48] 基于 MD 模拟，通过构建三种石墨烯电极的形貌结构（石墨烯平面、单层和多层石墨烯边缘）研究了电极/电解液界面对 ORR 动力学的影响。结果表明，电极的表面形貌对界面处电解液的分布有重要影响。在石墨烯平面上，电解液呈层状结构分布；而在单层石墨烯边缘，电解液则呈棋盘状分布，靠近石墨烯边缘处的电解液较于石墨烯平面处更少 [图 6-10(a)～(d)]。相比于石墨烯平面，Li^+ 和 O_2 在石墨烯边缘处分布时具有更低的能垒，石墨烯边缘对 Li^+ 和 O_2 的吸附速率更快，因而有助于加快 ORR 动力学并提升催化剂的性能。

（6）氧还原/析出的光催化剂

Lv 等[49] 报道了一种新奇的光催化路径来提高锂空气电池的电化学反应可逆性，Co-TABQ 催化剂在光照条件下可以明显提升锂空气电池的性能。他们通过 DFT 计算 [图 6-10(e)、(f)] 对该结果进行了解释：光诱导 Co-N 的 σ^* 轨道（Co-TABQ 的导带）和 Co 的 d_z^2 轨道（Co-TABQ 的价带）产生电子和空穴。ORR 过程中，导带中激发态的光电子从 Co 转移至 O_2，促进 O_2 还原形成 Li_2O_2；OER 过程中，价带中的空穴接收 Li_2O_2 中的电子，促进 Li_2O_2 的分解；Li_2O_2 的形成反应为热力学有利路径。Zhu 等[50] 在具有 N 缺陷位点的 C_3N_4 材料上修饰 Au 纳米颗粒，合成了一种针对可见光响应的锂空气电池双功能催化剂 $Au/N_v\text{-}C_3N_4$。在 $0.05mA \cdot cm^{-2}$ 的电流密度下，以其为催化剂的电池的充、放电电压分别为 3.26V 和 3.16V，能量转换效率达到 97%；当电流密度提高到 $0.25mA \cdot cm^{-2}$ 时，电池的充、放电电压分别为 3.35V 和 3.08V。他们通过理论计算分析了 $Au/N_v\text{-}C_3N_4$ 在锂空气电池中的工作原理（图 6-11）：放电过程中，可见光区域的光子被 $Au/N_v\text{-}C_3N_4$ 捕获并产生热电子和空穴，随后 Au 纳米颗粒上产生的热电子转移至 $N_v\text{-}C_3N_4$ 的 N 缺陷位点中，进一步注入 O_2 的分子轨道中，加速 Li_2O_2 的形成；充电过程中，Au 纳米颗粒上产生的空穴可反过来促进 Li_2O_2 的氧化分解，有效改善正极的反应动力学。这些工作为锂空气电池催化剂的设计和研究提供了新的方向。

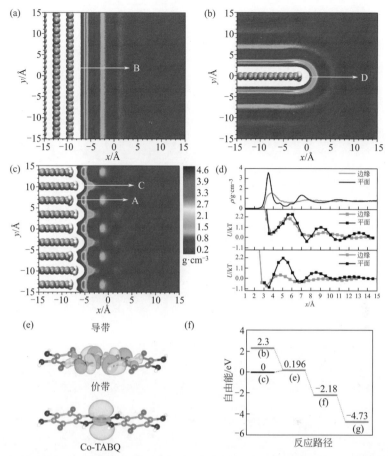

图 6-10　乙腈溶剂在靠近石墨烯平面（a）、单层（b）和多层石墨烯边缘（c）处的质量密度图；
（d）溶剂的质量密度分布（上）和 Li^+（中）、O_2（下）在石墨烯平面和边缘附近的
平均力势[48]；（e）Co-TABQ 导带和价带的电荷密度分布；（f）有光照（灰）和
无光照（黑）下 Li_2O_2 形成反应的自由能[49]

（7）氧还原/析出的氧化还原介质催化剂

　　虽然锂空气电池通过溶液机制放电时具有较高的比容量，但由于环状 Li_2O_2 颗粒较大的尺寸及其与催化剂表面较小的接触面积，OER 过程中往往具有较高的充电过电位。为了解决这个问题，研究人员提出在电解液中引入可溶的氧化还原介质（redox mediator，RM）催化剂[51]，其在锂空气电池中对 OER 过程的作用机制如图 6-12 所示[52]：RM 首先在正极表面通过电化学反应被氧化，生成的 RM^+ 再通过化学反应氧化分解不溶的放电产物 Li_2O_2，自身被还原为 RM。通常认为，可溶性 RM 可作为自由移动的电荷/离子运输载体，调控电子转移过程，在充电过程中增大电极与 Li_2O_2 的接触面积，从而降低充电过程的过电

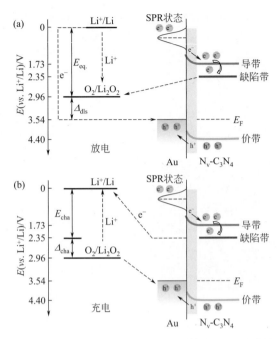

图 6-11 基于 Au/N_v-C_3N_4 催化剂的锂空气电池的放电（a）和充电（b）反应机理

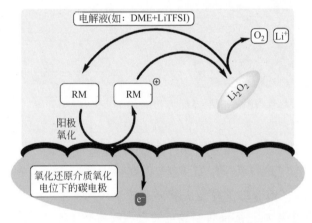

图 6-12 锂空气电池中 RM 的反应机理示意图[52]

位[53]。Lim 等结合 Li_2O_2 和电解液溶剂分子的氧化还原电势，通过计算 RM 和 RM^+ 的最高占据分子轨道（highest occupied molecular orbital，HOMO）能级提出了筛选理想 RM 的方法，并通过实验进行了验证[54]。他们认为，理想 RM/RM^+ 的氧化还原电势需要稍微高于 Li_2O_2，从而确保 RM 高效化学氧化 Li_2O_2 的能力。在 TEGDME 电解液中，所有 NDA、FC、TMA、PPD、NC、DMPZ、TTF 的 HOMO 能级均低于 Li_2O_2 的分解能级，均可作为氧化 Li_2O_2 的 RM 催化剂，其中 DMPZ 由于其能级最接近于 Li_2O_2 的分解能级而使电池拥有最低的充电电压和最高的能量转换效率。此外，值得注意的是，除了氧化分解 Li_2O_2，RM/RM^+ 还可能与电解液发生反应造成其分解。因此，RM^+ 的单占据分子轨道（singly occupied molecular orbital，SOMO）能级需要高于电解液溶剂分子的 HOMO 能级，从而阻止溶剂分子被 RM 氧化。

除了 OER 过程，RM 也可作为可溶性液相催化剂催化 ORR 过程。Zhao 等[55] 证明了 $V(acac)_3$ 可作为 RM 催化剂促进 ORR 动力学。具体的作用机理为：放电过程中，LiO_2 优先与 $V(acac)_3$ 结合［图 6-13(a)］，导致钒离子的磁矩由 $1.90\mu_B$ 降至 $1.02\mu_B$（即钒离子由 +3 价变为 +4 价），同时 LiO_2 中的 O_2^- 被还原为 O_2^{2-}，从而促进 ORR 过程。此外，由图 6-13(b) 可以看出，$V(acac)_3$ 与 LiO_2 之间较强的相互作用可促进 ORR 的热力学，使得 ORR 的理论过电位减小 0.54V（由 0.76V 降至 0.22V）。Lin 等[56] 报道了 PhIO 可作为双位点氧化还原介质催化剂来提高锂空气电池的放电比容量，并用 DFT 进行了解释。他们

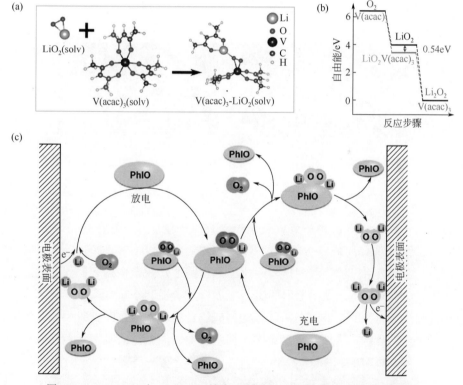

图 6-13　(a) LiO_2 与 $V(acac)_3$ 结合反应图解；(b) ORR 过程的自由能；
(c) 充放电过程中 PhIO 催化反应机理示意图[55]（彩图见文前）

认为，PhIO 中 $I^{3+}=O^{2-}$ 键具有较高的偶极矩，可以作为一个强 Lewis 酸碱对与 LiO_2 结合。由于较强的结合能，Li_2O_2 的形成和分解将经历 1 电子转移路径，从而提高了 ORR 和 OER 动力学 [图 6-13(c)]。

6.2.2　催化剂对过氧化锂生长过程的影响

Li-O 物种在催化剂表面的吸附能是影响放电过程中 Li_2O_2 生长路径的重要因素[57,58]。Hu 等[59] 研究表明，$Ni_2S/ZnIn_2S_4$ 异质结催化剂对 LiO_2 放电中间体的吸附能较低，使得放电反应通过溶液机制形成环状 Li_2O_2 放电产物。Yao 等[25] 基于 DFT 研究了 β-MnO_2 催化剂的不同晶面对 Li_2O_2 生长路径的影响。如图 6-14 所示，由于 LiO_2 在 β-MnO_2（100）晶面的吸附能较高，Li_2O_2 的形成与生长经由表面机制，在（100）晶面主导的 β-MnO_2 上形成薄膜状的 Li_2O_2 放电产物。而 LiO_2 在 β-MnO_2（111）晶面的吸附能较低，因而环状的 Li_2O_2 通过溶液机制生长在（111）晶面主导的 β-MnO_2 上。

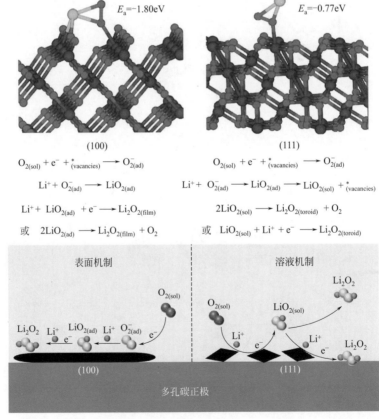

图 6-14　在 β-MnO_2（100）和（111）晶面上 LiO_2 的吸附能和 Li_2O_2 的生长路径[25]

对氧化物类催化剂，其表面氧密度也是影响 Li_2O_2 生长的一个重要参数。Zheng 等[60] 研究表明，均匀分布的高表面氧密度有助于形成大量的 Li_2O_2 初始成核位点，进而促进放电过程中 Li_2O_2 的高度分散和充电过程中 Li_2O_2 的可逆分解，α-MnO_2 的 (100) 晶面因具有最高的氧密度而表现出最优的催化活性。因此，作者认为，对锂空气电池的正极氧化物类催化剂而言，氧位点比金属位点更重要。

Wang 等[61] 合成了 Co 嵌入的 N 掺杂碳材料（Co-SAs/N-C）作为锂空气电池催化剂，并基于 DFT 研究了该催化剂对放电产物 Li_2O_2 的结构、颗粒大小和分布的影响。如图 6-15 所示，Co-SAs/N-C 对 LiO_2 中间体的吸附能（$-8.97eV$）高于 N-C 对 LiO_2 的吸附能（$-0.82eV$），因而导致 Li_2O_2 在这两种催化剂上生长路径不同。由于较高的吸附能及丰富的成核位点，Co-SAs/N-C 表面进行的 ORR 过程通过表面机制产生密堆积的 Li_2O_2 放电产物，有助于提高电池的放电比容量，而 LiO_2 在 N-C 表面较低的吸附能导致形成大的、孤立的 Li_2O_2 团块，因而使得 Li_2O_2 与电极表面不能紧密接触，从而造成 OER 过程中较高的过电位和 Li_2O_2 的不完全分解。因此，作者提出对于表面机制的放电过程，形成大面积密堆积的 Li_2O_2 薄膜可以提高电池的放电比容量并降低其充电过电位。

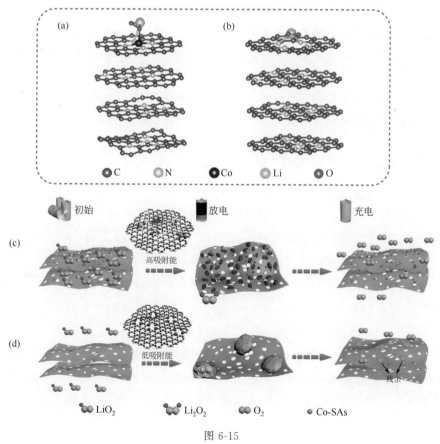

图 6-15

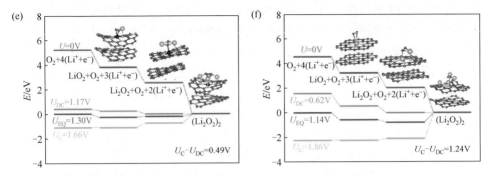

图 6-15　LiO₂ 在 Co-SAs/N-C(a) 和 N-C(b) 上的吸附构型；锂空气电池中 Co-SAs/N-C(c)，

(e) 和 N-C(d)，(f) 表面的反应机理示意图和充放电反应的自由能[61]（彩图见文前）

6.3

电解液

　　电解液对锂空气电池的性能有重要影响。一方面，Li_2O_2 的生长机制和形貌受到氧还原反应中间体在电解液中溶解度的影响，从而影响电池的放电比容量。另一方面，高活性的氧还原中间体，如 O_2^-、O_2^{2-}、HOO^- 和 HO^- 等，会导致电解液中的溶剂分子和盐阴离子被氧化分解，从而使得电池的循环稳定性变差。因此，筛选合适的电解液对提升锂空气电池的综合性能十分重要。

6.3.1　溶剂

　　（1）溶剂对过氧化锂生长过程的影响

　　如前所述，Li_2O_2 的生长路径包括表面机制和溶液机制，分别形成薄膜状和环状形貌的放电产物。生长路径除了受到催化剂表面吸附能的影响之外，LiO_2 中间体在溶剂中的溶解能力对 Li_2O_2 的生长机制也有决定性的影响。

　　Li^+-O_2^- 的耦合强度由 Li^+ 和 O_2^- 在电解液中的溶解度决定，而溶解度通常取决于溶剂的给体数[27]（donor number，DN）和受体数[62]（acceptor number，AN）。高 DN 的溶剂可以削弱 Li^+-O_2^- 的耦合强度，形成溶剂-Li^+ 对；而高 AN 的溶剂同样可促进 Li^+-O_2^- 的解离，形成溶剂-O_2^- 对[27,63]。因此，高 DN 和高 AN 的溶剂可以溶解和稳定 LiO_2 中间体，降低 Li^+ 和 O_2^- 的耦合强度，形成溶剂分离型离子对（solvent-separated ion pairs，SSIP）。此类溶剂可促进锂空气电池的放电过程按溶液机制进行，形成环状的放电产物 Li_2O_2。相反，低

DN 或低 AN 的溶剂很难溶解 LiO_2 中间体，因而放电反应通过表面机制生长，形成膜状的 Li_2O_2 放电产物。

溶剂化自由能（ΔG^*_{solv}）是衡量电解液对 Li-O 物种溶解度的重要参数，其计算方法[64]：

$$\Delta G^*_{solv}(A^{m\pm}) = \Delta G^\ominus_{g,bind} + \Delta G^*_{solv}([A(solvent)_n]^{m\pm}) - \Delta G^*_{solv}[(solvent)_n] -$$
$$\Delta G^{\ominus \to *} - RT\ln([solvent]/n) \tag{6-15}$$

式中，$\Delta G^\ominus_{g,bind}$ 为气相络合自由能；$\Delta G^*_{solv}(X)$ 为 X 的溶剂化自由能；$\Delta G^{\ominus \to *}$ 为 1mol 气体从 1atm（24.46L·mol^{-1}）到 1mol·L^{-1} 的自由能变化；$RT\ln([solvent]/n)$ 为 1mol 气相溶剂从 $[solvent]/n$ mol·L^{-1} 到 1mol·L^{-1} 的自由能变化。

Kwabi 等[65] 发现溶剂化自由能与溶剂的 DN 和 AN 存在线性关系。O_2^- 的溶剂化自由能随溶剂 AN 的增加而增加，Li^+ 的溶剂化自由能随溶剂 DN 的增加而增加。他们还发现离子-溶剂和离子-离子的相互作用影响着 LiO_2 的溶解度。在高 AN 和 DN 溶剂中，较高的 Li^+ 和 O_2^- 的溶剂化自由能会降低 Li^+-O_2^- 的耦合能，形成 SSIP。Cheng 等[66] 借助 B3LYP/6-31G（2df，p）基组和 CPCM 模型，通过 DFT 计算了 Li_2O_2 和 LiO_2 在一系列溶剂中的溶剂化自由能，进而预测了其分别作为放电产物和中间体的溶解度。从表 6-1 列出的 Li_2O_2 和 LiO_2 在常见有机溶剂中的溶剂化自由能和溶解度可以看出，Li-O 物种的溶解度高度依赖于溶剂的介电常数。该工作提供了通过理论计算获得 Li-O 物种在电解液中溶解度的方法，为理解和调控放电产物的形貌提供了理论基础。

表 6-1　基于 B3LYP/6-31G（2df，p）泛函和 CPCM 模型计算得到的 $Li_x O_2$
在不同有机溶剂中的溶剂化自由能和溶解度[66]

溶剂	介电常数	溶剂化能/kcal·mol^{-1}		溶解度/mol·L^{-1}	
		$x=1$	$x=2$	$x=1$	$x=2$
1,4-二噁烷	2.2	-14.9	-20.3	4.2×10^{-13}	5.0×10^{-32}
二丁醚	3	-18.7	-25.6	2.4×10^{-10}	3.7×10^{-28}
苯甲醚	4.2	-21.7	-29.8	4.0×10^{-8}	4.7×10^{-25}
二甲氧基乙烷	7.2	-26.4	-36.6	1.1×10^{-4}	4.2×10^{-20}
四氢呋喃	7.4	-25.4	-34.9	2.0×10^{-5}	2.6×10^{-21}
2,4-二甲基吡啶	9.4	-26.5	-36.4	1.3×10^{-4}	3.3×10^{-20}
3-甲基吡啶	11.6	-27.3	-37.5	4.9×10^{-4}	2.1×10^{-19}
吡啶	13	-27.6	-38.0	8.8×10^{-4}	4.7×10^{-19}

溶剂	介电常数	溶剂化能/kcal·mol^{-1}		溶解度/mol·L^{-1}	
		$x=1$	$x=2$	$x=1$	$x=2$
丁腈	24.3	-29.1	-40.0	1.0×10^{-2}	1.4×10^{-17}
苯腈	25.6	-29.2	-40.1	1.2×10^{-2}	1.7×10^{-17}
丙腈	29.3	-29.4	-40.4	1.7×10^{-2}	2.7×10^{-17}
乙腈	35.7	-29.6	-40.8	2.6×10^{-2}	4.9×10^{-17}
N,N-二甲基乙酰胺	37.8	-29.7	-40.9	2.9×10^{-2}	5.7×10^{-17}
二甲亚砜	46.8	-29.9	-41.1	4.2×10^{-2}	9.3×10^{-17}
甲酰胺	108.9	-30.4	-41.9	1.0×10^{-1}	3.1×10^{-16}

Kazemiabnavi 等[67] 证明溶剂的介电常数是影响 Li_2O_2 生长反应热力学和动力学的重要参数。他们采用不同碳原子数的 $[C_nMIM]^+[TFSI]^-$ 离子液体作为电解液模型,通过改变侧链烷基的碳原子数,构建了不同介电常数的溶剂模型(随着侧链烷基碳原子数的增加,离子液体的介电常数逐渐减小),发现随着离子液体介电常数的增加,O_2 还原至 O_2^- 和 O_2^- 还原至 O_2^{2-} 两个反应的吉布斯自由能都变得更负,所以提出高介电常数的溶剂更有利于 ORR 过程的发生,而且 O_2^- 还原至 O_2^{2-} 的反应对溶剂介电常数的变化更敏感。此外,溶剂的介电常数同样影响着电子转移动力学,O_2 还原至 O_2^{2-} 的电子转移速率常数与溶剂的介电常数呈近似反比关系。因此,溶剂的介电常数对锂空气电池的 ORR 有着重要的影响,采用适当介电常数的溶剂可以改善电池的性能。

除了用 DFT 计算溶剂化自由能,MD 模拟也常被用来研究 Li_2O_2 的生长机制。Sergeev 等[68] 基于 MD 模拟从电极/溶液的界面结构出发,研究了 Li_2O_2 的生长过程。其电解液模型包括 512 个 DMSO 分子、40 个 Li^+ 和 40 个 PF_6^-,相当于大约 $1mol·L^{-1}$ 的盐浓度。结果表明,当电极表面带负电时[图 6-16(a)、(b)],由于其与 DMSO 上带正电荷的 S、CH_3 基团和带负电的 O 之间的库仑相互作用,电极表面的 DMSO 分子发生重排[图 6-16(c)]。由于第一层 DMSO 溶剂分子的定向被束缚,Li^+ 倾向于分布在第一层与第二层溶剂分子之间,而非直接与带负电的电极表面接触[图 6-16(d)、(e)],O_2^- 和 LiO_2 在第一层溶剂分子内分布时自由能较高[图 6-16(f)、(g)]。因此,由于溶剂分子的定向排布,放电过程中 Li^+、O_2^- 和 LiO_2 的吸附及随后的歧化反应很难直接在电极表面上发生,放电过程主要通过溶液机制进行。

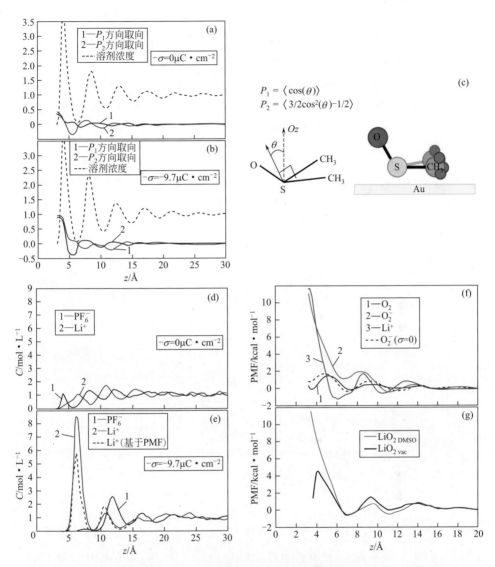

图 6-16　溶剂分子在中性（a）和带负电（b）表面的方向取向（实线）和浓度分布
（虚线）；（c）DMSO 分子的几何构型和其方向取向参数示意图；盐离子在
中性（d）和带负电（e）表面的浓度分布图；（f），（g）不同物种靠近带
负电表面（实线）和中性表面（虚线）的平均力势图[68]

　　SSIP 的强度不仅影响放电产物 Li_2O_2 的生长路径，而且对 Li_2O_2 的生长速率及尺寸大小也有决定性影响，从而进一步影响锂空气电池的放电比容量。Jung 等[69] 用 MD 模拟比较研究了 Li^+-O_2^- 在 DMSO 和 EMI-TFSI 溶液中的聚合动力学。结果表明，打破"离子-溶剂对"（如 Li^+-$TFSI^-$，Li^+-DMSO，

O_2^--EMI$^+$ 和 O_2^--DMSO）所需的反应能垒，即从 SSIP 向直接接触型离子对（contact ion pairs，CIP）转变的活化能，在 EMI-TFSI 中更高 [图 6-17（a）、(b)]，而在 DMSO 中较弱的溶剂-溶质结合能有利于促进 Li$^+$ 和 O_2^- 聚合成 LiO$_2$。这在图 6-17（c）中得到了印证，Li$^+$ 和 O_2^- 的聚合自由能在 DMSO（0.16eV）中低于 EMI-TFSI（0.27eV）。正是由于 Li$^+$ 和 O_2^- 在 DMSO 中的 SSIP 易被打破，DMSO 中 Li$^+$-O_2^- 的聚合速率明显高于 EMI-TFSI [图 6-17（d）]。Smirnov 等[70] 基于 MD 模拟研究了 Li$^+$ 和 O_2^- 在 DMSO、DME 和 ACN 溶剂中的缔合反应动力学，发现 Li$^+$ 和 O_2^- 在低介电常数溶剂（如 DME）中离子缔合反应活化能（$E_{SSIP \to CIP}$）低于高介电常数溶剂（如 DMSO），从而导致在 DME 溶剂中具有较高的缔合反应速率 [图 6-17（e）]。

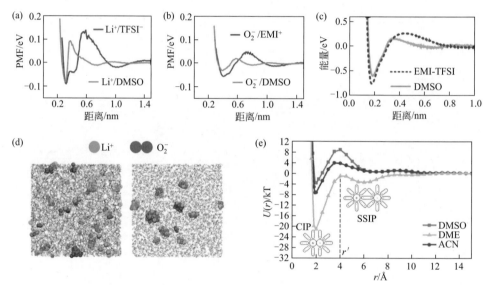

图 6-17 Li$^+$-TFSI$^-$、Li$^+$-DMSO（a）和 O_2^--EMI$^+$、O_2^--DMSO（b）的平均力势[69]；
（c）Li$^+$-O_2^- 簇在电解液中的团聚/分离自由能[69]；（d）Li$^+$ 和 O_2^- 在 EMI-TFSI（左）
和 DMSO（右）溶剂中基于 NVT 系综经 200ns 的 MD 模拟快照[69]；
（e）Li$^+$ 和 O_2^- 在 ACN、DMSO 和 DME 溶剂中的平均力势图[69]

总之，较高的溶剂化自由能（强 SSIP）可促进 Li$_2$O$_2$ 的溶液生长机制，提高电池的放电比容量。但过高的溶剂化自由能不利于 Li$^+$ 和 O_2^- 的团聚反应，从而导致 Li$_2$O$_2$ 的生长速率缓慢。因此，选择适中溶剂化自由能的电解液溶剂有利于提升锂空气电池的性能。

（2）溶剂对过氧化锂分解过程的影响

电解液溶剂除了会影响放电过程中 Li$_2$O$_2$ 的生长，其 DN 值还对充电过程中

Li_2O_2 的分解有决定性的影响。Wang 等[71] 认为，在低 DN 值的溶剂（如 TEG-DME）中，Li_2O_2 在充电过程中首先形成 Li 缺陷的 $Li_{2-x}O_2$ 相 [式(6-16)]，然后 $Li_{2-x}O_2$ 经历氧脱附完成分解 [式(6-17)]。而对于高 DN 值的溶剂（如 DM-SO），液相机理是 Li_2O_2 分解的主要路径。其第一步与在低 DN 溶剂中的情况类似，所形成的 $Li_{2-x}O_2$ 经脱锂产生 LiO_2 并溶解在高 DN 溶剂中形成 $LiO_{2(sol)}$ [式(6-18)]，然后 $LiO_{2(sol)}$ 通过歧化反应生成 O_2 和 Li_2O_2 [式(6-19)]。总的来说，虽然高 DN 溶剂可以促进传质过程、降低充电过电位，但其较低的稳定性会导致锂空气电池的循环性能降低。

$$Li_2O_{2(s)} \longrightarrow Li_{2-x}O_{2(s)} + xe^- + xLi^+_{(sol)} \tag{6-16}$$

$$Li_{2-x}O_{2(s)} \longrightarrow O_{2(g)} + (2-x)e^- + (2-x)Li^+_{(sol)} \tag{6-17}$$

$$Li_{2-x}O_{2(s)} \longrightarrow LiO_{2(sol)} + (1-x)e^- + (1-x)Li^+_{(sol)} \tag{6-18}$$

$$2LiO_{2(sol)} \longrightarrow Li_2O_{2(s)} + O_{2(g)} \tag{6-19}$$

（3）溶剂的稳定性

如前所述，高 DN 和 AN 的溶剂可溶解更多的 O_2^-。然而，在充放电过程中，溶剂中高浓度的活性氧物种会氧化电解液使其发生副反应，从而导致电池的寿命缩短。一般来说，非水系锂空气电池中的活性氧物种主要包括超氧化物（O_2^-，LiO_2）[72,73]、过氧化物（Li_2O_2，$Li_{2-x}O_2$）[74,75] 和单线态氧（$^1O_2$）[76,77]。其中，超氧化物和过氧化物被公认为可以诱发电解液溶剂的分解，单线态氧（$^1O_2$）对锂空气电池电解液稳定性的影响近来也引起了研究人员的关注[77]。$^1O_2$ 可以通过 Li_2O_2 电化学分解（充电过程）或 LiO_2 化学歧化反应 [放电过程，式(6-20)] 产生[76]，其诱导电解液分解的机理为：$^1O_2$ 与有机溶剂反应生成过氧化物，然后过氧化物分解产生氧自由基，氧自由基进一步与溶剂分子反应产生一系列副产物。

$$2LiO_2 \longrightarrow (LiO_2)_2 \longrightarrow Li_2O_2 + {}^1O_2 \tag{6-20}$$

超氧化物诱导溶剂分解的机理主要包括亲核反应[75]、去质子反应[78,79] 和电子转移反应[80] 三种：

① 亲核反应。对于碳酸酯类、烷基酯类、磷酸酯类和砜类溶剂分子，超氧根阴离子倾向于亲核进攻其缺电子位点。Bryantsev 等[72,75] 提出了借助理论计算筛选稳定非质子溶剂的研究方法，即通过计算 [溶剂-O_2]$^-$ 复合物形成的自由能（ΔG_r）和亲核反应能垒（ΔG_{act}）来衡量溶剂的稳定性。通常，当 ΔG_{act} 大于或等于 24 kcal·mol^{-1} 时被认为溶剂能够较好地阻止 O_2^- 亲核反应的发生[75,80]。

有机碳酸酯类溶剂，例如碳酸丙烯酯（PC）、碳酸乙烯酯（EC）和碳酸二甲酯（DMC）等常见的锂离子电池溶剂，当作为锂空气电池电解液时容易被分解形成碳酸锂和碳酸烷基酯。对于此类溶剂，O_2^- 主要有两种进攻位点：O-烷基碳和羰基碳，最终形成［溶剂-O_2］$^-$复合物[75]。Bryantsev 等[72] 的研究表明，O_2^- 与烷基碳反应的活化能为 15.5kcal·mol^{-1} 和 16.7kcal·mol^{-1}，而 O_2^- 与羰基碳反应的活化能为 41.9kcal·mol^{-1}［图 6-18(a)］，因而认为超氧根阴离子更倾向于攻击碳酸丙烯酯溶剂分子上的烷基碳原子。磷酸酯类溶剂与碳酸酯具有相似的分解路径[75]。

O_2^- 亲核进攻的位点可以通过对溶剂分子添加官能团来调控。Bryantsev 等[75] 的研究表明，对于烷基酯（如 γ-丁内酯），O_2^- 更易亲核攻击烷基碳而非羰基碳，其反应活化能为 16.5kcal·mol^{-1}［图 6-18(b)］。他们通过在烷基碳原子上添加氟原子取代基，使 O_2^- 亲核进攻烷基碳的反应活化能从 16.5kcal·mol^{-1} 增加到 27.4kcal·mol^{-1}，而亲核进攻羰基碳的反应活化能从 31.7kcal·mol^{-1}

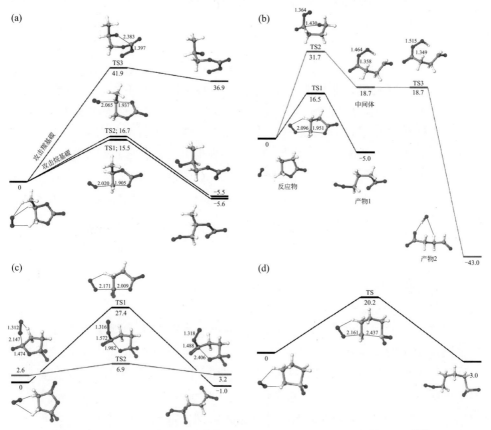

图 6-18 （a）O_2^- 亲核进攻碳酸丙烯酯的羰基碳和烷基碳的反应自由能[72]；
O_2^- 亲核进攻 γ-丁内酯（b）和氟化 γ-丁内酯（c）的羰基碳和烷基碳的
反应自由能[75]；（d）O_2^- 亲核进攻环丁砜 α-碳原子的反应自由能[75]

降低至 6.9kcal·mol$^{-1[75]}$ [图 6-18(c)]，从而改变了其亲核反应路线，氟化的烷基酯溶剂中 O_2^- 更倾向于亲核进攻溶剂分子中的羰基碳原子而导致溶剂分解。

对于砜类溶剂，其分子中的 α-碳容易受到超氧根阴离子的亲核攻击，最终导致溶剂的分解 [图 6-18(d)][75]，而亚砜类溶剂（如 DMSO）因具有较高的稳定性，通常被视为理想的非水系锂空气电池电解液溶剂。然而，Sharon 等[81]发现采用 DMSO 作为锂空气电池电解液溶剂会产生 LiOH 副产物。他们认为，DMSO 的分解路径可能是通过超氧根阴离子结合 DMSO 甲基上的 H 形成过氧化羟基阴离子，进而亲核攻击 DMSO 中的 S。Schroeder 等[82] 基于 DFT 计算了DMSO 分别在 Li_2O_2 的过氧终止面和超氧终止面分解的热力学和动力学特性。他们发现，O_2 二聚体在 Li_2O_2 表面发生分解，其中一个 O 结合 DMSO 上的 H 质子形成羟基，另一个氧原子结合 DMSO 上的 S 形成 $DMSO_2$-H [图 6-19(a)]；DMSO 在 Li_2O_2 的过氧终止面发生分解反应的活化能为 0.75eV，低于在超氧终

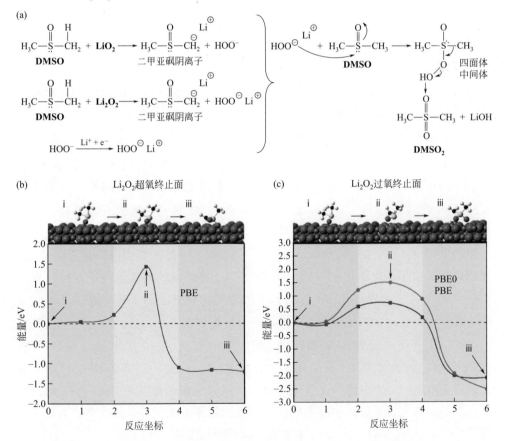

图 6-19　（a）DMSO 分解反应机理示意图；DMSO 在 Li_2O_2 的超氧终止面（b）和过氧终止面（c）的分解能垒[82]

止面分解的活化能（1.43eV），表明 DMSO 更容易在 Li_2O_2 的过氧终止面发生分解［图 6-19(b)、(c)］。然而，采用更精确的 PBE0 泛函计算得到 DMSO 在过氧终止面分解的活化能为 1.42eV。说明 DMSO 上甲基氢的酸度不足以成为形成过氧化氢的质子来源，因而 DMSO 在 Li_2O_2 表面的分解很难自发进行。

② 去质子化反应。对于酰胺类和醚类溶剂，超氧根阴离子可使溶剂发生去质子化反应而分解。此类反应相当于路易斯酸碱反应，其中 O_2^- 作为强碱、溶剂分子作为酸提供质子。因此，溶剂的酸度与其去质子化稳定性密切相关。Bryantsev 等采用溶剂分子 C—H 键的酸解离常数（pK_a）作为衡量溶剂对于去质子化反应稳定性的参数，其具体数值可通过式(6-21)计算得到。通常，pK_a 的值不小于 35 的溶剂被认为能够很好地阻止去质子化反应的发生[78,80]。

$$pK_a = -\lg K_a$$

$$= \frac{\Delta G_{g,deprot}^{\ominus}(HA) + RT\ln(24.46) + \{\Delta G_{solv}^*(A^-) + \Delta G_{solv}^*(H^+) - \Delta G_{solv}^*(HA)\}}{\ln(10)RT}$$

$$(6-21)$$

醚类溶剂因对 O_2^- 的亲核攻击具有化学惰性而成为锂空气电池常用的质子惰性溶剂。Bryantsev 等[75] 计算了 O_2^- 与 DME 间亲核取代反应的热力学和动力学性质，得到该反应的活化能为 $31.6kcal \cdot mol^{-1}$、自由能为 $19.9kcal \cdot mol^{-1}$，说明 O_2^- 很难自发地与 DME 发生亲核取代反应。然而，许多研究表明 O_2^- 可通过去质子化反应路径分解醚类溶剂。比如：Assary 等[83] 通过理论计算认为 Li-O-Li 从 DME 上的 CH_3 或 CH_2 基团抽取 H 是其最可能的分解路径，反应能垒仅约 1.0eV。Zhang 等[84] 基于 DFT 研究了 1NM3 溶剂可能的分解机理，较高的 C—O 键断裂反应能垒和正的去质子反应自由能表明 1NM3 可作为锂空气电池理想的电解液溶剂。之后 Bryantsev 等[85] 提出了醚类溶剂的自氧化分解机理。他们认为，由于反应活化能（$32.7kcal \cdot mol^{-1}$）较高，超氧根离子直接夺取醚类分子上的 H 较为困难［图 6-20(a)］，而醚类溶剂分子的 α-H 首先会与 O_2 发生自氧化反应形成 OOH；由于反应速控步较低的活化能（$< 20kcal \cdot mol^{-1}$），醚类 OOH 分子容易被超氧根离子分解产生酯类、甲酸盐和其他氧化产物［图 6-20(b)］。为了设计去质子化稳定的溶剂，Laino 等[86] 基于 DFT 计算了氟化前后 PEGDME 的去质子化反应能垒，结果表明氟化可以使 PEGDME 的反应能垒升高，稳定性更好。因此，他们提出采用氟原子或甲基取代醚类溶剂分子中高活性的 α-H 或 β-H 可有效地提高醚类溶剂的稳定性。

对于酰胺类电解液溶剂，尤其是 N-烷基取代的酰胺和酰亚胺，在羰基碳或 N-烷基碳上发生亲核取代反应的能垒较高（$\Delta G_{act} \geqslant 24kcal \cdot mol^{-1}$），且反应自

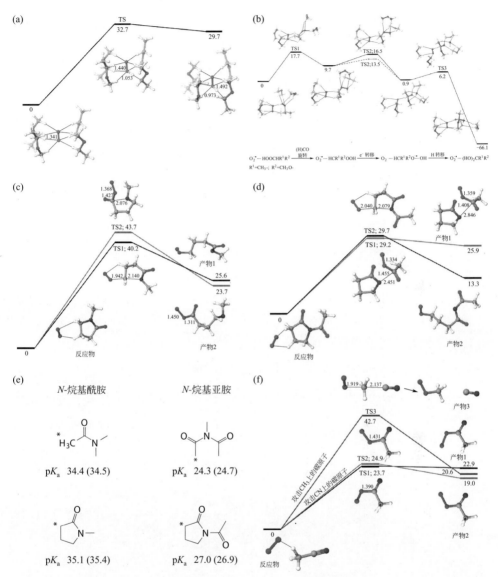

图 6-20　超氧根离子与 EtOMe（a）和 1-hydroperoxy-1-methoxyethane（b）发生去质子化反应的自由能[85]；超氧根离子亲核进攻 N-methyl-2-pyrrolidone（c）和 nacetylpyrrolidone（d）的 N-烷基碳（灰色）和羰基碳（红色）的反应自由能[75,85]；（e）基于 MP2/CBS＋δCCSD（T）和 B3LYP 泛函（括号内）计算的 pKa 值[78]；（f）O2⁻ 与乙腈分子的 CN（灰色和红色）和 CH3（蓝色）上碳原子发生亲核反应的自由能[85]

由能 ΔG_r 大于 0 [图 6-20(c)、(d)][75,85]。同时，N-烷基化酰胺又具有较高的 pK_a（$pK_a > 35$）[图 6-20(e)]，超氧根离子很难与其发生去质子化反应，因而被视为锂空气电池理想的电解液溶剂[78]。然而，对于 N-烷基化的亚胺（可看作 N-烷基酰胺的自氧化产物），其高活性的 α-H 使得其 pK_a 较低 [图 6-20(e)]，因而容易与 O_2^- 发生去质子化反应，进而导致电解液分解。

　　对于脂肪族和芳香族的腈类电解液溶剂，超氧根离子很难使其分解。Bryantsev 等[85] 证明了 O_2^- 亲核进攻乙腈分子的甲基或氰基上的碳均具有较高的反应活化能 [图 6-20(f)]。然而，由于脂肪族腈类分子中存在高活性的 α-H，其 pK_a 相对较低，比如：3-甲氧基丙腈[78] 和乙腈[87] 的 pK_a 值分别为 28.7 和 30.3。因此，对于脂肪族腈类溶剂，超氧根阴离子会与其发生去质子化反应而使溶剂分解。

　　除溶剂的酸度之外，O_2^- 在溶剂中的溶解度也可作为评估去质子化反应活性的参数。如前所述，在高 DN 和 AN 的溶剂中，O_2^- 具有较高的溶解度，使得电池具有较高的放电比容量。但是，溶液中高浓度的 O_2^- 又会促使溶剂分子去质子化反应的发生 [图 6-21(a)][88]。Khetan 等[88] 研究了锂空气电池的放电比容量和电解液稳定性的关系，发现两者之间呈负相关 [图 6-21(b)]。采用对 O_2^- 具有较高溶剂化自由能的溶剂可提高电池的放电比容量，但因该类溶剂容易被 O_2^- 攻击而发生分解，所以电池的循环性能不佳。相反，采用不易被 O_2^- 攻击的溶剂虽然可以改善电池的循环稳定性，但却使电池的放电比容量有所降低。

　　③ 电子转移。除亲核反应和去质子化反应之外，溶剂分子还可能通过电子转移机制发生分解。通常，电解液溶剂具有相对较宽的电化学稳定窗口，在充放电

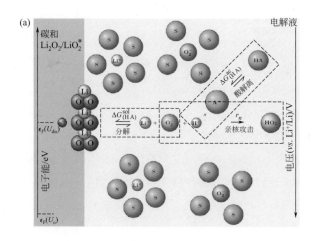

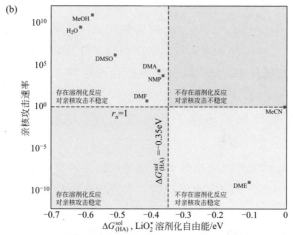

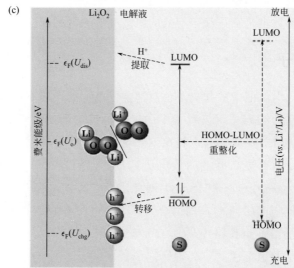

图 6-21 （a）O_2^- 与溶剂分子发生去质子化反应的原理[88]；（b）溶剂去质子化反应稳定性与 LiO_2 溶剂化自由能的关系[88]；（c）HOMO-LUMO 重整和电子转移机理[80]

过程中溶剂分子与电极之间很难发生电子转移。但是，当溶剂分子靠近 Li_2O_2 表面，尤其是具有缺陷的表面时，其前沿轨道能级会发生重整化，导致溶剂分子的电化学稳定窗口变小，溶剂在充电过程中发生电化学氧化反应而分解[80]。

Khetan 等[80] 的研究表明，对于锂空气电池，其质子惰性溶剂分子的 HOMO 水平是衡量溶剂分子电子转移稳定性的重要参数。当溶剂分子靠近电极表面时，其 HOMO 能级水平上升、LUMO 能级水平下降，HOMO 与 LUMO 能量差变小 ［图 6-21(c)］。在充电过程中，Li_2O_2 表面会产生许多空穴和缺陷，溶剂分子的高 HOMO 水平的电子容易转移至 Li_2O_2 表面的空穴和缺陷位，导致溶剂发生氧化分解，而较低 HOMO 水平的溶剂分子具有更好的电子转移稳定性。作者基于 MP2（Full）6-31G* 泛函计算发现，在常用溶剂 DMSO、THF、DME 和 MeCN 中，MeCN 展现出最低的 HOMO 水平，因而具有最高的电子转移稳定性，其充电过程中电荷/物质比最接近理想的 $2e^-/O_2$。在后来的研究中，Khetan 等又提出采用 HOMO 能级水平与 Li_2O_2 的 VBM 能量差 δ 代替 HOMO 水平来更精确地描述电子从溶剂分子转移至 Li_2O_2 表面的难易程度[89]。他们通过计算一系列溶剂的 δ 值发现，δ 值较大的溶剂具有更好的电子转移稳定性。此研究突破性地强调了在设计锂空气电池用稳定电解液的工作中考虑 Li_2O_2 的表面化学特性的重要性，为理想电解液的开发提供了重要的理论指导。

总之，电解液溶剂的稳定性可以通过理论计算 ΔG_{act}、pK_a 和 HOMO 等参数来衡量，这些参数也是筛选稳定有效的锂空气电池电解液的重要依据。

6.3.2　盐离子

除溶剂之外，电解液中的盐离子也对锂空气电池的性能有重要影响。这方面的研究主要集中在盐阴离子，仅有很少的工作报道了盐阳离子对电池性能的影响。比如：Landa-Medrano 等[90] 提出 K^+ 可作为一种电解液添加剂促进 Li_2O_2 的溶液生长路径，从而提高电池的放电比容量。他们根据软硬酸碱理论（hard and soft acid and base theory，HSAB）对此进行了解释，认为这主要是因为 K^+ 与 O_2^- 的结合力弱于 Li^+ 与 O_2^- 的结合力，因而可促进 O_2^- 在电解液中的溶解，进而促进 Li_2O_2 的溶液生长路径。

（1）盐阴离子的稳定性

电解液中锂盐的稳定性对锂空气电池的比容量和循环性能有重要影响，放电产物 Li_2O_2 有可能作为活性物种促使锂盐发生分解。比如：Lau 等[91] 的研究表明，锂盐 LiBOB 在 1NM2 溶剂中容易受到 Li_2O_2 的攻击。他们基于 AIMD 模拟得出，Li-BOB 中 O 与 Li_2O_2 中的 Li 呈现非线性的均方位移（mean square displacement，MSD）[图 6-22(a)、(b)]；而且从反应热力学的角度，相比于 Li_2O_2 和 1NM2（$\Delta G = 1.6 kcal \cdot mol^{-1}$）以及 LiBOB 和 1NM2（$\Delta G = -3.5 kcal \cdot mol^{-1}$）之间的相互作用，$Li_2O_2$ 更容易使 LiBOB 发生开环反应生成 Li_2O_2-LiBOB 中间体（$\Delta G = -9.2 kcal \cdot mol^{-1}$），然后经过 ΔG_{act} 为 18.6$kcal \cdot mol^{-1}$ 的过渡态最终生成 $Li_2C_2O_4$ 产物（$\Delta G = -36.5 kcal \cdot mol^{-1}$）[图 6-22(c)]。因此，Li-O 物种可能会对电解液中锂盐的稳定性造成破坏，从而损害电池的循环性能。

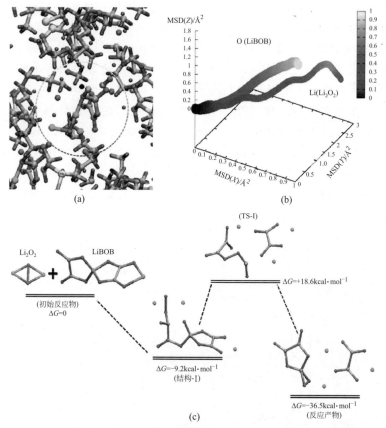

图 6-22　(a) Li_2O_2-LiBOB 在 1NM2 电解液中 AIMD 模拟快照；(b) Li 和 O 在

X、Y、Z 方向上的均方位移曲线；(c) 基于 B3LYP/6-31G** 泛函计算的

Li_2O_2 与 LiBOB 的反应路径[91]

（2）盐阴离子对 Li_2O_2 生长过程的影响

Li_2O_2 的生长路径不仅受到电解液中溶剂的影响，锂盐阴离子也可通过影响 Li^+-O_2^- 离子缔合强度来调控其生长机制[92,93]。若盐阴离子与 Li^+ 之间的离子缔合强度较高，则会降低 Li^+ 的酸度，导致 Li^+ 对 O_2^- 的亲和力降低，O_2^- 离开电极表面进入电解液并与 Li^+ 结合生成 $LiO_{2(sol)}$ 分子[94]。最终经过溶液机制，两分子的 $LiO_{2(sol)}$ 通过化学歧化反应生成环状 Li_2O_2 颗粒。

Leverick 等通过计算 $LiA + O_2^- \longrightarrow (LiA)\,O_2^-$ (A = TFSI、TfO 或 TFA) 反应的吉布斯自由能研究了一系列不同 DN 值的盐阴离子环境中 Li^+-O_2^- 的缔合强度[92]。结果表明，在低 DN 的溶剂 DME 中，Li^+-O_2^- 的缔合强度随着阴离子 DN 的增加而逐渐减弱，但在高 DN 的溶剂 DMSO 中，阴离子的诱导效应并不明显。Sharon 等[94] 通过实验证明了此结果的正确性。他们采用电化学石英晶体微天平分别测量了二乙二醇二甲醚（diglyme）和 DMSO 溶剂中金电极上 ORR 过程的质量响应，发现在低 DN 值的 diglyme 溶剂中，不同锂盐的质量响应具有明显差别，而在高 DN 值的 DMSO 溶剂中，这种差别并不明显。Iliksu 等[95] 基于分子动力学模拟研究了盐阴离子对 Li^+-O_2^- 的缔合强度的影响，通过分析 Li^+ 在不同 NO_3^- 和 $TFSI^-$ 浓度的电解液中的溶解环境［图 6-23（a）、（b）］，包括电解液中各成分围绕 Li^+ 的径向分布函数（radial distribution functions，RDF）和配位数（coordination numbers，CN），发现相比于 $TFSI^-$ 和 TEGDME，NO_3^- 较强的离子缔合强度使得其占据了 Li^+ 的内溶剂化层，从而削弱了 Li^+-O_2^- 的缔合强度。因此，在含 NO_3^- 的电解液中，Li_2O_2 的生长更倾向于溶液机制，电池呈现出较高的放电比容量。

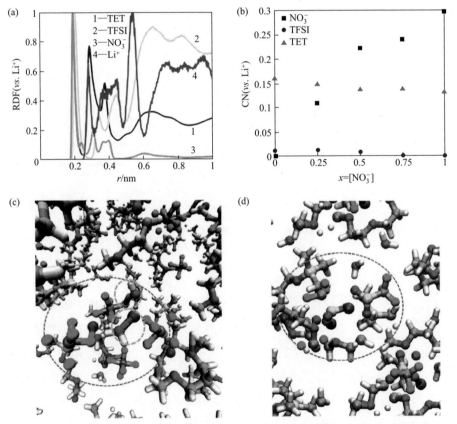

图 6-23　（a）电解液成分对 Li^+ 的径向分布函数[95]；（b）不同浓度的 NO_3^- 环境中阴离子和溶剂围绕 Li^+ 的配位数[95]；1NM3-LiPF$_6$（c）和 1NM3-LiCF$_3$SO$_3$（d）电解液与水分子的 AIMD 模拟快照[96]

6.3.3 痕量水

（1）对放电产物及其生长过程的影响

通常，非水系锂空气电池的电解液中不可避免会含有痕量的水，其存在会影响电池的放电产物及其生长路径。相比于质子惰性溶剂，H_2O 较高的 AN 值会降低 Li^+-O_2^- 的耦合强度，从而提高 LiO_2 中间体的溶解度，诱导放电过程中 LiO_2 经由溶液机制形成环状 Li_2O_2[97]。另一方面，电解液中水分子上的 H 质子会与高活性的 O_2^- 反应生成 LiOH，从而形成 LiOH 和 Li_2O_2 混合的放电产物[97]。类似地，Kwabi 等[98] 通过 DFT 研究了非水系锂空气电池中水的存在对放电产物类型和生长的影响机理。他们发现，在 DME 溶剂中，H_2O 的溶剂化自由能较低，易于溶解 LiO_2 中间体，因而可以通过溶液机制形成环状 Li_2O_2；在 MeCN 溶剂中，H_2O 的 pK_a 较低，超氧根离子会诱导 H_2O 分子发生去质子化反应，形成 LiOH 放电产物。

（2）对电解液稳定性的影响

非质子电解液中的痕量水会破坏电解液组分的稳定性。Du 等[96] 采用 AIMD 和 DFT 研究了 $LiPF_6$ 和 $LiCF_3SO_3$ 在含有痕量水的 1NM3 溶剂中的稳定性 [图 6-23(c)、(d)]，发现水分子与 $LiPF_6$ 之间呈现较强的相互作用，分子呈耦合运动，而水分子与 $LiCF_3SO_3$ 间的相互作用较弱。他们还通过 DFT 研究了水分子与 1NM3-$LiPF_6$ 之间的作用机制：首先是 $LiPF_6$ 发生水解反应生成 HF，然后 HF 进攻 1NM3 溶剂分子中的 Si—O 键（$\Delta G = -16.8kcal \cdot mol^{-1}$）。因此，电解液 1NM3-$LiPF_6$ 很容易被其中微量的水分解，从而导致锂空气电池的循环性能降低。

6.4
负极

负极是电池不可或缺的组成部分。非水系锂空气电池超高的能量密度主要得益于其锂金属负极的低摩尔质量、高费米能级和低还原电势。然而，高活性锂金属负极的稳定性容易受到一些活性物种（如：溶剂分子、H_2O、O_2、CO_2 和 N_2 等）的破坏[99,100]，从而对电池的循环寿命造成不利的影响；其在充电过程中形成的锂枝晶会导致较大的体积膨胀，甚至刺穿隔膜造成短路，引起安全问题[101]。因此，减少锂负极上的副反应，提高电池循环稳定性和安全性能是目前研究锂空气电池负极的主要任务。其中，在负极表面构建保护层来钝化锂金属，阻止其与其他高活性物种的直接接触并抑制锂枝晶的生长是有效的途径之一[102,103]。

　　在锂金属负极表面引入选择性透过膜，可以限制活性物种与锂金属的直接接触，提高锂负极的稳定性。Asadi 等[104] 在锂负极表面引入碳酸锂保护层有效地延长了电池的循环寿命，并通过 DFT 计算分析了 Li_2CO_3 层的保护机制。根据图 6-24(a) 所示的最稳定（001）Li_2CO_3/（100）Li 界面模型，Li_2CO_3 表面的 O 原子迁移至锂金属表面具有较高的迁移能垒 ［图 6-24(b)］，因而 Li_2CO_3 与 Li 可以稳定共存。同时，N_2、O_2、H_2O、CO_2 分子与 Li_2CO_3 晶体孔道相互作用的 $\Delta G > 0$，不能自发反应。因此，Li_2CO_3 保护层的引入可以阻止活性物种与锂负极表面的接触反应，再加上这些活性物种本身对 Li_2CO_3 不具有氧化性，所以 Li_2CO_3 保护层的使用可以提高锂负极的稳定性，进而改善电池的循环性能。

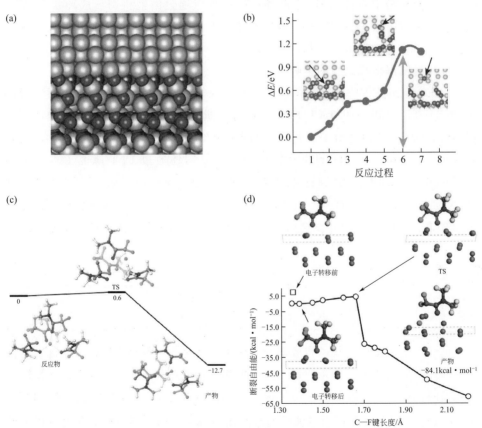

图 6-24　(a)（001）Li_2CO_3/（100）Li 稳定的界面模型结构[104]；(b) Li_2CO_3 晶体中 C—O 键上的 O 迁移至 Li 的能量图[104]；Li-4DMTFA (c) 和 DMTFA-Li (100) (d) 模型中 C—F 键断裂反应的自由能[105]

采用电解液添加剂在负极表面形成稳定的固-液界面也可以有效地阻止锂金属负极与活性物种的直接接触，从而改善其稳定性[101]。Bryantsev 等[105] 基于 DFT 研究了以氟化酰胺作为电解液添加剂在负极锂金属表面形成 LiF 膜来保护锂金属负极的机理。根据 Li-4DMTFA［图 6-24(c)］和 DMTFA-Li（100）模型［图 6-24(d)］中 C—F 键断裂反应的自由能，相比于 β-、γ-和 N-烷基的氟化酰胺，由 α-氟化酰胺形成 LiF 具有较低的活化能，因而更容易形成稳定的 LiF。他们的实验结果也证明了在 DMA 电解液中添加 2% 的 DMTFA 可以提高锂空气电池的循环性能。Cheng 等[106] 通过引入氟化石墨烯修饰的 Li 负极来形成 LiF 保护膜（反应自由能为 -4.081eV），同时原位产生的石墨烯可以调控局部电流密度，使得负极表面形成均匀的 Li 成核位点，从而阻止锂枝晶的形成。LiF 保护膜和原位石墨烯的结合成功地延长了锂空气电池的循环寿命。

6.5
小结与展望

基于理论模拟与计算对非水系锂空气电池的放电产物、正极、电解液及负极等方面的研究，有助于深刻理解锂空气电池的工作原理及各相关材料的作用机制，为锂空气电池的设计提供重要的指导作用。目前虽已有大量的相关文献报道，但仍不够系统，尚需理论计算与实验研究紧密结合，从多个方面展开深入研究。

① 放电产物。目前已有文献通过理论计算提出通过缺陷的引入提高 Li_2O_2 的导电性。然而，缺陷态 Li_2O_2 的研究仍然处于理论阶段，由于其生长可控性差，在锂空气电池的实际操作中很少应用；文献中关于放电产物 Li_2O_2 的生长，主要的讨论对象是基于表面路径的薄膜状和基于溶液路径的环状两种情况。然而，实际锂空气电池中 Li_2O_2 的形貌并不局限于这两种，多种其他形貌也都有观察到。为了更好地促进电池的发展及其实际工作性能的提升，未来的理论研究应更多地结合电池的实际工作情况展开。

② 催化剂。目前关于催化剂性能的理论计算研究大多没有考虑电解液环境的影响，而是把催化剂放在一个特定的环境中展开讨论。但事实上催化剂的实际性能与其工作环境密切相关，未来工作应对催化剂的最佳工作环境及其匹配关系重点关注。此外，构建异质结可有效提高催化剂的性能，但由于其结构的复杂、多样性为实验研究带来许多障碍，未来的理论计算工作可将异质结催化剂作为重点研究对象，为设计高效催化剂提供理论基础。

③ 传质动力学。在电池的放电过程中，除电化学反应动力学之外，O_2 和 Li^+ 在电解液、正极、负极保护层中的传质扩散也是影响电池性能，尤其是倍率性能的重要参数。从原子分子层面研究传质动力学有助于正确理解反应机理，并设计开发高性能锂空气电池[107]。

④ 模拟真实电池环境。通常，关于锂空气电池的理论计算都是在 0K 和真空条件下进行的，与锂空气电池的实际工作条件有较大的出入，而电池工作时的实际反应气氛、温度、溶液等都会对电池的性能产生一定的影响。因此，今后的理论计算研究应该考虑在模拟真实电池环境中开展。

⑤ 理论计算与实验的结合。理论计算工作应该更多地与实验研究相结合，通过理论计算指导实验设计、解释实验现象，并用实验结果验证理论计算的可靠性。两者需要有机结合、互相促进，共同推动锂空气电池的发展和进步。

参考文献

［1］ Xu S，Zhu Q，Du F，et al. Co_3O_4-based binder-free cathodes for lithium-oxygen batteries with improved cycling stability ［J］. Dalton transactions，2015，44（18）：8678-84.

［2］ Xu S，Zhu Q，Long J，et al. Low-overpotential Li-O_2 batteries based on TFSI intercalated Co-Ti layered double oxides ［J］. Advanced Functional Materials，2016，26（9）：1365-74.

［3］ Walker W，Giordani V，Uddin J，et al. A rechargeable Li-O_2 battery using a lithium nitrate/N，N-dimethylacetamide electrolyte ［J］. Journal of the American Chemical Society，2013，135（6）：2076-2079.

［4］ Chen Y，Freunberger S A，Peng Z，et al. Li-O_2 battery with a dimethylformamide electrolyte ［J］. Journal of the American Chemical Society，2012，134（18）：7952-7957.

［5］ He Q，Yu B，Li Z，et al. Density functional theory for battery materials ［J］. Energy & Environmental Materials，2019，2（4）：264-279.

［6］ Hughes Z E，Walsh T R. Computational chemistry for graphene-based energy applications：progress and challenges ［J］. Nanoscale，2015，7：6883.

［7］ Cota L G，Mora P. On the structure of lithium peroxide，Li_2O_2 ［J］. Acta crystallographica Section B，2005，61：133-136.

［8］ Radin M D，Tian F，Siegel D J. Electronic structure of Li_2O_2 {0001} surfaces ［J］. Journal of Materials Science，2012，47（21）：7564-7570.

［9］ Radin M D，Rodriguez J F，Tian F，et al. Lithium peroxide surfaces are metallic，while lithium oxide surfaces are not ［J］. Journal of the American Chemical Society，2012，134（2）：1093-103.

［10］ Mo Y，Ong S P，Ceder G. First-principles study of the oxygen evolution reaction of lithium peroxide in the lithium-air battery ［J］. Physical Review B，2011，84（20）：205446.

［11］ Lau K C，Assary R S，Redfern P，et al. Electronic structure of lithium peroxide clusters and relevance to lithium-air batteries ［J］. The Journal of Physical Chemistry C，2012，

116 (45): 23890-23896.

[12] Dabrowski T, Ciacchi L C. Atomistic modeling of the charge process in lithium/air batteries [J]. The Journal of Physical Chemistry C, 2015, 119 (46): 25807-25817.

[13] Kang J, Jung Y S, Wei S H, et al. Implications of the formation of small polarons in Li_2O_2 for Li-air batteries [J]. Physical Review B, 2012, 85 (3): 035210.

[14] Dai W, Cui X, Zhou Y, et al. Defect chemistry in discharge products of Li-O_2 Batteries [J]. Small Methods, 2019, 3 (3): 1800358.

[15] Radin M D, Monroe C W, Siegel D J. Impact of space-charge layers on sudden death in Li/O_2 batteries [J]. The Journal of Physical Chemistry Letters, 2015, 6 (15): 3017-3022.

[16] Hummelshøj J S, Blomqvist J, Datta S, et al. Communications: elementary oxygen electrode reactions in the aprotic Li-air battery [J]. The Journal of Chemical Physics, 2010, 132 (7): 071101.

[17] Varley J B, Viswanathan V, Nørskov J K, et al. Lithium and oxygen vacancies and their role in Li_2O_2 charge transport in Li-O_2 batteries [J]. Energy & Environmental Science, 2014, 7 (2): 720-727.

[18] Zhao Y, Ban C, Kang J, et al. P-type doping of lithium peroxide with carbon sheets [J]. Applied Physics Letters, 2012, 101 (2): 023903.

[19] Garcia-Lastra J M, Myrdal J S G, Christensen R, et al. DFT + U study of polaronic conduction in Li_2O_2 and Li_2CO_3: implications for Li-air Batteries [J]. The Journal of Physical Chemistry C, 2013, 117 (11): 5568-5577.

[20] Geng W T, He B L, Ohno T. Grain boundary induced conductivity in Li_2O_2 [J]. The Journal of Physical Chemistry C, 2013, 117 (48): 25222-25228.

[21] Tian F, Radin M D, Siegel D J. Enhanced charge transport in amorphous Li_2O_2 [J]. Chemistry of Materials, 2014, 26 (9): 2952-2959.

[22] Timoshevskii V, Feng Z, Bevan K H, et al. Improving Li_2O_2 conductivity via polaron preemption: an ab initio study of Si doping [J]. Applied Physics Letters, 2013, 103 (7): 073901.

[23] Dutta A, Wong R A, Park W, et al. Nanostructuring one-dimensional and amorphous lithium peroxide for high round-trip efficiency in lithium-oxygen batteries [J]. Nature communications, 2018, 9 (1): 680.

[24] Lyu Z, Zhou Y, Dai W, et al. Recent advances in understanding of the mechanism and control of Li_2O_2 formation in aprotic Li-O_2 batteries [J]. Chemical Society Reviews, 2017, 46 (19): 6046-6072.

[25] Yao W, Yuan Y, Tan G, et al. Tuning Li_2O_2 formation routes by facet engineering of MnO_2 cathode catalysts [J]. Journal of the American Chemical Society, 2019, 141 (32): 12832-12838.

[26] Aurbach D, Mccloskey B D, Nazar L F, et al. Advances in understanding mechanisms underpinning lithium-air batteries [J]. Nature Energy, 2016, 1 (9): 16128.

[27] Johnson L, Li C, Liu Z, et al. The role of LiO_2 solubility in O_2 reduction in aprotic solvents and its consequences for Li-O_2 batteries [J]. Nature Chemistry, 2014, 6 (12):

1091-1099.

[28] Gallant B M, Kwabi D G, Mitchell R R, et al. Influence of Li_2O_2 morphology on oxygen reduction and evolution kinetics in $Li-O_2$ batteries [J]. Energy & Environmental Science, 2013, 6 (8): 2518.

[29] Lau S, Archer L A. Nucleation and growth of lithium peroxide in the $Li-O_2$ battery [J]. Nano Letters, 2015, 15 (9): 5995-6002.

[30] Yin Y, Gaya C, Torayev A, et al. Impact of Li_2O_2 particle size on $Li-O_2$ battery charge process: insights from a multiscale modeling perspective [J]. The Journal of Physical Chemistry Letters, 2016, 7 (19): 3897-3902.

[31] Lv Q, Zhu Z, Ni Y, et al. Spin-state manipulation of two-dimensional metal-organic framework with enhanced metal-oxygen covalency for lithium-oxygen batteries [J]. Angewandte Chemie, 2022, 61 (8): e202114293.

[32] Nørskov J K, Rossmeisl J, Logadottir A, et al. Origin of the overpotential for oxygen reduction at a fuel-cell cathode [J]. Journal of Physical Chemistry B, 2004, 108 (46): 17886-17892.

[33] Hummelshøj J S, Luntz A C, Nørskov J K. Theoretical evidence for low kinetic overpotentials in $Li-O_2$ electrochemistry [J]. The Journal of chemical physics, 2013, 138 (3): 034703.

[34] Kavalsky L, Mukherjee S, Singh C V. Phosphorene as a catalyst for highly efficient nonaqueous Li-air batteries [J]. ACS Applied Materials & Interfaces, 2019, 11 (1): 499-510.

[35] Lee J H, Kang S G, Kim I T, et al. Adsorption mechanisms of lithium oxides (Li_xO_2) on N-doped graphene: a density functional theory study with implications for lithium-air batteries [J]. Theoretical Chemistry Accounts, 2016, 135 (3): 50.

[36] Zheng F, Dong H, Ji Y, et al. Computational study on catalytic performance of BC_3 and NC_3 nanosheets as cathode electrocatalysts for nonaqueous $Li-O_2$ batteries [J]. Journal of Power Sources, 2019, 436: 226845.

[37] Ren X, Zhu J, Du F, et al. B-doped graphene as catalyst to improve charge rate of lithium-air battery [J]. The Journal of Physical Chemistry C, 2014, 118 (39): 22412-22418.

[38] Yang Y, Yao M, Wang X, et al. Theoretical prediction of catalytic activity of Ti_2C MXene as cathode for $Li-O_2$ batteries [J]. The Journal of Physical Chemistry C, 2019, 123 (28): 17466-17471.

[39] Xiao J, Mei D, Li X, et al. Hierarchically porous graphene as a lithium-air battery electrode [J]. Nano Letters, 2011, 11 (11): 5071-5078.

[40] Jiang H R, Tan P, Liu M, et al. Unraveling the positive roles of point defects on carbon surfaces in nonaqueous lithium-oxygen batteries [J]. The Journal of Physical Chemistry C, 2016, 120 (33): 18394-18402.

[41] Hwang Y, Yun K H, Chung Y C. Carbon-free and two-dimensional cathode structure based on silicene for lithium-oxygen batteries: A first-principles calculation [J]. Journal of Power Sources, 2015, 275: 32-37.

[42] Yu Y X. Effect of defects and solvents on silicene cathode of nonaqueous lithium-oxygen batteries: A theoretical investigation [J]. The Journal of Physical Chemistry C, 2018, 123 (1): 205-213.

[43] Noh S H, Kwak D H, Seo M H, et al. First principles study of oxygen reduction reaction mechanisms on N-doped graphene with a transition metal support [J]. Electrochimica Acta, 2014, 140: 225-231.

[44] Kang J, Yu J S, Han B. First-principles design of graphene-based active catalysts for oxygen reduction and evolution reactions in the aprotic Li-O$_2$ battery [J]. The Journal of Physical Chemistry Letters, 2016, 7 (14): 2803-2808.

[45] Kim H J, Jung S C, Han Y K, et al. An atomic-level strategy for the design of a low overpotential catalyst for Li-O$_2$ batteries [J]. Nano Energy, 2015, 13: 679-686.

[46] Zhu J, Ren X, Liu J, et al. Unraveling the catalytic mechanism of Co$_3$O$_4$ for the oxygen evolution reaction in a Li-O$_2$ battery [J]. ACS Catalysis, 2014, 5 (1): 73-81.

[47] Zhu J, Wang F, Wang B, et al. Surface acidity as descriptor of catalytic activity for oxygen evolution reaction in Li-O$_2$ battery [J]. Journal of the American Chemical Society, 2015, 137 (42): 13572-13579.

[48] Pavlov S V, Kislenko S A. Effects of carbon surface topography on the electrode/electrolyte interface structure and relevance to Li-air batteries [J]. Physical Chemistry Chemical Physics, 2016, 18 (44): 30830-30836.

[49] Lv Q, Zhu Z, Zhao S, et al. Semiconducting metal-organic polymer nanosheets for a photoinvolved Li-O$_2$ battery under visible light [J]. Journal of the American Chemical Society, 2021, 143 (4): 1941-1947.

[50] Zhu Z, Ni Y, Lv Q, et al. Surface plasmon mediates the visible light-responsive lithium-oxygen battery with Au nanoparticles on defective carbon nitride [J]. Proceedings of the National Academy of Sciences, 2021, 118 (17): e2024619118.

[51] Chen Y, Freunberger S A, Peng Z, et al. Charging a Li-O$_2$ battery using a redox mediator [J]. Nature Chemistry, 2013, 5 (6): 489-494.

[52] Arrechea P L, Knudsen K B, Mullinax J W, et al. Suppression of parasitic chemistry in Li-O$_2$ batteries incorporating thianthrene-based proposed redox mediators [J]. ACS Applied Energy Materials, 2020, 3 (9): 8812-8821.

[53] Feng N, Mu X, Zhang X, et al. Intensive study on the catalytical behavior of N-methylphenothiazine as a soluble mediator to oxidize the Li$_2$O$_2$ cathode of the Li-O$_2$ battery [J]. ACS Applied Materials & Interfaces, 2017, 9 (4): 3733-3739.

[54] Lim H D, Lee B, Zheng Y, et al. Rational design of redox mediators for advanced Li-O$_2$ batteries [J]. Nature Energy, 2016, 1 (6): 16066.

[55] Zhao Q, Katyal N, Seymour I D, et al. Vanadium (Ⅲ) acetylacetonate as an efficient soluble catalyst for lithium-oxygen batteries [J]. Angewandte Chemie International Edition, 2019, 58 (36): 12553-12557.

[56] Lin X, Sun Z, Tang C, et al. Highly reversible O$_2$ conversions by coupling LiO$_2$ intermediate through a dual-site catalyst in Li-O$_2$ batteries [J]. Advanced Energy Materials, 2020, 10: 2001592.

[57] Xu J J, Chang Z W, Wang Y, et al. Cathode surface-induced, solvation-mediated, micrometer-sized Li_2O_2 cycling for $Li-O_2$ batteries [J]. Advanced materials, 2016, 28 (43): 9620-9628.

[58] Yang Y, Liu W, Wu N, et al. Tuning the morphology of Li_2O_2 by noble and 3d metals: a planar model electrode study for $Li-O_2$ battery [J]. ACS Applied Materials & Interfaces, 2017, 9 (23): 19800-19806.

[59] Hu A, Lv W, Lei T, et al. Heterostructured $NiS_2/ZnIn_2S_4$ realizing toroid-like Li_2O_2 deposition in lithium-oxygen batteries with low-donor-number solvents [J]. ACS Nano, 2020, 14 (3): 3490-3499.

[60] Zheng Y, Song K, Jung J, et al. Critical descriptor for the rational design of oxide-based catalysts in rechargeable $Li-O_2$ batteries: surface oxygen density [J]. Chemistry of Materials, 2015, 27 (9): 3243-3249.

[61] Wang P, Ren Y, Wang R, et al. Atomically dispersed cobalt catalyst anchored on nitrogen-doped carbon nanosheets for lithium-oxygen batteries [J]. Nature Communications, 2020, 11 (1): 1576.

[62] Aetukuri N B, Mccloskey B D, Garcia J M, et al. Solvating additives drive solution-mediated electrochemistry and enhance toroid growth in non-aqueous $Li-O_2$ batteries [J]. Nature Chemistry, 2015, 7 (1): 50-56.

[63] Bondue C J, Bawol P P, Abd-El-Latif A A, et al. Gaining control over the mechanism of oxygen reduction in organic electrolytes: the effect of solvent properties [J]. The Journal of Physical Chemistry C, 2017, 121 (16): 8864-8872.

[64] Bryantsev V S. Calculation of solvation free energies of Li^+ and O_2^- ions and neutral lithium-oxygen compounds in acetonitrile using mixed cluster/continuum models [J]. Theoretical Chemistry Accounts, 2012, 131 (7): 1250.

[65] Kwabi D G, Bryantsev V S, Batcho T P, et al. Experimental and computational analysis of the solvent-dependent O_2/Li^+-O_2^- redox couple: standard potentials, coupling strength, and implications for lithium-oxygen batteries [J]. Angewandte Chemie, 2016, 55 (9): 3129-3134.

[66] Cheng L, Redfern P, Lau K C, et al. Computational studies of solubilities of LiO_2 and Li_2O_2 in aprotic solvents [J]. Journal of The Electrochemical Society, 2017, 164 (11): E3696-E3701.

[67] Kazemiabnavi S, Dutta P, Banerjee S. A density functional theory based study of the electron transfer reaction at the cathode-electrolyte interface in lithium-air batteries [J]. Physical Chemistry Chemical Physics, 2015, 17 (17): 11740-11751.

[68] Sergeev A V, Chertovich A V, Itkis D M, et al. Electrode/electrolyte interface in the $Li-O_2$ battery: insight from molecular dynamics study [J]. The Journal of Physical Chemistry C, 2017, 121 (27): 14463-14469.

[69] Jung S H, Canova F F, Akagi K. Characteristics of lithium ions and superoxide anions in EMI-TFSI and dimethyl sulfoxide [J]. The Journal of Physical Chemistry A, 2016, 120 (3): 364-371.

[70] Smirnov V S, Kislenko S A. Effect of solvents on the behavior of lithium and superoxide

ions in lithium-oxygen battery electrolytes [J]. Chemphys Chem, 2018, 19 (1): 75-81.

[71] Wang Y, Lai N C, Lu Y R, et al. A solvent-controlled oxidation mechanism of Li_2O_2 in lithium-oxygen batteries [J]. Joule, 2018, 2 (11): 2364-2380.

[72] Bryantsev V S, Blanco M. Computational study of the mechanisms of superoxide-induced decomposition of organic carbonate-based electrolytes [J]. The Journal of Physical Chemistry Letters, 2011, 2 (5): 379-383.

[73] Zhang X, Guo L, Gan L, et al. LiO_2: cryosynthesis and chemical/electrochemical reactivities [J]. Journal of Physical Chemistry Letters, 2017, 8 (10): 2334-2338.

[74] Ganapathy S, Adams B D, Stenou G, et al. Nature of Li_2O_2 oxidation in a $Li-O_2$ battery revealed by operando X-ray diffraction [J]. Journal of the American Chemical Society, 2014, 136: 16335-16344.

[75] Bryantsev V S, Giordani V, Walker W, et al. Predicting solvent stability in aprotic electrolyte Li-air batteries: nucleophilic substitution by the superoxide anion radical (O_2^{*-}) [J]. The Journal of Physical Chemistry A, 2011, 115 (44): 12399-12409.

[76] Mahne N, Schafzahl B, Leypold C, et al. Singlet oxygen generation as a major cause for parasitic reactions during cycling of aprotic lithium-oxygen batteries [J]. Nature Energy, 2017, 2 (5): 17036.

[77] Samojlov A, Schuster D, Kahr J, et al. Surface and catalyst driven singlet oxygen formation in $Li-O_2$ cells [J]. Electrochimica Acta, 2020, 362: 137175.

[78] Bryantsev V S. Predicting the stability of aprotic solvents in Li-air batteries: pK_a calculations of aliphatic C-H acids in dimethyl sulfoxide [J]. Chemical Physics Letters, 2013, 558: 42-47.

[79] Khetan A, Pitsch H, Viswanathan V. Solvent degradation in nonaqueous $Li-O_2$ batteries: oxidative stability versus H-abstraction [J]. The Journal of Physical Chemistry Letters, 2014, 5 (14): 2419-2424.

[80] Khetan A, Pitsch H, Viswanathan V. Identifying descriptors for solvent stability in nonaqueous $Li-O_2$ batteries [J]. The Journal of Physical Chemistry Letters, 2014, 5 (8): 1318-1323.

[81] Sharon D, Afri M, Noked M, et al. Oxidation of dimethyl sulfoxide solutions by electrochemical reduction of oxygen [J]. The Journal of Physical Chemistry Letters, 2013, 4 (18): 3115-3119.

[82] Schroeder M A, Kumar N, Pearse A J, et al. $DMSO-Li_2O_2$ Interface in the rechargeable $Li-O_2$ battery cathode: theoretical and experimental perspectives on stability [J]. ACS Applied Materials & Interfaces, 2015, 7 (21): 11402-11411.

[83] Assary R S, Lau K C, Amine K, et al. Interactions of dimethoxy ethane with Li_2O_2 clusters and likely decomposition mechanisms for $Li-O_2$ batteries [J]. The Journal of Physical Chemistry C, 2013, 117 (16): 8041-8049.

[84] Zhang Z, Lu J, Assary R S, et al. Increased stability toward oxygen reduction products for lithium-air batteries with oligoether-functionalized silane electrolytes [J]. The Journal of Physical Chemistry C, 2011, 115 (51): 25535-25542.

[85] Bryantsev V S, Faglioni F. Predicting autoxidation stability of ether-and amide-based elec trolyte solvents for Li-air batteries [J]. The Journal of Physical Chemistry A, 2012, 116 (26): 7128-7138.

[86] LainoT, Curioni A. Chemical reactivity of aprotic electrolytes on a solid Li_2O_2 surface: screening solvents for Li-air batteries [J]. New Journal of Physics, 2013, 15 (9): 095009.

[87] Bryantsev V S, Uddin J, Giordani V, et al. The identification of stable solvents for non-aqueous rechargeable Li-air batteries [J]. Journal of the Electrochemical Society, 2012, 160 (1): A160-A171.

[88] Khetan A, Luntz A, Viswanathan V. Trade-offs in capacity and rechargeability in nona-queous $Li-O_2$ batteries: solution-driven growth versus nucleophilic stability [J]. The Journal of Physical Chemistry Letters, 2015, 6 (7): 1254-1259.

[89] Khetan A, Krishnamurthy D, Viswanathan V. Towards synergistic electrode-electrolyte design principles for nonaqueous $Li-O_2$ batteries [J]. Topics in Current Chemistry, 2018, 376 (2): 11.

[90] Landa-Medrano I, Olivares-mar N M, Bergner B, et al. Potassium salts as electrolyte additives in lithium-oxygen batteries [J]. The Journal of Physical Chemistry C, 2017, 121 (7): 3822-3829.

[91] Lau K C, Lu J, Low J, et al. Investigation of the decomposition mechanism of lithium bis (oxalate) borate (LiBOB) salt in the electrolyte of an aprotic $Li-O_2$ Battery [J]. Energy Technology, 2014, 2 (4): 348-354.

[92] Leverick G, Tatara R, Feng S, et al. Solvent-and anion-dependent $Li^+-O_2^-$ coupling strength and implications on the thermodynamics and kinetics of $Li-O_2$ batteries [J]. The Journal of Physical Chemistry C, 2020, 124 (9): 4953-4967.

[93] Burke C M, Pande V, Khetan A, et al. Enhancing electrochemical intermediate solva-tion through electrolyte anion selection to increase nonaqueous $Li-O_2$ battery capacity [J]. Proceedings of the National Academy of Sciences of the United States of America, 2015, 112 (30): 9293-9298.

[94] Sharon D, Hirsberg D, Salama M, et al. Mechanistic role of Li^+ dissociation level in aprotic $Li-O_2$ battery [J]. ACS Applied Materials & Interfaces, 2016, 8 (8): 5300-5307.

[95] Iliksu M, Khetan A, Yang S, et al. Elucidation and comparison of the effect of LiTFSI and $LiNO_3$ salts on discharge chemistry in nonaqueous $Li-O_2$ batteries [J]. ACS Applied Materials & Interfaces, 2017, 9 (22): 19319-19325.

[96] Du P, Lu J, Lau K C, et al. Compatibility of lithium salts with solvent of the non-aque-ous electrolyte in $Li-O_2$ batteries [J]. Physical Chemistry Chemical Physics, 2013, 15 (15): 5572.

[97] Schwenke K U, Metzger M, Restle T, et al. The influence of water and protons on Li_2O_2 crystal growth in aprotic $Li-O_2$ cells [J]. Journal of The Electrochemical Society, 2015, 162 (4): A573-A584.

[98] Kwabi D G, Batcho T P, Fengs S, et al. The effect of water on discharge product growth and chemistry in $Li-O_2$ batteries [J]. Physical Chemistry Chemical Physics,

2016，18：24944-24953.

[99] Assary R S，Lu J，Du P，et al. The effect of oxygen crossover on the anode of a Li-O$_2$ battery using an ether-based solvent：insights from experimental and computational studies [J]. Chem Sus Chem，2013，6 (1)：51-55.

[100] Kitaura H，Zhou H. Reaction and degradation mechanism in all-solid-state lithium-air batteries [J]. Chemical Communications，2015，51 (99)：17560-17563.

[101] Bi X，Amine K，Lu J. The importance of anode protection towards lithium oxygen batteries [J]. Journal of Materials Chemistry A，2020，8：3563-3573.

[102] Togasaki N，Momma T，Osaka T. Role of the solid electrolyte interphase on a Li metal anode in a dimethylsulfoxide-based electrolyte for a lithium-oxygen battery [J]. Journal of Power Sources，2015，294：588-592.

[103] Huang Z，Ren J，Zhang W，et al. Protecting the Li-Metal anode in a Li-O$_2$ battery by using boric acid as an SEI-forming additive [J]. Advanced materials，2018，30 (39)：1803270.

[104] Asadi M，Sayahpour B，Abbasi P，et al. A lithium-oxygen battery with a long cycle life in an air-like atmosphere [J]. Nature，2018，555 (7697)：502-506.

[105] Bryantsev V S，Giordani V，Walker W，et al. Investigation of fluorinated amides for solid-electrolyte interphase stabilization in Li-O$_2$ batteries using amide-based electrolytes [J]. Journal of Physical Chemistry C，2013，117 (23)：11977-11988.

[106] Cheng H，Mao Y，Xie J，et al. Dendrite-free fluorinated graphene/lithium anodes enabling in situ LiF formation for high-performance lithium-oxygen cells [J]. ACS Applied Materials & Interfaces，2019，11 (43)：39737-39745.

[107] Cai Y，Zhang Q，Lu Y，et al. Ionic liquid electrolyte with enhanced Li$^+$ transport ability enables stable Li deposition for high-performance Li-O$_2$ batteries [J]. Angewandte Chemie，2021，60 (49)：25973-25980.

第 7 章

锂空气电池的设计及应用

由金属锂负极与空气电极组成的锂空气电池是理论能量密度最高的储能器件[1]，在人类社会对能源系统能量密度的需求日益增加的 21 世纪受到了国际社会的广泛关注，多数发达国家的科研院所和相关企业都投入了大量的人力、物力和财力推动锂空气电池的发展[2-7]。

早在 2009 年，美国 IBM 公司就提出了"Battery 500"计划（图 7-1），期望利用新型锂空气电池，将电动汽车的续航里程提高至 500mile（约 800km），或者用作笔记本电脑、远程传感器及智能机器人等设备的供电电源。之后该公司又于 2012 年与日本旭化成、中央硝子两家知名公司联手开展锂空气电池的研发工作。美国在 2012 年启动的储能联合研究中心计划（JCESR）中提出了开发新一代高能密度（500W·h·kg^{-1}）锂空气动力电池的目标。作为最早对外公布开展锂空气电池研发的公司之一，丰田汽车公司获得了多项专利授权，并于 2013 年与宝马汽车联手开展二次锂空气电池的研发，期望实现二次锂空气电池的商业化，使之真正应用于电动汽车或其他储能器件。日本新能源产业技术综合开发机构（NEDO）启动的"促进创新性蓄电池实用化基础技术开发（RISING）"研究项目，联合 12 所大学、13 所工业机构、4 家研究所共同开发新型电池技术，计划到 2030 年使能量密度达到 500W·h·kg^{-1}，其中就包括对锂空气电池的研制。中国科学院于 2013 年启动了战略先导"长续航动力锂电池"项目，积极探索第三代锂离子电池、固态锂电池、锂硫电池和锂空气电池等体系，研制比能量密度大于 300W·h·kg^{-1} 的电池。国家科技部新能源汽车试点专项于 2016 年启动了"高比能动力电池的关键技术和相关基础科学问题研究"项目，主要目标是提供高能量密度锂离子电池和新电池体系的科学与技术解决方案，其中包括锂

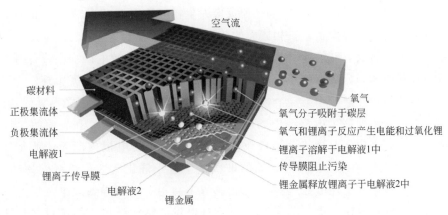

图 7-1　IBM 公司提出的基于锂空气电池的"Battery 500"计划

空气电池的能量密度达到 $500W \cdot h \cdot kg^{-1}$，解决非水体系锂空气电池中双功能催化剂的作用机制与失效机理、有机体系新型电解液的异构设计与功能优化等关键问题。

目前，锂空气电池的发展虽已取得了长足的进步，但在实际应用中仍面临着许多挑战。比如：锂空气电池的实际能量密度与理论值存在较大的差距；电池的倍率性能差、能量效率低、循环性能差（特别是深度充放电模式下）等问题亟须解决；目前大部分报道的锂空气电池性能是在纯氧或者干燥空气中测试得到的，若将电池置于真实空气环境中，空气中的水和 CO_2 等对电池的性能将产生较大的不利影响，因此必须要解决锂空气电池在真实大气环境下的持续使用问题。

另一方面，目前国际上对锂空气电池的开发还主要侧重于学术范畴，具体聚焦在高性能材料的研发和电极反应机理的阐释，而对锂空气电池器件及其系统的设计与应用研究甚少，导致锂空气电池系统距离其实际应用仍有很长的距离。

本章从锂空气电池系统的设计与应用角度出发，主要介绍其空气电极的设计与构筑、电池的环境适应性、密闭锂空气电池、电池结构设计及柔性电池器件等几个方面。

7.1

空气电极

电极的性能是影响电池能量密度的关键性因素之一，其中空气电极是氧气电化学反应发生的场所，是整个锂空气电池的核心组件。空气电极通常由高比表面积的碳材料（如 Super-P、Ketjen black、石墨烯、碳凝胶、碳纤维、碳纳米管等[8-10]）和催化剂构成，氧气的还原反应发生在电解质-电极孔隙表面的催化剂和氧气构成的三相界面上。三相界面的总面积越大，电极反应的活性位越多；电极中的孔隙率越大，能够容纳的放电产物越多，其中未被放电产物覆盖而用于继续放电的孔隙体积分数取决于放电电流密度、孔径分布和氧分压等参数。气相氧气的扩散速率比在液相中高 5 个数量级，这就使得锂空气电池正极中氧气/电解液界面处的氧浓度高于电解液中的浓度，导致放电产物 Li_2O_2 在界面的生长速率更快，从而堆积在电极表面形成致密的绝缘层，使得电极内部无法被充分利用[11-13]。同时，Li_2O_2 在电极表面的堆积还会阻止催化活性位继续发挥作用，也阻止电解液和空气在电池/电极内部的传输与接触，进而导致放电过程的提前终止和较低的放电比容量[14-16]。因此，空气电极的结构设计与构筑对锂空气电池的性能有重要的影响。

7.1.1 活性材料

空气电极活性材料的设计决定了其真正裸露在外的比表面积、气体扩散通道的大小及其电极的整体导电性等,对三相界面的形成和放电产物的分布等微观状态及催化剂性能的发挥都会产生重要影响,进而影响到电池的整体性能。同时,活性材料的载量及其与电解液的质量比等因素也会影响电池/电极的性能。

作为空气电极最常用的活性材料之一,碳材料的微结构和负载量直接影响着电池的性能。Xiao 等[17] 比较了不同孔结构碳材料的放电比容量,发现孔尺寸为 2.217～15nm 的科琴黑(Ketjen black, KB)拥有较高的比表面(2672$m^2 \cdot g^{-1}$)和孔体积(7.6510$cm^3 \cdot g^{-1}$),表现出优异的电化学性能,而且电池的比容量与其负载量密切相关(图 7-2)。随着电极中碳载量的增加,电池的质量比容量逐渐下降,而面积比容量呈先上升后下降的趋势。当负载量为 15.1mg $\cdot$ cm^{-2} 时面积比容量达到最优值 13.1mA $\cdot$ h $\cdot$ cm^{-2},这主要与碳材料介孔部分的孔容有关。当孔径太小时(孔径<2nm),孔开口处易被放电产物堵塞,导致孔道内部的活性位点无法被充分利用,从而降低了电池的容量。

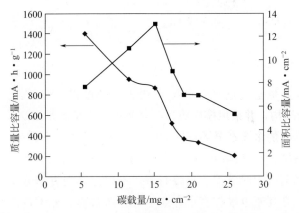

图 7-2 空气电极的碳载量与放电比容量之间的关系(测试条件:干燥空气环境下,
0.05mA $\cdot$ cm^{-2} 电流密度恒流放电至 2.0V,再恒压放电至电流密度
小于 0.05mA $\cdot$ cm^{-2})

目前的文献报道中,基于碳材料计算的空气电极放电比容量可达到 10000mA $\cdot$ h $\cdot$ g^{-1},但这些电极中碳材料的载量通常较低(0.1～1mg $\cdot$ cm^{-2}),导致面积比容量较低,不利于电池的实际应用。碳纳米管[18,19] 因具有较高的比表面积、电导率、催化活性及稳定性,常被用于锂空气电池的空气电极。Nomura 等[20] 通过真空抽滤的方法制备了碳载量为 2.5mg $\cdot$ cm^{-2}、孔隙率达到 60%～

65%的碳纳米管薄片电极，并在其两侧加入厚度为 $190\mu m$ 的气体扩散层（GDL），成功将锂空气电池的面容量由 $12mA \cdot h \cdot cm^{-2}$ 提高至 $30mA \cdot h \cdot cm^{-2}$（图 7-3），是普通锂离子电池（$2mA \cdot h \cdot cm^{-2}$）的 15 倍。放电过程中，珠状放电产物 Li_2O_2 沉积在碳纳米管束中而使电极厚度明显增加，其中当面容量为 $5mA \cdot h \cdot cm^{-2}$ 时电极厚度膨胀至原来的 3 倍，但充电时放电产物完全分解，电极厚度恢复至原始状态，说明这种高容量碳纳米管薄片空气电极具有良好的可逆性。而气体扩散层的使用，有利于缓解充放电过程中极片的体积变化，其中有部分放电产物由碳纳米管薄片渗入气体扩散层中。

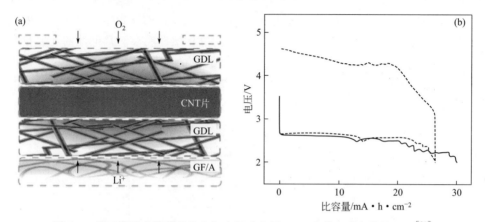

图 7-3　基于碳纳米管薄片的空气电极示意图（a）及其充放电曲线（b）[20]

为了研究高容量空气电极中放电产物的生长过程，Lin 等[21] 设计了图 2-5 所示的多层电极结构，并采用模压成型法制备了石墨烯载量高达 $5\sim10mg \cdot cm^{-2}$、厚度为 $50\sim100\mu m$ 的多孔石墨烯空气电极。在该结构中，平面铝网（$3mg \cdot cm^{-2}$）为石墨烯的分隔层，空气侧以不锈钢编织网（厚度 $150\mu m$）作为支撑和集流体。研究发现，不锈钢编织网的引入导致石墨烯不仅呈平面方向分布，还有一部分垂直于平面方向，有利于电极在多个方向上的传质过程，但不锈钢网因其较大的质量（$40mg \cdot cm^{-2}$）增加了电极中非活性材料的质量占比，不利于比容量的提高。作者还对正极活性材料的孔体积进行进一步优化，比较了不同载量和电流密度对比容量的影响（图 7-4）[21]。他们发现，从兼顾质量比容量和面积比容量的角度，$5mg \cdot cm^{-2}$ 是石墨烯载量的最优值，在 $0.2mA \cdot cm^{-2}$ 的电流密度下质量比容量达到 $6540mA \cdot h \cdot g^{-1}$、面积比容量达到 $33mA \cdot h \cdot cm^{-2}$。此外，观察放电后极片的 SEM 图（图 2-5）可以发现，高石墨烯载量下放电产物优先在空气侧生长，呈圆盘状；随着放电的进行，放电产物在空气电极内部呈梯度生长，在中间层可观察到部分圆盘状放电产物，逐渐堵塞空气电极的空气侧，阻碍了氧气的扩散，最终导致放电反应终止。

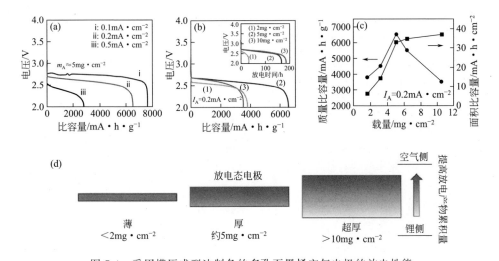

图 7-4　采用模压成型法制备的多孔石墨烯空气电极的放电性能

（a）载量为 5mg・cm^{-2} 的空气电极在不同电流密度下放电性能；（b）不同载量的空气电极在

0.2mA・cm^{-2} 电流密度下的放电性能，内插图为放电时间与电压关系曲线；（c）空气电极的

载量与容量的关系；（d）不同载量的空气电极放电产物积聚示意图[21]

Chen 等[22] 使用凝胶切割法制备了海绵状碳纳米管/聚氨酯类聚合物复合凝胶空气电极，其中凝胶的面密度为 60mg・cm^{-2}、CNT 质量占比为 2%。如图 7-5 所示，基于颗粒状凝胶电极的锂空气电池在不同电流密度下的放电容量均高于块状凝胶电极，其在限容 1000mA・h・g^{-1} 条件下循环 170 次后放电截止电压仍然在 2.5V 左右，在 500mA・g^{-1} 的电流密度下进行 11 圈全充放电循环后放电比容量仍高于 10500mA・h・g^{-1}。该凝胶态空气电极在没有使用金属基催化剂的情况下仍能在较高面容量下保持良好的循环性能，主要是由于交联的聚合物颗粒之间具有良好的弹性和间隙，有利于电极中放电产物 Li$_2$O$_2$ 的储存，同时也保证了空气电极中碳载体与 Li$_2$O$_2$ 纳米颗粒之间良好的接触，促进了电极中的电荷转移。

空气电极中催化剂的负载量也会直接影响电池的性能。Noked 等[23] 研究了空气电极中碳纳米管负载的催化剂 CNT@Ru 的载量对锂空气电池性能的影响。如图 7-6 所示，在相同的电流密度（100mA・g^{-1}）和限容（1000mA・h・g^{-1}）条件下，催化剂 CNT@Ru 的载量由 0.092mg 增加至 1.17mg 时，锂空气电池的循环寿命由 1600h 降低至 200h。这主要是由于低载量下总的工作电流较小，相应的极化也比较小，而且电解液的量充裕，其中的溶解氧传质速度不会影响到 ORR/OER 反应，所以展现出较好的循环稳定性。Song 等[24] 通过碳化并活化的木材为载体，在其多孔壁的微通道上均匀地负载了 Ru 纳米颗粒，构筑了高性

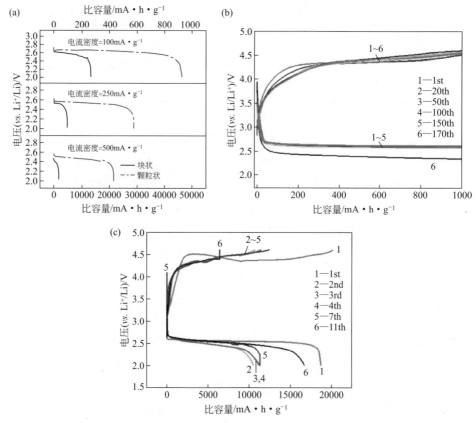

图 7-5　(a) 不同电流密度下基于颗粒状与块状凝胶空气电极的放电曲线；

（b) 限容 $1000\text{mA}\cdot\text{h}\cdot\text{g}^{-1}$ 条件下电池的充放电循环性能；

（c) $500\text{mA}\cdot\text{g}^{-1}$ 的电流密度下电池的全充放电循环性能[22]

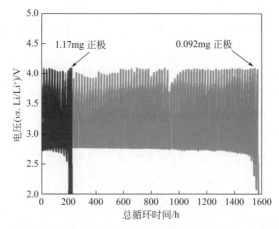

图 7-6　不同催化剂 CNT@Ru 载量的空气电极的循环性能[30]

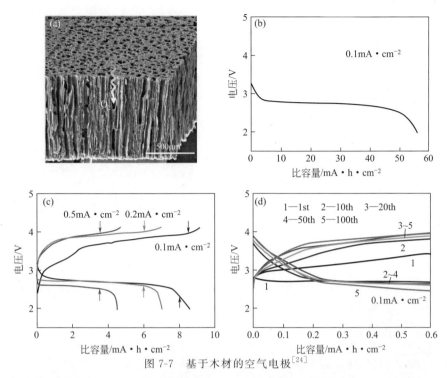

图 7-7　基于木材的空气电极[24]

(a) SEM 图；(b) 厚度为 3.4mm 的空气电极在 0.1mA·cm^{-2} 电流下的放电曲线；(c) 厚度为 700μm 的
空气电极在不同电流密度下的放电曲线；(d) 厚度为 700μm 的空气电极在限容

0.6mA·h·cm^{-2} 条件下循环性能

能的 3D 分级多孔空气电极 [图 7-7(a)]。厚度为 700μm 的空气电极在 0.1mA·cm^{-2} 电流密度下的放电面容量为 8.58mA·h·cm^{-2}，循环寿命超过 100 次，当厚度增加至 3.4mm 时面容量可达到 56mA·h·cm^{-2} [图 7-7(b)~(d)]。在此电极结构中，开放微孔道的存在不仅有利于电解质的浸润，缩短了扩散距离，促进了 O$_2$ 和 Li$^+$ 在厚电极中的扩散传输，也增加了 Ru 催化剂的活性位点，从而实现了锂空气电池高面容量的发挥。

　　在锂空气电池中，由于多孔空气电极中毛细现象的存在，电解液/活性材料的质量比（E/C）通常可达到 10 甚至更高。如图 7-8 所示，以密度为 30mg·cm^{-3} 的高孔隙率碳纳米管海绵状电极为例，在电极骨架中加入少量电解液（$E/C<1$）时，由于液滴的表面能较低，容易形成单独的液滴，而不是均匀地覆盖在碳纳米管表面，导致电极内部没有连续的氧气扩散路径，空气电极容量接近于 0[25]。当电解液量增加时，碳与电解液之间的毛细作用会使碳纳米管之间距离缩短，从而减小了电极的总体积，基于碳材料的放电比容量在 E/C 为 5 和 10 时分别达到 2976mA·g^{-1} 和 6813mA·g^{-1}，但基于电极和电解液总质量的比容量仍然很

低，仅为 496mA·h·g^{-1} 和 619mA·h·g^{-1}。可见 E/C 与锂空气电池的比容量并不呈线性关系，这主要是碳含量随着 E/C 的增加而降低，使得空气电极活性反应面积减少造成的。因此，为了客观评价电池的性能，建议在计算质量比容量时考虑空气电极和电解液的总质量，这对于实际锂空气电池的设计和发展更有指导意义。

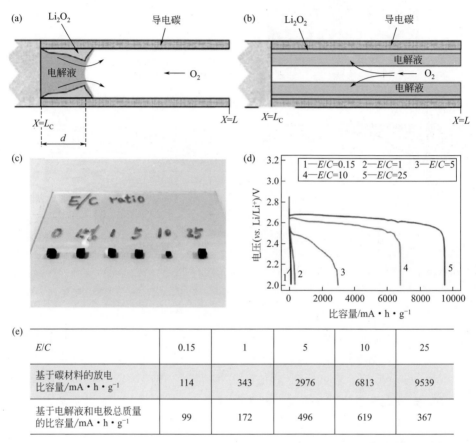

图 7-8　电解液在空气电极中分布示意图（a），（b）；不同 E/C 下海绵状碳纳米管的
照片（c）、电池放电曲线（d）及放电比容量（e）[25]

7.1.2　非活性成分

锂空气电池的空气电极中除了活性成分外，还包括集流体、黏结剂等非活性成分。其中集流体的质量占比较高，一般采用金属网（镍基、铝基、不锈钢）和碳纸等材质。Lim 等[26] 利用废旧丝织品高温热解制备了图 7-9(a) 所示的碳网用作空气电极的集流体。一方面，该碳网集流体具有良好的电导率（约 150S·cm^{-1}）

和抗拉强度 [(34.1±5.2) MPa]，同时也可以为氧气的扩散和放电产物的沉积提供多孔结构；另一方面，其质量较轻（2.5mg·cm^{-2}），相对于金属集流体（如镍网：68.5mg·cm^{-2}）在电极中所占质量比例大大降低，有利于比容量/比能量的提高。他们对比研究了碳网、金属镍网、金属泡沫镍、铝网、碳纸等作为集流体对空气电极放电比容量的影响，发现基于电极中活性炭材料的质量计算的比容量均在 3500mA·h·g^{-1}。但是，若采用更接近实用的方法，即基于碳材料和集流体的总质量（电极的质量）进行计算，使用碳网集流体的空气电极的比容量达到 1000mA·h·g^{-1}，远高于使用金属镍网（56mA·h·g^{-1}）、金属泡沫镍（264mA·h·g^{-1}）、铝网（141mA·h·g^{-1}）和碳纸（130mA·h·g^{-1}）为集流体的空气电极。因此，集流体材料的密度/质量对锂空气电池的性能有重要的影响。

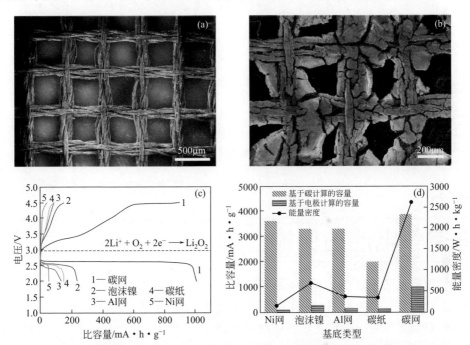

图 7-9　使用炭网集流体的空气电极及其性能：碳网的 SEM 图（a）；负载活性炭材料的
空气电极 SEM 图（b）；0.2mA·cm^{-2} 的电流密度下使用不同集流体的锂空气
电池充放电曲线（c）及其比容量和比能量对比（d）[26]

Noked 等[27] 对比了不锈钢和碳纸（面密度约为 5mg·cm^{-2} 的东丽碳纸 TGP-H-030）分别为集流体、CNT@Ru 为活性材料时空气电极的稳定性。在相同的限容循环条件下 [图 7-10(a)]，使用碳纸的空气电极可以循环 137 次（2700h），而使用不锈钢网的空气电极仅可循环 80 次（1600h）。因此，集流体的选择也会影响电池的工作性能。另一方面，如果不使用催化剂，而是仅使用集流体，此时以碳纸为集流体的电池在放电过程中出现了 2.7V 的电压平台，并且可在该平台持续放电 12d，放电容量达到 4.25mA·h，SEM 观察到放电 1.6mA·h 后，碳纸表面被膜状和颗粒状放电产物覆盖［图 7-10(b)］，说明碳纸表面具有 ORR 反应活性位点，且这部分的容量贡献对于低载量下空气电极的总容量来说不可忽视。相反，仅使用不锈钢集流体的电池在相同条件下却无法工作［图 7-10(b)］。因此，在选择集流体时还需考虑其是否对电极反应具有电化学活性。

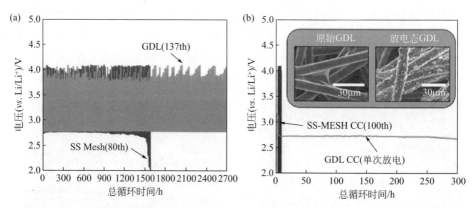

图 7-10 使用不锈钢网和碳纸作为集流体、CNT@Ru 作为催化剂的锂空气电池的限容循环曲线（a）及全充放曲线（内插图为放电前后碳纸的 SEM）(b)[27]

7.2
锂空气电池的保护

目前报道的锂空气电池器件主要是在纯氧气或者干燥空气的环境中工作，这主要是由于空气中的水和二氧化碳等成分会通过空气电极渗透到电池内部，导致金属锂负极发生氧化和粉化，影响电池的使用寿命[28-32]。此外，锂空气电池的放电产物过氧化锂（Li_2O_2）会与空气中的水分和 CO_2 发生副反应，生成 LiOH 和 Li_2CO_3 等难分解的副产物，造成不可逆产物的生成和自身的消耗，导致电极过程极化的增大和电池充放电效率的降低；而且空气中的水和二氧化碳等杂质也会引起电解液的分解，从而导致电池综合性能的降低。因此，隔绝这些物质以避免其与氧气一起进入电池内部或避免其与锂金属负极的直接接触对锂空气电池的实际应用具有重要意义。为了解决该问题，目前常用的方法主要包括采用阻水透氧膜防止氧气以外的其他空气成分进入电池内部和采用原位/非原位的方法对锂金属负极进行保护等措施。

7.2.1 阻水透氧膜

锂空气电池中的正极活性物质为氧气，可直接来自大气环境而不需存储于电池内部，有利于降低电池的质量和体积并提高其能量密度。然而在真实环境下，氧气进入电池的同时还伴随有其他气体（如 H_2O、CO_2 和 N_2 等）一并渗入电池内部并引发副反应的发生，进而影响电池性能的发挥。因此，开发具有高透氧性的疏水膜对提升锂空气电池的工作性能和循环稳定性具有重要意义。

通常，空气中的 H_2O 比 O_2 具有更大的扩散系数和更小的扩散动力学直径，而且其在聚合物中的可压缩性和溶解度远高于 O_2。因此，H_2O 在聚合物膜中的透过率高于 O_2，这就使得不能采用多孔膜或无孔的聚合物膜对其进行分离[28]。目前报道的多孔或非孔氧气选择性膜[29,30] 主要用来分离氧气和氮气，对于分离氧气和水分子的选择性膜几乎没有报道，国际学术界目前主要通过发展复合膜来实现开放型锂空气电池系统中氧气和水分的分离。

Zhang 等[33] 通过毛细作用将硅油渗入金属网或者 PTFE 的孔内成功制得了可以有效阻止水分的透氧膜，将之置于正极的空气侧构建的锂空气电池在 $20\% \sim 30\%$ 的相对湿度下放电比容量为 $789 mA \cdot h \cdot g^{-1}$ 并能持续运行 16d，远远优于未进行硅油处理的锂空气电池的性能（放电比容量 $267 mA \cdot h \cdot g^{-1}$，仅能运行 5.5d）。类似地，Zhu 等[34,35] 将气孔率 75% 的 LATP 多孔电解质浸渍在蔗糖溶液后进行热处理，获得了以固体电解质为骨架的 LATP-C 复合空气正极（图 7-11），并采用硅油 $[Si(CH_3)_2O]_n$ 对其进行处理，有效阻止了空气中水分

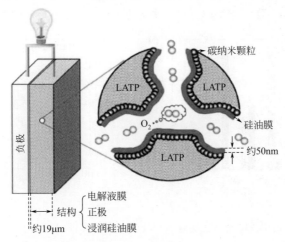

图 7-11　硅油处理的以固体电解质为骨架的 LATP-C 复合空气正极及相应的
半固态锂空气电池示意图[34]

和 CO_2 的渗透，同时允许氧气分子的传输，相应电池在空气中表现出优异的倍率性能和循环稳定性，其循环寿命超过 450 次。

Crowther 等[36] 采用聚四氟乙烯（PTFE）玻璃纤维制备出一种防水透氧膜用于锂空气电池。在相对湿度为 20%、放电电流密度为 $1mA \cdot cm^{-2}$ 的条件下，电池的放电比容量由 $1500mA \cdot h \cdot g^{-1}$ 提高到 $6496mA \cdot h \cdot g^{-1}$，表明该防水透氧膜可以有效阻止空气中水分渗透到电池内部。Cao 等[37] 将聚多巴胺涂覆的 CAU-1-NH$_2$ 金属有机框架引入聚甲基丙烯酸甲酯基质中制备了具有 O_2 渗透性高、CO_2 捕获能力强、疏水性好等特点的新型复合膜，用其组装的锂空气电池在相对湿度为 30% 的空气中表现出良好的电化学性能。

Wang 等[38] 在正极的空气侧引入低密度聚乙烯膜（LDPE）来阻隔水汽，并结合含有 LiI 氧化还原介质的凝胶电解质，制得了具有超长循环寿命的柔性锂空气电池。如图 7-12 所示，LDPE 的引入可大幅降低 H_2O 的渗透率，有效地避

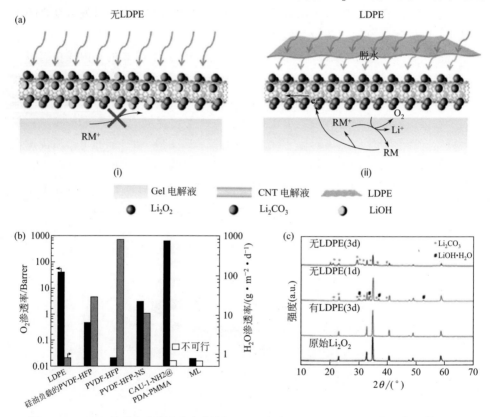

图 7-12 LDPE 的引入抑制空气氛围下 Li_2O_2 生成 Li_2CO_3 和 LiOH 的工作机制 （a）；LDPE 膜的 H_2O 和 O_2 渗透率与文献报道的氧气选择性膜的对比 （b）；原始 Li_2O_2、有/无 LDPE 膜保护下的 Li_2O_2 在空气氛围放置 1～3d 后的 XRD 对比 （c）[38]

免了放电产物 Li_2O_2 与空气中的 H_2O 和 CO_2 发生副反应生成 Li_2CO_3 和 $LiOH$，同时 LiI 的存在促进了充电过程中 Li_2O_2 的分解，进而将锂空气电池循环寿命提高至 610 次。

总的来说，目前报道的阻水透氧膜主要有聚硅氧烷和丙烯酸甲酯-聚硅氧烷共聚物形成的聚合物阻水透氧膜[39]、聚苯胺复合透氧膜[40] 和疏水 SiO_2 沸石涂覆 PTFE 或 P(VDF-HEP) 膜[41]。虽然这些阻水透氧膜能有效降低空气中的水分对锂空气电池内部正负极材料和电解液的腐蚀，但却不能在阻隔水分的同时有效排除空气中其他杂质气体对电池性能的影响，同时也会降低氧气的通量，限制了电池在大电流密度下的使用。

7.2.2　金属锂的保护

真实环境中，锂空气电池的金属锂负极会与通过隔膜渗透过来的、来自空气的 O_2、H_2O 和 CO_2 发生反应，加剧金属锂的不可逆损耗和腐蚀，进而引起电池性能的恶化[42]。为此，国内外学者发展了用电解液添加剂[43]、表面包覆[44,45] 和固体电解质[46,47] 等策略来保护锂金属负极不被空气成分腐蚀。

Liu 等[43] 将氟代碳酸乙烯酯（FEC）作为电解液添加剂，通过对锂-锂对称电池进行充电在锂金属表面生成一层保护层。以其为负极的锂空气电池在电流密度为 $300mA \cdot g^{-1}$、限容 $1000mA \cdot h \cdot g^{-1}$ 的条件下可稳定循环 106 次，是使用原始锂金属负极的电池寿命的三倍。

Kim 等[45] 在锂负极表面包覆一层允许 Li^+ 传输而阻止 O_2 和 H_2O 通过的无孔聚氨酯（PU）隔离膜，可减轻锂金属负极的腐蚀问题。以使用 PU 包覆的锂金属为负极的锂空气电池在电流密度 $200mA \cdot g^{-1}$、限容 $600mA \cdot h \cdot g^{-1}$ 条件下可循环 120 次。

固体电解质可以将空气正极与锂金属负极机械地分开，有效防止 CO_2、O_2 等气体与锂金属直接接触发生反应，从而使电池具备了直接在空气中工作的可能性。此外，具有高剪切模量的固体电解质还可以有效避免锂枝晶带来的安全问题，也避免了液态开放型锂空气电池中存在的漏液和电解液挥发问题[46,47]。美国 Polyplus 公司[48] 发明了受保护的锂电极，其采用具有 LISICON 结构的固体电解质对金属锂进行保护，但该类材料容易与金属锂反应，需要在中间插入一层稳定的导电材料（如 Li_3N 或者 Li_3P），一方面可以有效抑制金属锂枝晶的生长，另一方面可以减缓空气中水分、CO_2 对金属锂电极的腐蚀，使用该锂电极的锂空气电池可以在水系电解液中稳定工作。但保护层的加入增大了电池内阻，增大了电池极化程度。Zhang 等[49] 引入 $Li_{1.35}T_{1.75}Al_{0.25}P_{2.7}Si_{0.3}O_{12}$（LATP）固体电解质作为隔膜，结合凝胶态正极构建了新型凝胶态/固态锂空气电池。其中，LATP 电解质膜不仅可以直接作为阴极电解液，还对锂金属起到有效的保护作用，避免了锂金属枝晶与空气电极接触导致电池短路，避免了锂金属与空气成分发生副反应；凝胶态正极的使用保证了正极与隔膜之间的紧密接触和低界面电阻。所构建的锂空气电池在空气环境中展示了良好的循环稳定性，在电流密度 $200mA \cdot g^{-1}$、限容 $2000mA \cdot h \cdot g^{-1}$ 条件下循环 100 次后放电电压维持在 2.5V 左右，连续工作 550h 后锂金属和 LATP 隔膜仍保持完好（图 7-13）。

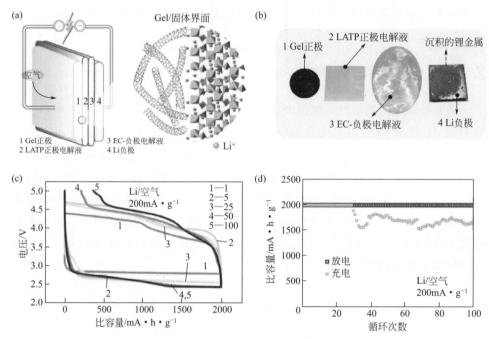

图 7-13　新型凝胶态/固态锂空气电池示意图（a）；在空气环境中循环 550h 后电池各部分的照片（b）；在限容 $2000mA \cdot h \cdot g^{-1}$ 条件下循环 100 次的充放电曲线（c）和容量变化（d）[49]

7.3
锂空气电池的结构

美国西北太平洋国家实验室的 Zhang 等[50]。设计了包括扣式电池和软包电池在内的几类不同结构锂空气电池（图 7-14）。他们以 Ni 网为集流体制备了 KB 碳材料面密度为 $14.9mg \cdot cm^{-2}$ 的正极，并在其空气侧采用了 DuPont 公司的

Melinex® 301H 聚合物膜作为防水透氧膜，结合 Cu 网为集流体的锂金属负极，构建了一片负极对应两片正极的三明治结构锂空气电池[51]。该电池在 $0.01mA \cdot cm^{-2}$ 的电流密度下于相对湿度为 20% 的空气环境中可工作 33d，放电容量达到 1.12A·h（图 7-15）。

(a)   (b)   (c)   (d)

图 7-14　几种可在空气环境下工作的锂空气电池：2325 扣式电池（a）；单面软包电池（b）；使用低渗透率聚合物窗口的双面软包电池（c），（d）[50]

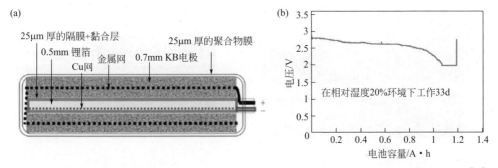

图 7-15　三明治结构锂空气电池的结构示意图（a）；电池在空气环境下放电性能曲线（b）[51]

美国 Polyplus 公司提出了基于 LISICION 结构电解质保护金属锂技术的锂空气电池和锂-海水电池（图 7-16）[52]。其中，金属锂保护技术可以避免空气中其他成分与金属锂发生副反应，抑制循环过程中锂枝晶的产生，但 LISICION 结构电解质材料容易与金属锂发生反应，需要在中间插入一层稳定的缓冲层，不利于电池的小型轻量化。对于锂空气电池，该公司开发了单体电池和电池系统。其中，10A·h 单体电池的比能量达到 $800W \cdot h \cdot kg^{-1}$，电池系统的比能量达到 $500W \cdot h \cdot kg^{-1}$。此外，Polyplus 公司也首次研制了锂-海水激活电池，通过海水中溶解氧的电化学反应，功率型锂-海水电池的质量能量密度和体积能量密度分别达到 $2000W \cdot h \cdot kg^{-1}$ 和 $1500W \cdot h \cdot L^{-1}$。

韩国三星先进技术研究所[53]通过采用超薄气体扩散层、高电导率离子液体及折叠结构等方法，设计了长 7cm、宽 1cm、厚 0.23cm 的高比能量的十层锂空

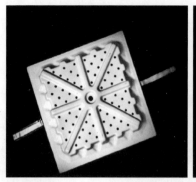

图 7-16　Polyplus 公司的金属锂保护技术及锂空气电池[52]

气电池（图 7-17）。其中，空气电极采用碳纳米管材料与黏结剂 PTFE、离子液体电解液按质量比 1∶2∶0.2 混合后通过辊压法制得，其厚度为 $30\mu m$、面密度为 $2.6mg \cdot cm^{-2}$、活性面积为 $7cm \times 20cm$；负极使用厚度为 $10\mu m$ 的铜箔集流体和 $30\mu m$ 的锂箔；隔膜采用离子液体改性的厚度为 $20\mu m$、面密度为 $2.9mg \cdot cm^{-2}$ 的聚合物膜。该电池在纯氧气（压力为 1atm）和 80℃ 条件下的放电容量为

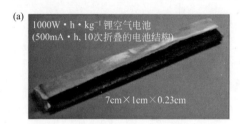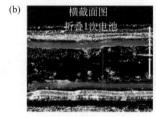

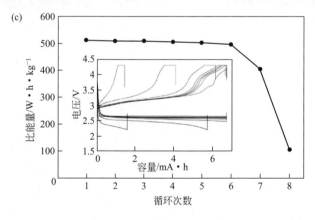

图 7-17　折叠式锂空气电池照片（a）；单电芯的截面图（b）；电池在压力为 1atm 的纯氧中于 80℃ 环境温度下在 $0.24mA \cdot cm^{-2}$ 的电流密度和 $6.7mA \cdot h$ 的限容条件下的循环性能（c）[53]

500mA·h,单位面积的容量为 3.57mA·h·cm^{-2},基于空气电极质量计算的比容量为 1370mA·h·g^{-1},基于碳纳米管质量计算的比容量为 4400mA·h·g^{-1},电池质量和体积能量密度分别达到 560W·h·kg^{-1} 和 800W·h·L^{-1}(其中质量和体积不包括极耳、封装材料等)。若不考虑负极铜箔集流体以及封装等材料的厚度和质量,电池的质量和体积能量密度分别为 1230W·h·kg^{-1} 和 880W·h·L^{-1}。但是,该电池的循环性能并不理想,单电芯(容量为 6.7mA·h、长为 3cm、宽为 1cm)在限定 500W·h·kg^{-1} 条件下仅可循环 7 次。在这种折叠式锂空气电池中,空气电极的孔结构、电池尺寸的设计优化、扩散层等非活性物质的选择也会影响电池的性能。该团队通过模拟气体扩散、电芯内部电流密度分布以及放电产物 Li$_2$O$_2$ 生长等过程,建立了折叠电池模型,通过研究电极内部微观结构与电池宏观性能之间的关系,找到了获得最高质量比能量和体积比能量的合理方案(图 7-18)[53]。

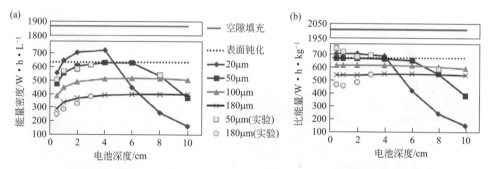

图 7-18 电流密度为 0.24mA·cm^{-2} 时折叠式锂空气电池的体积能量密度(a)和质量能量密度(b)与电池深度(0.5~10cm)和扩散层厚度(20~180μm)之间的关系[53]

中科院长春应用化学研究所张新波课题组[54] 采用具有纳米孔道结构的金属氧化物/碳复合材料为正极、表面修饰的锂金属为负极,配合自主研发的空气管理系统,研制了系列锂空气电池模组(图 7-19)。其中,额定容量为 5A·h 的电池在室温下质量能量密度可达到 526W·h·kg^{-1} [图 7-20(b)],额定容量为 2.4A·h、51A·h 和 62.6A·h 的电池其能量密度分别为 724W·h·kg^{-1}、360 W·h·kg^{-1} 和 325W·h·kg^{-1}。

锂空气电池的反应活性物质是空气中的氧气,因而氧气的供应与存储也直接影响着电池的设计和性能。目前关于氧气供应设计的研究很少,Gallagher 等[55] 利用美国阿贡实验室的 BatPaC(battery performance and cost)模型建立了锂空气电池系统框架,以电动车用电池需求为背景,从材料科学角度出发到整体系统工程,设计了能量为 100kW·h,功率为 80kW 的锂空气电池系统。对于开放体系的锂空气电池 [图 7-20(a)],其体系设计需要考虑空气净化系统和气流通道,

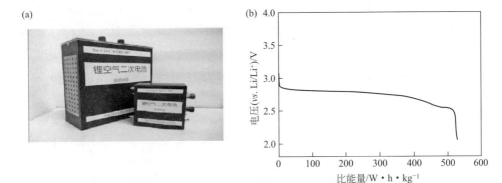

图 7-19　中科院长春应用化学研究所研制的锂空气电池模组（a）

及 5A·h 电池在 0.05C 倍率下的放电曲线（b）[54]

以避免空气中其他成分的影响并促进氧气的有效扩散，但这样势必会牺牲系统的体积和能量密度；对于封闭锂空气电池［图 7-20(b)］，其因为采用的是高纯氧，避免了空气中杂质成分的影响和电解液挥发等问题，但需要系统能够承受一定的压力。

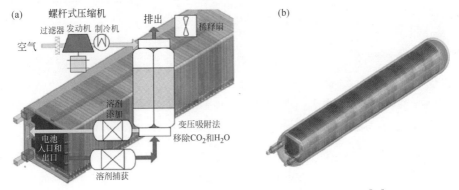

图 7-20　开放式（a）和封闭式（b）锂空气电池系统设计[55]

7.4

柔性锂空气电池

随着现代科技的持续进步，越来越多的可穿戴式电子设备出现在人们的日常生活中，如智能手表、智能运动鞋、智能衣服、电子皮肤和可折叠弯曲的智能手机等。这些设备的出现对其电源提出了更高的要求。为了使可穿戴设备变得像智能手机、平板电脑一样流行，其电池体积必须更小、续航时间必须更长，且必须更轻薄、更有弹性。锂空气电池的充放电反应主要发生在正极，因而研究柔性、高效、稳定的正极及其材料是开发柔性锂空气电池的关键。另一方面，传统的液态电解液在柔性电池中存在易泄漏的问题，因而开发不含液态电解液或者含液量少的柔性电解质对柔性锂空气电池的发展也很重要。

Liu 等[56] 采用晶种沉积辅助水热生长的方法在碳纤维（CT）上生长了 TiO_2 纳米阵列，制得了自支撑的柔性 TiO_2/CT 空气电极，并进一步研制了柔性锂空气电池。其中，碳纤维提供了良好的电子导电网络，TiO_2 纳米阵列均匀生长在碳纤维表面形成的多孔结构提供了充足的反应活性位点和放电产物存储空间。该柔性电池在全充放条件下放电容量达到 $3500mA \cdot h \cdot g^{-1}$，在限容 $500mA \cdot h \cdot g^{-1}$ 的条件下可循环 356 次。由于碳纤维具有较好的柔韧性，基于自支撑 TiO_2/CT 空气电极的锂空气电池可以 360°弯曲和折叠，而且在不同弯曲角度下均可正常工作，在 100 次循环充放电过程中电压保持稳定（图 7-21）。该团队还进一步开发了类似于书简结构的、可向任意方向折叠的柔性可穿戴锂空气电池（图 7-22）[57]。其中，空气电极用 Super P 碳颗粒、PVFD 和碳纳米线纤编织而成，其编织结构可以促使 O_2 从电池的两侧向电池内部快速扩散，确保了空

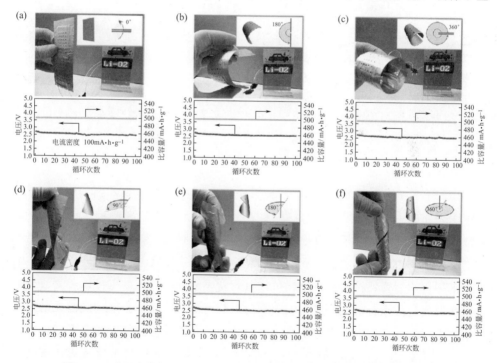

图 7-21　采用自支撑 TiO_2/CT 电极的柔性锂空气电池在不同弯曲程度下（0°～360°）限容 $500mA \cdot h \cdot g^{-1}$ 的循环性能[56]

气电极上 ORR/OER 可以快速、高效地进行；锂负极采用聚丙烯薄膜和疏水性聚合物凝胶进行保护，其较高的孔隙率可以保证锂离子的扩散，同时可以保护锂金属不受水、CO_2 等的腐蚀。在 $0°\sim360°$ 的折叠范围内，该电池均可正常工作，而且其性能不会因为折叠而受到影响。即使将电池的一部分浸泡在水中，电池仍可以正常工作。由于这种结构不需要空气扩散层和外部包装，极大地减轻了电池的重量，使其能量密度大幅提升到 $523.1W \cdot h \cdot kg^{-1}$。

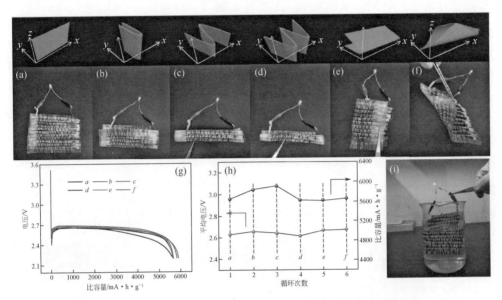

图 7-22　书简式柔性可穿戴锂空气电池在不同折叠状态下的电池照片 (a)～(f)、放电曲线 (g) 和平均放电电压及放电比容量 (h)；浸泡在水中仍可正常工作的书简式柔性锂空气电池 (i)[57]（彩图见文前）

Liu 等[58]使用防水耐高温的聚酰亚胺（PI）与聚二氟乙烯-共六氟丙烯（PVDF-HFP）复合隔膜，设计了一维线缆式锂空气电池。这种复合隔膜一方面可以有效保护金属锂，另一方面可以防止电池受热时由于隔膜变形引发的电池短路。从电池的结构设计考虑 [图 7-23(a)]，氧气在线缆状电池内部进行扩散，电池外部采用热缩管保护，这种结构可以有效防止水分的进入，也可以避免液态电解液的泄漏，防止有机电解液遇明火燃烧引起电池起火爆炸。这种线缆式结构的锂空气电池具有良好的柔性和防水、防火特性，在不同弯曲程度和水下均可正常工作 [图 7-23(b)～(e)]，但由于复合隔膜、包装材料等质量占比较大，该电池的质量比能量仅为 $148.7W \cdot h \cdot kg^{-1}$。他们还利用化整为零的思想将正负极整体切分为零散的小片，制得了超薄超轻的锂空气电池[59]，解决了电池结构稳定性的问题（图 7-24）。该电池在不同弯曲/扭曲角度下仍可正常工作，经过 10000 次机械形变后仍保持良好的电化学性能，其质量能量密度和体积能量密度分别达到 294.68W·h·kg^{-1} 和 274.06W·h·L^{-1}，远高于扣式、线缆式和软包锂空气电池。

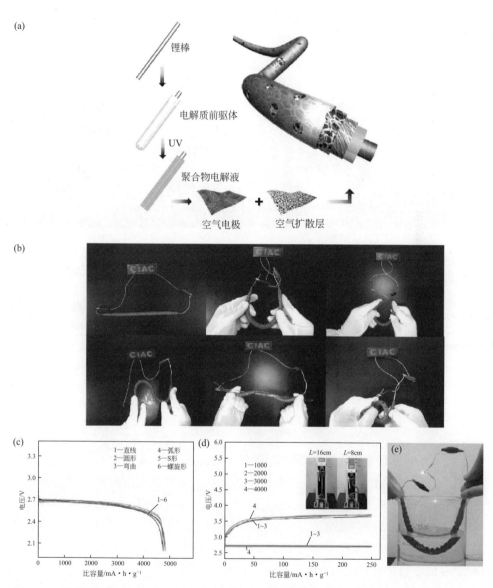

图 7-23 线缆式锂空气电池：结构示意图（a）；在不同弯曲/扭曲状态下为 LED 灯供电（b）及相应的放电曲线（c）；完成上千次弯曲后电池的充放电曲线（d）；电池部分浸入水中仍可为 LED 灯供电（e）[58]

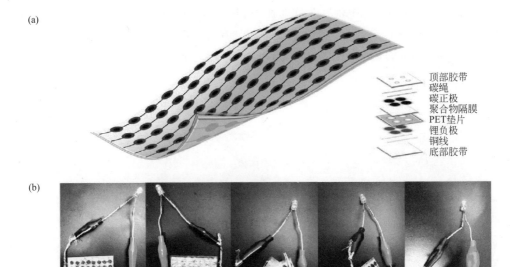

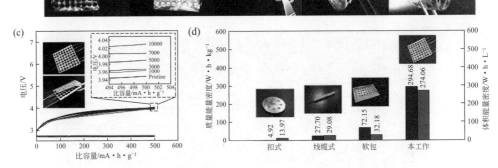

图 7-24　超薄超轻锂空气电池的结构示意图（a）；在不同弯曲角度下正常工作（b）、
限容 $500\text{mA} \cdot \text{h} \cdot \text{g}^{-1}$ 条件下的循环性能（c）；不同类型锂空气电池的质量
能量密度与体积能量密度对比（d）[59]

　　为了解决负极锂片机械强度差的问题，Yang 等[60] 采用图 7-25(a) 所示的方法，以氧化钌/氧化钛纳米阵列碳布电极为空气正极，采用铜片、锂片和不锈钢网压片制得的 SLC（stainless steel mesh-Li-Cu）为负极，通过硅橡胶设计出一体化自组装柔性锂空气电池。该电池不仅具有优异的电化学性能，也具有良好的柔性，在各种弯曲条件下均可给 LED 显示屏正常供电，电池容量几乎不受弯曲/形变的影响，而且表现出良好的循环稳定性［图 7-25(b)～(h)］。

　　复旦大学彭慧胜教授课题组通过原位紫外曝光的方式在金属锂线表面生长了聚合物电解质膜，并结合有序碳纳米管作为空气电极，设计了同轴纤维状结构的、具有良好弯曲性能的柔性锂空气电池［图 7-26(a)、(b)］[61]。这种电池在不

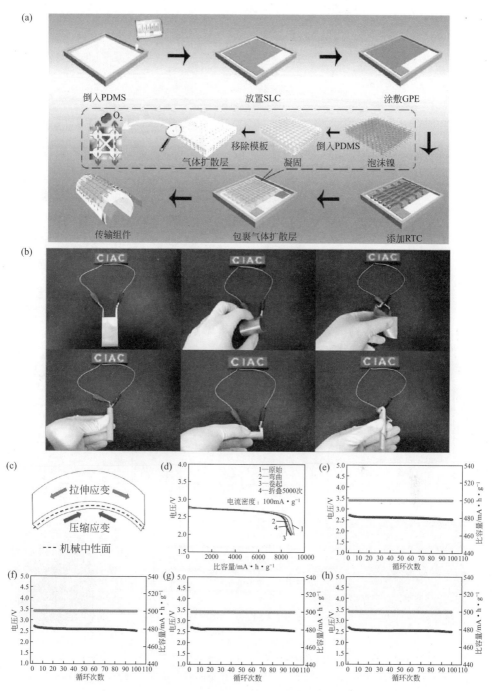

图 7-25 柔性锂空气电池：制作流程图（a）；不同弯曲角度下的工作照片（b）；
弯曲时的受力示意图（c）；在不同弯曲角度下的放电曲线（d）和
限容循环性能（e）~（h）[60]

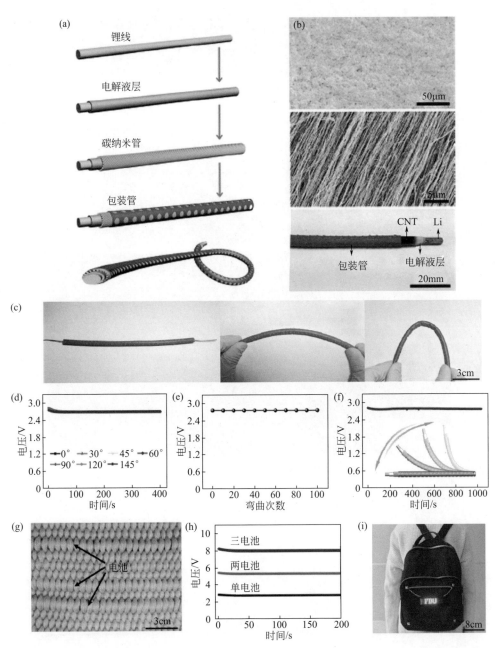

图 7-26 同轴纤维状锂空气电池：结构示意图（a）；凝胶电解质涂覆的金属锂（b 上）和 CNT 极片（b 中）的 SEM 图及电池实物照片（b 下）；在不同弯曲角度下的照片（c）和电压（d）；在 90°下弯曲多次的电压（e）；在反复弯曲过程中的电压，弯曲速度为 10（°）·s⁻¹（f）；编织好的柔性锂空气电池（g）；不同数量电池并联后的电压（h）；将同轴纤维状锂空气电池编织在背包上并为 LED 等供电（i）[60]

同弯曲角度下以及多次弯曲后工作电压保持稳定［图 7-26(c)～(f)］，并且在相对湿度为 5％的空气环境下可在 1400mA·g^{-1} 的电流密度下放电 8.9h，基于碳纳米管质量计算的比容量达到 12470mA·h·g^{-1}，限容 500mA·h·g^{-1} 的循环寿命达到 100 次。将多个单体电池串联编织后可作为电源向 LED 灯正常供电［图 7-26(g)～(i)］。为了进一步延长同轴纤维状结构柔性电池的工作寿命，该团队在空气正极外面包覆了一层低密度聚乙烯（LDPF）作为阻水透氧膜（图 7-27），并在金属锂线外面的聚合物电解质膜中引入了 LiI 作为氧化还原介质类催化剂。所构建的柔性锂空气电池即使在弯曲状态下浸入水中仍能保持优异的工作性能，体现了 LDPF 膜良好的防水透氧能力。在电流密度为 2000mA·g^{-1}、限容 1000mA·h·g^{-1} 的条件下，该电池可以在相对湿度为 5％的空气中循环超过 610 次。这种电池还可以编织到衣物中作为移动电源为电子设备充电。此外，该团队[62] 还成功研制了一种由有序排列的碳纳米管正极、锂阵列负极和聚合物凝胶电解质组成的性能优异的柔性可拉伸锂空气电池（图 7-28）。

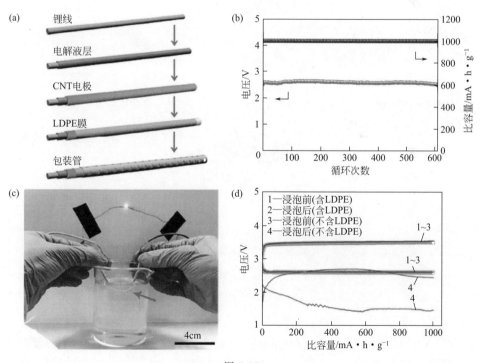

图 7-27

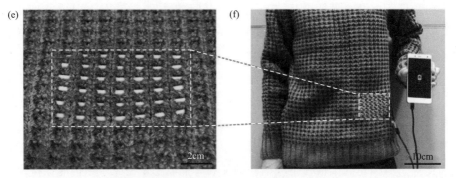

图 7-27　使用了 LDPF 膜的同轴纤维状锂空气电池：结构示意图（a）；于 2000mA · g^{-1} 的
电流密度下在空气环境中（相对湿度 5％）的循环性能（b）；在弯曲状态下浸入水中的
工作性能（c），（d）；编织在衣物中（e）为移动设备充电（f）

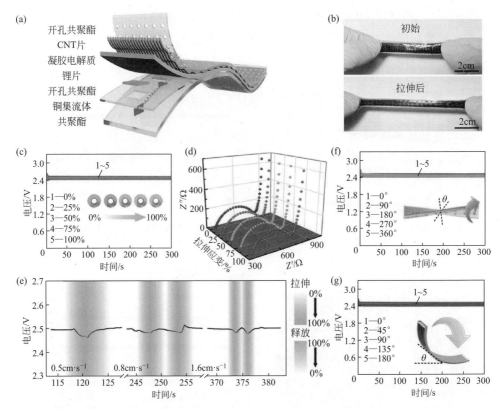

图 7-28　柔性可拉伸锂空气电池：结构示意图（a）；拉伸前后的照片（b）；不同拉伸应变下的
放电曲线（c）和电化学阻抗谱（d）；连续拉伸-释放时的放电曲线（e）；不同缠绕（f）
和弯曲（g）角度下的放电曲线[61]

7.5
密闭锂空气电池

与传统锂空气电池以氧气为正极活性物质不同，科学家们开发了基于 $Li_2O \leftrightarrow Li_2O_2$ 中氧变价反应机理（式 7-1）的密闭锂空气电池体系。虽然其理论比容量比传统锂空气电池低，但反应相对简单，不涉及气相的氧气，因而电池在设计上十分简单，并且排除了环境中水分和二氧化碳等因素的影响[62]。

$$2Li^+ + 2e^- + Li_2O_2 \Longleftrightarrow 2Li_2O \tag{7-1}$$

2014 年，Okuoka 等[63] 制备了钴掺杂的 Li_2O 正极材料（CDL）用于密闭锂空气电池体系，表现出 $190 mA \cdot h \cdot g^{-1}$ 的可逆容量和良好的循环性能。XRD 结果表明，钴掺入了 Li_2O 的晶格中，并取代反萤石结构 Li_2O 的四面体中心位置的锂。由于电荷补偿效应，掺杂离子（Co^{3+}）相比于 Li_2O 中被取代的 Li^+ 带有一定的有效正电荷，因而晶体中会产生带有效负电荷的缺陷来维持电中性，这有利于 Li^+ 的迁移。Ogasawara 等[64] 采用 O_2^{2-} 定量分析、气相分析、Co 的 K 边 X 射线近边吸收谱和软 X 射线吸收谱等一系列技术的研究结果表明，在此电池体系的充放电过程中，Co^{2+}/Co^{3+} 氧化还原电对贡献了少部分容量，O_2^{2-}/O^{2-} 氧化还原电对贡献了大部分容量，当充电容量超过 $216 mA \cdot h \cdot g^{-1}$ 时会有氧气生成，增大了反应的不可逆性。该团队还使用不同的钴源（$LiCoO_2$，Co_3O_4 和 CoO 等）以高能球磨的方式制备了系列 CDL 材料[65]，发现以 $LiCoO_2$ 和 Co_3O_4 为钴源制备的 CDL 中出现了岩盐型 $LiCoO_2$ 的特征峰，两者均表现出远高于 CoO 为钴源时的比容量。其中，用 $LiCoO_2$ 为钴源制备的含钴 9% 的共掺杂材料性能最好，能够以 $270 mA \cdot h \cdot g^{-1}$ 的比容量循环 50 次以上，并且可以在 $1000 mA \cdot g^{-1}$ 的高倍率下放电。他们还对比研究了不同金属掺杂的 Li_2O 正极材料[66,67]，发现铁掺杂的氧化锂（FDL）正极材料中 Fe^{3+}/Fe^{4+} 氧化还原电对贡献了小部分容量，大部分容量由 O_2^{2-}/O^{2-} 氧化还原电对所贡献，此电池体系拥有约 $200 mA \cdot h \cdot g^{-1}$ 的可逆比容量，但循环稳定性比 CDL 材料差；而铜掺杂的氧化锂正极在没有氧气生成反应的条件下可逆比容量达到 $300 mA \cdot h \cdot g^{-1}$，在充放电过程发生铜离子的氧化还原、O2p 电子空穴的可逆形成及过氧化物的生成和分解；不同离子掺杂 Li_2O 材料的反应和电压曲线形状类似，其比容量从高到低依次为铜、钴和铁掺杂的 Li_2O，与 3d 过渡金属元素的原子序数一致。这意味着在没有 O_2 生成反应的情况下，生成过氧化物的量和充电电量与过渡金属

3d 杂化轨道的空穴状态密切相关。此外，他们[68]还发现使用碳酸亚乙烯酯（VC）作为电解液添加剂可提高 CDL 的容量，并使其具有良好的循环性能。在此体系中，VC 不影响电池充放电过程的反应路径，主要作用是抑制 O_2 的产生，充分发挥氧化锂正极材料的可逆比容量。

Zhu 等[69] 采用液相合成法制备了 Co_3O_4 纳米晶骨架环绕的球状 Li_2O 纳米颗粒 [图 7-29(a)、(b)]。由于界面润湿效应，亚稳相的 LiO_2 可以稳定存在于 Co_3O_4 纳米晶骨架表面并参与电化学反应，因而该正极材料可以在固态的 Li_2O/Li_2O_2/LiO_2 之间充放电，氧元素始终保持固态的形式而不产生氧气。在此过程中，Co_3O_4 骨架不仅可以提高 LiO_2 的稳定性，还能够促进催化反应的进行。如图 7-29(c) 所示，该体系电池表现出 0.24V 的过电位和 $502mA \cdot h \cdot g^{-1}$ 的首次放电比容量，经数次充放电循环的活化后放电比容量达到 $587mA \cdot h \cdot g^{-1}$，且循环 200 次后容量仅衰减 4.9%。以纳米 Li_2O/Co_3O_4 复合正极材料与 $Li_4Ti_5O_{12}$ 负极材料匹配成的全电池表现出优良的循环稳定性 [图 7-29(d)]。

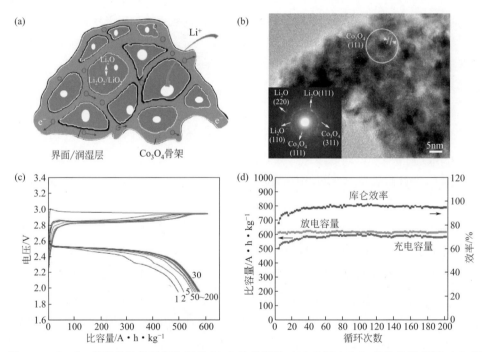

图 7-29 Co_3O_4 纳米晶骨架环绕的球状 Li_2O 纳米颗粒（Li_2O/Co_3O_4）的结构示意图（a）及 TEM 图（b）；基于纳米 Li_2O/Co_3O_4 正极的锂空气电池的充放电曲线（c）和 Li_2O/Co_3O_4-$Li_4Ti_5O_{12}$ 全电池的循环性能曲线（d）[69]

7.6
小结与展望

锂空气电池是目前电化学储能领域理论能量密度最高的电池体系，已成为近年的研究热点。但目前对锂空气电池的研究主要集中在电池材料的开发和反应机理的探索，而对电池系统及其设计方面的研究还不够深入，如何构建满足实际应用需求的全电池装置仍具有巨大挑战。未来更多的工作需要聚焦于锂空气电池电堆的设计、透氧膜的开发及其他系统部件的设计等方面。

① 电堆的设计。电堆是电池得以发挥作用的重要方式。除了对电池正/负极结构的设计，锂空气电池电堆还需要有流场来将氧气/空气供给到电池内部，流场的材质和结构对氧气/空气在正极表面的分布和电池的散热性能有重要的影响，进而会影响到空气电极的电流分布、电极反应效率和电池的综合性能。因此，未来工作须结合实际应用需求，从锂空气电池电堆及其流场的设计与性能影响因素等方面开展系统深入的研究。

② 透氧膜的开发。锂空气电池的正极活性物质是氧气，但如果将干燥的纯氧携带在电池内部，势必造成其体积、质量的增加和能量密度的降低，最好的办法是直接自呼吸空气中的氧气，发展小型轻量的锂空气电池系统。但空气中除氧气之外的其他成分，如水分、二氧化碳、氮气等杂质或其他多种痕量气体如果随氧气一起进入电池内部，会对电池性能产生非常不利的影响。目前最常用也最有效的办法是使用防水透氧膜，但这种膜只能阻止水蒸气的透过而不能阻止其他杂质气体，而且在防水的同时也降低了氧气的传输速度，进而影响到锂空气电池的倍率性能。因此，未来工作需要聚焦于仅允许氧气快速透过的、高效、稳定透氧膜的开发。

③ 其他部件的设计。与锂离子电池等其他电化学系统类似，锂空气电池系统的发展还需要综合考虑其他系统部件（比如：热管理系统、控制系统、电子系统和包装等）的设计与优化。

参考文献

[1] Bruce P G，Freunberger S A，Hardwick L J，et al. Li-O_2 and Li-S batteries with high energy storage [J]. Nature Materials，2012，11：19-29.

[2] Peng Z，Freunberger S A，Chen Y，et al. A reversible and higher-rate Li-O_2 battery [J]. Science，2012，337：563-566.

[3] Lu J，Li L，Park J B，et al. Aprotic and aqueous Li-O_2 batteries [J]. Chemical，Reviews，

2014，114（11）：5611-5640.

[4] Manthiram A，Li L. Hybrid and aqueous lithium-air batteries [J]. Advanced Energy Materials，2015，5（4）：1401302.

[5] Aurbach D，McCloskey B D，Nazar L F，et al. Advances in understanding mechanisms underpinning lithium-air batteries [J]. Nature Energy，2016，1：16128.

[6] Girishkumar G，Mccloskey B D，Luntz A C，et al. Lithium air battery：promise and challenges [J]. Journal of Physical Chemistry Letters，2010，1（14）：2193-2230.

[7] 夏定国."高比能动力电池的关键技术和相关基础科学问题研究"项目介绍 [J]. 储能科学与技术，2017，6：65-68.

[8] Xiao J，Mei D，Li X，et al. Hierarchically porous graphene as a lithium-air battery electrode [J]. Nano Letters，2011，11（11）：5071-5078.

[9] Mi R，Liu H，Wang H，et al. Effects of nitrogen-doped carbon nanotubes on the discharge performance of Li-air batteries [J]. Carbon，2014，67：744-752.

[10] Zhang Z，Bao J，He C，et al. Hierarchical carbon-nitrogen architectures with both mesopores and macrochannels as excellent cathodes for rechargeable Li-O$_2$ batteries [J]. Advanced Functional Materials，2014，24（43）：6826-6833.

[11] Jiang J，Deng H，Li X，et al. Research on effective oxygen window influencing the capacity of Li-O$_2$ batteries [J]. ACS Applied Material Interfaces，2016，8（16）：10375-10382.

[12] Bardenhagen I，Fenske M，Fenske D，et al. Distribution of discharge products inside of the lithium/oxygen battery cathode [J]. Journal of Power Sources，2015，299：162-169.

[13] Shui J L，Wang H H，Liu D J. Degradation and revival of Li-O$_2$ battery cathode [J]. Electrochemistry Communication，2013，34：45-47.

[14] Andrei P，Zheng J P，Hendrickson M，et al. Some possible approaches for improving the energy density of Li-air batteries [J]. Journal of the Electrochemical Society，2010，157：A1287-A1295.

[15] Sandhu S S，Fellner J P，Brutchen G W. Diffusion-limited model for a lithium/air battery with an organic electrolyte [J]. Journal of Power Sources，2007，164（1）：365-371.

[16] Schied T，Ehrenberg H，Eckert J. An O$_2$ transport study in porous materials within the Li-O$_2$ system [J]. Journal of Power Sources，2014，269：825-833.

[17] Xiao J，Wang D，Xu W，et al. Optimization of air electrode for Li/air batteries [J]. Journal of The Electrochemical Society，2010，157（4）：A487-A492.

[18] Tasis D，Tagmatarchis N，Bianco A，et al. Chemistry of carbon nanotubes [J]. Chemical Reviews，2006，106（3）：1105-1136.

[19] Huang S，Fan W，Guo X，et al. Positive role of surface defects on carbon nanotube cathodes in overpotential and capacity retention of rechargeable lithium-oxygen batteries [J]. ACS Applied Material Interfaces. 2014，6（23）：21567-21575.

[20] Nomura A，Ito K，Kubo Y. CNT sheet air electrode for the development of ultra-high cell capacity in lithium-air batteries [J]. Scientific Reports，2017，7：45596.

[21] Lin Y，Moitoso B，Martinez-Martinez C，et al. Ultrahigh-capacity lithium-oxygen bat-

teries enabled by dry-pressed holey graphene air cathodes [J]. Nano Letters, 2017, 17 (5): 3052-3260.

[22] Chen W, Yin W, Shen Y, et al. High areal capacity, long cycle life Li-O_2 cthode based on highly elastic gel granules [J]. Nano Energy, 2018, 47: 353-360.

[23] Noked M, Schroeder M A, Pearse A J, et al. Protocols for evaluating and reporting Li-O_2 cell performance [J]. The Journal of Physical Chemistry Letters, 2016, 7 (2): 211-215.

[24] Song H, Xu S, Li Y, et al. Hierarchically porous, ultrathick, "breathable" wood-derived cathode for lithium-oxygen batteries [J]. Advanced Energy Materials, 2017, 8 (4): 1701203.

[25] Zhang W, Shen Y, Sun D, et al. Objectively evaluating the cathode performance of lithium-oxygen batteries [J]. Advanced Energy Materials, 2017, 7 (24): 1602938.

[26] Lim H D, Yun Y S, Cho S Y, et al. All-carbon-based cathode for a true high-energy-density Li-O_2 battery [J]. Carbon, 2017, 114: 311-316.

[27] Noked M, Schroeder M A, Pearse A J, et al. Protocols for Evaluating and Reporting Li-O_2. Cell Performance [J]. The Journal of Physical Chemistry Letters, 2016, 7 (2): 211-215.

[28] Shao Y, Ding F, Xiao J, et al. Making Li-air batteries rechargeable: material challenges [J]. Advanced Functional Materials, 2013, 23 (8): 987-1004.

[29] Hashim S S, Mohamed A R, Bhatia S. Oxygen separation from air using ceramic-based membrane technology for sustainable fuel production and power generation [J]. Renewable and Sustainable Energy Reviews, 2011, 15 (2): 1284-1293.

[30] Shoji M, Oyaizu K, Nishide H. Facilitated oxygen transport through a Nafion membrane containing cobalt porphyrin as a fixed oxygen carrier [J]. Polymer, 2008, 49 (26): 5659-5664.

[31] Yoo E, Zhou H. Hybrid electrolyte Li-air rechargeable batteries based on nitrogen-and phosphorus-doped graphene nanosheets [J]. RSC Advances, 2014, 4 (25): 13119-13122.

[32] Gowda S R, Brunet A, Wallraff G M. Implications of CO_2 contamination in rechargeable nonaqueous Li-O_2 batteries [J]. The Journal of Physical Chemistry Letters, 2013, 4 (2): 276-279.

[33] Zhang J, Xu W, Liu W. Oxygen-selective immobilized liquid membranes for operation of lithium-air batteries in ambient air [J]. Journal of Power Sources, 2010, 195 (21): 7438-7444.

[34] Zhu X B, Zhao T S, Wei Z H, et al. A high-rate and long cycle life solid-state lithium-air battery [J]. Energy & Environmental Science, 2015, 8 (12): 3745-3754.

[35] Zhu X, Zhao T, Tan P, et al. A high-performance solid-state lithium-oxygen battery with a ceramic-carbon nanostructured electrode [J]. Nano Energy, 2016, 26: 565.

[36] Crowther O, Keeny D, Moureau D M, et al. Electrolyte optimization for the primary lithium metal air battery using an oxygen selective membrane [J]. Journal of Power Sources, 2012, 202: 347-351.

[37] Cao L, Lv F, Liu Y, et al. A performance O_2 selective membrane based on CAU-1-

NH$_2$@polydopamine and the PMMA polymer for Li-air batteries [J]. Chemical Communication, 2015, 51: 4364-4367.

[38] Wang L, Pan J, Zhang Y, et al. A Li-air battery with ultralong cycle life in ambient air [J]. Advanced Materials, 2017, 30 (3): 1704378.

[39] Crowther O, Meyer B, Morgan M, et al. Primary Li-air cell development [J]. Journal of Power Sources, 2011, 196 (3): 1498-1502.

[40] Fu Z, Wei Z, Lin X, et al. Polyaniline membranes as waterproof barriers for lithium air batteries [J]. Electrochimica Acta, 2012, 78: 195-199.

[41] Amici J, Francia C, Zeng J, et al. Protective PVDF-HFP-based membranes for air dehydration at the cathode of the rechargeable Li-air cell [J]. Journal of Applied Electrochemistry, 2016, 46: 617-626.

[42] Zhang K, Lee G H, Park M, et al. Recent developments of the lithium metal anode for rechargeable non-aqueous batteries [J]. Advanced Energy Materials, 2016, 6 (20): 160081.

[43] Liu Q C, Xu J J, Yuan S, et al. Artificial protection film on lithium metal anode toward long-cycle-life lithium-oxygen batteries [J]. Advanced Materials, 2015, 27 (40): 5241-5247.

[44] Walker W, Giordani V, Uddin J, et al. A rechargeable Li-O$_2$ battery using a lithium nitrate/N, N-dimethylacetamide electrolyte [J]. Journal of the American Chemical Society, 2013, 135 (6): 2076-2079.

[45] Kim B G, Kim J S, Min J Lee, et al. A Moisture-and Oxygen-Impermeable Separator for Aprotic Li-O$_2$ Batteries. [J]. Advanced Functional Materials, 2016, 26 (11): 1747-1756.

[46] Thangadurai V, Narayanan S, Pinzaru D. Garnet-type solid-state fast Li ion conductors for Li batteries: critical review [J]. Chemical Society Reviews, 2014, 43 (13): 4714-4727.

[47] 张涛，张晓平，温兆银. 固态锂空气电池研究进展 [J]. 储能科学与技术，2016，5 (5): 702-712.

[48] Visco S J, Nimon E, Katz B, et al. High energy density lithium-air batteries with no self-discharge [J]. Power Sources Conference. PolyPlus Battery Company 2431 5th Street, Berkeley, CA 94710.

[49] Zhang T, Zhou H. A reversible long-life lithium-air battery in ambient air [J]. Nature communications, 2013, 4 (5): 1817.

[50] Zhang J G, Wang D, Xu W, et al. Ambient operation of Li/air batteries [J]. Journal of Power Sources, 2010, 195: 4332-4337.

[51] Wang D, Xiao J, Xu W, et al. High capacity pouch-type Li-air batteries [J]. Journal of The Electrochemical Society, 2010, 157 (7): A760-A764.

[52] Lee H C, Park J O, Kim M, et al. High-energy-density Li-O$_2$ battery at ell scale with folded cell structure [J]. Joule, 2019, 3 (2): 542-556.

[53] Park J O, Kim M, Kim J H, et al. A 1000 Wh kg^{-1} Li-air battery: Cell design and performance [J]. Journal of Power Sources, 2019, 419: 112-118.

[54] 中国科学院"长续航动力锂电池"项目组. 中国科学院高能量密度锂电池研究进展快报 [J]. 储能科学与技术，2016，5 (2): 172-180.

［55］ Gallagher K G，Steven G，Greszler T，et al. Quantifying the promise of lithium-air bat teries for electric vehicles ［J］. Energy& Environmental Science，2014，7（5）: 1555-1563.

［56］ Liu Q C，Xu J J，Xu D，et al. Flexible lithium-oxygen battery based on a recoverable cathode ［J］. Nature Communications，2015，6: 7892.

［57］ Liu Q C，Liu T，Liu D P，et al. A flexible and wearable lithium-oxygen battery with re cord energy density achieved by the interlaced architecture inspired by bamboo slips ［J］. Advanced Materials 2016，28（38）: 8413-8418.

［58］ Liu T，Liu Q C，Xu J J，et al. Cable-type water-survivable flexible Li-O$_2$ battery ［J］. Small，2016，12（23）: 3101-3105.

［59］ Liu T，Xu J J，Liu Q C，et al. Ultrathin，lightweight，and wearable Li-O$_2$ battery with high robustness and gravi metric/volumetric energy density ［J］. Small，2017，13 （6）: 1602952.

［60］ Yang X，Xu J，Bao D，et al. High-performance integrated self-package flexible Li-O$_2$ battery based on stable composite anode and flexible gas diffusion layer ［J］. Advanced Materials，2017，29（26）: 1700378.

［61］ Zhang Y，Wang L，Guo Z，et al. High-performance lithium-air battery with a coaxial-fi ber architecture ［J］. Angewandte Chemie International Edition，2016，55（14）: 4487-4491.

［62］ Wang L，Zhang Y，Pan J，et al. Stretchable lithium-air batteries for wearablen electron ics ［J］. Journal of Material Chemistry A，2016，4（35）: 13419-13424.

［63］ Okuoka S，Ogasawara Y，Suga Y，et al. A new sealed lithium-peroxide battery with a Co-doped Li$_2$O cathode in a superconcentrated lithium bis（fluorosulfonyl）amide elec trolyte ［J］. Scientific Reports，2014，4: 5684.

［64］ Ogasawara Y，Hibino M，Kobayashi H，et al. Charge/discharge mechanism of a new Co-doped Li$_2$O cathode material for a rechargeable sealed lithium-peroxide battery ana lyzed by X-ray absorption spectroscopy ［J］. Journal of Power Sources，2015，287: 220-225.

［65］ Kobayashi H，Hibino M，Ogasawara Y，et al. Improved performance of Co-doped Li$_2$O cathodes for lithium-peroxide batteries using LiCoO$_2$ as a dopant source ［J］. Journal of Power Sources，2016，306: 567-572.

［66］ Harada K，Hibino M，Kobayashi H，et al. Electrochemical reactions and cathode prop erties of Fe-doped Li$_2$O for the hermetically sealed lithium peroxide battery ［J］. Journal of Power Sources，2016，322: 49-56.

［67］ Kobayashi H，Hibino M，Makimoto T，et al. Synthesis of Cu-doped Li$_2$O and its cath ode properties for lithium-ion batteries based on oxide/peroxide redox reactions ［J］. Journal of Power Sources，2017，340: 364-372.

［68］ Kobayashi H，Hibino M，Kubota Y，et al. Cathode performance of Co-doped Li$_2$O with specific capacity（400 mAh/g）enhanced by vinylene carbonate ［J］. Journal of the Elec trochemical Society，2017，164（4）: A750-A753.

［69］ Zhu Z，Kushima A，Yin Z，et al. Anion-redox nanolithia cathodes for Li-ion batteries ［J］. Nature Energy，2016，1: 16111.

第 8 章

锂二氧化碳电池

随着社会的快速发展，人类对能源的需求日益增长，而这些能源主要来源于不可再生资源，如煤、天然气、石油等化石燃料的燃烧[1,2]。一方面，化石燃料资源有限，大量持续消耗会加剧能源危机；另一方面，化石燃料的燃烧产物会带来严重的环境问题。CO_2 等气体的大量排放引发了温室效应，对未来人类的生存环境以及生态系统造成巨大的威胁，从而引起了世界各国的关注。国际气候变化委员会（IPCC）预测 2100 年大气中的 CO_2 浓度将高达 590mg/L，全球平均气温将升高 $1.9^\circ C$[3]。如何减少环境中的 CO_2 气体并将其进行资源化利用成为许多国家的研究重点。目前，工业上通常利用氨溶液、烷基胺等捕获收集 CO_2[4,5]，然后将其直接深埋至地下或者注入海洋固定封存[6]。这种方法虽然简单，但面临很多问题。比如：试剂容易发生氧化和热分解，导致其性能衰减。并且将 CO_2 深埋地下或者注入海洋都需要长期监测，同时也会严重影响海洋生物的生存环境[7]。受光合作用的启发，研究者们利用催化还原（电催化、光催化、热催化、光电催化等）方法，将 CO_2 在特定的条件下转化成有用的低碳燃料。在当今这个高能量需求的社会，此方法似乎具有广阔的应用前景[8]。然而，CO_2 分子非常稳定，$C\!=\!O$ 的键能可达 $750kJ \cdot mol^{-1}$，需要较高的能量才能打破 $C\!=\!O$ 键来还原 CO_2，导致 CO_2 的活化非常困难[9,10]。因此，使用催化还原的方法就需要有高活性的催化剂来降低 CO_2 还原所需的能量势垒，从而实现整个还原过程[11-15]。

以 CO_2 为正极活性物质的金属-CO_2 电池，包括 Li-CO_2、Na-CO_2 和 Al-CO_2 电池，在 CO_2 收集及储能领域具有巨大的前景。其中，Li-CO_2 电池具有最高的放电电压（2.8V）和理论比能量（$1876W \cdot h \cdot kg^{-1}$），被认为是未来可为电动汽车持续供电的储能器件。2011 年，Takechi 等[16] 首次报道了最初的 Li-O_2/CO_2 电池，他们发现当 CO_2 含量为 50% 时，其放电容量是 Li-O_2 电池（CO_2 含量为 0）的 289%。2013 年，Lim 等[17] 证明了当 Li-O_2 电池使用高介电常数的电解液 DMSO 时，加入 CO_2 可以促进 Li_2CO_3 的可逆分解，再次证明了 Li-O_2/CO_2 电池工作的可行性。基于 CO_2 气体对 Li-O_2 电池影响的理论基础，Xu 和 Liu 等[18,19] 提出将 CO_2 作为金属-空气电池的工作气体，既能固定 CO_2 气体，又能将其转化为电能储存在电池中。因此，Li-CO_2 电池体系为缓解温室效应和能源危机提供了一个非常宝贵的思路，值得深入研究。

8.1
锂二氧化碳电池的工作原理

Li-CO$_2$ 电池的结构与锂空气电池类似，是一种半开放式系统。如图 8-1 所示，典型的 Li-CO$_2$ 电池由金属锂负极、隔膜、电解液和多孔 CO$_2$ 正极组成[20]。其电解液主要以有机电解液和固体电解质等非水系电解液为主。在电池的放电过程中，负极侧的金属锂失电子产生 Li$^+$ 并溶于电解液中，通过隔膜传递到正极侧，电子由外电路转移至正极，CO$_2$ 气体在正极得到电子，并结合电解液中的 Li$^+$ 生成 Li$_2$CO$_3$ 等放电产物。

Li-CO$_2$ 电池的放电过程中主要涉及 CO$_2$ 的电化学还原，包括有氧气参与和无氧气参与两种情况；其充电过程主要是 CO$_2$ 的电化学析出，具体包括 Li$_2$CO$_3$ 的电化学分解和 Li$_2$CO$_3$ 与 C 的可逆电化学反应等方式。

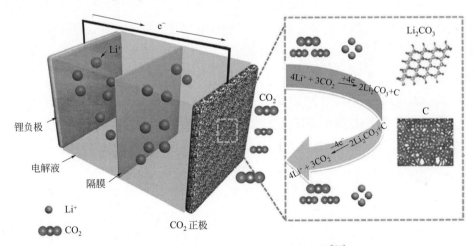

图 8-1 Li-CO$_2$ 电池的工作原理示意图[20]

8.1.1 二氧化碳的电化学还原

（1）有 O$_2$ 参与的 CO$_2$ 电化学还原

学术界对 Li-CO$_2$ 电池反应机理的探索经历了一个漫长的过程。最早在 2011 年，Takechi 等[16] 使用 O$_2$/CO$_2$ 混合气体作为 Li-CO$_2$ 电池的工作气体，当 CO$_2$ 气体的含量为 50% 时，电池的放电容量为 Li-O$_2$ 电池的近 3 倍。在他们的工作中，Li-O_2/CO_2 电池的放电平台与 Li-O_2 电池一致，说明其中仅有 O_2 参与了还原反应。而拉曼光谱检测出放电产物只有 Li_2CO_3，无 Li_2O_2 和 Li_2O 生成，这是因为 CO_2 会与放电过程产生的 $O_2^{\cdot-}$ 中间体反应生成 Li_2CO_3[21]。因此，他们推测有 O_2 参与的 Li-CO_2 电池的反应过程与 Li-O_2 电池类似，首先是 O_2 被还原成 $O_2^{\cdot-}$ [式(8-1)]；随后的反应 [式(8-2)~式(8-4)] 比 Li-O_2 电池中 $O_2^{\cdot-}$ 与 Li^+ 反应速度更快，而且所产生的 $O_2^{\cdot-}$ 均能与 CO_2 反应生成 $C_2O_6^{2-}$，最终生成 Li_2CO_3 [式(8-5)]。

$$O_2 + e^- \longrightarrow O_2^{\cdot-} \tag{8-1}$$

$$O_2^{\cdot-} + CO_2 \longrightarrow CO_4^{\cdot-} \tag{8-2}$$

$$CO_4^{\cdot-} + CO_2 \longrightarrow C_2O_6^{\cdot-} \tag{8-3}$$

$$C_2O_6^{\cdot-} + O_2^{\cdot-} \longrightarrow C_2O_6^{2-} + O_2 \tag{8-4}$$

$$C_2O_6^{2-} + 2O_2^{\cdot-} + 4Li^+ \longrightarrow 2Li_2CO_3 + 2O_2 \tag{8-5}$$

但上述反应机理忽视了 Li^+ 在不同电解液中的溶剂化效应。Lim 等[22] 采用实验结合 DFT 计算的方法研究了在不同电解液中 Li-O_2/CO_2 电池的反应机理。如图 8-2 所示，在介电常数较高的电解液（如碳酸酯类或 DMSO）中，$O_2^{\cdot-}$ 更容易与 CO_2 反应生成 Li_2CO_3。而在低介电常数的电解液（如 DME）中，$O_2^{\cdot-}$ 则与 Li^+ 反应生成 Li_2O_2。Yin 等[23] 也研究了 Li-O_2/CO_2 电池在 DME 和 DMSO 电解液中的放电过程。他们认为，Li^+ 在具有高供体数（DN）的 DMSO 电解液中具有很强的溶剂化效应，因而 O_2 还原生成的 $O_2^{\cdot-}$ 会直接与 CO_2 气体反应生成 $CO_4^{\cdot-}$ [式(8-2)]，再与溶剂化的 Li^+ 反应生成 $LiCO_4$ [式(8-6)]。而在低 DN 的 DME 电解液中，$O_2^{\cdot-}$ 会先与 Li^+ 反应生成 LiO_2 [式(8-7)]，接着 LiO_2 再与 CO_2 气体反应生成 $LiCO_4$ [式(8-8)]。在上述两种电解液中生成的 $LiCO_4$ 再通过一步电化学还原反应生成最终产物 Li_2CO_3 [式(8-9)]。尽管在这两种电解液中最终的放电产物均为 Li_2CO_3，但其形态有所不同。此外，在 DM-

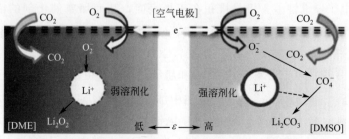

图 8-2　Li-O_2/CO_2 电池在不同电解液中的反应示意图[22]

SO 和 DME 电解液稳定的电化学窗口内，CO_2 气体无法参与电化学还原反应。

$$CO_4^{\cdot-} + Li^+ \longrightarrow LiCO_4 \tag{8-6}$$

$$O_2^{\cdot-} + Li^+ \Longleftrightarrow LiO_2 \tag{8-7}$$

$$LiO_2 + CO_2 \longrightarrow LiCO_4 \tag{8-8}$$

$$LiCO_4 + 3Li^+ + CO_2 + 3e^- \longrightarrow 2Li_2CO_3 \tag{8-9}$$

Gowda 等[24] 报道了在 DME 电解液中 CO_2 气体对 $Li-O_2$ 电池的影响。如图 8-3 所示，他们认为无论电池中是否含有 CO_2 气体，当使用稳定的电解液如 DME 时，O_2 都是先通过两电子转移反应生成 Li_2O_2。而在 CO_2 气体存在的环境中，放电产物 Li_2O_2 会自发地与 CO_2 气体发生反应生成 Li_2CO_3。由于 Li_2CO_3 的可逆电化学分解性较差，最终导致 $Li-O_2$ 电池的充电极化增大、能量转换效率降低。

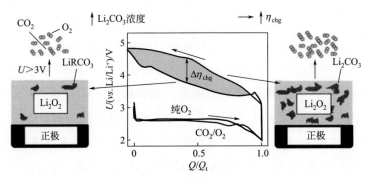

图 8-3　电池在纯 O_2 气体以及 CO_2/O_2 混合气体（10∶90）中的充放电曲线[24]

Mekonnen 等[25] 通过 DFT 计算和恒流测量的方法研究了 CO_2 气体对非水系锂空气电池的影响。DFT 计算结果显示，CO_2 分子会吸附在 Li_2O_2 特定的晶面上，这有利于改变 Li_2O_2 表面的形貌和生长方向。实验结果显示，CO_2 气体对电池充电过程有较大的影响，仅 1% 的 CO_2 含量就会造成充电过电位的明显提升，而当 CO_2 气体的含量达 50% 时，电池容量会发生大幅度衰减。这是由于 Li_2CO_3 的电子导电性差，极易堆积在正极表面，从而堵塞催化剂的活性位点导致放电提前终止，严重影响电池的实际容量[18,19,26,27]。Yang 等[28] 利用同位素示踪法及气相色谱-质谱仪分析了 $Li-O_2/CO_2$ 电池充电过程中 Li_2CO_3 的电化学氧化反应，发现其可以分解生成 CO_2 和超氧阴离子自由基。

Zhao 等[29] 研究了在 $Li-CO_2$ 电池中加入痕量 O_2 对放电产物 Li_2CO_3 的影响。结果表明，含有痕量 O_2 的 $Li-CO_2$ 电池的反应路径取决于电解液溶剂的 DN 值，而非介电常数。如图 8-4 所示，电池在高 DN 溶剂中进行的是"电化学溶解路径"：首先生成 $C_2O_6^{2-}$，进一步生成 Li_2CO_3；而在低 DN 溶剂中则是"化学表面路径"：Li_2CO_3 由正极表面的 Li_2O_2 和 CO_2 气体发生化学反应生成。因此，痕量的 O_2 只能在高 DN 溶剂中活化 CO_2 气体分子，这为研究者选择电解液及其添加剂以改善 Li-CO_2 电池的电化学性能提供了新的思路。

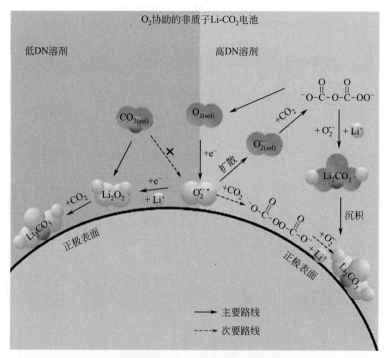

图 8-4　含有 O_2 的 Li-CO_2 电池分别在低 DN 溶剂和高 DN 溶剂中生成 Li_2CO_3 路径[29]

（2）无 O_2 参与的 CO_2 电化学还原

与有 O_2 参与的 Li-CO_2 电池相比，无 O_2 参与的电池中 CO_2 的电化学还原反应相对较简单。早期的 Li-CO_2 电池容量较低，而 Xu 等[18] 报道的 Li-CO_2 电池在高温下具有较高的容量。他们认为提高电池的工作温度可以改变绝缘放电产物的厚度，从而促进电解液与正极界面的反应动力学。初步的非原位表征技术分析发现，固态放电产物为 Li_2CO_3、气态放电产物为 CO，而且 CO 气体会进一步转化成 CO_2 气体和 C 单质（$2CO = CO_2 + C$）。因此，他们认为 Li-CO_2 电池的总反应为式(8-10)。然而，由于 Li-CO_2 电池的正极使用了碳材料，无法判定放电过程中是否有 C 单质的生成。之后 Liu 等[19] 报道了一种在室温下可充放电的 Li-CO_2 电池。为了证明放电产物 C 单质的生成，他们采用多孔金作为正极基底，首次放电后通过增强拉曼光谱检测到有无定形碳的存在（图 8-5），因而认为 Li-CO_2 电池放电过程确实如式(8-10) 所示，其放电产物不仅包括 Li_2CO_3 而且包括 C 单质。类似地，Zhang 等[26] 使用铂（Pt）网作为 Li-CO_2 电池的正极基底，结合

HR-TEM 和 EELS 表征技术证明了其放电产物中 C 单质的存在，并通过 DFT 计算得到其基于反应式(8-10) 的理论电压为 2.66V，与实验值（2.8V）基本一致。

$$4Li+3CO_2 \rightleftharpoons 2Li_2CO_3+C \qquad (8-10)$$

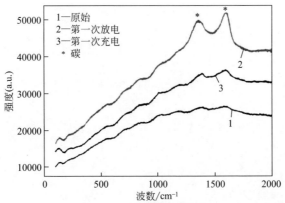

图 8-5　Li-CO$_2$ 电池中多孔金正极在不同状态下的拉曼光谱图[19]

Xie 等[30] 使用多孔锌（Zn）作为 Li-CO$_2$ 电池的正极基底，可以实现 CO$_2$ 向 CO 气体的转化，其具体的放电反应按式(8-11) 进行，并且通过调节放电电流可以使库仑效率达到 67%。

$$2Li^+ +2CO_2 +2e^- \rightleftharpoons CO+Li_2CO_3 \qquad (8-11)$$

综上可知，在 Li-CO$_2$ 电池的放电过程中，CO$_2$ 还原的主要产物是 Li$_2$CO$_3$，但研究人员对于电池整体的反应机理仍然存在争议，还需要继续探索。

8.1.2　二氧化碳的电化学析出

Li$_2$CO$_3$ 是 Li-CO$_2$ 电池主要的放电产物，具有宽禁带绝缘特性，其分解过程需要较高的电压（>4.2V）[31]。然而，高电压下电解液易发生副反应，从而降低 Li-CO$_2$ 电池的库仑效率。而且随着循环次数的增加，未完全分解的 Li$_2$CO$_3$ 逐渐积累在正极上，会导致 Li-CO$_2$ 电池的可逆性变差。因此，国内外研究人员对 Li-CO$_2$ 电池中 Li$_2$CO$_3$ 的电化学分解机理展开了大量的研究工作，目前普遍认为 Li$_2$CO$_3$ 的电化学分解过程主要有三种路径（表 8-1）。

表 8-1　Li$_2$CO$_3$ 可能的分解路径以及对应的可逆标准电压

序号	可能的反应路径	$E_{rev}(vs. Li/Li^+)$/V
I	$2Li_2CO_3 \longrightarrow 2CO_2 +O_2 +4Li^+ +4e^-$	3.82
II	$2Li_2CO_3 \longrightarrow 2CO_2 +4Li^+ +O_2^{\cdot -} +3e^-$	

序号	可能的反应路径	$E_{rev}(vs.\ Li/Li^+)/V$
Ⅱ	$O_2^{\cdot-} \longrightarrow O_2$ $O_2^{\cdot-} + O_2 + 电解液 \longrightarrow 未知产物$	
Ⅲ	$2Li_2CO_3 + C \longrightarrow 4Li^+ + 3CO_2 + 4e^-$	2.80

① Li_2CO_3 的自分解，即表 8-1 中的路径 Ⅰ。在此过程中，每个 Li_2CO_3 分子的电子转移数为 2，并产生 CO_2 与 O_2 气体[32]。然而，Yang 等[28] 在醚类电解液中使用 Li_2CO_3 作为正极时，在充电过程中并未发现 O_2 的产生。Li 和 Guo 等[33,34] 也报道了在研究锰基-MOF 催化剂以及 RuP_2 催化剂在 $Li-CO_2$ 电池中应用时未检测到 O_2 的产生。为了解决这一问题，Mahne 等[35] 利用选择性单线态氧（$^1O_2$）捕集器和在线质谱对 Li_2CO_3 分解产物进行了检测。结果表明，Li_2CO_3 在非水溶液环境下电化学氧化时会产生单线态氧（$^1O_2$），其具体反应为 $2Li_2CO_3 \longrightarrow 4Li^+ + 4e^- + 2CO_2 + {}^1O_2$，而且所产生的部分 $^1O_2$ 会转化为三线态氧分子（$^3O_2$），因而在 Li_2CO_3 的分解过程中无法检测到 O_2 的析出。

② 超氧阴离子自由基调节分解[32]，即表 8-1 中的路径 Ⅱ。Li_2CO_3 在分解过程中会产生 CO_2 和超氧阴离子自由基（$O_2^{\cdot-}$），而 $O_2^{\cdot-}$ 是一种很强的亲核试剂，可被进一步氧化为 O_2 或攻击电解液溶剂，产生未知的副产物。他们使用原位 GC-MS 发现 Li_2CO_3 在分解过程中会产生 CO_2 气体，而无 O_2 的存在；使用同位素标记法以及质谱仪对气体产物进行定量分析发现，分别使用 ^{12}C 和 ^{13}C 为导电剂的 $Li-CO_2$ 电池产生的 $^{12}CO_2$ 气体的量是相等的；质谱仪以及红外光谱仪测试结果显示电解液溶剂在充电过程中会发生分解，可能与 Li_2CO_3 分解产生的超氧阴离子自由基有关。因此，他们认为 Li_2CO_3 在分解的过程中产生 CO_2、超氧阴离子自由基以及 O_2 气体（来自超氧阴离子自由基），而超氧阴离子自由基和 O_2 会被溶剂消耗而无法检测到。

③ $Li-CO_2$ 电池放电过程的逆反应，即表 8-1 中的路径 Ⅲ。热力学计算的吉布斯自由能表示此反应路径具有较低的可逆电位（2.80V）。Qiao 等[36] 发现使用 Ru 催化剂可以实现 $Li-CO_2$ 电池的可逆充放电（图 8-6），而当不使用催化剂时充电过程仅有 Li_2CO_3 的分解，C 不参与反应，即可以将 CO_2 固定转化为碳。同样地，Yang 等[37] 将 Ru@Super P 作为 $Li-CO_2$ 电池的正极催化剂，对充放电过程机理的研究结果表明 Ru 对充电过程中 Li_2CO_3 和 C 的反应具有选择性催化的效果，同时可以避免电解液分解，从而有利于改善 $Li-CO_2$ 电池的电化学性能。

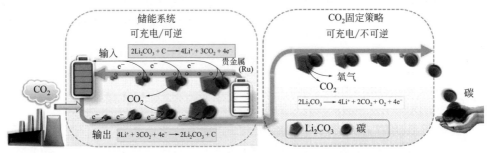

图 8-6　储能系统（可逆过程）以及固定 CO_2 途径（不可逆过程）示意图[36]

尽管近年来国际学术界对 Li-CO_2 电池的研究已取得了长足的进步，但由于其充放电反应的复杂性及中间体的多样性，其充放电反应机理仍然存在较大争议。只有对 Li-CO_2 电池的反应机理有全面的正确认识，才能更高效地改善其电化学性能。

8.2
锂二氧化碳电池正极材料

8.2.1　碳材料

Li-CO_2 电池的正极及其材料与 Li-O_2 电池类似，其形貌和结构对电池的电化学性能有着重要影响，不仅需要提供足够的 CO_2 气体和电解液运输通道，还需要有足够的孔道来容纳放电产物[38]。因此，选择或者构筑合适的正极及其材料对 Li-CO_2 电池的性能尤为重要。目前，Li-CO_2 电池的正极材料主要是多孔碳材料，比如科琴黑（KB）、Super P、石墨烯、碳纳米管（CNTs）等。这些碳材料都具有优良的导电性、高比表面积及较高的化学稳定性等特点[39]。

科琴黑（KB）具有独特的支链状形态和超高的比表面积（1400$m^2 \cdot g^{-1}$），可以形成较好的导电网络[40]，其作为电池的正极导电剂可以较好地吸附电解液，并提高电极的导电性能[41]。Takechi 等[16] 用 KB 作为正极导电剂，研究了不同 CO_2 含量下 Li-CO_2/O_2 电池的电化学性能，发现当 CO_2 气体含量为 50% 时可以得到 5860mA · h · g^{-1} 的放电比容量，几乎是 Li-O_2 电池（CO_2 气体含量为0）容量的 3 倍。Liu 等[19] 报道了一种基于 KB 碳材料的可逆 Li-CO_2/O_2 电池。其中，Li-CO_2/O_2（气体体积比为 2∶1）电池和 Li-CO_2 电池的放电比容量分别为 1808mA · h · g^{-1} 和 1032mA · h · g^{-1}，都可以循环 10 次以上，而且使用

CO_2/O_2 混合气体的电池的放电产物只有 Li_2CO_3，而 Li-CO_2 电池的放电产物为 Li_2CO_3 和碳单质的混合物。

　　Xu 等[18] 用 Super P 作为 Li-CO_2 电池的正极材料，在中等温度（60～80℃）条件下放电比容量约为 2500mA·h·g^{-1}，而且随着实验温度的上升放电容量也随之升高（图 8-7）。FT-IR 和 XRD 表征结果显示 Li_2CO_3 是该 Li-CO_2 电池放电产物的主要成分。

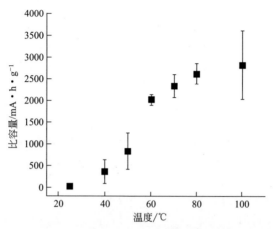

图 8-7　以 Super P 为正极材料的 Li-CO_2 电池在不同温度下的放电比容量[18]

　　石墨烯同样具有优良的导电性、高比表面积、高化学稳定性以及优异的机械性能，目前已经广泛地应用在燃料电池[42,43] 及锂空气电池[44,45] 等储能体系中。石墨烯还是一种很好的氧还原反应（ORR）催化剂[46]，同时具有大量的 Li_2CO_3 的成核位点，有利于 Li_2CO_3 的形成和沉积[47]。因此，Zhang 等[26] 认为石墨烯也可以应用于 Li-CO_2 电池，并于 2015 年首次将石墨烯作为 Li-CO_2 电池的正极材料进行了实验验证（图 8-8）。其循环伏安曲线在 CO_2 气氛下呈现出明显的阳极和阴极峰，Li-CO_2 电池在 50mA·g^{-1} 和 100mA·g^{-1} 电流密度下的放电比容量分别达到 14722mA·h·g^{-1} 和 6600mA·h·g^{-1}，限容 1000mA·h·g^{-1} 可分别循环 20 次和 10 次。这主要是因为石墨烯具有发达的多孔结构和良好的电催化活性，提供了有效的扩散通道，为 CO_2 气体的利用和捕获提供了足够的空间和活性位点。

　　与石墨烯类似，碳纳米管（CNTs）具有高导电性、高比表面积、高孔隙率以及三维管状结构等特点，有利于电子、气体的传输以及放电产物的生成和均匀沉积。因此，为了提高可充电 Li-CO_2 电池的性能，Zhang 等[27] 选择了 CNTs 作为其正极材料。在电流密度为 50mA·g^{-1} 的条件下，其放电比容量为

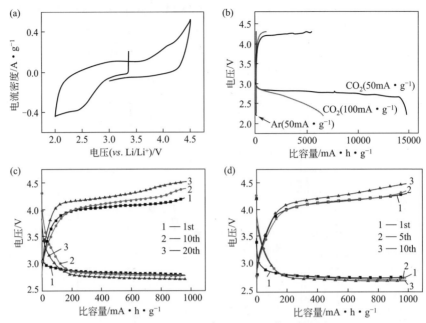

图 8-8 以石墨烯为正极材料的 Li-CO$_2$ 电池：在 CO$_2$ 氛围的循环伏安曲线 (a)，不同

气氛下（Ar 和 CO$_2$）的首次充放电曲线 (b)，电流密度为 50mA·g^{-1}（c）

和 100 mA·g^{-1}（d）循环性能[26]

8375mA·h·g^{-1}。虽然该容量低于使用石墨烯的电池，但其循环稳定性却明显更优异。在电流密度 50mA·g^{-1}、限容 1000mA·h·g^{-1} 的条件下，该电池循环 29 次后其放电截止电压仍然高于 2.7V。结合多种物化表征技术发现（图 8-9），

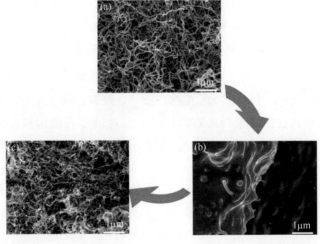

图 8-9 原始状态 (a)、放电态 (b)、充电态 (c) CNTs 电极的 SEM 图片[27]

原始电极中 CNTs 堆叠在一起形成大量的孔道，有利于 CO_2 气体和电解液的传输，放电后其表面覆盖了一层无定形的膜状 Li_2CO_3，充电后 Li_2CO_3 可逆分解，且 CNTs 电极的形貌未发生明显变化。

8.2.2 催化剂材料

Li-CO_2 电池虽然具有较高的能量密度，但循环性能很差。这主要是由于电池的放电产物 Li_2CO_3 是宽带隙绝缘体，不易分解，只有在较高电压（>4.2V）下才能分解[26,37,48]。堆积在碳材料上的 Li_2CO_3 不但会使电池的充电极化增大，还会加快电解液的分解，从而造成库仑效率的降低，导致电池性能迅速衰减[37]。为此，学术界常将催化剂修饰的正极材料用于 Li-CO_2 电池，以促进 CO_2 还原或析出过程的动力学，减小充放电极化，提高电池的性能。

Liu 等[19] 最早用 Au 代替科琴黑作为 Li-CO_2 电池的正极材料，并结合增强拉曼和电子能量损失谱重点研究了该电池的放电产物。他们认为，Li-CO_2 电池在放电过程中锂金属结合 CO_2 气体生成 Li_2CO_3 和碳单质，而没有 CO 气体生成[18]。但是该研究无法判定使用 Au 和科琴黑分别作为电极材料的 Li-CO_2 电池的反应机理是否一致，故只能认为在单纯使用 Au 作为电极材料的情况下，电池在放电过程有 C 单质生成。

Ru 也是具有优异催化活性的贵金属元素之一，目前已广泛用于 Li-O_2 电池的研究[49-51]。2017 年，Yang 等[37] 将 Ru 纳米颗粒作为催化剂，极大地改善了 Li-CO_2 电池的循环性能。他们通过溶剂热法将 Ru 纳米颗粒均匀分散在 Super P 碳材料上制得了 Ru@Super P，以其为正极材料的 Li-CO_2 电池在电流密度为 $100mA \cdot g^{-1}$ 的条件下放电比容量达到 $8229mA \cdot h \cdot g^{-1}$，远高于仅使用 Super P 材料的电池容量（$6062mA \cdot h \cdot g^{-1}$）。此外，使用 Ru@Super P 的 Li-$CO_2$ 电池在电流密度为 $100 \sim 300mA \cdot g^{-1}$、限容 $1000mA \cdot h \cdot g^{-1}$ 的条件下展示了良好的循环性能，循环 70 次前后其充放电电压几乎没有变化。作者认为这是因为在电池充电过程中，Ru 金属纳米颗粒对放电产物 Li_2CO_3 和 C 具有选择性催化活性，可以促进电池的充电过程完全按其放电过程的逆过程来进行（图 8-10）。因此可以得出，Ru 纳米颗粒作为正极催化剂可以降低 Li-CO_2 电池在充电过程中的极化、减缓电解液的分解，从而改善电池的工作性能和循环稳定性。类似地，Wang 等[52] 研制了用 Ru 修饰石墨烯作为正极材料的 Li-CO_2 电池（含有 2% 的 O_2），其在电流密度为 $0.08mA \cdot cm^{-2}$ 的条件下放电比容量达到 $5385mA \cdot h \cdot g^{-1}$，明显高于仅使用石墨烯的电池容量（$4742mA \cdot h \cdot g^{-1}$）。

在电流密度为 $0.16 \mathrm{mA \cdot cm^{-2}}$、限容 $500 \mathrm{mA \cdot h \cdot g^{-1}}$ 的条件下，该电池可以循环 67 次，而仅使用石墨烯的电池只能工作 12 次，再一次说明了 Ru 纳米颗粒对 Li-CO$_2$ 电池的充放电过程具有高效的催化作用。

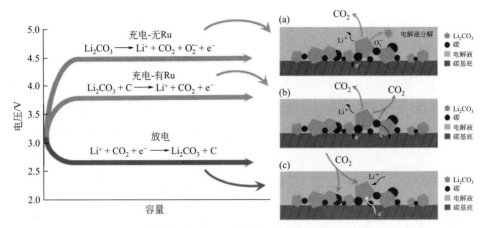

图 8-10　Li-CO$_2$ 电池的充放电机理示意图：不含 Ru 催化剂的充电过程（a）；
含有 Ru 催化剂的充电过程（b）和放电过程（c）[37]

Ir 是一种物理及化学稳定性超高的贵金属，在 Li-O$_2$ 电池中也常作为氧析出反应（OER）的催化剂。有研究报道 Ir 修饰 B$_4$C 所得到的 Ir/B$_4$C 材料有利于促进 Li-O$_2$ 电池中 Li$_2$CO$_3$ 的分解，并且可以有效地降低电池极化[53]。因此，Wang 等[54] 利用静电纺丝和热处理技术制备了 Ir 纳米颗粒修饰的碳纳米纤维材料 Ir/CNFs。得益于 CNFs 的多孔网络结构和超细 Ir 纳米颗粒的高催化活性，Ir/CNFs 表现出优异的 CO$_2$ 氧化/还原催化性能。在 $50 \mathrm{mA \cdot g^{-1}}$ 的电流密度下，基于 Ir/CNFs 的 Li-CO$_2$ 电池释放出 $21528 \mathrm{mA \cdot h \cdot g^{-1}}$ 的超高比容量，库仑效率高达 93.1%。当限制放电比容量为 $1000 \mathrm{mA \cdot h \cdot g^{-1}}$ 时，Li-CO$_2$ 电池在 $50 \mathrm{mA \cdot g^{-1}}$ 的电流密度下可以循环 45 次，远超过基于 CNFs、CNTs 和 Ir/KB 电池的循环性能（图 8-11）。不仅如此，基于 Ir/CNFs 的 Li-CO$_2$ 电池还呈现出最高的放电平台（2.76V）和最低的充电平台（4.14V），说明 Ir/CNFs 对 Li-CO$_2$ 电池的充放电过程均有较好的催化效果。该研究成果为设计及构筑高效的催化剂和具有特殊结构的 Li-CO$_2$ 电池正极材料提供了思路。

贵金属及其修饰的碳材料作为正极材料，可以改善 Li-CO$_2$ 电池的电化学性能。然而，贵金属资源有限、成本高昂，很难在实际中规模应用。因此，学术界也在积极开发一些非贵金属基的 Li-CO$_2$ 电池催化剂，包括过渡金属（如 Cu、Ni 或 Zn 等）、过渡金属氧化物（如 NiO、MnO$_2$、TiO$_2$ 等）及杂原子（如硼或氮）掺杂的碳材料等。

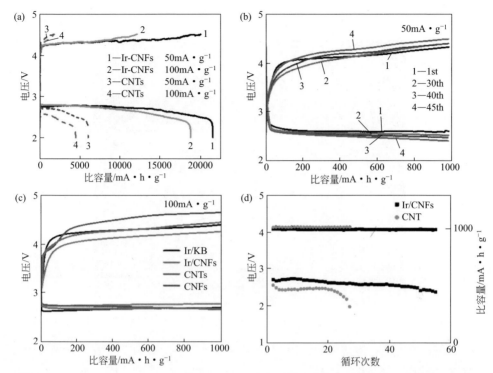

图 8-11　基于 CNTs 和 Ir/CNTs 的 Li-CO$_2$ 电池在不同电流密度下的充放电曲线（a）；基于
Ir/CNFs 的 Li-CO$_2$ 电池的循环性能（b）；基于不同催化剂的 Li-CO$_2$ 电池的首次
充放电曲线（c）；在电流密度为 200mA·g^{-1}、限容 1000mA·h·g^{-1} 的条件下，
基于 CNTs 和 Ir/CNFs 的 Li-CO$_2$ 电池的循环性能（d）[54]

　　Zhang 等[55] 利用凝胶状薄膜合成法将金属铜（Cu）纳米颗粒均匀分散在掺氮石墨烯表面得到复合材料 Cu-NG，以其为正极材料的 Li-CO$_2$ 电池表现出较低的过电势（0.77V）及优异的循环性能（50 次）。作者认为，Li-CO$_2$ 电池的放电产物 Li$_2$CO$_3$ 在自分解过程中会产生超氧根离子，从而对电极造成腐蚀。然而，以 Cu 纳米颗粒为催化剂的 Li-CO$_2$ 电池在循环过程中会在 Cu 表面生成 3～5nm 厚的氧化铜（CuO）膜，起到保护且稳定正极的作用，从而改善电池的性能。此外，他们还设计了镍（Ni）纳米颗粒与含氮石墨烯的复合材料[56]，以其为正极催化剂材料的 Li-CO$_2$ 电池在 100mA·g^{-1} 的电流密度下表现出 17625mA·h·g^{-1} 的超高放电比容量，并且在限容 1000mA·h·g^{-1} 的条件下可以循环 100 次。Xie 等[30] 合成了一种三维多孔分级状的锌（PF-Zn）材料（图 8-12），以其为正极催化剂材料的 Li-CO$_2$ 电池在放电过程中会产生 CO 气体，

推测其电极反应为：

$$2Li^+ + 2CO_2 + 2e^- \rule[0.5ex]{2em}{0.4pt} CO + Li_2CO_3 \tag{8-12}$$

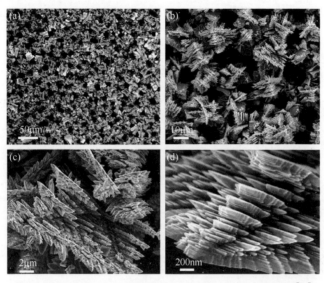

图 8-12   3D PF-Zn 正极在不同放大倍数下的 SEM 图片[30]

Zhang 等[57] 利用溶剂热法将层状氧化镍（NiO）均匀分散在碳纳米管中，得到了 NiO-CNT 复合材料，以其为正极材料的 Li-CO$_2$ 电池可以释放出 9000mA·h·g^{-1} 的放电比容量，库仑效率为 91.7%。在电流密度为 50mA·g^{-1}、限容 1000mA·h·g^{-1} 的条件下，该电池可以循环 42 次，XPS 结果表明该材料在电池循环过程中十分稳定。Mao 等[58] 将含有 IrO$_2$ 修饰的 δ-MnO$_2$（即 IrO$_2$/MnO$_2$ 纳米片）生长在碳布上作为 Li-CO$_2$ 电池的正极催化剂，在电流密度为 800mA·g^{-1} 时电池的放电比容量为 1604mA·h·g^{-1}，在 2.0～4.5V 之间深充放循环 200 次后容量可保持在 1070mA·h·g^{-1}，在限容 1000mA·h·g^{-1} 的条件下循环 378 次后放电截止电压仍高于 2.5V，表明 IrO$_2$/MnO$_2$ 复合材料作为催化剂有效地改善了 Li-CO$_2$ 电池的循环性能。类似地，Pipes 等[59] 利用 TiO$_2$ 纳米颗粒负载在 CNT/CNF 碳材料基底上制备了 TiO$_2$-NP@CNT/CNF 复合电极，应用于 Li-CO$_2$ 电池有利于实现其中 CO$_2$ 的可逆氧化/还原循环，从而为捕获并利用 CO$_2$ 气体提供了一种低成本的方法。

除过渡金属及其氧化物外，杂原子（如硼或氮）掺杂的碳材料也常常被用于 Li-CO$_2$ 电池作为正极材料来改善其性能。Qie 等[60] 通过煅烧法将硼和氮均匀掺入多孔石墨烯中，得到了具有双催化功能且不含金属元素的催化剂 BN-hG，并应用于 Li-CO$_2$ 电池。得益于 BN-hG 的多孔结构和高催化活性，Li-CO$_2$ 电池呈现出较小的极化、倍率性能及稳定的循环性能。在 $0.3A \cdot g^{-1}$ 的电流密度下，使用 BN-hG 的电池放电比容量达到 $16033mA \cdot h \cdot g^{-1}$，是使用未掺杂多孔石墨烯的电池容量（$6620mA \cdot h \cdot g^{-1}$）的 2.4 倍。在电流密度为 $1A \cdot g^{-1}$、限容 $1000mA \cdot h \cdot g^{-1}$ 的条件下，使用 BN-hG 的电池循环 200 次后其放电截止电压仍高达 2.34V，而使用未掺杂材料的电池仅循环 30 次后放电电压即降至 2.0V。

Jin 等[61] 发展了一种由碳量子点和多孔石墨烯组成的复合催化剂材料 CQD/hG。一方面，碳量子点有大量的边缘缺陷，可作为良好的 OER 和 ORR 催化剂[62]；另一方面，多孔石墨烯具有很高的导电性，有利于电子和离子的传输，是一种非常良好的电极材料[63,64]。因此，作者将 CQD/hG 作为正极材料装配了 $Li-CO_2$ 电池，发现 CQD/hG 复合电极可以促进 Li_2CO_3 的快速生成和分解，降低电池的充放电过电位，提高电池的放电比容量和循环稳定性。在电流密度为 $1A \cdot g^{-1}$、限容 $500mA \cdot h \cdot g^{-1}$ 的条件下，使用 CQD/hG 的电池可循环 235 圈，限容 $1000mA \cdot h \cdot g^{-1}$ 时可循环 140 次，而使用不含碳量子点的多孔石墨烯的电池在限容 $1000mA \cdot h \cdot g^{-1}$ 时只能循环 32 次。

8.3
锂二氧化碳电池负极材料

锂金属是 $Li-CO_2$ 电池的负极活性材料，因具有极高的理论比容量（$3860mA \cdot h \cdot g^{-1}$）和极低的电极电位（$-3.04V$，$vs.$ 标准氢电极）而被认为是下一代高能量密度电池最理想的负极材料[65-70]。然而，锂金属负极与非水电解液界面的不稳定性以及锂金属的体积膨胀、锂枝晶生长等一系列问题使得电池的库仑效率较低、循环寿命较差，并可能带来安全性问题。为了解决这些问题，学术界进行了大量的研究工作，主要包括锂金属与电解液之间的界面反应、体积膨胀、锂枝晶生长机理以及锂金属负极的改性保护等[71]。目前，提高 $Li-CO_2$ 电池中锂金属负极安全性和稳定性的策略主要包括电解液的改性和锂金属保护层的构建。

Jin 等[61] 在电解液（$1mol \cdot L^{-1}$ LiTFSI-DMSO）中添加 $0.3mol \cdot L^{-1}$ $LiNO_3$ 实现了对 $Li-CO_2$ 电池循环性能的改善。他们使用碳量子点/多孔石墨烯（CQD/hG）复合电极研制的 $Li-CO_2$ 电池在添加了 $LiNO_3$ 的电解液中表现出较高的放电比容量和稳定的循环性能：在 $0.5A \cdot g^{-1}$ 的电流密度下可获得 $12300mA \cdot h \cdot g^{-1}$ 的放电比容量；在电流密度为 $1A \cdot g^{-1}$、限容 $500mA \cdot h \cdot g^{-1}$

的条件下可以循环 235 次。如此优异的电池性能不仅来源于 CQD/hG 丰富的催化活性位点和良好的导电性，更是得益于 LiNO$_3$ 的加入有利于在锂负极表面形成稳定的 SEI 膜[72-75]，从而有效减少锂金属与电解液之间的反应，避免生成锂枝晶和"死锂"，提高电池的库仑效率和循环寿命。

为了改善锂空气电池在空气环境的循环稳定性，Asadi 等[76] 提出了通过 Li-CO$_2$ 电池循环充放电 10 次在锂金属电极表面原位形成一种杆状网络结构的 Li$_2$CO$_3$/C 保护膜（图 8-13），其主要原理是基于充电后返回至负极侧的 Li$^+$ 和通过电池的顶部空间传输并溶解于电解液中的 CO$_2$ 之间的反应。结合 MoS$_2$ 催化剂及 EMIM-BF$_4$/DMSO 电解液，他们构建的电池在模拟空气的环境中稳定循环 550 次后放电电压仍高于 2.5V。该研究使锂空气电池离商业化应用又近了一步，其长寿命锂金属负极的有效保护措施也可以为 Li-CO$_2$ 电池的进一步发展提供宝贵的借鉴。

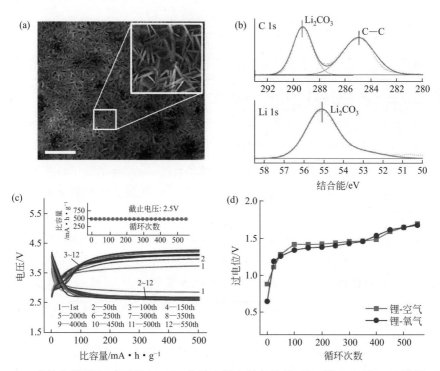

图 8-13　充放电循环 10 次后的 Li-CO$_2$ 电池中锂金属负极的 SEM 图（a）及 XPS 谱图（b）；
在电流密度为 500mA·g^{-1}、限容 500mA·h·g^{-1} 条件下锂空气电池的充放电
循环性能（c）及过电位随循环次数的变化（d）[76]

8.4
锂二氧化碳电池电解液

8.4.1　有机碳酸酯类电解液

有机碳酸酯类电解液，如碳酸乙烯酯（EC）、碳酸丙烯酯（PC）、碳酸二乙酯（DEC）或它们的混合物，具有低挥发性和强抗氧化性[77]，已被广泛应用于锂离子电池和锂空气电池。早期对 Li-CO_2 电池的研究也使用了碳酸酯类电解液，这主要是基于以下考虑：一方面，Li-CO_2 电池中含有 CO_2 气体，为了避免其挥发，使用具有低挥发性的电解液是非常必要的；另一方面，Li-CO_2 电池的放电产物中含有 Li_2CO_3，其不同的分解方式对应不同的平衡分解电压，其中最高可达 3.82V，最低至 2.8V[28]，因而所使用的电解液必须具备较宽的电化学窗口，以避免在电池充放电过程中氧化分解。

早在 2011 年，Takechi 等[16] 首次报道了关于 Li-O_2/CO_2 电池的研究，他们使用体积比 3：7 的 EC/DEC 混合溶液为电解液，对比研究了不同 CO_2 气体含量对电池性能的影响。FT-IR 检测到放电产物中含有 Li_2CO_3 成分，却未发现 Li_2O_2 和 Li_2O 的存在，说明放电产物主要是 Li_2CO_3。但是，无法说明其 Li-O_2/CO_2 电池是否具有可逆性，以及电池在放电过程中获得的容量是否来自电解液的分解。在之后的研究中，有多位学者提出有机碳酸酯类电解液应用于 Li-CO_2 电池不稳定、易分解。比如：Freunberger 等[48] 提出有机碳酸酯类电解液容易受到强亲核性物质如超氧化物或者过氧化物的攻击而分解；Lim 等[22] 通过 DFT 计算得出 EC 电解液比醚类和砜类电解液更容易分解（图 8-14）；Meini 等[78] 认为 Li_2CO_3 完全氧化分解需要高于 4V 的充电电压，会造成有机碳酸酯类电解液的氧化分解。

8.4.2　醚类电解液

由于碳酸酯类电解液在 Li-CO_2 电池充放电过程中容易发生氧化分解，研究者开始使用相对更稳定的醚类电解液，如乙二醇二甲醚（DME）、四乙二醇二甲醚（TEGDME）等。相较于有机碳酸酯类电解液，醚类电解液具有以下优点：①对负极锂金属稳定；②具有低挥发性；③具有较宽的电化学窗口（高于 4V）；④不易受亲核性强的物质（如 O_2^-）攻击[79-84]。

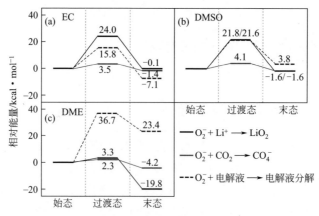

图 8-14 由 DFT 计算得出的 O_2^- 与 Li^+、CO_2
及电解液反应的活化势垒[22]

DME 是一种具有线型结构的醚类电解液，已广泛应用于锂空气电池。Lim 等[17] 通过理论计算与实验相结合的方法证明了 $Li-O_2/CO_2$ 电池在不同电解液条件下的放电反应机理。他们发现，当 $Li-O_2/CO_2$ 电池使用具有低介电常数的 DME 醚类电解液时，放电过程中更倾向于产生 Li_2O_2 等放电产物，而不是 Li_2CO_3。该结果与 Yin 等[23] 的实验结果是一致的。这是因为 DME 是一种具有低 DN 的溶剂，Li^+ 在这种环境下的溶剂化作用较差，导致 O_2^- 更倾向于与 Li^+ 发生反应，而不是与 CO_2 气体发生反应，因而导致最终的放电产物为 Li_2O_2 而非 Li_2CO_3。他们推测的反应路径如图 8-15 所示。

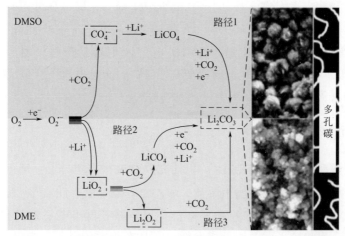

图 8-15 $Li-O_2/CO_2$ 电池在 DME 和 DMSO 电解液条件下可能的放电反应路径[23]

TEGDME 是一种比较稳定的醚类电解液，常被用于 Li-CO$_2$ 电池中。2014年，Liu 等[19] 使用摩尔比为 1∶4 的 LiCF$_3$SO$_3$/TEGDME 为电解液，研究了可充放 Li-CO$_2$/O$_2$（2∶1）和 Li-CO$_2$ 电池，发现两者的充电效率分别为 66.7% 和66.3%，主要放电产物均为 Li$_2$CO$_3$。2015 年，南开大学周震教授团队分别使用石墨烯[26] 和碳纳米管[27] 为正极材料、LiTFSI/TEGDME 为电解液，大幅度提高了 Li-CO$_2$ 电池的充放电容量以及循环性能。其中，基于石墨烯的 Li-CO$_2$电池在 50mA·g^{-1} 电流密度下放电比容量高达 14774mA·h·g^{-1}，而且可以限容 1000mA·h·g^{-1} 循环 20 次。基于碳纳米管的 Li-CO$_2$ 电池在 100mA·g^{-1}电流密度下放电比容量可达 8379mA·h·g^{-1}，限容 1000mA·h·g^{-1} 条件下可循环超过 20 次。2017 年，Qie 等[60] 以 LiTFSI/TEGDME 为电解液，研究了B-N 掺杂多孔石墨烯作为 Li-CO$_2$ 电池正极催化剂的电化学性能。周豪慎教授团队[37] 证明在使用 LiCF$_3$SO$_3$/TEGDME 为电解液的 Li-CO$_2$ 电池中，纳米金属Ru 不但可以促进放电产物 Li$_2$CO$_3$ 和 C 的可逆分解，还可以减缓电解液的分解，因而有利于提升电池的循环稳定性。他们的电池在 100～300mA·g^{-1} 的电流密度下限容 1000mA·h·g^{-1} 循环 70 次充放电电压几乎没有变化。该团队以LiTFSI/TEGDME 为电解液、过渡金属氧化物 NiO 为催化剂构建的 Li-CO$_2$ 电池表现出较高的库仑效率（97.8%）和优异的循环性能（40 次）[57]。2019 年，Mao 等[58] 报道了在以 LiClO$_4$-TEGDME 为电解液的 Li-CO$_2$ 电池中，由 IrO$_2$修饰的层状 σ-MnO$_2$ 催化剂可以促进无定形 Li$_2$CO$_3$ 的产生和分解，相应电池在电流密度为 400mA·g^{-1}、限容 1000mA·h·g^{-1} 条件下可循环超过 300 次。

8.4.3 砜类电解液

砜类电解液［如二甲基亚砜（DMSO）、二苯基亚砜、环丁砜等］一般具有很强的耐氧化性，其耐氧化稳定电位通常高于 5V[85-87]。其中，DMSO 是一种弱酸性溶剂，具有很高的 DN，被广泛应用于非水介质的氧化还原反应体系[88-90]。此外，DMSO 的高导电性、低黏度及较高的 CO$_2$ 溶解度也使 Li-CO$_2$电池领域对其产生极大兴趣[91,92]。Lim 等[17] 研究了 Li-O$_2$/CO$_2$ 电池在不同电解液中的放电产物。发现 O$_2^-$ 在高介电常数的电解液中更易与 CO$_2$ 反应，在低介电常数的电解液中更易与 Li$^+$ 发生反应。DMSO 是一种具有高介电常数的溶剂，CO$_2$ 在其中更容易被激活，因而 Li-O$_2$/CO$_2$ 电池的放电产物是 Li$_2$CO$_3$，而不是 Li$_2$O$_2$，这与 Mahne 等[35] 报道的结果是一致的。Qiao 等[36] 利用原位拉曼技术研究了电解液为 LiClO$_4$-DMSO 的 Li-CO$_2$ 电池的充放电机理。他们认为，在金属 Ru 的催化作用下 Li-CO$_2$ 电池的放电产物 Li$_2$CO$_3$ 和 C 可逆分解成 Li 和 CO$_2$，而无 Ru 催化时 Li$_2$CO$_3$ 只能发生自分解反应生成 Li、CO$_2$ 和 O$_2$。Pipes 等[59] 报道了在 DMSO 基电解液中，纳米锐钛矿型二氧化钛（TiO$_2$）对 Li-CO$_2$ 电池具有较好的催化性能。Jin 等[61] 也使用 DMSO 作为 Li-CO$_2$ 电池的电解液，同时还添加了 LiNO$_3$ 来保护锂金属以及促进稳定 SEI 膜的形成。

8.4.4 其他体系电解液

除了上述三种体系电解液以外，也对离子液体、准固体/固体电解质等应用于 Li-CO$_2$ 电池进行了探索。

离子液体具有低挥发性、不易燃、宽电化学窗口等优良特性[93]，其稳定性远高于有机碳酸酯类溶剂[94-96]，因而被广泛用于催化氧还原反应[97-99] 和锂空气电池的研究中[100-102]。然而，离子液体在 Li-CO$_2$ 电池方面的应用相对较少。最早是在 2013 年，Xu 等[18] 首次使用 LiTFSI 锂盐和 ［bmim］［Tf$_2$N］ 离子液体为电解液研究了 Li-CO$_2$ 电池在不同温度下的电化学性能。他们发现，随着实验温度的升高，Li-CO$_2$ 电池的放电容量快速增长，同时也说明了这种离子液体可以在较高温度（100℃）下使用。但作者仅关注了 Li-CO$_2$ 电池的放电容量和放电产物，并未对其充电过程（即可逆性）进行探索，而且电池在放电过程中产生的容量无法确定是来自负极金属锂和 CO$_2$ 气体的反应还是离子液体自身的分解。此外，尽管离子液体具有不挥发性和高稳定性，但其在 Li-CO$_2$ 电池中使用时如何避免副反应仍然是一大挑战，需要深入研究。

为了解决使用液态电解液时可能存在的电解液渗漏、挥发、电化学不稳定等问题，有学者提出将固态/凝胶态电解质应用于 Li-CO$_2$ 电池[103-105]。Li 等[106] 将由聚合物和液态电解液组成的凝胶聚合物电解质（GPE）作为 Li-CO$_2$ 电池的电解质，该电解质具有以下优点：①具有接近液态电解液的离子导电性[107]；②CO$_2$ 气体更倾向于溶解在 GPE/正极材料催化位点的界面上，而不是电解液中；③GPE 可以减少 CO$_2$ 和负极金属锂的接触，避免形成草酸盐[108]。使用这种电解质时，Li-CO$_2$ 电池在放电过程中生成结晶性差的颗粒状 Li$_2$CO$_3$，且在 100mA·g^{-1} 电流密度下的循环性能远远优于使用液态电解液的电池。Hu 等[109] 利用 PMA/PEG-LiClO$_4$-3%（质量分数）SiO$_2$ 复合聚合物电解质和多层碳纳米管（CNTs）设计了一种安全性很高的柔性 Li-CO$_2$ 电池。由于其中的聚合物电解质和 CNTs 具有稳定的结构和低的界面阻抗，Li-CO$_2$ 电池表现出良好的电化学性能和循环稳定性，其能量密度达到 521W·h·kg^{-1}，而且在不同弯曲角度（0°～360°）下可工作 220h（工作温度为 55℃）。

8.5
小结与展望

Li-CO₂ 电池的发展为 CO_2 气体的捕获与利用提供了新的思路，虽然其研究已取得了一定进展，但仍然面临着很多的问题，如反应机理不明确、金属负极不稳定、放电比容量较低、极化大、循环性能较差等。要从根本上解决 Li-CO₂ 电池所面临的科学问题，使其达到实际应用的要求，还需聚焦于以下几个方面开展深入研究：

① 电化学反应机理。Li-CO₂ 电池的充放电反应机理较为复杂，尤其是 O_2 和 CO_2 共同参与的放电过程，涉及多步化学/电化学反应。目前对于 Li-CO₂ 电池充放电反应基元步骤及中间体类型存在较大的争议，尚需借助原位测试手段对反应中间体进行定性定量分析，深入理解 Li-CO₂ 电池的化学/电化学反应过程[110]。

② 正极催化剂。Li-CO₂ 电池的反应动力学主要受限于正极侧 CO_2 的电化学还原/析出反应过程，具有高本征催化活性和长期工作稳定性的高性能催化剂的开发及结构设计对促进 CO_2 反应过程动力学和电池性能至关重要，需要理论模拟计算与实验研究相结合攻关进步[111]。

③ 锂金属负极。锂金属负极的稳定性是影响 Li-CO₂ 电池寿命的关键因素，构建并优化稳定的锂金属负极界面保护层，并提高其 Li^+ 电导率是未来工作的一大重心所在[112]。

④ 电解液。目前尚未找到对于 Li-CO₂ 电池完全合适的电解液体系，且不同类型和组成的电解液对 CO_2 电化学还原/析出过程的影响机理尚不明确。未来工作需要对溶剂的介电常数和供体数、锂盐的离子解离度、CO_2 的溶解度等因素对 CO_2 电化学还原/析出路径的影响展开深入研究，寻找低黏度、高稳定性、高离子电导率的电解液体系[113]。

参考文献

[1] Friedlingstein P，Houghton R，Marland G，et al. Update on CO_2 emissions [J]. Nature geoscience，2010，3 (12)：811.

[2] Caldeira K，Jain A K，Hoffert M I. Climate sensitivity uncertainty and the need for energy without CO_2 emission [J]. Science，2003，299 (5615)：2052-2054.

[3] Parry M，Parry M L，Canziani O，et al. Climate change 2007-impacts, adaptation and vulnerability：Working group II contribution to the fourth assessment report of the IPCC

［R］. Cambridge University Press，2007，4.

［4］ Banerjee R，Phan A，Wang B，et al. High-throughput synthesis of zeolitic imidazolate frameworks and application to CO_2 capture ［J］. Science，2008，319 (5865)：939-943.

［5］ Kemper J，Ewert G，Grünewald M. Absorption and regeneration performance of novel reactive amine solvents for post-combustion CO_2 capture ［J］. Energy Procedia，2011，4：232-239.

［6］ Rochelle G T. Amine Scrubbing for CO_2 Capture ［J］. Science，2009，325 (5948)：1652-1654.

［7］ Herzog H J. Peer reviewed：what future for carbon capture and sequestration? ［J］. Environmental Science & Technology，2001，35 (7)：148A-153A.

［8］ Qiao J，Liu Y，Hong F，et al. A review of catalysts for the electroreduction of carbon dioxide to produce low-carbon fuels ［J］. Chemical Society Reviews，2014，43 (2)：631-675.

［9］ Wang G，Chen J，Ding Y，et al. Electrocatalysis for CO_2 conversion：from fundamentals to value-added products ［J］. Chemical Society Reviews，2021，50 (8)：4993-5061.

［10］ Habisreutinger S N，Schmidt Mende L，Stolarczyk J K. Photocatalytic reduction of CO_2 on TiO_2 and other semiconductors ［J］. Angewandte Chemie International Edition，2013，52 (29)：7372-7408.

［11］ 关磊，张博，任浩，等. CO_2 转化新型催化剂的研究进展 ［J］. 化工新型材料，2018，46 (10)：63-66.

［12］ Cai W，de la Piscina P R，Toyir J，et al. CO_2 hydrogenation to methanol over CuZnGa catalysts prepared using microwave-assisted methods ［J］. Catalysis Today，2015，242：193-199.

［13］ Wang W，Wang S，Ma X，et al. Recent advances in catalytic hydrogenation of carbon dioxide ［J］. Chemical Society Reviews，2011，40 (7)：3703-3727.

［14］ Guo Y，Yao S，Xue Y，et al. Nickel single-atom catalysts intrinsically promoted by fast pyrolysis for selective electroreduction of CO_2 into CO ［J］. Applied Catalysis B：Environmental，2022，304：120997.

［15］ Hong H，He J，Wang Y，et al. An amino-functionalized metal-organic framework achieving efficient capture-diffusion-conversion of CO_2 towards ultrafast $Li-CO_2$ batteries ［J］. Journal of Materials Chemistry A，2022，10 (35)：18396-18407.

［16］ Takechi K，Shiga T，Asaoka T. A $Li-O_2/CO_2$ battery ［J］. Chem Commun (Camb)，2011，47 (12)：3463-3465.

［17］ Lim H K，Lim H D，Park K Y，et al. Toward a lithium- "air" battery：the effect of CO_2 on the chemistry of a lithium-oxygen cell ［J］. Journal of the American Chemical Society，2013，135 (26)：9733-9742.

［18］ Xu S，Das S K，Archer L A. The $Li-CO_2$ battery：a novel method for CO_2 capture and utilization ［J］. RSC Advances，2013，3 (18)：6656.

［19］ Liu Y，Wang R，Lyu Y，et al. Rechargeable Li/CO_2-O_2 (2：1) battery and Li/CO_2 battery ［J］. Energy & Environmental Science，2014，7 (2)：677-681.

［20］ Liu B，Sun Y，Liu L，et al. Recent advances in understanding $Li-CO_2$ electrochemistry

[J]. Energy & Environmental Science, 2019, 12 (3): 887-922.

[21] Ezeigwe E, Dong L, Manjunatha R, et al. A review of lithium-O_2/CO_2 and lithium-CO_2 batteries: Advanced electrodes/materials/electrolytes and functional mechanisms [J]. Nano Energy, 2022, 95: 106964.

[22] Lim H K, Lim H D, Park K Y, et al. Toward a lithium- "air" battery: the effect of CO_2 on the chemistry of a lithium-oxygen cell [J]. Journal of the American Chemical Society, 2013, 135 (26): 9733-9742.

[23] Yin W, Grimaud A, Lepoivre F, et al. Chemical vs Electrochemical Formation of Li_2CO_3 as a Discharge Product in Li-O_2/CO_2 Batteries by Controlling the Superoxide Intermediate [J]. The Journal of Physical Chemistry Letters, 2017, 8 (1): 214-222.

[24] Gowda S R, Brunet A, Wallraff G, et al. Implications of CO_2 contamination in rechargeable nonaqueous Li-O_2 batteries [J]. The journal of physical chemistry letters, 2012, 4 (2): 276-279.

[25] Mekonnen Y S, Knudsen K B, Mýrdal J S, et al. Communication: The influence of CO_2 poisoning on overvoltages and discharge capacity in non-aqueous Li-Air batteries [J]. The Journal of Chemical Physics, 2014, 140 (12): 121101.

[26] Zhang Z, Zhang Q, Chen Y, et al. The First Introduction of Graphene to Rechargeable Li-CO_2 Batteries [J]. Angewandte Chemie International Edition, 2015, 54 (22): 6550-6553.

[27] Zhang X, Zhang Q, Zhang Z, et al. Rechargeable Li-CO_2 batteries with carbon nanotubes as air cathodes [J]. Chemical Communications, 2015, 51 (78): 14636-14639.

[28] Yang S, He P, Zhou H. Exploring the electrochemical reaction mechanism of carbonate oxidation in Li-air/CO_2 battery through tracing missing oxygen [J]. Energy & Environmental Science, 2016, 9 (5): 1650-1654.

[29] Zhao Z, Su Y, Peng Z. Probing Lithium Carbonate Formation in Trace O_2-Assisted Aprotic Li-CO_2 Batteries Using In-Situ Surface Enhanced Raman Spectroscopy [J]. The Journal of Physical Chemistry Letters, 2019, 10 (3): 322-328.

[30] Xie J, Liu Q, Huang Y, et al. Porous Zn cathode for Li-CO_2 battery generating fuel-gas CO [J]. Journal of Materials Chemistry A, 2018, 6 (28): 13952-13958.

[31] Ling C, Zhang R, Takechi K, et al. Intrinsic barrier to electrochemically decompose Li_2CO_3 and LiOH [J]. The Journal of Physical Chemistry C, 2014, 118 (46): 26591-26598.

[32] Zhao Z, Huang J, Peng Z. Achilles' Heel of Lithium-Air Batteries: Lithium Carbonate [J]. Angewandte Chemie International Edition, 2018, 57 (15): 3874-3886.

[33] Li S, Dong Y, Zhou J, et al. Carbon dioxide in the cage: manganese metal-organic frameworks for high performance CO_2 electrodes in Li-CO_2 batteries [J]. Energy & Environmental Science, 2018, 11 (5): 1318-1325.

[34] Guo Z, Li J, Qi H, et al. A Highly Reversible Long-Life Li-CO_2 Battery with a RuP_2-Based Catalytic Cathode [J]. Small, 2018: 1803246.

[35] Mahne N, Renfrew S E, McCloskey B D, et al. Electrochemical Oxidation of Lithium Carbonate Generates Singlet Oxygen [J]. Angewandte Chemie International Edition,

2018，57（19）：5529-5533.

[36] Qiao Y，Yi J，Wu S，et al. Li-CO_2 Electrochemistry：A New Strategy for CO_2 Fixation and Energy Storage [J]. Joule，2017，1（2）：359-370.

[37] Yang S，Qiao Y，He P，et al. A reversible lithium-CO_2 battery with Ru nanoparticles as a cathode catalyst [J]. Energy & Environmental Science，2017，10（4）：972-978.

[38] Younesi S R，Urbonaite S，Björefors F，et al. Influence of the cathode porosity on the discharge performance of the lithium-oxygen battery [J]. Journal of Power Sources，2011，196（22）：9835-9838.

[39] Cai F，Hu Z，Chou S L. Progress and Future Perspectives on Li（Na）-CO_2 Batteries [J]. Advanced Sustainable Systems，2018，2（8-9）：1800060.

[40] Kuroda S，Tobori N，Sakuraba M，et al. Charge-discharge properties of a cathode prepared with ketjen black as the electro-conductive additive in lithium ion batteries [J]. Journal of power sources，2003，119：924-928.

[41] 张洁，徐云龙，宋作玉，等.科琴黑（KB）导电剂 $LiFePO_4$ 电池中的应用研究 [J]. 功能材料，2011，42（5）：858-861.

[42] Zhou Y G，Chen J J，Wang F B，et al. A facile approach to the synthesis of highly electroactive Pt nanoparticles on graphene as an anode catalyst for direct methanol fuel cells [J]. Chemical Communications，2010，46（32）：5951-5953.

[43] Shao Y，Sui J，Yin G，et al. Nitrogen-doped carbon nanostructures and their composites as catalytic materials for proton exchange membrane fuel cell [J]. Applied Catalysis B：Environmental，2008，79（1）：89-99.

[44] Li Y，Wang J，Li X，et al. Superior energy capacity of graphene nanosheets for a nonaqueous lithium-oxygen battery [J]. Chemical Communications，2011，47（33）：9438-9440.

[45] Shao Y，Zhang S，Engelhard M H，et al. Nitrogen-doped graphene and its electrochemical applications [J]. Journal of Materials Chemistry，2010，20（35）：7491-7496.

[46] Xiao J，Mei D，Li X，et al. Hierarchically porous graphene as a lithium-air battery electrode [J]. Nano letters，2011，11（11）：5071-5078.

[47] Yoo E，Zhou H. Influence of CO_2 on the stability of discharge performance for Li-air batteries with a hybrid electrolyte based on graphene nanosheets [J]. RSC Advances，2014，4（23）：11798-11801.

[48] Freunberger S A，Chen Y，Peng Z，et al. Reactions in the rechargeable lithium-O_2 battery with alkyl carbonate electrolytes [J]. Journal of the American Chemical Society，2011，133（20）：8040-8047.

[49] McCloskey B D，Scheffler R，Speidel A，et al. On the efficacy of electrocatalysis in nonaqueous Li-O_2 batteries [J]. Journal of the American Chemical Society，2011，133（45）：18038-18041.

[50] Sun B，Chen S，Liu H，et al. Mesoporous Carbon Nanocube Architecture for High-Performance Lithium-Oxygen Batteries [J]. Advanced Functional Materials，2015，25（28）：4436-4444.

[51] Sun B，Huang X，Chen S，et al. Porous graphene nanoarchitectures：an efficient cata-

lyst for low charge-overpotential, long life, and high capacity lithium-oxygen batteries [J]. Nano letters, 2014, 14 (6): 3145-3152.

[52] Wang L, Dai W, Ma L, et al. Monodispersed Ru Nanoparticles Functionalized Graphene Nanosheets as Efficient Cathode Catalysts for O^{2-} Assisted Li-CO_2 Battery [J]. ACS Omega, 2017, 2 (12): 9280-9286.

[53] Song S, Xu W, Zheng J, et al. Complete decomposition of Li_2CO_3 in Li-O_2 batteries using Ir/B_4C as noncarbon-based oxygen electrode [J]. Nano letters, 2017, 17 (3): 1417-1424.

[54] Wang C, Zhang Q, Zhang X, et al. Fabricating Ir/C Nanofiber Networks as Free-Standing Air Cathodes for Rechargeable Li-CO_2 Batteries [J]. Small, 2018: 1800641.

[55] Zhang Z, Zhang Z, Liu P, et al. Identification of cathode stability in Li-CO_2 batteries with Cu nanoparticles highly dispersed on N-doped graphene [J]. Journal of Materials Chemistry A, 2018, 6 (7): 3218-3223.

[56] Zhang Z, Wang X G, Zhang X, et al. Verifying the Rechargeability of Li-CO_2 Batteries on Working Cathodes of Ni Nanoparticles Highly Dispersed on N-Doped Graphene [J]. Advanced Science, 2018, 5 (2): 1700567.

[57] Zhang X, Wang C, Li H, et al. High performance Li-CO_2 batteries with NiO-CNT cathodes [J]. Journal of Materials Chemistry A, 2018, 6 (6): 2792-2796.

[58] Mao Y, Tang C, Tang Z, et al. Long-life Li-CO_2 cells with ultrafine IrO_2-decorated few-layered δ-MnO_2 enabling amorphous Li_2CO_3 growth [J]. Energy Storage Materials, 2019, 18: 405-413.

[59] Pipes R, Bhargav A, Manthiram A. Nanostructured Anatase Titania as a Cathode Catalyst for Li-CO_2 Batteries [J]. ACS Applied Materials & Interfaces, 2018, 10 (43): 37119-37124.

[60] Qie L, Lin Y, Connell J W, et al. Highly Rechargeable Lithium-CO_2 Batteries with a Boron-and Nitrogen-Codoped Holey-Graphene Cathode [J]. Angewandte Chemie International Edition, 2017, 56 (24): 6970-6974.

[61] Jin Y, Hu C, Dai Q, et al. High-Performance Li-CO_2 Batteries Based on Metal-Free Carbon Quantum Dot/Holey Graphene Composite Catalysts [J]. Advanced Functional Materials, 2018, 28 (47): 1804630.

[62] Jin H, Huang H, He Y, et al. Graphene quantum dots supported by graphene nanoribbons with ultrahigh electrocatalytic performance for oxygen reduction [J]. Journal of the American Chemical Society, 2015, 137 (24): 7588-7591.

[63] Lin, Y, Han X, Campbell C J, et al. Holey graphene nanomanufacturing: Structure, composition, and electrochemical properties [J]. Advanced Functional Materials, 2015, 25 (19): 2920-2927.

[64] Xu J, Lin Y, Connell J W, et al. Nitrogen-Doped Holey Graphene as an Anode for Lithium-Ion Batteries with High Volumetric Energy Density and Long Cycle Life [J]. Small, 2015, 11 (46): 6179-6185.

[65] Ye H, Xin S, Yin Y X, et al. Stable Li Plating/Stripping Electrochemistry Realized by a Hybrid Li Reservoir in Spherical Carbon Granules with 3D Conducting Skeletons [J].

Journal of the American Chemical Society，2017，139（16）：5916-5922.

[66] Zhao J，Zhou G，Yan K，et al. Air-stable and freestanding lithium alloy/graphene foil as an alternative to lithium metal anodes [J]. Nature Nanotechnology，2017，12（10）：993-999.

[67] Zuo T T，Wu X W，Yang C P，et al. Graphitized Carbon Fibers as Multifunctional 3D Current Collectors for High Areal Capacity Li Anodes [J]. Advanced Materials，2017，29（29）：1700389.

[68] Ding F，Xu W，Graff G L，et al. Dendrite-free lithium deposition via self-healing electrostatic shield mechanism [J]. Journal of the American Chemical Society，2013，135（11）：4450-4456.

[69] Park J，Jeong J，Lee Y，et al. Micro-Patterned Lithium Metal Anodes with Suppressed Dendrite Formation for Post Lithium-Ion Batteries [J]. Advanced Materials Interfaces，2016，3（11）：1600140.

[70] Guo Y，Li H，Zhai T. Reviving Lithium-Metal Anodes for Next-Generation High-Energy Batteries [J]. Advanced Materials，2017，29（29）：1700007.

[71] 梁杰铬，罗政，闫钰，等. 面向可充电电池的锂金属负极的枝晶生长：理论基础，影响因素和抑制方法 [J]. 材料导报，2018，32（11）：1779-1786.

[72] Ma G，Wen Z，Wu M，et al. A lithium anode protection guided highly-stable lithium-sulfur battery [J]. Chemical Communications，2014，50（91）：14209-14212.

[73] Liang X，Wen Z，Liu Y，et al. Improved cycling performances of lithium sulfur batteries with $LiNO_3$-modified electrolyte [J]. Journal of Power Sources，2011，196（22）：9839-9843.

[74] Zhang S S. Role of $LiNO_3$ in rechargeable lithium/sulfur battery [J]. Electrochimica Acta，2012，70：344-348.

[75] Zhang S S. Effect of discharge cutoff voltage on reversibility of lithium/sulfur batteries with $LiNO_3$-contained electrolyte [J]. Journal of The Electrochemical Society，2012，159（7）：A920-A923.

[76] Asadi M，Sayahpour B，Abbasi P，et al. A lithium-oxygen battery with a long cycle life in an air-like atmosphere [J]. Nature，2018，555（7697）：502-506.

[77] Xu K. Nonaqueous liquid electrolytes for lithium-based rechargeable batteries [J]. Chemical reviews，2004，104（10）：4303-4418.

[78] Meini S，Tsiouvaras N，Schwenke K U，et al. Rechargeability of Li-air cathodes prefilled with discharge products using an ether-based electrolyte solution：implications for cycle-life of Li-air cells [J]. Physical Chemistry Chemical Physics，2013，15（27）：11478-11493.

[79] McCloskey B D，Bethune D S，Shelby R M，et al. Solvents' critical role in nonaqueous lithium-oxygen battery electrochemistry [J]. The Journal of Physical Chemistry Letters，2011，2（10）：1161-1166.

[80] Hassoun J，Croce F，Armand M，et al. Investigation of the O_2 Electrochemistry in a Polymer Electrolyte Solid-State Cell [J]. Angewandte Chemie，2011，123（13）：3055-3058.

[81] Bryantsev V S, Giordani V, Walker W, et al. Predicting solvent stability in aprotic electrolyte Li-air batteries: nucleophilic substitution by the superoxide anion radical $(O^{2 \cdot -})$ [J]. The Journal of Physical Chemistry A, 2011, 115 (44): 12399-12409.

[82] Zhang Z, Lu J, Assary R S, et al. Increased stability toward oxygen reduction products for lithium-air batteries with oligoether-functionalized silane electrolytes [J]. The Journal of Physical Chemistry C, 2011, 115 (51): 25535-25542.

[83] Curtiss L, Lau K, Redfern P, et al. Computational studies of electrolyte stability for Li-air batteries [J]. Journal of the American Chemical Society, 2011.

[84] Black R, Oh S H, Lee J H, et al. Screening for superoxide reactivity in Li-O_2 batteries: effect on Li_2O_2/LiOH crystallization [J]. Journal of the American Chemical Society, 2012, 134 (6): 2902-2905.

[85] Xu K, Angell C. High anodic stability of a new electrolyte solvent: Unsymmetric noncyclic aliphatic sulfone [J]. Journal of The Electrochemical Society, 1998, 145 (4): L70-L72.

[86] Sun X G, Angell C A. New sulfone electrolytes for rechargeable lithium batteries: Part I Oligoether-containing sulfones [J]. Electrochemistry communications, 2005, 7 (3): 261-266.

[87] Abouimrane A, Belharouak I, Amine K. Sulfone-based electrolytes for high-voltage Li-ion batteries [J]. Electrochemistry Communications, 2009, 11 (5): 1073-1076.

[88] Andrieux C, Hapiot P, Véant J S. Electron transfer coupling of diffusional pathways. Homogeneous redox catalysis of dioxygen reduction by the methylviologen cation radical in acidic dimethylsulfoxide [J]. Journal of electroanalytical chemistry and interfacial electrochemistry, 1985, 189 (1): 121-133.

[89] Merritt M V, Sawyer D T. Electrochemical studies of the reactivity of superoxide ion with several alkyl halides in dimethyl sulfoxide [J]. The Journal of Organic Chemistry, 1970, 35 (7): 2157-2159.

[90] Gibian M J, Sawyer D T, Ungermann T, et al. Reactivity of superoxide ion with carbonyl compounds in aprotic solvents [J]. Journal of the American Chemical Society, 1979, 101 (3): 640-644.

[91] Peng Z, Freunberger S A, Chen Y, et al. A reversible and higher-rate Li-O_2 battery [J]. Science, 2012, 337 (6094): 563-566.

[92] Qiao Y, Ye S. Spectroscopic investigation for oxygen reduction and evolution reactions with tetrathiafulvalene as a redox mediator in Li-O_2 battery [J]. The Journal of Physical Chemistry C, 2016, 120 (29): 15830-15845.

[93] Watanabe M, Thomas M L, Zhang S, et al. Application of ionic liquids to energy storage and conversion materials and devices [J]. Chemical reviews, 2017, 117 (10): 7190-7239.

[94] Mizuno F, Nakanishi S, Shirasawa A, et al. Design of non-aqueous liquid electrolytes for rechargeable Li-O_2 batteries [J]. Electrochemistry, 2011, 79 (11): 876-881.

[95] Takechi K, Higashi S, Mizuno F, et al. Stability of solvents against superoxide radical species for the electrolyte of lithium-air battery [J]. ECS Electrochemistry Letters,

2012, 1 (1): A27-A29.

[96] Herranz J, Garsuch A, Gasteiger H A. Using rotating ring disc electrode voltammetry to quantify the superoxide radical stability of aprotic Li-air battery electrolytes [J]. The journal of physical chemistry C, 2012, 116 (36): 19084-19094.

[97] Ernst S, Aldous L, Compton R G. The electrochemical reduction of oxygen at boron-doped diamond and glassy carbon electrodes: A comparative study in a room-temperature ionic liquid [J]. Journal of electroanalytical chemistry, 2011, 663 (2): 108-112.

[98] Martiz B, Keyrouz R, Gmouh S, et al. Superoxide-stable ionic liquids: new and efficient media for electrosynthesis of functional siloxanes [J]. Chemical Communications, 2004, (6): 674-675.

[99] Buzzeo M C, Klymenko O V, Wadhawan J D, et al. Voltammetry of oxygen in the room-temperature ionic liquids 1-ethyl-3-methylimidazolium bis ((trifluoromethyl) sulfonyl) imide and hexyltriethylammonium bis ((trifluoromethyl) sulfonyl) imide: one-electron reduction to form superoxide. Steady-state and transient behavior in the same cyclic voltammogram resulting from widely different diffusion coefficients of oxygen and superoxide [J]. The Journal of Physical Chemistry A, 2003, 107 (42): 8872-8878.

[100] Mizuno F, Takechi K, Higashi S, et al. Cathode reaction mechanism of non-aqueous Li-O_2 batteries with highly oxygen radical stable electrolyte solvent [J]. Journal of Power Sources, 2013, 228: 47-56.

[101] Allen C J, Mukerjee S, Plichta E J, et al. Oxygen electrode rechargeability in an ionic liquid for the Li-air battery [J]. The Journal of Physical Chemistry Letters, 2011, 2 (19): 2420-2424.

[102] Monaco S, Arangio A M, Soavi F, et al. An electrochemical study of oxygen reduction in pyrrolidinium-based ionic liquids for lithium/oxygen batteries [J]. Electrochimica Acta, 2012, 83: 94-104.

[103] Yi J, Guo S, He P, et al. Status and prospects of polymer electrolytes for solid-state Li-O_2 (air) batteries [J]. Energy & Environmental Science, 2017, 10 (4): 860-884.

[104] Yi J, Liu X, Guo S, et al. Novel Stable Gel Polymer Electrolyte: Toward a High Safety and Long Life Li-Air Battery [J]. ACS Appl. Mater. Interfaces, 2015, 7 (42): 23798-23804.

[105] Zhang Y, Wang L, Guo Z, et al. High-Performance Lithium-Air Battery with a Coaxial-Fiber Architecture [J]. Angewandte Chemie International Edition, 2016, 55 (14): 4487-4491.

[106] Li C, Guo Z, Yang B, et al. A Rechargeable Li-CO_2 Battery with a Gel Polymer Electrolyte [J]. Angewandte Chemie International Edition, 2017, 56 (31): 9126-9130.

[107] Zhang Y, Jiao Y, Lu L, et al. An Ultraflexible Silicon-Oxygen Battery Fiber with High Energy Density [J]. Angewandte Chemie International Edition, 2017, 56 (44): 13741-13746.

[108] Kafafi Z, Hauge R, Billups W, et al. Carbon dioxide activation by lithium metal. 1. Infrared spectra of lithium carbon dioxide ($Li^+ CO_2^{2-}$), lithium oxalate ($Li^+ C_2O_4^{4-}$), and lithium carbon dioxide ($Li_2^{2+} CO_2^{2-}$) in inert-gas matrices [J]. Journal of

the American Chemical Society，1983，105（12）：3886-3893.

[109] Hu X，Li Z，Chen J. Flexible Li-CO$_2$ batteries with liquid-free electrolyte [J]. Angewandte Chemie，2017，129（21）：5879-5883.

[110] Ma X，Zhao W，Deng Q，et al. In-situ construction of Cu-Co$_4$N@CC hierarchical binder-free cathode for advanced and flexible Li-CO$_2$ batteries：Electron structure and mass transfer modulation [J]. Journal of Power Sources，2022，535：231446.

[111] Hu J，Yang C，Guo K. Understanding the electrochemical reaction mechanisms of precious metals Au and Ru as cathode catalysts in Li-CO$_2$ batteries [J]. Journal of Materials Chemistry A，2022，10（26）：14028-14040.

[112] Zhang S，Liu X，Feng Y. Protecting Li-metal anode with ethylenediamine-based layer and in-situ formed gel polymer electrolyte to construct the high-performance Li-CO$_2$ battery [J]. Journal of Power Sources，2021，506：230226.

[113] Lu Z，Xiao M，Wang S，et al. A rechargeable Li-CO$_2$ battery based on the preservation of dimethyl sulfoxide [J]. Journal of Materials Chemistry A，2022，10（26）：13821-13828.

索　引